DIE KULTURPFLANZE

MITTEILUNGEN

AUS DEM ZENTRALINSTITUT
FÜR GENETIK UND KULTURPFLANZENFORSCHUNG
GATERSLEBEN
DER
AKADEMIE DER WISSENSCHAFTEN DER DDR

HERAUSGEGEBEN VON

H. BÖHME, S. DANERT, W. R. MÜLLER-STOLL, R. RIEGER,
A. RIETH, H. SAGROMSKY, H. STUBBE

SCHRIFTLEITUNG: S. DANERT

BAND XX

AKADEMIE-VERLAG · BERLIN
1972

DIE KULTURPFLANZE

MITTEILUNGEN
AUS DEM ZENTRALINSTITUT
FÜR GENETIK UND KULTURPFLANZENFORSCHUNG
GATERSLEBEN
DER
AKADEMIE DER WISSENSCHAFTEN DER DDR

HERAUSGEGEBEN VON

H. BÖHME, S. DANERT, W. R. MÜLLER-STOLL, R. RIEGER,
A. RIETH, H. SAGROMSKY, H. STUBBE

SCHRIFTLEITUNG: S. DANERT

BAND XX

MIT 1 PORTRÄT, 55 ABBILDUNGEN, 1 TAFEL UND 58 TABELLEN

AKADEMIE-VERLAG · BERLIN

1972

Erschienen im Akademie-Verlag GmbH, 108 Berlin, Leipziger Straße 3–4

Lizenznummer: 202 · 100/538/72
Herstellung: IV/2/14 VEB Druckerei »Gottfried Wilhelm Leibniz«, 445 Gräfenhainichen/DDR · 3888
Bestellnummer: 2052/20 · ES 18 G 2/22 D
EDV: 761 639 8
55,–
Printed in the German Democratic Republic

Inhalt

I. Originalarbeiten

Content

Содержание

Die Mitarbeiter
des Zentralinstituts für Genetik und Kulturpflanzenforschung
gratulieren ihrem emeritierten Direktor
Prof. Dr. Drs. h. c. Hans Stubbe
zum 70. Geburtstag
auf das herzlichste und wünschen ihm in steter Verbundenheit
Gesundheit und viele Jahre froher Schaffenskraft

I. ORIGINALARBEITEN

Süßwasser-Algenarten in Einzeldarstellung

VII. ÜBER *SPIROGYRA MIRABILIS* (HASS.) KÜTZ. 1849 UND IHRE ZYGOSPORENBILDUNG

von Alfred Rieth

(Eingegangen am 17. Dezember 1971)

Die durch Sporenbildung ohne Kopulation auffällige *Spirogyra mirabilis* ist oft untersucht worden, und es liegt eine ziemlich umfangreiche Literatur vor. Trotzdem finden sich bis in neuere Zeit widersprüchliche Angaben. So schreibt etwa Krieger 1941 (S. 426): „Zygotenbildung unbekannt. Nur Ansätze zu leiterförmiger Kopulation wurden von Czurda und Conrad beobachtet", während Transeau 1951 (S. 158) und Randhawa 1959 (S. 304) wörtlich übereinstimmend angeben: „reproduction by aplanospores, very rarely by scalariform conjugation". Transeau ergänzt diese Feststellung durch den Hinweis: „Only a few zygospores have been seen among the hundreds of aplanosporic filaments studied". Prescott 1951 (S. 317) dagegen spricht nur von Zygosporen und erwähnt Azygosporen überhaupt nicht! Auch über die Natur der Aplanosporen ist viel geschrieben worden. Die auf Solms-Laubach 1888[1] (Fußnote Spalte 648) zurückgehende Annahme einer pathologischen Bildung wird von Bock 1952 (S. 56–58) wieder für wahrscheinlich gehalten.

Die Art ist keineswegs selten, sondern sicherlich weit verbreitet, aber wohl nie über längere Zeit hinweg und in Kulturen (abgesehen von Czurda 1930 [S. 40–43]) beobachtet. Ich traf sie Anfang Juli 1969 in einem kleinen moorigen Waldtümpel bei Drei-Annen-Hohne, Harz. Höhenlage 530 m über NN, Wasser stark eisenhaltig, Grundschlamm Schwefelwasserstoff entwickelnd, pH bei 6,0, Oberflächen-Temperatur (16.00 Uhr) 21 °C. Nach der Untersuchung lebenden Materials vom Standort und aus Rohkulturen wurde die Form artrein weiter gehalten und ihre Entwicklung während dreier aufeinanderfolgender Jahre beobachtet. Neben den mehr oder minder häufig stets vorhandenen Aplanosporen traten auch reichlich konjugierende Fäden mit normaler Zygosporenbildung auf. Es konnten so der bisher nur in Ansätzen bekannte Konjugationsvorgang verfolgt und in umfangreichen Meßreihen an der Population die Größenvariabilität verschiedener Entwicklungsstadien ermittelt werden. Über die Ergebnisse soll berichtet werden.

Vorangestellt sei jedoch ein kurzer, zusammenfassender Überblick der wichtigsten in der Literatur z. T. zerstreut vorliegenden Angaben.

[1] Nicht auf De Bary 1888, wie Kolkwitz irrigerweise 1941 (S. 27) angibt, und Bock 1952 (S. 57/58) ohne Prüfung der Originalquelle übernimmt.

Die Art ist erstmals von Hassall 1845 (S. 156) als *Zygnema mirabile* beschrieben und auf Tafel XXXV, Fig. 1, 2, 3 abgebildet. („Cells not inverted. Spires single. Sporangia formed in every cell. Filaments equal to those of Z. commune in diameter[2]. Cells about six times as long as broad. Sporangia oval, at first much elongated, and finaly producing a slight inflation of the cells.")

Hassall spricht sich gegen die Ansicht Jenner's aus, daß der Bildung der „Sporangia" eine Konjugation zweier Fäden vorausgehe, die lediglich durch die Zartheit der Verbindungsbrücken und ihre Kurzlebigkeit bedingt, in der Regel nicht zu sehen sei, mit dem stichhaltigen Argument, es müßten dann wenigstens Fäden mit leeren Zellen ebenso häufig auftreten, wie Fäden mit Sporangien.

Kützing 1849 (S. 438/439) versetzt die Art in die 1820 von Link gegründete Gattung *Spirogyra* und gibt erstmals einen Meßwert für die vegetative Zelle: Durchmesser $^{1}/_{120}$ Pariser Linien (= 19µm), 6mal länger, also 114 µm. Bereits 1851 versucht Braun (S. 321) eine Erklärung der von Hassall beschriebenen Sporenbildung ohne sichtbare Konjugation zweier Zellen durch Deutung als Ergebnis einer „versteckten Copulationserscheinung" bei der „eine der Bildung der neuen Zelle vorangehende Scheidung des Inhaltes der Mutterzelle in zwei Parthien . . . welche, anstatt, wie bei der vegetativen Theilungsvermehrung, zu getrennten Zellen sich auszubilden, sich vielmehr sogleich wieder vermischen, um die Fortpflanzungszelle zu erzeugen" (l. c. S. 320). Eigene Untersuchungen zur Prüfung dieser Annahme hat Braun allerdings wohl nicht durchgeführt.

In den Tabulae phycologicae bildet Kützing 1855 *Spirogyra mirabilis* auf Tafel 19, Fig. III ab, wobei die vegetativen Zellen auffallenderweise entgegen dem Uhrzeigersinn gewundene Chloroplasten zeigen. De Bary 1858 (S. 7–8) beschreibt die Sporenbildung „an einer Form, welche mit der von Hassall (Tab. 35) abgebildeten übereinstimmt" und die auf Tafel I, Fig. 4 und 5 dargestellt, aber als „*Spirogyra longata* Kg.?" bezeichnet ist. Es handelt sich sicher um *Sp. mirabilis*. „Irgend welche Anzeichen regelmäßiger Copulation fanden sich nirgends . . . Auch findet eine Teilung und Wiedervereinigung des Primordialschlauches . . . oder auch nur eine Teilung des Zellkerns vor Bildung der sporenähnlichen Körper nicht statt." De Bary (l. c. S. 63) deutet „die nicht durch Parasiten veranlaßte Bildung" als ungeschlechtlich erzeugte Ruhesporen, meint aber „Sie gehören wohl überhaupt kaum in den normalen Entwicklungskreis der Species".

Rabenhorst 1863 (S. 209) übernimmt die Diagnose Kützing's, führt 1868 (S. 236) erstmals Größenangaben für die „Zygosporen" an [Durch-

[2] Eine konkrete Maßangabe jedoch erhält man nicht, sondern wird 10mal immer auf andere Arten verwiesen, die gleich dick bzw. mehr oder minder dünner als die jeweils vorhergehende seien, bis man am Ende bei *Z. orbiculare* findet, daß ihr Fadendurchmesser „sehr beträchtlich" ist.

messer 17–26 μm; Länge: 39,5–78 μm][1] und nennt eine etwas größere „forma b. inaequalis Sprèe" [vegetative Zelle, Durchmesser: 23–29 (–30) μm; Länge: 39,5–90 μm; Sporangien, Durchmesser: 27–42 μm; Länge: 68–250 μm][3].

Petit 1880 (S. 14) gibt eine Schilderung der Sporenentstehung, die im Gegensatz zu den Befunden de Barys der Hypothese Brauns entspricht: „. . . les cellules se renflent vers le milieu, l'endochrome se partage en deux parties qui se recontrent sous forme de globule aux deux extrémités de la cellule, il se forme ainsi une différentiation entre les parties de l'endochrome. Bientôt les deux globules se rapprochent vers la partie renflé de la cellule et finissent par se réunir en constituant ainsi la zygospore". [Größenangaben: Vegetative Zelle, Durchmesser: 24–26 μm; Länge 36–52 μm].

Wolle 1887 (S. 211) „*Spirogyra mirabile,* Hass". Übernimmt augenscheinlich die Maße von Petit und schreibt: „Conjugation lateral more frequently than scalariform" bildet aber (auf Tafel CXXXIV, Fig. 1 u. 2) in Figur 1 Zellen mit Sporen ohne jedes Anzeichen einer Kopulation ab. Solms-Laubach 1888 (Fußnote Spalte 648) führt die Sporenbildung auf Befall durch eine parasitische Chytridiacee zurück: „In diesem Tümpel tritt auch in jedem Jahre in Masse die sogenannte *Spirogyra mirabilis* Hassall auf, die, wie ich mich aufs bestimmteste überzeugt habe, ihre Entstehung der Vegetation einer äußerst zarten und schwierigen Chytridieenform verdankt, welche in den mit derber Membran umgebenen scheinbaren Azygosporen ihre Fructificationsorgane entwickelt". Lagerheim 1883 (S. 55) weist die Art in Schweden nach und schildert als erster die Sporenkeimung, sie hat keine Besonderheiten, sondern verläuft wie die Keimung der Zygoten anderer Arten. Hirn 1895 (S. 9/10) gibt die Species für Finnland an.

Klebs 1898 (S. 254–256) beobachtet *Spirogyra mirabilis,* in Rohkulturen aufgetreten, und stellt zur Sporenbildung fest: „Der Protoplast kontrahiert sich und wandelt sich in eine braungefärbte Spore um, die vollkommen den Zygoten der anderen Arten entspricht. Jedenfalls handelt es sich hier um einen völlig normalen Vorgang. Die Form der Sporen schwankt sehr, je nach den Zellen; alle Übergänge zwischen fast kugeligen bis zylindrischen finden sich vor". Auch die Sporenkeimung ist verfolgt und (in Fig. 7, S. 255) abgebildet: „ich überzeugte mich, daß sie in der Tat, wie Lagerheim angibt, genau so verläuft wie die Keimung der Zygoten. *Spirogyra mirabilis* ist daher eine Art, bei der auf ungeschlechtlichem Wege unter den gleichen Bedingungen das gleiche Produkt, eine Ruhespore, entsteht, die bei der Mehrzahl der anderen Arten geschlechtlich erzeugt wird." Anschließend wird, entsprechend der Zeitströmung, die Bedeutung der Art als „geschlechtslose *Spirogyra* mit zygotenähnlichen Sporen" zur Gewinnung einer „Vorstellung von dem ersten Werden des Zeugungsvorganges" erörtert.

[3] Umgerechnet aus den im Original in Pariser Linien angegebenen Werten.

Collins 1909 (S. 33) weist, augenscheinlich in Hinblick auf die Darstellung bei Wolle, ohne sonst Neues zu bringen, daraufhin, daß die Sporen „. . . are formed without any observable conjugation, either lateral or scalariform".

Der erste durch Abbildungen (Text-Fig. 4, a–d) und Größenangaben belegte Bericht über das Vorkommen aus Konjugation hervorgegangener Zygoten bei *Sp. mirabilis* stammt von Playfair 1918 (S. 510–512). Es liegt ihm Material aus einem temporären, sumpfigen Teich in Australien (Lismore, Nordost Neu-Süd-Wales) zugrunde. Da aus der Schilderung jedoch nicht hervorgeht, ob gleichzeitig auch vegetative Sporen beobachtet wurden – auf den Abbildungen und bei den Maßwerten fehlen sie – ist nicht gesichert, daß Playfair tatsächlich die aplanosporenbildende Form *Spirogyra mirabilis* vorlag.[4]

Die Deutung des Sporenbildungsvorganges als „versteckte Copulationserscheinung" wird auch durch die zytologischen Befunde Peterschilkas 1923 unwahrscheinlich, er stellt (S. 163) fest: „Die Parthenosporen enthalten bis zur Reife nur einen Kern, den ursprünglichen Zellkern".

Czurda 1930 (S. 40–43; S. 45) berichtet über Beobachtungen an Einklonreinkulturen der Art. Er sah gelegentlich – wie auch an Material von natürlichen Standorten – Papillenbildung an Zellen, die ersten Stadien von Kopulationsfortsätzen gleichen. Ein einziges Mal wurde auch eine Situation gefunden, die eine, allerdings gehemmte und nicht zur Zygotenbildung führende, leiterförmige Konjugation darstellen dürfte (l. c. S. 41, Abb. 12. Langer 1934 reproduziert in Fig. 29, Taf. XXXI diese Abbildung „nach Czurda", vergißt aber drei Querwände einzutragen!). Nach Ansicht von Czurda ist bei *Spirogyra mirabilis* die „Art der Azygotenbildung . . . ein völlig andersartiger Prozeß als die Azygotenbildung bei normalerweise kopulierenden Arten". Dort sollen Sporen nur gebildet werden, wenn bei zwei sich zur Kopulation anschickenden Zellen die Verschmelzung der Protoplasten aber irgendwie verhindert worden ist, während hier der erforderliche „innere Zustand" in der sporulierenden Zelle „ohne Dazutun einer zweiten Zelle" erreicht wird.

Conard 1936 (S. 179–181) stellt an Freilandmaterial fest, daß parthenosporenbildende Zellen sehr lang im Vergleich zu vegetativen Zellen sind und meint: „la cellule longue de *Spirogyra mirabilis* contient en potentialité le cytoplasme de deux cellules, tout se passe, au cours de la formation de la parthénospore comme si cette potentialité arrivait à s'éxprimer morphologiquement." Es werden auch zwei Fälle echter leiterförmiger Konjugation mit Zygotenbildung sowie „einige" steckengebliebene, zur Azygotenentstehung in beiden Partnern führende Kopulationen beschrieben und abgebildet (Tafel V, S. 174). In der Arbeit ist das als „Kontraktionskoeffizient" bezeichnete Verhältnis der Summe der Kopulationspartnerzellen- bzw. der Sporangien-

[4] So nimmt Krieger 1941 (S. 342) an, daß es sich bei Playfair's Material um *Spirogyra flavescens* (Hass.) Kütz. handelte.

volumina zum Zygoten- bzw. Parthenosporenvolumen errechnet. Die wenigen ermittelbaren Werte (2 Zygoten: 2,94 u. 3,34; 6 Azygoten bzw. Parthenosporen mit Werten zwischen 2,60 und 4,66) weisen eine große Variationsspanne auf: „il y a peu de relation entre le volume des parthénospores formées et le volume des cellules mères qui leur ont donné naissance".

1949 (S. 22–24) beschreibt Geitler eine neue azygotische Form: *Spirogyra dimorpha*, die gegen *Sp. mirabilis* und *Sp. oltmannsi* „durch die größeren und langgestreckteren Azygoten, die in zylindrischen Agametangien fast zylindrisch mit abgerundeten Enden, in angeschwollenen lang- bis kurzellipsoidisch sind" abgegrenzt wird. „Sie erreichen eine Länge von 69 μ, gegenüber einer Maximallänge der Azygoten von *Sp. mirabilis* von 35 μ."[5]

Transeau 1951 (S. 158) gibt in seiner Monographie der Zygnemataceae, wie oben erwähnt, das sehr seltene („very rarely") Vorkommen leiterförmiger Konjugation bei *Sp. mirabilis* an und bildet zwei Fadenstücke, ein kopulierendes Zellenpaar mit Zygote, ein Aplanosporangium mit Aplanosporen und eine vegetative Zelle enthaltend, ab (Tafel XXIII, Fig. 4). Die vegetative Zelle zeigt einen entgegen dem Uhrzeigersinn gewundenen Chloroplasten.

Prescott 1951 (S. 317; Tafel 77, Fig. 1) spricht nur von Zygosporen ohne Azygoten auch nur zu erwähnen, selbst im Bestimmungsschlüssel (S. 308, 309) findet das so charakteristische Merkmal einer Sporulation ohne Konjugation keine Verwendung, überdies muß man sich (unter 23.) für Sporen „ovate" gegen „ellipsoid" entscheiden, um zu *Sp. mirabilis* zu gelangen. Die Figur „redrawn from Ackley" zeigt ein Zellpaar in leiterförmiger Konjugation, daneben eine nicht angeschwollene Zelle mit Spore.[6]

Kürzlich (1970) haben Cocke und Wooding Jr. über die Aplanosporenbildung und -keimung einer bisher nur mit Aplanosporen nicht aber konjugierend bekannten *Spirogyra* aus North Carolina berichtet. Im Gegensatz zu *Sp. mirabilis* sind die Sporen jedoch alle streng kugelförmig und weisen keine Rißlinie auf. Bei ihrer „Keimung" erfolgt daher kein Aufklappen der Hüllen, sondern sie ist mit einem „general softening of the entire spore wall" verbunden. „The old spore wall disappears or becomes sloughed off as an amorphous slimey mass." Die Verfasser lassen es offen „wether the species . . . should be considered a variant of *S. mirabilis* or a new species."

Geitler 1970 (S. 299) weist neuerdings darauf hin, daß: „Die Variation der Form und Größe der Agametangien und Azygoten von *Spirogyra mirabilis* . . . bedeutend größer als bisher angegeben" sei und zieht auf Grund dieser Feststellung seine Art *Spirogyra dimorpha* wieder ein.

[5] Schon den Angaben Petit's 1880 (S. 14) ist allerdings eine Maximallänge bis 52 μm zu entnehmen, Krieger 1941 (S. 426) gibt eine Variabilitätsspanne von 33–88 μm an.

[6] Es ist sehr fraglich, ob es sich hier um *Sp. mirabilis* handelt. Auch Krieger 1941 bezweifelt das und nimmt an, daß Ackley 1929 eine Verwechslung mit *Spirogyra subsalsa* Kütz. 1845 unterlief.

Eigene Beobachtungen

A) Vegetative Zelle und Azygotenbildung

Die im Harz gesammelte und sofort lebend untersuchte Population entspricht sehr gut den bei Petit 1880 (S. 14) und bei Krieger 1941 (S. 426) gegebenen Beschreibungen von *Spirogyra mirabilis*. Die vegetative Zelle hat ebene, nicht gefaltete Querwände, einen Chromatophor[7] mit 2,5–7,0 im Uhrzeigersinn gedrehten Windungen. Zelldurchmesser: (20,8–) 26,0–33,8 µm; Länge 52,0–62,4–78,0 (–182,0) µm. Die Agametangien sind länger als vegetativ bleibende Fadenzellen und weisen dort, wo die Azygote entsteht, eine deutliche Anschwellung auf, die, wie auch frühere Beobachter betonen, bereits vor Kontraktion des Zellinhaltes zur Spore angelegt ist (Abb. 9, a). In der Regel erfolgt die Aufbauchung zur Zellängsachse rotationssymmetrisch (Abb. 1, f), gelegentlich jedoch auch nur einseitig (Abb. 1, h) oder unregelmäßig (Abb. 1, c untere Zelle), zuweilen sogar ganz fehlend (Abb. 1, k; Taf. I, 1b). Der Durchmesser des Agametangiums an einer Querwand stimmt mit der Dicke vegetativer Zellen überein, sein größter Durchmesser, an der Aufbauchungsstelle, beträgt 26,0–36,4–46,8 µm. Dies entspricht einer Erweiterung um etwa 40%. Länge: (63,7–) 84,5–172,9 (–240,5) µm. Die Aplanosporen sind vorherrschend rotationselliptisch, nur ausnahmsweise und vereinzelt fast kugelig[8], mit glattem, braunem Mesospor und meist deutlich ausgeprägter Rißlinie. Durchmesser: 20,8–26,0–36,4 µm; Länge: (28,6–) 40,3–62,4 (–85,8) µm. Längen- zu Breitenverhältnis: (1,08–) 1,40–1,95 (–2,84).

Die Beobachtung der Entwicklung der so charakterisierten Freilandpopulation in artreinen Kulturen über einen längeren Zeitraum ergab folgendes: Die Azygoten zeigen mit zunehmender Kulturdauer zunächst eine Tendenz zur Verlängerung bei etwa gleichbleibendem Durchmesser.

Parallel damit erfolgt ein Übergang von vorwiegend rotationselliptischen Formen zu zylindrischer Gestalt mit abgerundeten Enden (Abb. 1g; Taf. I, 5) oder verbreitet auch zu etwa spindelartiger Ausbildung (Abb. 1, p) mit etwas knopfiger Anschwellung der Enden (Abb. 1, d, e). Dabei kann die Agametangienauftreibung in wechselndem Grade, bis zu völligem Fehlen reduziert sein. Gelegentlich weisen die Sporen ein- oder beiderseitig an den Enden, (Abb. 1, e; Taf. I, 5) vereinzelt auch nur seitlich (Abb. 1, f) braune Flecken,

[7] Nur ein einziges Mal wurde ein Faden mit Zellen, die 2 Chloroplasten führten, gefunden. Da im gleichen Thallus Agametangien auftraten, besteht an der Zugehörigkeit kein Zweifel.

[8] „Ovoide" Aplanosporen wie sie Transeau 1951 und – wohl von ihm übernommen – Randhawa 1959 angeben, habe ich von einigen wenigen, als Mißbildungen erkennbaren Ausnahmen abgesehen, in einem reichen Material nicht getroffen. Es bestätigt dies die Angabe Geitler's 1970, daß „ovoide" Formen untypisch sind.

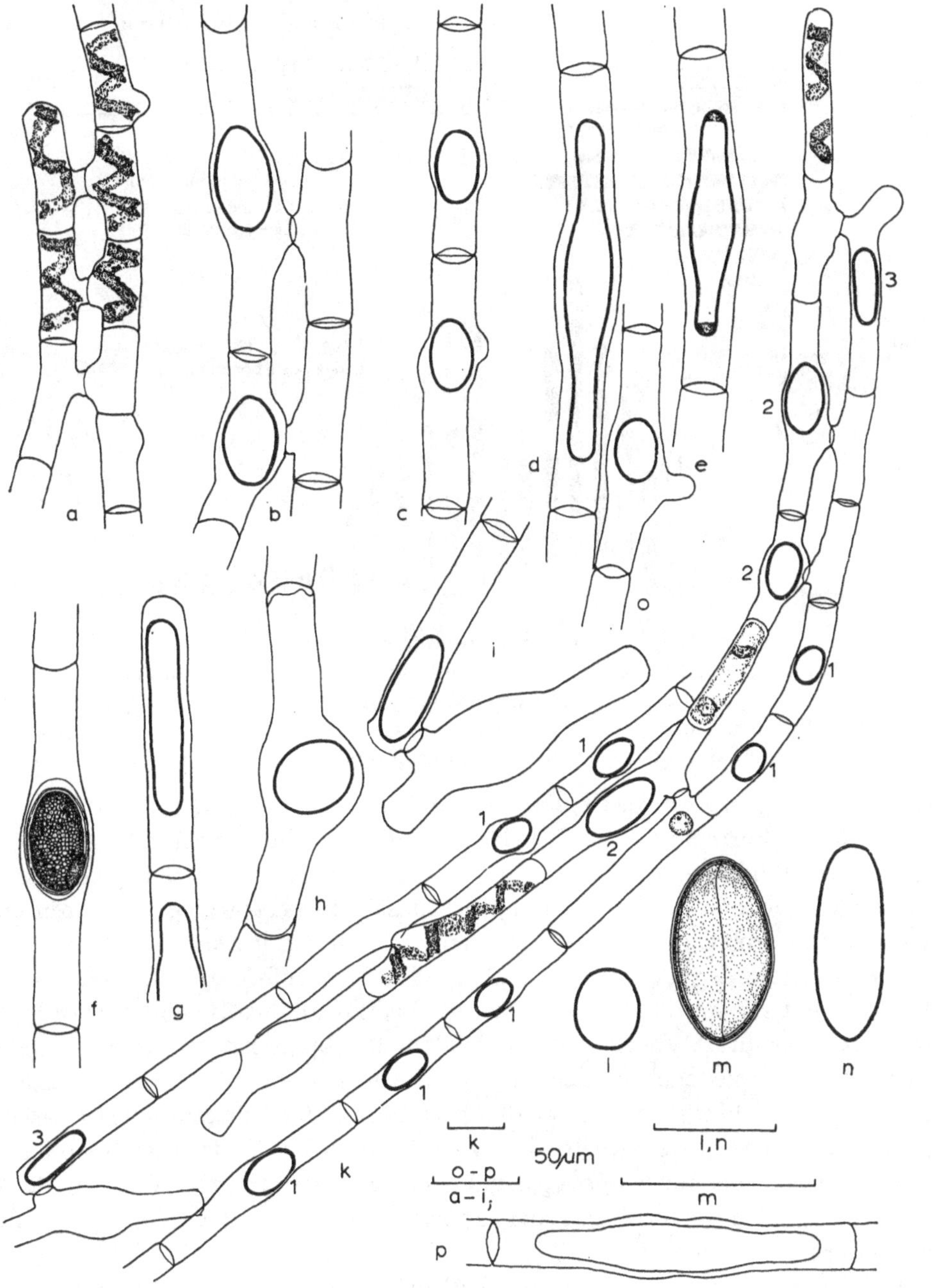

Abb. 1. *Spirogyra mirabilis* Habitus

Fig. a: Junges Konjugationsstadium. Fig. b: Altes Konjugationsstadium mit Zygoten. Fig. c: Fadenstück mit Aplanosporen. Fig. d, e, g, h, o, p: Aplanosporangien mit Aplanosporen abweichend von der Normalform ausgebildet. Fig. f: Aplanosporangium mit Spore in der Normalform. Fig. i: Pseudokonjugation mit Azygote im ♂ Gametangium. Fig. k: Fadensystem, das gleichzeitig Aplanosporen (1), Zygoten (2) und Pseudozygoten (Parthenosporen) (3) enthält. Fig. l u. n: Einzelne Aplanosporen mit Rißlinie. Fig. m: Zygospore mit Rißlinie (das in der Natur gelbbraune, glatte Mesospor wurde zeichnerisch durch Punktierung, die aber keine Strukturierung andeuten soll, hervorgehoben)

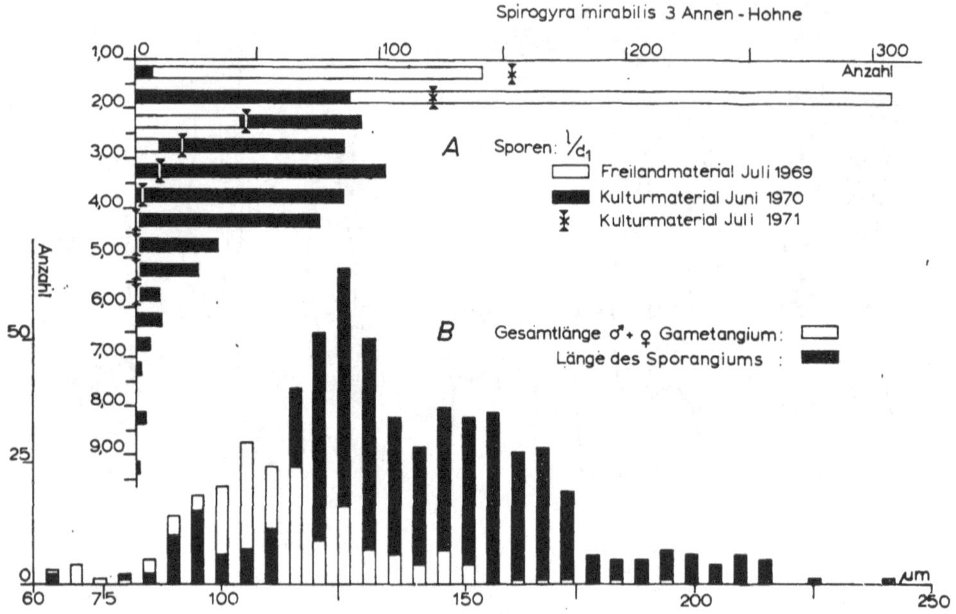

Abb. 2. *Spirogyra mirabilis*

Fig. A: Änderung des Längen- zu Durchmesserverhältnisses der Aplanosporen während zweijähriger Kultur nach Messungen von 1969 (Ausgangs-Freilandpopulation), 1970 und 1971 (Kulturmaterial). Fig. B: Vergleich zwischen Aplanosporangienlänge und der Summe der Längen konjugierender Gametangien (Material 1969)

wie sie für *Spirogyra bicalyptrata* Czurda 1930[9] beschrieben sind auf. Am Ende dieser Formenreihe stehen langzylindrische bis langspindelige Aplanosporen in zylindrischen Sporangien (Abb. 2, g; Abb. 1a, b). Bemerkenswerterweise bleibt jedoch die Entwicklung bei diesen etwas teratologisch anmutenden Hypertrophformen nicht stehen, sondern wird mit der Zeit wieder rückläufig. Die Gestaltung der Fortpflanzungskörper nähert sich dadurch nach weiterer Kultur dem im Freiland und zu Kulturbeginn angetroffenen Zustand. Auffällig ist, daß die Hypertrophie, vor allem bei Aplanosporen, aber nur relativ wenig bei den sie beherbergenden Aplanosporangien zum Ausdruck kommt. Bei ihnen verschieben sich zwar die Mittelwerte der Längenmaße etwas nach oben, die oberen Grenzwerte der Variabilitätsspanne dagegen bleiben fast unverändert. Die Vorgänge spiegeln sich deutlich in den Werten für das Längen- zu Breitenverhältnis der Sporen (Abb. 2) und den ihm zugrundeliegenden Maßwerten (Tab. 1).

Welche Faktoren für das unter Kulturbedingungen zunächst einsetzende, dann aber wieder abklingende hypertrophe Wachstum der Azygoten verantwortlich sind, ist bisher nicht bekannt. Es handelt sich aber dabei keineswegs um eine nur auf die Aplanosporen von *Spirogyra mirabilis* beschränkte

[9] Eine Mitteilung über Untersuchungen an einer dieser Art nahestehenden Form befindet sich in Vorbereitung.

Tabelle 1

Spirogyra mirabilis: Änderung der Aplanosporengrößen während längerer Haltung in Artreinkultur

Jahr	Durchmesser µm	Länge µm	Verhältnis Länge / Durchmesser
1969	20,8 – 26,0 – 36,4	28,6 – 40,3 – 62,4 (–85,8)	(1,08–) 1,40 – 1,95 (–2,84)
1970	15,6 – 26,0 – 41,6	(31,2–) 41,6 – 130,0 (–210,6)	(1,29–) 1,50 – 5,50 (–9,00)
1971	18,2 – 28,6 – 41,6	(26,0–) 33,8 – 57,2 (–104,0)	1,00 – 2,50 (–5,55)

Tabelle 2

Spirogyra mirabilis: Änderung der Agametangiengrößen während längerer Haltung in Artreinkultur

Jahr	Durchmesser		Länge
	über eine Querwand	größter	
1969	20,8 – 26,0 – 33,8	26,0 – 36,4 – 46,8	(63,7–) 84,5 – 172,9 (–240,5)
1970	23,4 – 28,6 – 33,8	26,0 – 36,4 – 49,4	(92,9–) 117,0 – 234 (–248,3)
1971	20,8 – 26,0 – 28,6	23,4 – 33,8 – 46,8	(59,8–) 104,0 – 187,0 (–262,6)

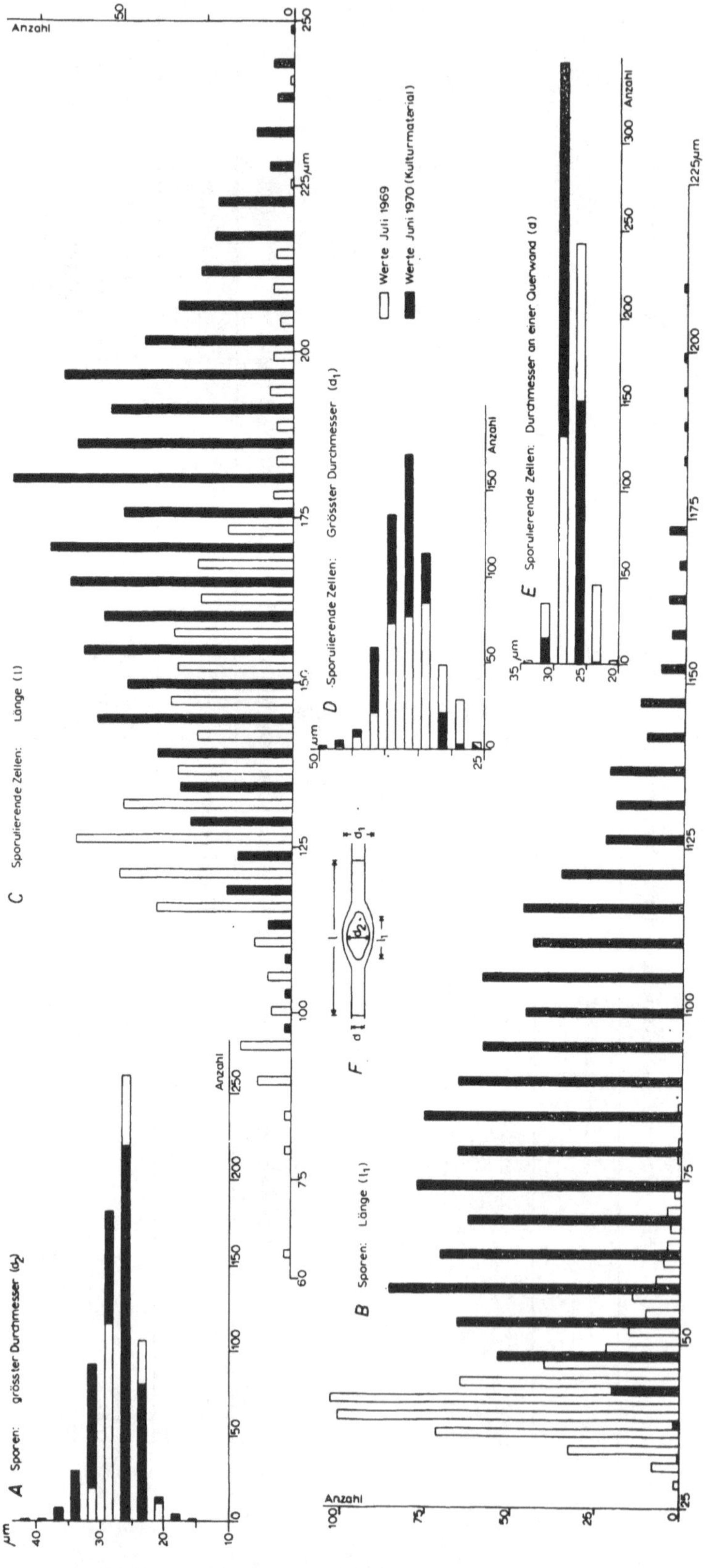

Abb. 3. *Spirogyra mirabilis* Aplanosporenbildung
Messwerte von 1969 im Vergleich mit 1970

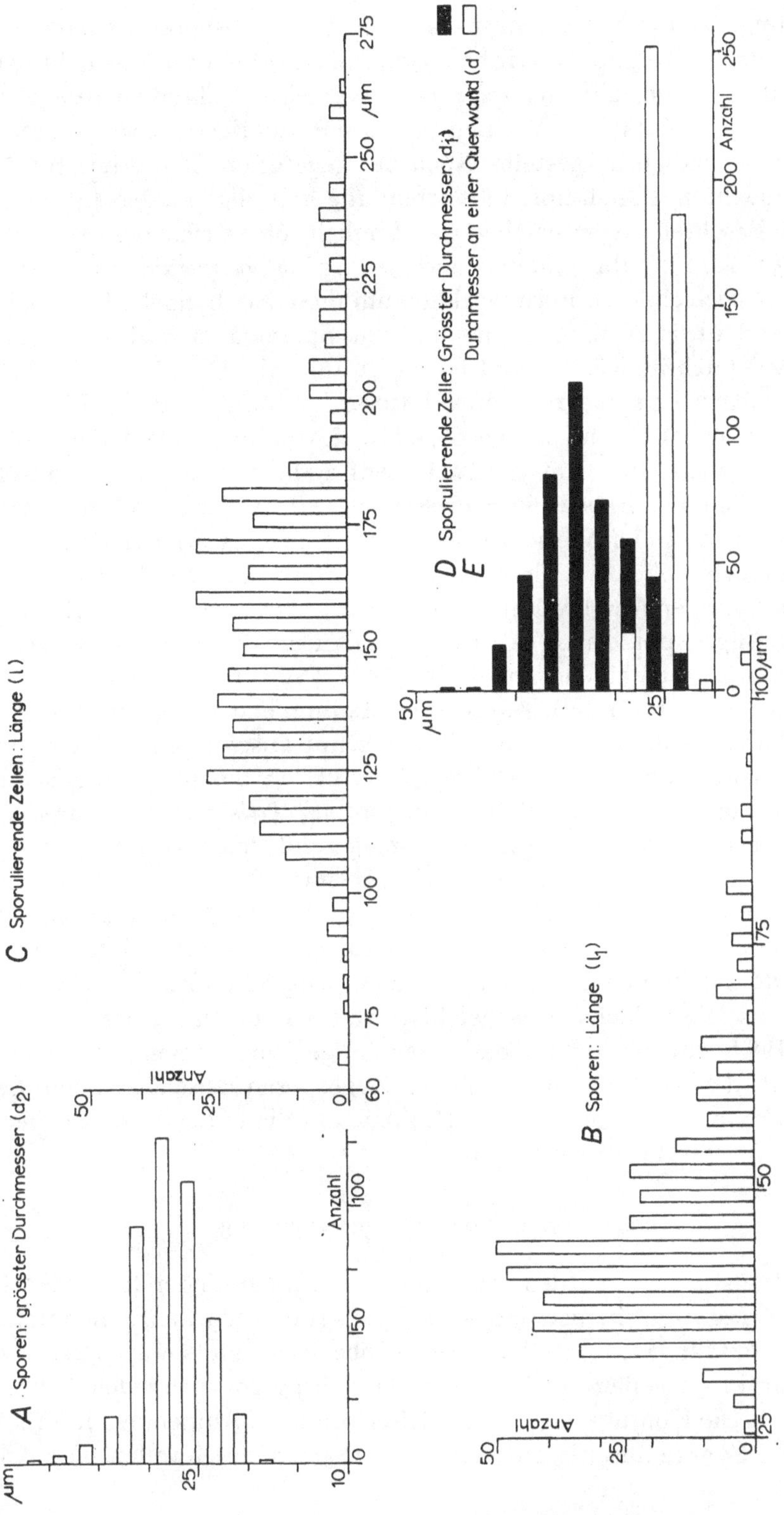

Abb. 4: *Spirogyra mirabilis* Aplanosporenbildung
Messwerte von 1971

Erscheinung. Ähnliche Tendenzen habe ich bei Zygosporen anderer Arten in Kulturen beobachtet (z. B. Rieth 1972). Sie sind dort aber nicht wie hier durch umfangreiche, über mehrere Jahre verteilte Meßreihen belegt. In den Abbildungen 3 und 4 ist die Variabilität für die wichtigsten Größen vegetativer Entwicklungsstadien dargestellt. Nach der gegebenen Charakteristik der von mir untersuchten Population in Verbindung mit den in der Literatur vorliegenden Beschreibungen erscheint es fraglich, ob es sich bei der von Bock 1952 (S. 57, Abb. 2) abgebildeten und als „*Spirogyra mirabilis* mit Parthenosporen . . ." bezeichneten Form wirklich um diese Art handelt. Die Sporangien sind im Verhältnis zu ihrer Breite und zur Sporenlänge recht kurz und einheitlich, wie auch im Text betont ist, nicht angeschwollen.

Eine Beobachtung, die 1970 an Kulturen im Stadium der Bildung hypertropher Aplanosporen gemacht wurde, ist in diesem Zusammenhang erwähnenswert. Es handelt sich um einen Fadenfragmentationsprozeß, durch den augenscheinlich Thalli aktiv in Einzelstücke zerlegt werden können. Der Vorgang läuft in folgender Weise ab: (Abb. 11) Zunächst streckt sich eine vegetative Zelle, wir wollen sie „Fragmentationsinitiale" nennen, im Fadenverband unter gleichzeitiger Anschwellung (Abb. 11, b), dann erfolgt eine Kernteilung. Die zweikernige, spindelartig, aber etwas einseitig betont angeschwollene Zelle biegt sich nun zunehmend knieförmig um (Abb. 11, c) und erreicht eine Hufeisengestalt (Abb. 11, d). Auf diesem Stadium erst erfolgt im Krümmungsscheitel durch Wandbildung die Zellteilung mit anschließender Trennung der beiden keulenförmigen Tochterzellen (Abb. 11, e), die so zu Fadenendzellen werden. In Figur a, Abb. 11 ist ein *Spirogyra mirabilis*-Faden mit drei Aplanosporen dargestellt, der sich (bei 1) in der geschilderten Weise bereits geteilt hat, während (bei 2) eine weitere Bruchstelle entsteht.

Die etwas ausführliche Charakterisierung des Azygotenstadiums unseres Materials erschien mir wesentlich, um darzulegen, daß die untersuchte Population eindeutig in den Formenkreis von *Spirogyra mirabilis* (Hass.) Kütz. gehört. Ein solcher Nachweis ist wichtig für die Beurteilung der nun zu schildernden Beobachtungen über das regelmäßige Vorkommen eines ganz normalen, mit der Bildung lebensfähiger Zygosporen abschließenden Sexualvorganges bei der Art, vor allem im Hinblick auf die in der Literatur bisher zu dieser Frage vertretenen Ansichten.

B) Konjugation und Zygotenbildung

Kopulationsstadien wurden während dreier aufeinander folgender Jahre, 1969, 1970 und 1971 in den Monaten Juni–Juli, 1969 an Freilandmaterial, 1970 und 1971 an artreinen Kulturen beobachtet. Stets waren gleichzeitig, meist sogar in denselben Fäden, auch Aplanosporen vorhanden (Abb. 1, k; Tafel I, 1, 2). Die Konjugation erfolgt „leiterförmig". „Aufnehmende" (♀) Zellen sind um die Zygote allseitig auf etwa 140–183% angeschwollen. Die Kopula-

Tabelle 3

Spirogyra mirabilis: Änderung der Größenverhältnisse im Sexualorganbereich während längerer Kulturdauer

	1969	1971
♂ Gametangium		
Durchmesser:	15,6 – 20,8 – 26,0	(20,0–) 24,0 – 25,0 (–28,0)
Länge:	(23,4–) 39,0 – 65,0 (–88,4) (–101,4)	(96,0 –) 120,0 – 160,0 (–205,0)
♀ Gametangium		
Durchmesser an		
Querwand:	15,6 – 20,8 – 26,0	22,0 – 26,0
größter:	28,6 – 36,4	(37,0–) 40,0 – 48,0 (–53,0)
Anschwellungsgrad:	140% – 183%	168% – 204%
Zygospore		
Durchmesser:	18,2 – 23,4 – 28,6	30,0 – 34,5 – 41,0
Länge:	(23,4–) 28,6 – 41,6 – 52,0 (–57,2)	46,0 – 85,0
$\frac{\text{Länge}}{\text{Breite}}$:	(1,00–) 1,50 – 1,75 – 2,20 (–2,75)	1,37 – 2,47
	Alle Werte in µm	

tionsbrücke wird, wie junge Stadien (Abb. 1, a) zeigen, zwar zunächst von beiden Partnern her gleichmäßig angelegt, im fertig ausgebildeten Zustande entsteht, durch die Auftreibung des ♀ Gametangiums bedingt, jedoch der Eindruck, daß sie vornehmlich von der „abgebenden" (♂) Zelle gebildet wurde (Abb. 1, b; Tafel I, 1d, 6). Männliche und weibliche Gametangien sind im Durchschnitt gleich lang und etwas kürzer als vegetative Fadenzellen. Sie weisen, an den Endwänden gemessen, sowohl unter sich als auch mit vegetativen Zellen den gleichen Durchmesser auf. Maße: Tabelle 3, Abb. 5.

Die Zygoten (Abb. 1, b, m; Taf. I, 6) sind in der Masse rotationselliptisch, z. T. mit mehr oder minder abgerundeten Polen und dann rotationsoval, gelegentlich auch ei- bis fast birnenförmig. Abbildung 8, f I–VIII mag eine Vorstellung von der Formvariabilität geben, wobei jedoch zu betonen ist, daß V–VIII nur sehr seltene Ausnahmen darstellen. Die Größenverhältnisse sind aus den Abbildungen 5 und 6, sowie aus der Zusammenstellung in Tabelle 3 ersichtlich. Exospor glatt, dünn, farblos. Mesospor dicker, gelbbraun, nicht ornamentiert, mit meist deutlicher Rißlinie. Wie die Darstellung der Variabilitätskurven (Abb. 3 u. 5) erkennen läßt, stimmen Zygosporen und Azygoten sowohl in den Längen- und Breitendimensionen als auch im Längen- zu Breitenverhältnis im Aspekt von 1969 gut überein, auch in der äußeren Morphologie bestehen, wie die Beschreibungen zeigen, Unterschiede nicht. Die Änderung der Größenverhältnisse bei Organen der sexuellen Reproduktion während zweijähriger Kultur geht aus einem Vergleich der für 1969 und für 1971 ermittelten Werte hervor (Tab. 3; Abb. 5 u. 6). Danach ist eine Tendenz zur Gametangienstreckung verbunden mit einer gewissen Vergrößerung des Durchmessers erkennbar. Die Aufbauchung der „aufnehmenden" Zellen ist

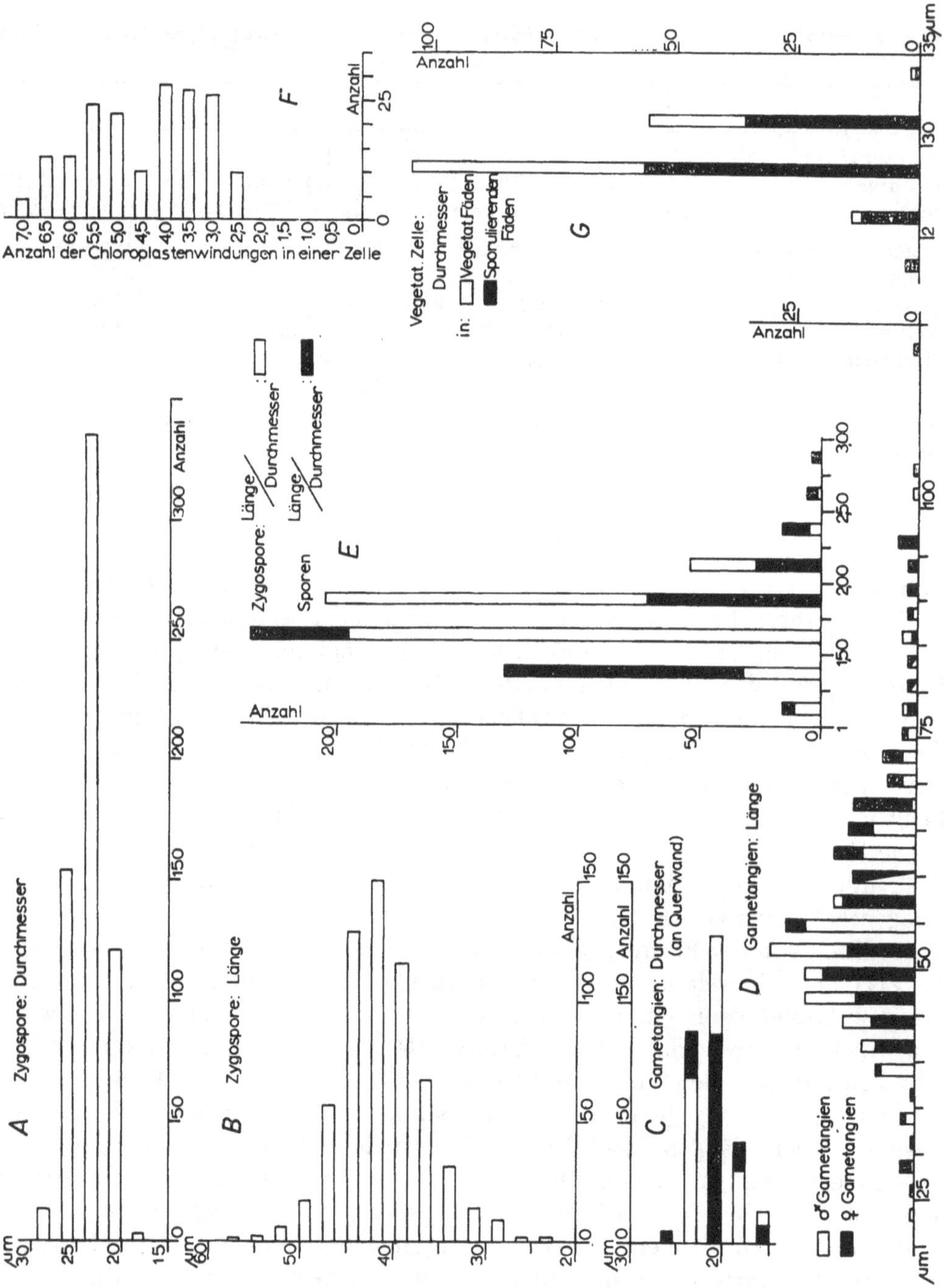

Abb. 5. *Spirogyra mirabilis* Konjugierendes Material Messwerte 1969

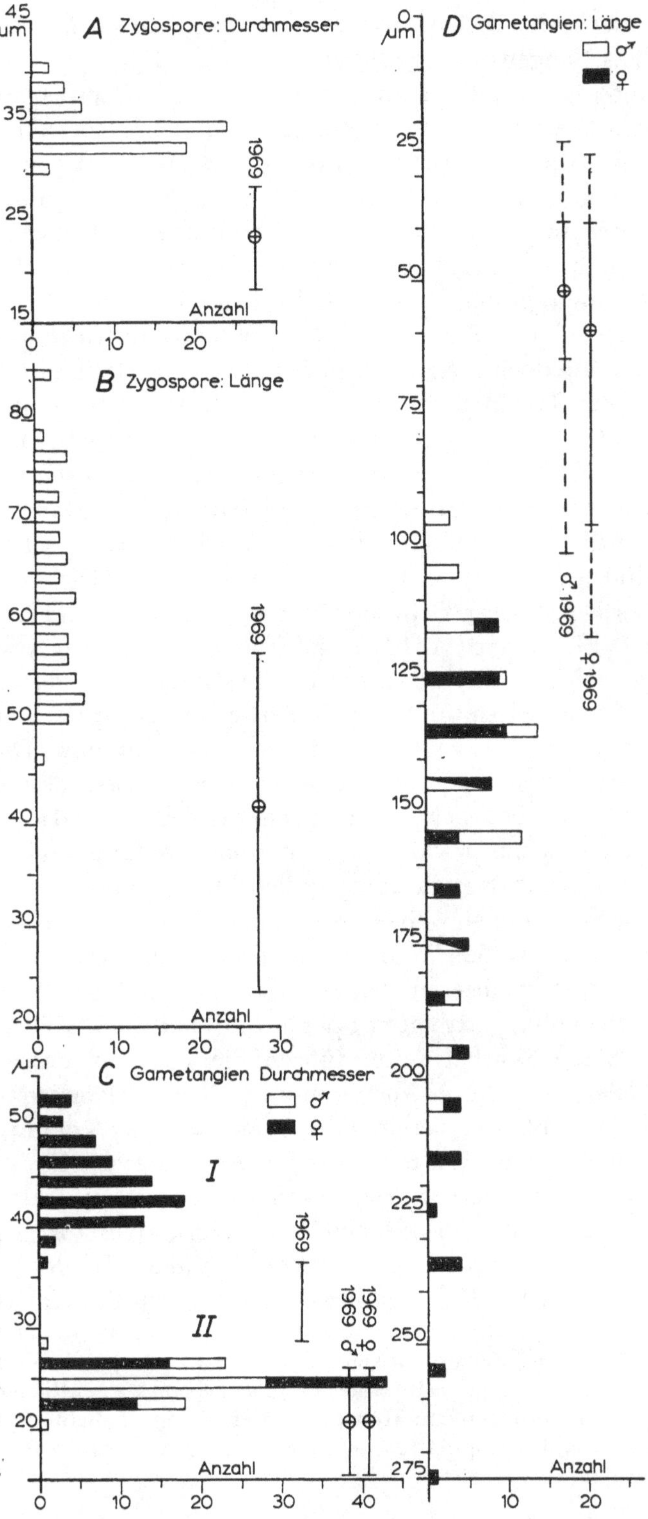

Abb. 6. *Spirogyra mirabilis* Konjugierendes. Material Meßwerte 1971. Zum Vergleich sind die Variationsspannen von 1969 eingetragen. I = Größter Durchmesser ♀ Gametangien. II = Gametangiendurchmesser über eine Endwand gemessen

entsprechend den 1971 klar etwas größeren Zygosporen, stärker ausgeprägt. Das Längen- zu Breitenverhältnis der Zygoten bleibt jedoch im Rahmen der 1969 festgestellten Variabilitätsgrenzen. Dazu ist allerdings anzumerken, daß den Werten von 1969 Messungen an über 500 konjugierenden Paaren, gegen nur etwas über 50 im Jahre 1971, zugrunde liegen.

Von den in der Literatur als Konjugationsstadien von *Spirogyra mirabilis* bezeichnet vorliegenden Abbildungen (Playfair, Czurda, Conard, Prescott u. Ackley, Transeau) stimmt nur die, eine nicht zur normalen Zygotenbildung führende Vereinigung zeigende Figur bei Czurda 1930, Abb. 12 (als Fig. 139, S. 142 in Czurda 1932 übernommen) und allenfalls die – jedoch stark schematisierte – Darstellung Conards 1936, Taf. V, 1[10], in der Tracht mit meinen Beobachtungen überein. Bilder, wie sie Playfair 1918, Fig. 4, a u. d; Prescott 1951, Taf. 77, Fig. 1 und auch Transeau 1951, Taf. XXIII, Fig. 4 (dann 1952 von Tiffany und Britton übernommen) geben, mit relativ gering aufgebauchtem ♀ Gametangium und gegen dieses deutlich abgesetzter, verhältnismäßig langer, schmaler Konjugationsbrücke sind zumindest untypisch. Ich habe desgleichen in meinem Material nie gesehen. Dieser Befund stützt die Annahme (Krieger 1941), daß es sich bei Playfair und Ackley gar nicht um Konjugationsstadien von *Spirogyra mirabilis* handelt, sondern Fehlbestimmungen vorliegen.

Nicht selten finden sich Abweichungen von dem geschilderten normalen Ablauf der Azygoten- und Zygosporenbildung. Die zugrundeliegenden Störungen können auf verschiedenen Entwicklungsstadien der Organe ansetzen. Mehrfach beobachtet und auch bei der Population aus dem Harz auftretend ist die schon erwähnte, nicht vom Vorhandensein eines Partners abhängige Anlage von Kopulationspapillen an Aplanosporangien (Abb. 1, o; Abb. 7, e). Ihr Vorkommen weist darauf hin, daß die „Aplanosporangien" als Gametangien gedeutet werden können, die einen Funktionswechsel erfuhren. Ein einziges Mal trat in unserem reichen Material ein Aplanosporangium mit zwei, jedoch nicht völlig getrennten Sporen auf (Taf. I, 7. Abb. 7, d).

Einen Schritt weiter führen die Fälle, in denen die Konjugation zweier Zellen zwar durch Ausbildung des Kopulationskanals eingeleitet wird, es aber doch nicht zur Vereinigung beider Partner kommt, da die Trennwand nicht aufgelöst wird (Abb. 8, d; c; e. Abb. 7, f; g). Die entstandene Brücke bleibt daher unpassierbar. Bemerkenswerterweise verhält sich einer der beteiligten Partner trotzdem wie eine beim Normalverlauf „aufnehmende" ♀ Zelle und zeigt die für sie typische Anschwellung. In der Mehrzahl dieser „steckengebliebenen" Konjugationen degeneriert der Inhalt des weiblichen Game-

[10] Auf der Zeichnung sieht es allerdings so aus, als ob die Partner in beiden Gametangienpaaren (a. u. b) ohne Ausbildung eines eigentlichen Konjugationskanals durch direkte Berührung in Kontakt träten, lediglich beim dritten Paar, das jedoch nicht zu normaler Kopulation gelangt, ist eine nur vom ♂ Partner ausgehende Brücke erkennbar.

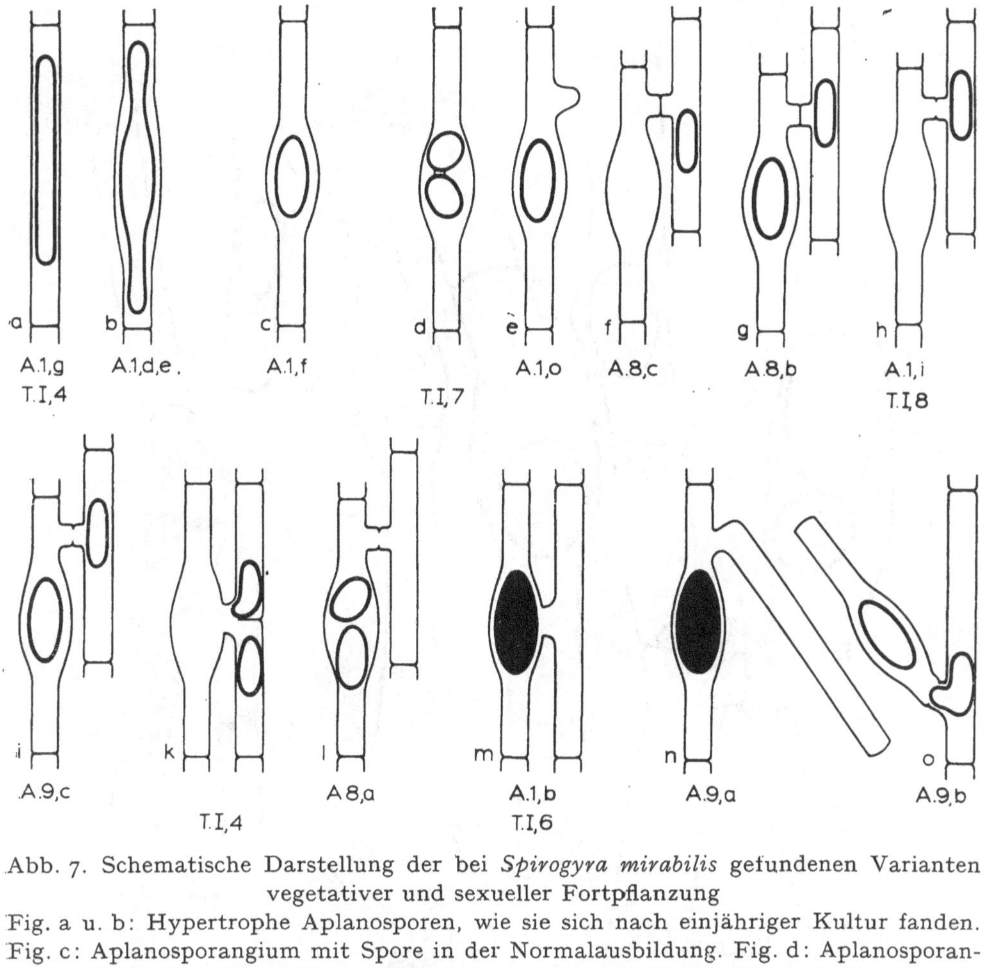

Abb. 7. Schematische Darstellung der bei *Spirogyra mirabilis* gefundenen Varianten vegetativer und sexueller Fortpflanzung

Fig. a u. b: Hypertrophe Aplanosporen, wie sie sich nach einjähriger Kultur fanden. Fig. c: Aplanosporangium mit Spore in der Normalausbildung. Fig. d: Aplanosporangium mit geteilter Spore. Fig. e: Aplanosporangium mit Konjugationspapille. Fig. f–l: Pseudokonjugationen. Fig. m: Normalfall einer erfolgreichen Konjugation. Fig. n: End-Seitenkonjugation. ♂ seitlich ansitzend, Konjugation gestört. Fig. o: End-Seitenkonjugation. ♀ seitlich ansitzend, Konjugation gestört· (Unter jeder Fig. ist angegeben, welches mikroskopische Bild der Schematisierung zugrunde liegt, dabei bedeutet A.: Abbildung; T.: Tafel)

tangiums, während im männlichen Partner eine Azygote entsteht (Abb. 8, c! Abb. 7, f). Ein derartiges Stadium hat Czurda 1920 beschrieben und in seiner Abbildung 12 dargestellt. Ausnahmsweise entwickeln sich auch beide nicht zur Vereinigung gelangten Gameten zu Azygoten. Es findet sich dann in jedem, praktisch zum Agametangium gewordenen Konjugationsanwärter eine Azygote (Abb. 8, b. Abb. 7, g). Obgleich es zuweilen schwierig ist, mit Sicherheit zu entscheiden, ob der Kopulationskanal frei passierbar oder blockiert ist[11],

[11] Bei Lebendbeobachtung des Kopulationsverlaufes, die die Gametenwanderung zu verfolgen gestattet, besteht wenig Wahrscheinlichkeit, zufällig ein Paar im Gesichts-

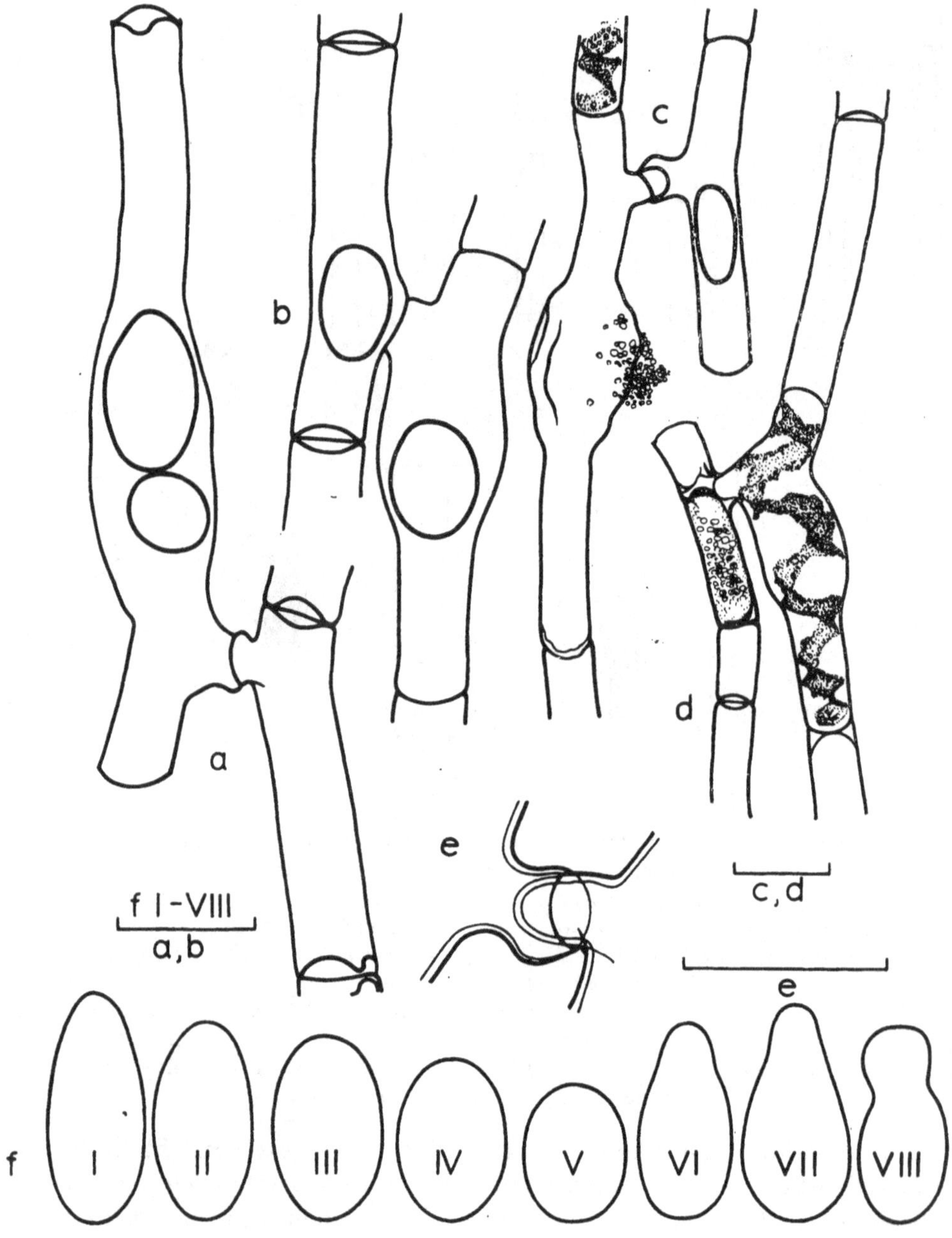

Abb. 8
Fig. a–d: Pseudokonjugationsstadien. Fig. e: Die nicht geöffnete Konjugationsbrücke aus Fig. c. Fig. f, I–VIII: Verschiedene Zygosporen-Formen und -Größen. I–IV: Normaltyp. VI–VIII: Seltene Ausnahmen

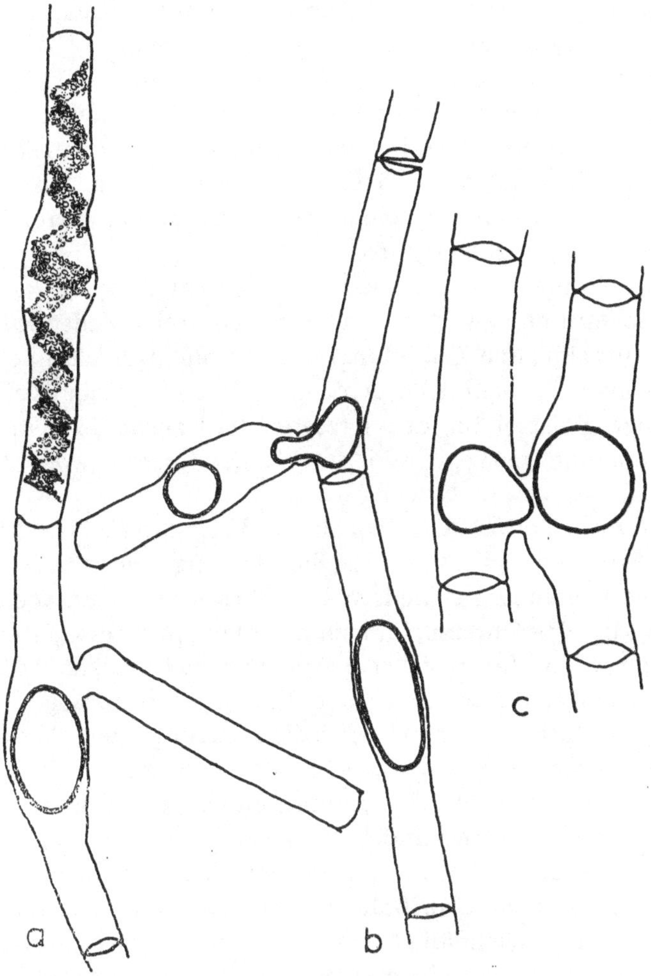

Abb. 9
Fig. a u. b: End-Seitenkonjugation. a mit seitenständigem ♂, b mit seitenständigem ♀.
Fig. c: Pseudokonjugation trotz offener Kopulationsbrücke

gibt es eindeutige Fälle, in denen trotz freier Austauschverbindung der beiden Partner die Spore gleichfalls in der nicht angeschwollenen, eigentlich als „abgebend" determinierten Zelle entsteht (Taf. I, 8. Abb. 7, h). Eine Variante dieser Möglichkeit ist auf Tafel I, Fig. 4 dargestellt. Zwei potentiell „abgebende" Zellen b und c haben einen gemeinsamen Kopulationskanal zur „aufnehmenden" Zelle e angelegt. Das ♀ Gametangium degeneriert jedoch, eine Gametenverschmelzung kam nicht zustande, so wurden die beiden ♂ Gametangien zu Agametangien, zu Aplanosporangien und bildeten je eine Aplanospore (Schema Abb. 7, k).

feld des Mikroskops zu haben, das sich nicht „normal", sondern nach einer der seltenen Ausnahmen verhält.

Auch die Bildung von zwei Sporen durch ein konjugierendes Paar kommt vor. Entweder liegt dann in jedem Gametangium eine Spore (Abb. 7, i. Abb. 9, c), eine Situation dieser Art bildet auch Conard 1936 auf seiner Tafel V (Fig. 1, c, d) ab, oder beide Sporen finden sich im weiblichen Gametangium (Abb. 8, a; Abb. 7, l). Anscheinend ist es in diesen Fällen trotz organisch vorhandener Möglichkeit aus physiologischen Gründen zwar noch zur Gametenwanderung, nicht mehr aber zur Fusion der beiden im ♀ Gametangium vereinigten Gameten gekommen. Sie wurden zu Azygoten.

Als große Seltenheit treten auch bei *Spirogyra mirabilis* „End-Seiten-Konjugationen" auf und zwar kann das mit dem freien Zellende [12] zum Partner Verbindung aufnehmende Gametangium, sowohl das männliche (Abb. 9, a. Abb. 7, n) als auch das weibliche (Abb. 9, b; Abb. 7, o) sein (wobei in dem von uns gefundenen Beispiel für den letzteren Fall zusätzlich eine Störung der Gametenvereinigung vorliegt und statt einer Zygote zwei Azygoten entstanden).

Die von *Spirogyra mirabilis* reichlich zur Verfügung stehenden Sporen verschiedenen Typs ermöglichten es, die eingangs erwähnte Kontraktionskoeffizientenbestimmung zu wiederholen. Dies schien wünschenswert, einmal weil Conard für seine Untersuchungen nur über spärliches Material dieser Art verfügen konnte, das für gesicherte Angaben nicht ausreicht. Zum anderen enthält die angewandte Methode der Volumenberechnung (es wurden die Aplanosporenmutterzellen, ohne Berücksichtigung der Anschwellung, als Zylinder, die Sporen als regelmäßige Rotationsellipsoide aufgefaßt) erhebliche Fehlerquellen. Ich habe der Berechnung daher nicht die nur schwer exakt bestimmbaren Volumina zugrunde gelegt, sondern gehe von Flächeninhalten aus. Sie lassen sich durch Ausmessen von mit einem Zeichenapparat form- und maßgetreu entworfenen Umrißbildern mittels eines Kompensationsplanimeters – auch bei unregelmäßigen Formen – recht genau ermitteln. In dieser Weise wurden 132 Einzelzeichnungen von Aplanosporangien mit Aplanosporen, von gepaarten Gametangien mit Zygoten, sowie einer Reihe der in Abbildung 7 zusammengefaßten Sonderfälle ausgewertet. Die wichtigsten Ergebnisse sind in Abbildung 10 zusammenfassend dargestellt. Aus den Werten läßt sich ablesen, daß die Kontraktion bei der Zygosporenbildung durchschnittlich etwas stärker ist (mittlerer Koeffizient: 5,35) als im Zuge der Aplanosporenentstehung (mittlerer Koeffizient: 4,10) (Abb. 10, A u. B). Errechnet man den Kontraktionskoeffizienten für die aus „Pseudokonjugation" [13] hervorgehenden Sporen auf der Basis der Flächensummen der gepaarten Zellen, so

[12] Das Vorhandensein eines freien Zellendes – also einer solitären – oder einer Fadenendzelle – ist Voraussetzung für die Möglichkeit dieses Konjugationstyps.

[13] Als „Pseudokonjugation" sei der Vorgang bezeichnet, durch den in zwei gepaarten Zellen ein oder mehrere Sporen entstehen, die nicht das Produkt einer Gametenverschmelzung darstellen, sondern nur aus jeweils einem Zellinhalt hervorgehen. Hierher gehören die Fälle f–l des Schemas Abb. 7.

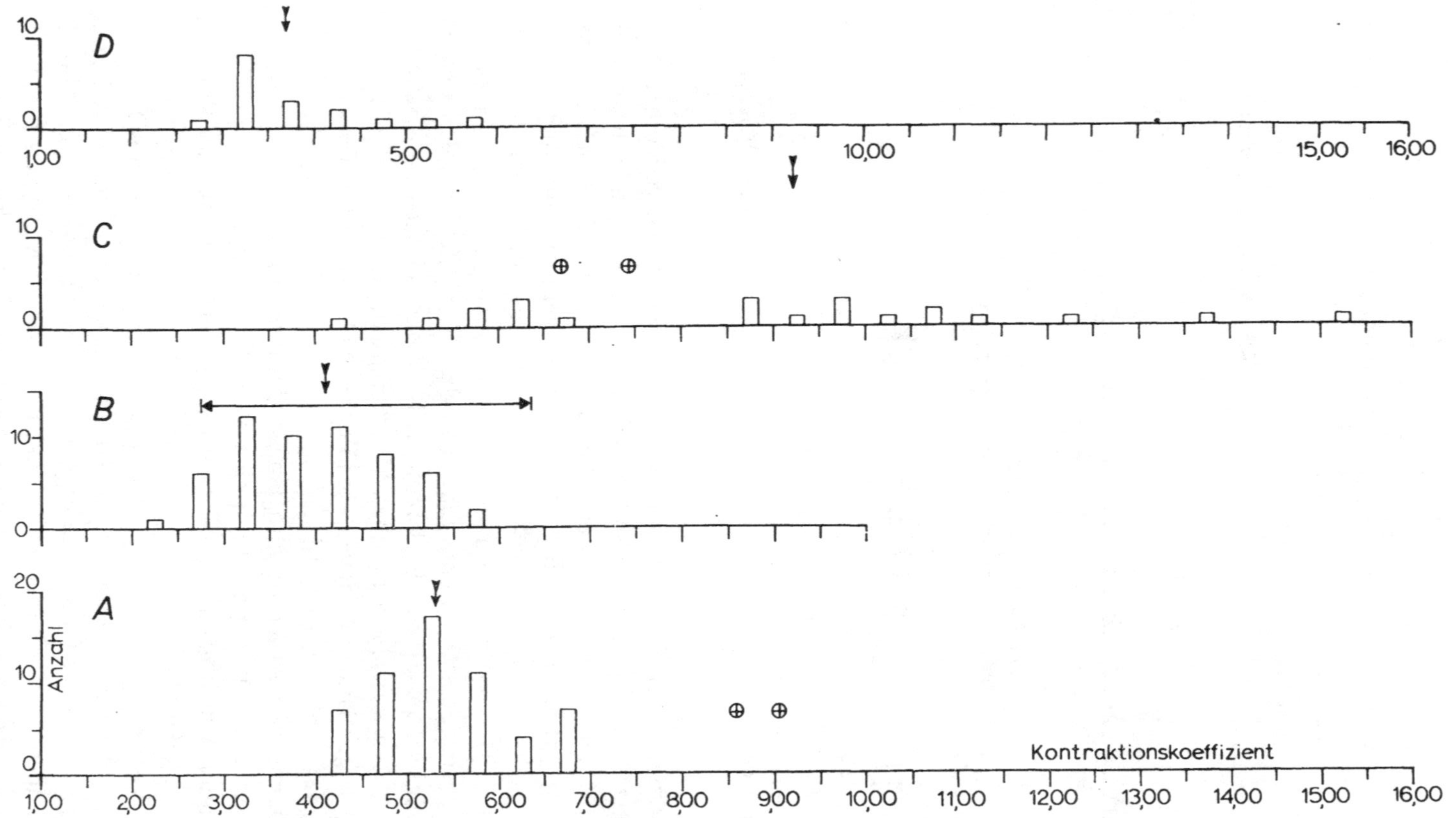

Abb. 10. Kontraktionskoeffizienten- und Flächenbestimmungen bei Aplanosporen, Zygoten und Pseudozygoten nach Kulturen 1971. Fig. A: Echte Konjugation: Summe der Flächen von ♂ Gametangien und ♀ Gametangien/Fläche der Zygote. (Die beiden Punkte entsprechen den nach Conards Zeichnungen ermittelten Werten.) – Fig. B: Aplanosporenbildung: Fläche des Aplanosporangiums/Fläche der Aplanospore. (Der Maßstrich stellt die Variabilitätsspanne dar, innerhalb der die nach Conards Zeichnungen gefundenen Werte liegen.) – Fig. C: Pseudokonjugation: Fläche ♂- + Fläche ♀-Gametangium/Fläche der Spore. – Fig. D: Pseudokonjugation: Fläche des die Spore enthaltenden „Gametangiums“/Fläche der Spore.

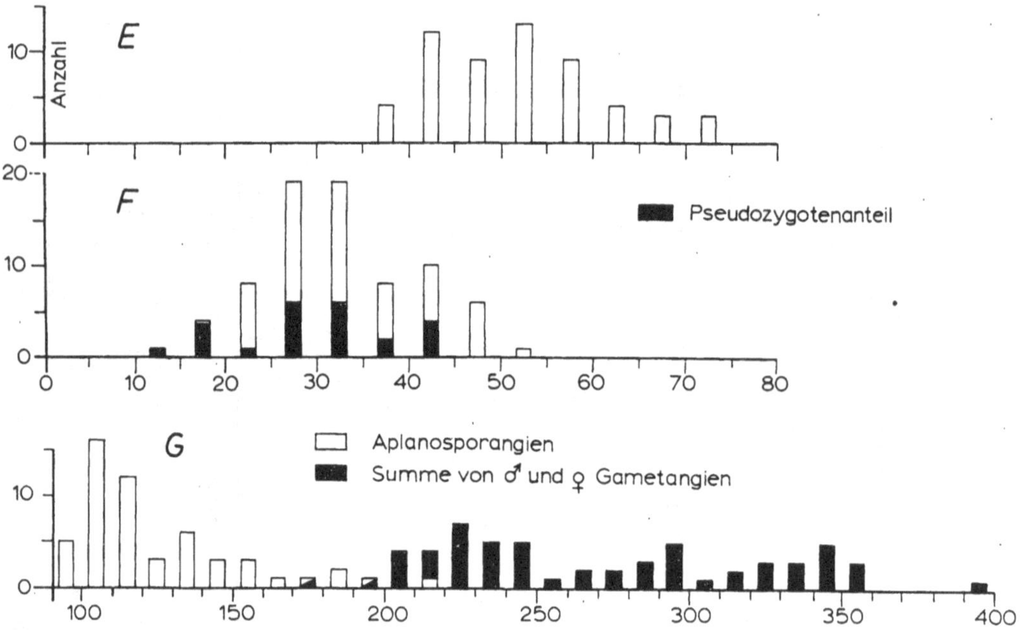

Abb. 10 (Fortsetzung)
Fig. E: Größe der Zygosporenfläche. – Fig. F: Größe der Aplanosporenfläche. – Fig. G: Vergleich der Größe der Aplanosporenfläche mit der Summe der Flächen von ♂- und ♀-Gametangium.

ergibt sich für sie, bei großer Variationsbreite, eine weit stärkere Kontraktion (mittlerer Wert: 9,18) (Fig. C, Abb. 10). Ein solches Vorgehen unterstellt jedoch, daß in den „Pseudozygoten" die Potenzen beider Konjugationspartner vereinigt sind. Das ist aber, wie oben ausgeführt und auch in der Definition für „Pseudokonjugation" verankert wurde, nicht der Fall. Die „Pseudozygoten" sind vielmehr nur aus einem Gameten gebildete Parthenosporen. Dies bestätigt sich, wenn man bei der Kontraktionskoeffizientenbestimmung nur von der Fläche der Partnerzelle, in der sich die Spore befindet, ausgeht. Es ergeben sich dann nämlich Koeffizienten, wie sie für „normale", in partnerlosen „Aplanosporangien" gebildete Aplanosporen typisch sind (Mittelwert: 3,74) (Abb. 10, Fig. D).

Die Umrißfläche von Aplanosporangien ist durchschnittlich kleiner als die Summe der Umrißflächen von zwei kopulierenden Gametangien, entsprechend erweisen sich auch Umrißflächen (und damit auch die Volumina) der Zygoten im Mittel etwas größer als die der Aplanosporen (Abb. 10, E, F). Dieser Befund zeigt, daß ein Vergleich der Zellängenwerte allein kein zutreffendes Bild der Verhältnisse ergibt, denn die Zellängen der Aplanosporenmutterzellen liegen etwas über der Summe der Längen konjugierender Partnerzellen (siehe Abb. 2, B), und das Längen- zu Breitenverhältnis ist für beide Sporentypen praktisch gleich (Abb. 5, E). Die aus dem Längenvergleich abgeleitete Schlußfolgerung

Conard's (l. c. S. 180): das längere Aplanosporangium bei *Spirogyra mirabilis* „contient en potentialité le cytoplasme de deux cellules", ist daher nur sehr bedingt richtig. Ich habe durch Anwendung meiner Auswertemethode auf die photographisch vergrößerten Figuren Conard's (l. c. Taf. V, S. 174) versucht, vergleichbare Werte zu erhalten. Die so gewonnenen Kontraktionskoeffizienten für Aplanosporen (aus den Figuren 2 u. 3 sowie 7–11, insgesamt 7 Werte) stimmen mit meinen Befunden gut überein (Abb. 10, Fig. B), hinsichtlich der beiden „Zygoten" Conard's ist dies nicht der Fall. Für sie liegen die Werte außerhalb der von mir für Zygoten gefundenen Variabilitätsbreite und eher im Bereich von Pseudozygoten (Abb. 10, A). Es erscheint daher nicht völlig ausgeschlossen, daß es sich auch bei dieser, in der Literatur bisher einzigen, zuverlässig belegten, Angabe über Zygotenbildung bei *Spirogyra mirabilis* um einen Fall von Pseudokonjugation handelt.

Als Ergebnis langfristiger Untersuchung einer *Spirogyra mirabilis*-Population aus dem Harz an Freilandmaterial und an Artreinkulturen ist festzustellen, daß bei dieser Art neben Azygoten auch reichlich und regelmäßig durch leiterförmige Konjugation entstandene Zygosporen auftreten. Die in der Literatur zu findenden Angaben, wie: „Die Fähigkeit, einen Sexualakt einzugehen, ist hier den Gameten völlig abhanden gekommen" (Oltmanns 1933, S. 161) oder: „. . . Sektion Mirabilis, für welche der Verlust der Kopulation bezeichnend ist" (Geitler 1949, S. 23), treffen also nicht zu. Offen bleiben muß allerdings die Möglichkeit, daß innerhalb der Art Rassen mit in verschiedenem Grade zurückgedrängter Sexualität existieren. Man kann sich dazu eine Reihe denken, an deren einem Ende Formen stehen, die agamogen, ohne Zeichen einer Sexualität in jeder Fadenzelle Aplanosporen bilden können und so den für die traditionelle *Spirogyra mirabilis*-Konzeption typischen Fall darstellen: „Kopulationsfortsätze sind auch nicht andeutungsweise vorhanden . . ." (Oltmanns 1922, S. 106). Gegen das andere Ende zu wären Populationen zu sehen, wie die von uns untersuchte, mit normalem Sexualprozeß neben Aplanosporenbildung. Als Endglied auf dieser Seite der Reihe lassen sich Stämme postulieren, die unter weitgehendem Verlust der Fähigkeit zur Aplanosporenbildung als normale Fortpflanzungsweise nur sexuell Zygosporen entwickeln. Solche Populationen würden aber, wenn nicht experimentell erzeugt, kaum als zum Formenkreis von *Spirogyra mirabilis* gehörend erkannt werden. Im Prinzip sind die wesentlichsten Stadien einer derartigen Reihe, wie das Schema 7 belegt – jedoch nur als Einzelfälle, nicht als Rasse – in unserer Population aus dem Harz vertreten. Lediglich spekulativ könnte diskutiert werden, in welcher Richtung die Reihe, phylogenetisch aufgefaßt, reduktiv und in welcher progressiv zu lesen wäre. Schon als die Art nur rein agamogen bekannt war, bestand keine Einigkeit darüber, ob man sie „als den einfachsten Typus einer noch nicht geschlechtlichen Art . . . von der erst die konjugierenden Arten herstammen" (Klebs 1896, S. 255/256) betrachten solle oder nicht, „ich kann mich kaum entschließen, die *Spirogyra* als niedrigste Conjugate anzusprechen,

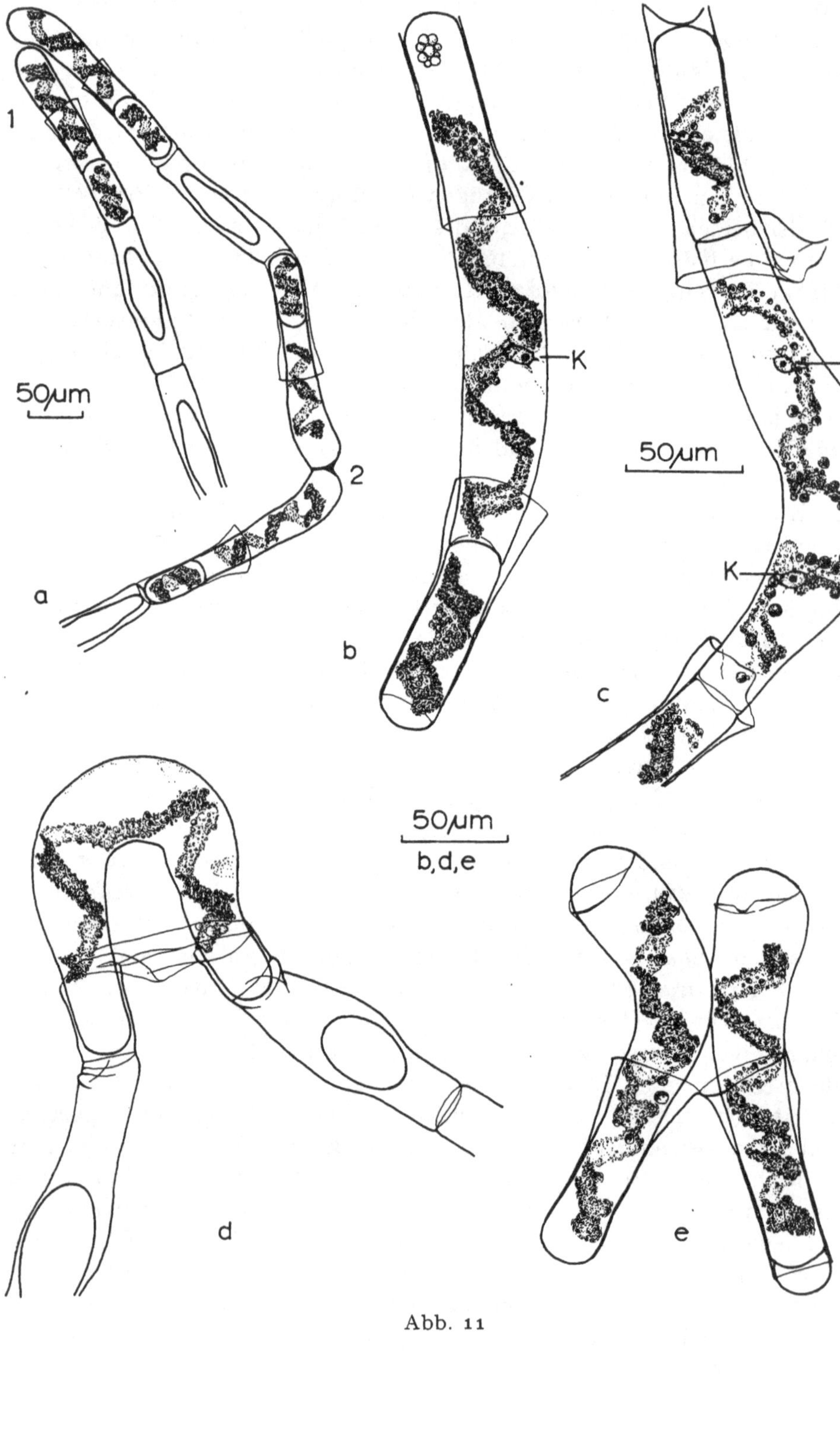

Abb. 11

glaube vielmehr, daß es sich hier ... um einen Fall von Apogamie handle". (Oltmanns 1922, S. 106). Das inzwischen mehrfach beobachtete Auftreten von Kopulationspapillen an Aplanosporangien (die in meinem Material im Gegensatz zu den von Geitler 1970 [S. 299] beobachteten Fällen nicht degenerierten, sondern normal Aplanosporen bildeten) spricht jedoch dafür, daß diese Sporangien ihrer Natur nach Gametangien sind, deren Gameten vegetativ Azygoten, Parthenosporen bilden. Die Annahme einer prinzipiellen Verschiedenheit zwischen der Azygotenbildung bei *Spirogyra mirabilis* und der Azygotenbildung bei normalerweise kopulierenden Arten, wie sie Czurda 1930 für notwendig hält, scheint mir jetzt, da feststeht, daß auch *Spirogyra mirabilis* zu normaler Kopulation befähigt ist – oder vorsichtiger ausgedrückt – dazu befähigte Populationen umschließt, nicht mehr gerechtfertigt. Die Haltlosigkeit der Vorstellung von nicht in den normalen Entwicklungsgang gehörenden, pathologischen, durch Pilzbefall verursachten Bildungen, bedarf wohl keiner besonderen Betonung.

Kurz einzugehen wäre noch auf die Terminologie, werden doch für die Fortpflanzungskörper von *Spirogyra mirabilis* in der Literatur, je nach der Deutung ihrer Natur, unterschiedliche Bezeichnungen verwendet. Ich bin in der bisherigen Darstellung diesem Brauche gefolgt. In alten Arbeiten ist von „Sporangia" (Hassall 1845), „Spermatiis" (Kützing 1849), oder „sporenähnlichen Körpern", „ungeschlechtlich erzeugten Ruhesporen" (De Bary 1858) die Rede, während Petit 1880 entsprechend seiner Auffassung sie „Zygosporen" nennt. Wille 1887 (S. 498) diskutiert bereits zwei, bis in die neueste Zeit vertretene Möglichkeiten: Parthenosporen oder Aplanosporen?, ist aber „doch geneigt, sie als Aplanosporen zu deuten". Solms-Laubach 1888 spricht von „scheinbaren Azygosporen". Collins 1909 meint: „The spores ... are more properly to be considered aplanospores". Peterschilka 1923, Kolkwitz 1941 und Fritsch 1948 entscheiden sich für „Parthenosporen". Czurda 1930 verwendet die Bezeichnung „Azygote", die auch Geitler 1949 und 1970 in Verbindung mit „Agametangium" gebraucht. Transeau 1951 unterscheidet bei ungeschlechtlichen Fortpflanzungskörpern der Zygnemataceen Akineten, Aplanosporen und Parthenosporen. Die Akineten sind klar dadurch definiert, daß sie sich aus ganzen vegetativen Zellen durch zusätzliche Wandverstärkung bilden. Aplanosporen und Parthenosporen dagegen entstehen innerhalb von Fadenzellen, deren Inhalt sich kontrahiert und nach Art von Zygosporen neu umwandet. Sie sollen sich jedoch darin

---

Abb. 11. *Spirogyra mirabilis*, Fadenfragmentation

Fig. a: Ein spindelförmige Aplanosporen führender Faden hat sich bei 1 bereits geteilt, bei 2 steht die Teilung bevor. – Fig. b–e: Einzelne Stadien des Fragmentationsprozesses. – b: Die unter Sprengung der Hülle gestreckte Trennungsinitialzelle (K = Zellkern). – c: Der Zellkern hat sich geteilt, beginnende Krümmung der Zelle. – d: Kniebildung beendet. – e: Nach Wandbildung sind die beiden Tochterzellen im Kniescheitel voneinander getrennt.

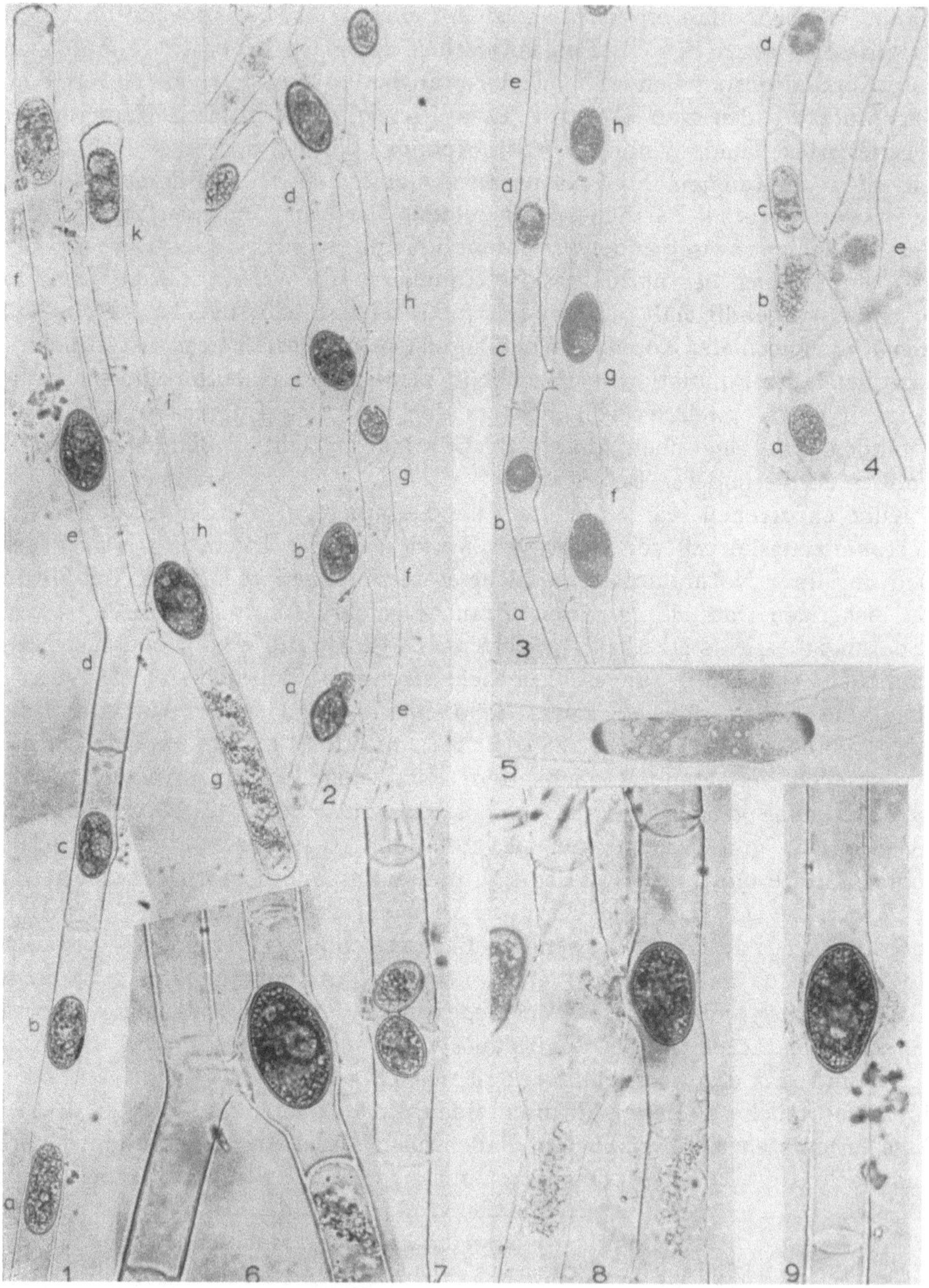

Tafel I. *Spirogyra mirabilis*

Fig. 1: Zwei Fäden mit Aplanosporen (a, b, c, d, e, f, k), einem konjugierenden Paar (d, h) und einer vegetativen Zelle (g). – Fig. 2: Fadenpaar mit 4 konjugierenden Paaren (a/e; b/f; c/h; d/i) und zwei Aplanosporen. – Fig. 3: Zwei Fäden in leiterförmiger Konjugation mit drei kopulierenden Paaren (a/f; c/g; e/h) und zwei Aplanosporen (b; d). –

unterscheiden, daß Aplanosporen aus vegetativen Zellen hervorgehen, Parthenosporen dagegen in Gametangien aus Gameten „when the normal union of one gamete with another fails to occur either by absence of an opposite gamete, or by sudden changes in environmental conditions" (Transeau l. c. S. 7). Es wird vielfach schwer zu entscheiden sein, ob ein Sporangium potentiell auf eine vegetative Zelle oder auf ein Gametangium zurück geht. Gerade bei *Spirogyra mirabilis* jedoch, bei der Transeau von Aplanosporen spricht, weisen die gelegentlich zu findenden Kopulationspapillen eindeutig auf eine Gametangiennatur hin, so daß hier auch nach Transeau'scher Definition von Parthenosporen zu sprechen wäre. Randhawa 1959, der die Einteilung Transeaus übernimmt, bezeichnet (S. 66) – in diesem Punkte abweichend – die Sporen von *Spirogyra mirabilis* als „Azygoten", einem Ausdruck, den er gleichbedeutend mit „Parthenosporen" verwendet, schreibt aber im speziellen Teil seiner Monographie (S. 75 und S. 304) dann inkonsequent einerseits „Aplanosporen", andererseits von „Gametangien".

Meines Erachtens wäre am korrektesten die Verwendung der Bezeichnungen „Parthenospore" und „Gametangium". Dies stößt jedoch auf eine Schwierigkeit. Definitionsgemäß dürfte bei anisogamer Apomixis nur die Entwicklung des unbefruchteten weiblichen Gameten als „Parthenogenesis" und damit auch nur die aus ihr hervorgehende Spore als „Parthenospore" bezeichnet werden. Entsteht die Spore dagegen aus einem unbefruchteten männlichen Gameten, so handelt es sich um „Ephebogenesis" und eine „Ephebospore". In unserem Schema Abb. 7 liegt danach in den Fällen f, h[14] und k Ephebogenesis vor, bei g, i, l und o, wo durch apogamogene Entwicklung beider Gameten eines „pseudokopulierenden" Paares zwei Sporen auftreten, wäre die eine als „Parthenospore", die andere als Ephebospore zu bezeichnen. Welche Benennung aber ist für die Fälle a–c angebracht, in denen nicht zu entscheiden ist, ob der Apomixis ein männlicher oder ein weiblicher Gamet zugrunde liegt? (Es sei denn, man will die Anschwellung des Gametangiums als weibliches Attribut werten und die Fälle b–e als Parthenosporen einordnen.)

Die Verhältnisse liegen hier bei *Spirogyra mirabilis* im Prinzip wohl ähnlich wie bei gametischer Apomixis im Falle von Isogamie. Ebenso, wie es dort

[14] Wille hat 1900 (S. 23, Taf. I, Fig. 22) eine Beobachtung an *Spirogyra fallax* Hansg. erwähnt, nach der eine Zygotenbildung im männlichen Gametangium des kopulierenden Paares erfolgte. Kniep 1928 (S. 45/46; Fig. 25) nennt dies einen sehr seltenen Ausnahmefall. Es erscheint mir nach unseren Befunden nicht unwahrscheinlich, daß die Beobachtung Willes gleichfalls als Ephebogenesis zu deuten ist!

Fig. 4: Pseudokonjugation zweier ♂ Zellen (b, c) mit einem ♀ Gametangium (e). Die ♂ Gametangien wurden zu Sporangien mit Aplanosporen. – Fig. 5: Hypertrophe Aplanospore mit braunen Polkappen. – Fig. 6: Konjugierendes Paar mit reifer Zygospore. – Fig. 7: Aplanosporangium mit geteilter Spore. – Fig. 8: Pseudokonjugation, die Azygote (Parthenospore) liegt im morphologisch als ♂ erkennbaren Gametangium. – Fig. 9: Aplanosporangium mit Aplanospore und rudimentärer Kopulationspapille

üblich ist (Kniep, l. c. 1928), großzügig von Parthenogenesis zu sprechen, sollte man auch in unserem Falle unter Verzicht auf eine Unterscheidung zwischen Parthenogenesis und Ephebogenesis generell von Parthenogenese und Parthenosporen sprechen.

Zusammenfassung

Spirogyra mirabilis wurde an Freilandmaterial und in daraus gewonnenen artreinen Kulturen über drei Jahre hin beobachtet. In der Population traten regelmäßig Konjugationen auf, so daß die Zygosporenbildung bei der Art erstmals an einem reichen Material eindeutig festgestellt und untersucht werden konnte. Die Größenvariabilitätsspanne der wichtigsten Maße wurde ermittelt. Die Befunde sind mit den in der Literatur vorliegenden Angaben verglichen und diskutiert.

Summary

Monographs of freshwater algal species
VII. *Spirogyra mirabilis* (Hass.) Kütz. 1849
and its zygospores

Spirogyra mirabilis from a natural habitat in the Harz mountains and from single-species cultures, derived from this material was observed over a period of three years. Conjugation was found to occur in the population regularly and the formation of zygospores in the species could be stated definitively and studied for the first time on a voluminous material. The variability of the main dimensions was deliminated. The results are discussed on the basis of the literature.

Краткое содержание

Описания отдельных видов пресноводных водорослей
VII. *Spirogyra mirabilis* (Hass.) Kütz. 1849
и образование ее зигоспор

Spirogyra mirabilis в течение трех лет наблюдалась на сборах полевого материала и на выведенных из него чистых культурах. В популяции водоросли регулярно наблюдались конъюгации, так что впервые на большом материале удалось подтвердить и изучить образование зигоспор. Была установлена амплитуда изменчивости важнейших промеров. Результаты наблюдений обсуждаются и сравниваются с литературным материалом.

Literatur

Ackley, A. B., 1929: New Species and Varieties of Michigan Algae. – Transactions American Microscop. Soc. *48*, 302–309.

Bock, W., 1952: Floristisch-ökologische Untersuchungen der Algenvegetation periodischer Gewässer im südlichen Teil des Maindreiecks. Arch. f. Hydrobiol. *47* (1), 9–74.

Bock, O. und Bock, W., 1956: Zygnemales aus Unterfranken. – Arch. f. Hydrobiol. *52*, 406–448.

Braun, A., 1851: Betrachtungen über die Erscheinung der Verjüngung in der Natur. – Leipzig.

Cocke, E. C. and Wodding Jr., N. H., 1970: Aplanospore Formation and Germination in *Spirogyra* sp. – Virginia J. of Science *21* (2), 52–56.

Conard, A., 1936: Quelques remarques sur la fécondation chez les *Spirogyra* et les *Degagnya*. – Beih. Bot. Centralbl. *54*, Abt. A, 165–183.

Czurda, V., 1930: Experimentelle Untersuchungen über die Sexualitätsverhältnisse der Zygnemalen. – Beih. Bot. Centralbl. *47*, Abt. I, 15–68.

de Bary, A., 1858: Untersuchungen über die Familie der Conjugaten. – Leipzig.

Fritsch, F. E., 1948: The Structure and Reproduction of the Algae I. – Cambridge.

Gauthier-Lièvre, L., 1965: Zygnémacées africaines. – Weinheim.

Geitler, L., 1949: Das Kopulationsverhalten von *Mougeotia polymorpha* n. sp. und die Azygotenbildung von *Spirogyra dimorpha* n. sp. – Österr. Bot. Zeitschr. *96*, 15–24.

–, 1970: Zur Morphologie von *Spirogyra mirabilis*. – Österr. Bot. Zeitschr. *118*, 297–300.

Hassall, A. H., 1845: A History of the British Freshwater Algae. -- London.

Hirn, K. E.: Die finnländischen Zygnemaceen. – Acta Soc. pro Fauna et Flora Fennica *11*, No. 10.

Klebs, G., 1896: Die Bedingungen der Fortpflanzung bei einigen Algen und Pilzen. – Jena (in der 2. unveränderten Auflage. Jena 1928).

Kniep, M., 1928: Die Sexualität der niederen Pflanzen. – Jena.

Kolkwitz, R.: siehe Krieger!

Krieger, H., 1941: In: Kolkwitz, R., und H. Krieger: Zygnemales. Dr. L. Rabenhorst's Kryptogamenflora von Deutschland und der Schweiz XIII. 2. Abt. – Leipzig.

Kützing, F. T., 1849: Species Algarum. – Lipsiae.

Kützing, F. T., 1855: Tabulae phycologicae, Bd. V. – Nordhausen.

Lagerheim, G., 1883: Bidrag till Sveriges Algflora. – Öfversigt af kongl. Vetenskaps-Akademiens Förhandlinger *2*, 37–78.

Langer, S., 1934: Monographische Bearbeitung der *Spirogyren* mit besonderer Berücksichtigung der vorkriegsungarischen Verhältnisse. – Folia cryptogamica, 1253–1306, Taf. XXXI–XXXV.

Oltmanns, F., 1922: Morphologie und Biologie der Algen, Bd. I. Jena. – Bd. III, Jena 1923.

Peterschilka, F., 1923: Beitrag zur Kernteilung und Parthenosporenbildung von *Spirogyra mirabilis* Kütz. – Arch. Protistenk. *49*, 153–165.

Petit, P., 1880: *Spirogyra* des Environs de Paris. – Paris.

Playfair, G. I., 1918: New and rare freshwater algae. – Proc. Linnean-Soc. New South Wales *43*, 497–543.

Prescott, G. W., 1951: Algae of the western Great Lakes Area. – Bloomfield Hills Mich.

Rabenhorst. L., 1863: Kryptogamen-Flora von Sachsen, der Ober-Lausitz, Thüringen und Nordböhmen. – Leipzig.

–, 1868: Flora europaea Algarum aquae dulcis et submarinae, Sect. III. – Lipsiae.

Randhawa, M. S., 1959: Zygnemataceae. – New Delhi.
Rieth, A., 1973: Süßwasser-Algenarten in Einzeldarstellung. VI. *Spirogyra gaterslebensis*, eine neue Art der Section Salamacis. – (Im Druck.)
Solms-Laubach, H. Graf zu, 1888: In: de Bary, A.: Species der Saprolegnieen. 3. Forts. – Bot. Zeitung *38* (41), 645–653.
Tiffany, L. H., and M. E. Britton, 1952: The Algae of Illinois. – Chicago.
Transeau, E. N., 1951: The Zygnemataceae. – Columbus.
Wille, N.: 1887: Algologische Mitteilungen IX. Über Akineten und Aplanosporen. – Jahrb. wiss. Botanik *18*, 491–518.
Wolle, F., 1887: Fresh-Water Algae of the United States. – Bethlehem. (Reprint-Ausgabe, New York 1928.)

Anmerkung bei der Korrektur:

Erst während der Drucklegung meiner Mitteilung konnte ich eine Arbeit: Rattan, R. S., 1967: Notes on some Zygnemataceae from Panjab (Phykos *6*, 95–99) einsehen. Ob den dort geschilderten Beobachtungen über Entstehung der Sporen durch „Direkte Konjugation" benachbarter Zellen eines Fadens wirklich *Spirogyra mirabilis* (Hass.) Kütz. zugrunde lag, erscheint mir fraglich. In meinem Material jedenfalls treten seit über drei Jahren Parthenosporen auf, ohne daß ihrer Bildung eine „Direkte Konjugation" vorausgeht.

Beiträge der Photosyntheseforschung zur Ertragsphysiologie, speziell bei Getreide

von Peter Apel, Martin Peisker und Martina Tschäpe

(Eingegangen am 17. Dezember 1971)

Alle Erträge sind letztlich ein Ergebnis der Photosynthesetätigkeit der grünen Pflanzen. Jedoch liefert dieser Prozeß nur die Primärprodukte für weitere Synthesen und die dafür aufzuwendende Energie. Die Bereitstellung solcher Primärprodukte vorausgesetzt, kann die Ertragsbildung als Verteilungsprozeß aufgefaßt werden, durch den die Produkte der Photosynthese nach einem genetisch determinierten Schlüssel auf die einzelnen Organe einer Pflanze verteilt werden. Dieser Gesichtspunkt gewinnt besondere Bedeutung für Pflanzenarten, bei denen sich die Nutzung auf ein bestimmtes Organ erstreckt, das häufig durch Speicherfunktion und allometrisches Wachstum gekennzeichnet ist. Probleme des Stofftransports in der Pflanze und solche der mit der Speicherung verbundenen Syntheseleistungen treten dabei in den Mittelpunkt des Interesses, aber ebenso Fragen der Informationsübermittlung in der Pflanze, die Voraussetzung eines geordneten Verteilungsprozesses ist.

Gegenstand dieser Betrachtungen soll zunächst die Photosyntheserate und ihre Beziehung zur Ertragsbildung bei Kulturpflanzen sein. Es wird dabei davon ausgegangen, daß eine hohe photosynthetische Leistungsfähigkeit (Photosyntheserate pro Blattflächeneinheit) ein unter ertragsphysiologischem Aspekt wünschenswertes Merkmal ist, und es soll dargestellt werden, welche Wege möglich erscheinen, dieses Merkmal züchterisch zu beeinflussen. Fragen der Wechselbeziehungen zwischen Photosyntheserate einerseits und Translokation und Speicherung der Assimilate andererseits werden dann in einem gesonderten Abschnitt erörtert. Dabei wird vorwiegend auf einheimische Getreidearten, speziell Weizen und Gerste, Bezug genommen.

DIE PHOTOSYNTHETISCHE CO_2-AUFNAHME ALS PHYSIKALISCH-PHYSIOLOGISCHER PROZESS

Qualitativ läßt sich die photosynthetische CO_2-Aufnahme eines Blattes folgendermaßen beschreiben: Atmosphärisches CO_2 diffundiert durch die Grenzschicht und die Spaltöffnungen in den Interzellularraum und von hieraus in gelöster Form durch Mesophyllzellmembran und -plasma in die Chloroplasten. Bedingung für diesen Vorgang ist eine Konzentrationsdifferenz für

CO_2 zwischen der Umgebung des Blattes und dem Ort der Carboxylierung im Chloroplasten. Der biochemische CO_2-Einbau ist seinerseits gebunden an die miteinander gekoppelten Prozesse von Lichtreaktionen, Elektronentransport, Photophosphorylierung und Bildung von Reduktionsäquivalenten, d. h. an die Umwandlung von Lichtenergie in chemische Energie.

Unter dem Gesichtspunkt der Stoffbildung einer Pflanze interessieren vor allem quantitative Verhältnisse, so etwa die Frage, in welchem Maße die am Gesamtprozeß des CO_2-Einbaus beteiligten Teilprozesse zu einer unter gegebenen Umweltparametern gemessenen Photosyntheserate beitragen. Das Zusammenwirken von Teilprozessen (Diffusion, Carboxylierung, Atmung) und die Bedeutung der anatomischen Struktur des Blattes wird durch Modellvorstellungen besser überschaubar und einer quantitativen Analyse zugänglich.

Die Darstellung von Waggoner (1969) erscheint besonders anschaulich und übersichtlich (Abb. 1).

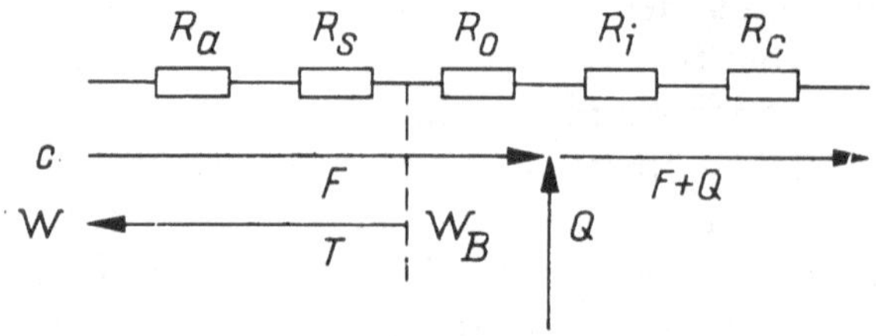

Abb. 1. Modell des CO_2-Gaswechsels und der Transpiration eines Blattes (s. Text)

Hiernach ergibt sich die Nettophotosyntheserate bei Lichtsättigung zu:

$$F = \frac{c - Q\,(R_i + R_c)}{R_a + R_s + R_o + R_i + R_c}\,.$$

Es bedeuten:

c = CO_2-Konzentration in der Umgebung des Blattes

Q = Lichtatmungsrate

R_a = Diffusionswiderstand für CO_2 in der Grenzschicht zwischen Blatt und umgebender Atmosphäre

R_s = Stomatawiderstand für CO_2

$R_o + R_i$ = Diffusionswiderstände in der flüssigen Phase zwischen Mesophyllmembran und Ort der CO_2-Fixierung

R_c = Carboxylierungswiderstand, bestimmt durch die chemische CO_2-Fixierung

Der Gesamtwiderstand $R_g = R_a + R_s + R_o + R_i + R_c$ kann aus dem Anstieg der Geraden berechnet werden, die sich ergibt, wenn die CO_2-Aufnahme als Funktion der CO_2-Konzentration außerhalb des Blattes dargestellt wird (Holmgren et al. 1965).

Eine Aufgliederung des Gesamtwiderstandes ist nur dann sinnvoll, wenn sich seine Komponenten einzeln direkt oder indirekt bestimmen lassen. Für R_a und R_s kann dies nach Gaastra (1959) durch Transpirationsmessungen auf folgende Weise geschehen:
Die Transpirationsrate ist nach dem Modell durch

$$E = \frac{W_B - W}{R'_a + R'_s}$$

gegeben. Hierin bedeuten

W_B = Wasserdampfkonzentration an der Oberfläche der Mesophyllzellen
W = Wasserdampfkonzentration in der Atmosphäre
R'_a = Grenzschichtwiderstand gegenüber Wasserdampf
R'_s = Stomatawiderstand gegenüber Wasserdampf

Bei der Berechnung des Widerstandes $R'_a + R'_s$ mit Hilfe dieser Gleichung wird im allgemeinen angenommen, daß im Interzellularraum an der Oberfläche der Mesophyllzellen Wasserdampfsättigung herrscht, d. h. daß W_B allein durch die Blattemperatur bestimmt wird. In analoger Weise kann durch Messung der Evaporation eines Stückes feuchten Filterpapiers von der Form des untersuchten Blattes der Grenzschichtwiderstand R'_a gesondert ermittelt werden. Wegen des Unterschiedes der Diffusionskonstanten für CO_2 und Wasserdampf müssen R'_a und R'_s mit entsprechenden Umrechnungsfaktoren multipliziert werden, um daraus die Widerstände für den CO_2-Transport zu erhalten (Gale und Poljakoff-Mayber 1968):

$$R_a = 1{,}35\ R'_a$$
$$R_s = 1{,}56\ R'_s$$

Auch eine gesonderte Bestimmung der Teilwiderstände R_o, R_i und R_c ist prinzipiell möglich (Chartier 1968, Peisker und Apel 1971). In vielen Fällen begnügt man sich allerdings damit, diese Widerstände als „Mesophyllwiderstand" zusammenzufassen.

Die quantitative Bestimmung von Teilwiderständen der photosynthetischen CO_2-Aufnahme erweist sich besonders dann als vorteilhaft, wenn der Einfluß exogener oder endogener Faktoren auf die Photosyntheserate untersucht wird. Damit wird eine detailliertere Aussage über den Angriffspunkt des variierten Faktors möglich und weiterführende Untersuchungen können sehr zielgerichtet erfolgen.

Bei einer Analyse des Einflusses von Sauerstoff auf die CO_2-Aufnahme von Gurkenblättern (Peisker und Apel 1971) konnte gezeigt werden, daß durch die O_2-Konzentration nur der Mesophyllwiderstand beeinflußt wird (Abb. 2, s. a. Gauhl und Björkman 1969, Ludlow 1970).

In Untersuchungen von Tschäpe (1970, 1971) wurde die photosynthetische CO_2-Aufnahme thermophiler Kulturpflanzen nach Behandlung mit niedrigen

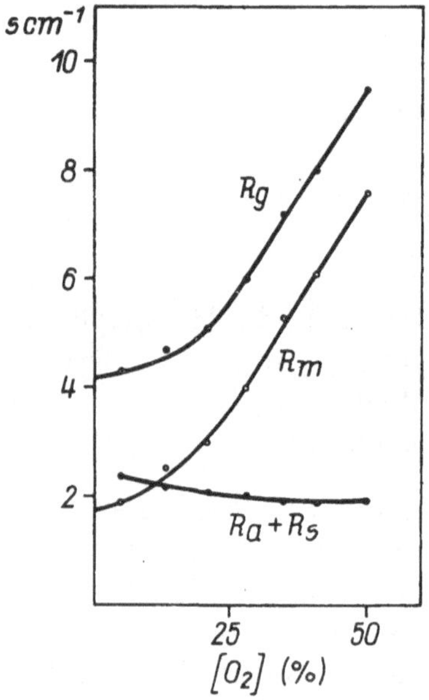

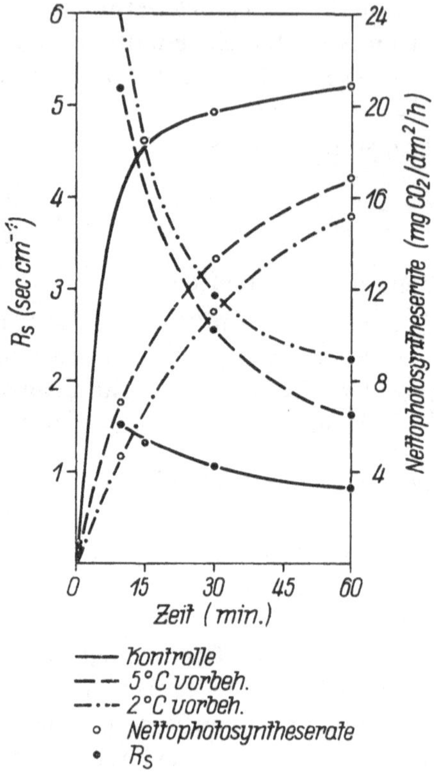

Abb. 2. Einfluß der Sauerstoffkonzentration auf den Gesamtwiderstand $R_G = R_a + R_s + R_m$ für die CO_2-Aufnahme eines Gurkenblattes und auf die Teilwiderstände $R_a + R_s$ und R_m

Abb. 3. Stomatadiffusionswiderstand R_s (sec · cm^{-1}, bestimmt aus Stomataanzahl und -form) und Nettoassimilationsrate (mg $CO_2/dm^2 \cdot h$) von *Glycine max* (L.) Merr. nach Behandlung mit unterschiedlichen Temperaturen während der vorangegangenen Dunkelphase. Zum Zeitpunkt 0: Beginn der Lichtphase bei 25 °C, 90% rel. Feuchte und 40000 Lux

Temperaturen analysiert. Durch parallele Bestimmung der photosynthetischen CO_2-Aufnahme und des Stomatawiderstandes wurde deutlich, daß die Depression der Photosyntheserate nach Kältevorbehandlung im Dunkeln allein durch eine Vergrößerung des Stomatawiderstandes verursacht wird (Abb. 3).

Die Kenntnis der Teilwiderstände des Modells ist weiterhin für die Beurteilung des Zusammenhangs zwischen Nettoassimilation und Transpiration nützlich. Oft ist von Interesse, wie eine Zunahme des Stomatawiderstandes CO_2-Aufnahme und Wasserdampfabgabe im Verhältnis zueinander beeinflußt. Diese Frage tritt z. B. im Zusammenhang mit der Applikation von über die Stomata wirkenden Antitranspirantien auf. Quantitative Aussagen dazu gestattet das Verhältnis der relativen Änderungen von Transpiration und

Assimilation $\frac{dE}{E} : \frac{dF}{F}$. Nach Parkinson (1970) ist diese Größe dem Verhältnis der die beiden Diffusionsprozesse begrenzenden Widerstände umgekehrt proportional. Es gilt:

$$\frac{dE}{E} : \frac{dF}{F} = \frac{R_a + R_s + R_m}{1{,}56\,(R'_a + R'_s)}\,.$$

Vernachlässigt man in dieser Gleichung die Grenzschichtwiderstände und berücksichtigt $R_s = 1{,}56\ R'_s$, dann ergibt sich

$$\frac{dE}{E} : \frac{dF}{F} = 1 + \frac{R_m}{R_s}\,.$$

Das Verhältnis von Mesophyllwiderstand und Stomatawiderstand erweist sich also als ein für die Charakterisierung der Beziehung zwischen Photosynthese und Transpiration wichtiger Parameter und ist damit auch für die Relation zwischen Wasserverbrauch und Ertrag von Bedeutung (Slatyer 1970).

Bei dieser Betrachtung wurde nicht berücksichtigt, daß bei niedrigerer Transpiration weniger Energie in Form von latenter Wärme an die Umgebung des Blattes abgegeben wird und daß demzufolge die Blattemperatur ansteigt. Die Folge davon ist ein größeres Konzentrationsgefälle für die Wasserdampfkonzentration zwischen Blattinnerem und äußerer Umgebung. Diese Vorgänge wirken der durch Stomataschluß herbeigeführten Verringerung der Transpiration entgegen und heben diese zum Teil auf (Downes 1969). Berücksichtigt man diesen Sachverhalt, dann erhält man aus den Gleichungen des Modells

$$\frac{dE}{E} : \frac{dF}{F} = \frac{R_a + R_s + R_m}{1{,}56(R'_a + R'_s + d\,W_B\,/d\,E)}$$

(Peisker, in Vorbereitung). Die Zunahme der Wasserdampfkonzentration im Blatt wirkt somit wie ein zusätzlicher Diffusionswiderstand im Transpirationsweg (Cowan and Troughton 1971).

GENOTYPISCHE VARIABILITÄT DER PHOTOSYNTHESERATE

Die Photosyntheseraten sind bei Landpflanzen je nach systematischer Stellung und ökologischer Anpassung sehr unterschiedlich (4–12 mg CO_2/dm$^{-2} \cdot$ h^{-1} für immergrüne Coniferen; bis 70 mg CO_2/dm$^{-2} \cdot$ h^{-1} für tropische Gräser) (Šesták et al. 1971). Unter züchterischem Aspekt ist vor allem die Frage bedeutsam, ob die genotypische Variabilität innerhalb einer Art groß genug ist, um eine Selektion auf dieses Merkmal sinnvoll erscheinen zu lassen. Untersuchungen hierfür müssen gewährleisten, daß genetisch bedingte Unterschiede nicht durch die Abhängigkeit der Photosyntheserate von verschiedenen Umweltparametern (Licht, CO_2-Gehalt, Wasserversorgung, Mineralsalzversorgung usw.) überdeckt werden.

Solche Messungen sind an verschiedenen Kulturpflanzenarten durchgeführt worden (Medicago: Pearce et al. 1969; Lolium: Wilson and Cooper 1967; Glycine: Curtis et al. 1969, Dornhoff u. Shibles 1970; Phaseolus: Izhar u. Wallace 1967; Zea mays: Fousova et al. 1967, Duncan et al. 1968, Heichel u. Musgrave 1969; Triticum: Nátr 1966, Stoy 1965, Bingham 1967, Lupton 1969, Khan u. Tsunoda 1970, Lawes u. Treharne 1971). Eigene Untersuchungen an über 100 Sommergerstensorten verschiedener geographischer Herkunft ergaben eine Variationsbreite von 14–22 mg $CO_2/dm^2 \cdot h$ (Apel u. Lehmann 1969).

Obwohl die genotypische Variabilität der Photosyntheserate gerade bei Getreide recht beträchtlich ist, erscheint gegenwärtig eine direkte Selektion auf dieses Merkmal problematisch. Das hat vor allem methodische Gründe. Der technische Aufwand ist mit den heute üblichen Methoden sehr hoch, wenn tatsächlich die genetische Komponente dieses Merkmals innerhalb eines größeren Materials mit hinreichender Genauigkeit bestimmt werden soll (Moss 1970).

Es zeichnen sich aber andere Möglichkeiten ab, die eine Berücksichtigung der Photosyntheserate in der Pflanzenzüchtung als praktikabel erscheinen lassen. Ein Weg ist die Selektion auf experimentell leichter zugängliche Merkmale, die mit der Photosyntheserate hinreichend eng korreliert sind, um einen Selektionserfolg wahrscheinlich zu machen.

So fanden Wilson u. Cooper (1967) bei 28 Varietäten und Ökotypen der Arten *Lolium perenne* und *L. multfliforum* eine Korrelation von $r = -0{,}91$ zwischen apparenter Photosyntheserate bei Lichtsättigung und mittlerer Querschnittsfläche der Mesophyllzellen und einen Koeffizienten von $r = +0{,}90$ zwischen Photosyntheserate und dem Produkt aus Blattdicke und Zahl der Mesophyllzellen pro Blattflächeneinheit. Häufigkeit und Größe der Stomata waren dagegen nicht mit der Nettophotosyntheserate korreliert. Das bedeutet, daß bei Blättern gleicher Dicke diejenigen mit mehr und kleineren Mesophyllzellen bezüglich der Photosyntheserate pro Flächeneinheit bevorzugt sind. Im Rahmen des vorn erläuterten Modells wäre dieser Sachverhalt so zu interpretieren, daß R_m bei diesen Blättern kleiner ist. Einer der Gründe dafür könnte die vergrößerte Mesophyllzell-Oberfläche sein.

Von den gleichen Autoren wurde an einem Material von 50 Pflanzen (*Lolium perenne*) und an Kreuzungsnachkommenschaften ausgewählter Pflanzen eine Gegenselektion auf große bzw. kleine Mesophyllzellen durchgeführt. Die Selektion erwies sich als erfolgreich. In den F_1-Pflanzen wurde eine Korrelation zwischen diesem anatomischen Merkmal und der apparenten Photosyntheserate ($r = -0{,}74$) gefunden (Wilson u. Cooper 1970).

Es ist wenig darüber bekannt, ob solche Beziehungen zwischen Mesophyllstruktur und Photosyntheserate auch für andere Pflanzenarten zutreffen, jedoch sind für weitere, relativ leicht zu erfassende Merkmale recht gute korrelative Beziehungen zur Photosyntheserate nachgewiesen worden. Pearce et al.

(1969) ermittelten bei 13 *Medicago sativa*-Stämmen eine positive Korrelation ($r = 0.79$) zwischen „spezifischem Blattgewicht" (= Trockengewicht pro Blattflächeneinheit) und Nettophotosyntheserate. Takano und Tsunoda (1971) fanden bei der Untersuchung verschiedener Oryza-Arten eine positive Korrelation zwischen Stickstoffgehalt pro Blattflächeneinheit und Photosyntheserate. Diese Beziehung ließ sich am besten durch eine quadratische Regressionsgleichung darstellen. Differenzen in der Photosyntheserate zwischen Arten mit unterschiedlichem Blatt-N-Gehalt waren nur bei hohen Lichtintensitäten ausgeprägt.

In einer Reihe von Untersuchungen fanden Khan und Tsunoda (1970 a, b, c) bei Kulturweizen und dessen Wildformen (diploide Formen durch 2 *Aegilops*-Arten, tetra- und hexaploide durch verschiedene *Triticum*species vertreten) eine positive Korrelation zwischen Photosyntheserate einerseits und Transpirationsrate, Dunkelatmungsrate, N-Gehalt und Trockengewicht pro Blattfläche andererseits.

Korrelationen der geschilderten Art lassen kausale Beziehungen vermuten. Solche kausalen Verknüpfungen sind teilweise aufgeklärt oder sehr wahrscheinlich, vielfach aber noch Gegenstand von Untersuchungen. Für den praktischen Zweck der Selektion ist das jedoch nicht so bedeutsam; es genügt der quantitativ faßbare Zusammenhang, um mit der Selektion des einen Merkmals das experimentell weniger leicht zugängliche zu erhalten. Vorselektion eines umfangreichen Pflanzenmaterials auf Grund nachgewiesener korrelativer Beziehungen der Photosyntheserate zu anderen Merkmalen und Überprüfung des Selektionserfolges mittels direkter Bestimmung der Photosyntheseraten sollte ein gangbarer Weg sein, das Merkmal Photosyntheseintensität in der züchterischen Praxis zu berücksichtigen.

Eine der interessantesten Entwicklungen auf dem Gebiet der Photosynthese höherer Pflanzen ist zweifellos mit der Auffindung des C_4-Pathway (Hatch und Slack 1966, 1967, 1970 und Hatch, Slack u. Johnson 1967) verbunden.

Pflanzen, die den C_4-Pathway des photosynthetischen Kohlenstoffeinbaus besitzen (z. B. *Zea*, *Panicum*, *Saccharum*), unterscheiden sich von solchen, bei denen dieser Einbau nach dem Calvin-Schema verläuft (z. B. *Triticum*, *Hordeum*), dadurch, daß primär Moleküle mit 4 C-Atomen gebildet werden (Oxalacetat, Malat, Aspartat). Da bei Pflanzen mit dem normalen Calvin-Zyklus im ^{14}C-Markierungsversuch Phosphoglycerinsäure (3 C-Atome) primär markiert erscheint, spricht man mitunter von C_3-Pflanzen (vom Calvin-Typ) im Gegensatz zu C_4-Pflanzen (vom Hatch-Slack-Typ des CO_2-Einbaus).

Es ist jedoch nicht nur der abweichende Metabolismus des CO_2-Einbaus, der die C_4-Pflanzen von C_3-Pflanzen unterscheidet, sondern ein Komplex physiologischer und anatomischer Merkmale, die, soweit bekannt, immer zusammen vorkommen und zu der Bezeichnung L-Syndrom geführt haben (Tregunna et al. 1970).

Einige Unterschiede seien im folgenden dargestellt.

Akzeptormolekül der CO_2-Bindung bei den C_3-Pflanzen ist Ribulose-1,5-diphosphat. Die CO_2-Bindung wird durch Ru-1,5 DP-Carboxylase katalysiert. Bei den C_4-Pflanzen ist Phosphoenolpyruvat primärer Akzeptor und die PEP-Carboxylase das carboxylierende Enzym. Daneben verfügen C_4-Pflanzen über alle Enzyme des Calvin-Zyklus, der auch in diesen Pflanzen normal, aber räumlich gesondert vom C_4-Pathway, in den Chloroplasten der Leichtbündelscheiden abläuft. Letzterer ist offenbar in den Parenchymzellen des Mesophylls lokalisiert.

Der Besitz ganz spezifischer chloroplastenreicher Leichtbündelscheiden ist ein weiteres charakteristisches Unterscheidungsmerkmal der C_4-Pflanzen. Die Chloroplasten in den Zellen dieser scharf vom Mesophyll abgegrenzten Scheiden sind zahlreich, relativ groß und lassen häufig die sonst typische Granastruktur der Mesophyllzellchloroplasten vermissen. Die Translokation der Assimilate aus dem Blatt erfolgt bei den C_4-Pflanzen rascher als bei C_3-Pflanzen (Hofstra u. Nelson 1969).

C_4-Pflanzen weisen signifikante und teilweise beträchtlich höhere Photosyntheseraten auf als C_3-Pflanzen. Die gemessenen Höchstraten bei C_3-Pflanzen (Weizen, Leguminosen) betragen ca. 35 mg $CO_2/dm^2 \cdot h$, bei C_4-Pflanzen (*Sorghum*, *Zea*) über 70 mg $CO_2/dm^2 \cdot h$ (Ludlow u. Wilson 1971, Heichel u. Musgrave 1969).

Die hohe Photosyntheserate der C_4-Pflanzen ist mit einigen Größen korreliert, die eine Unterscheidung von C_3- und C_4-Pflanzen durch Gaswechselmessungen gestatten. Beide Gruppen unterscheiden sich sehr deutlich durch die Lage des CO_2-Kompensationspunktes. Bei mittleren Temperaturen (20–25 °C) und Lichtsättigung werden bei C_3-Pflanzen Kompensationsgleichgewichte von 30 bis 70 ppm CO_2 gemessen; bei C_4-Pflanzen sind diese unter gleichen Bedingungen nur geringfügig über Null. Im Gegensatz zu C_3-Pflanzen ist bei C_4-Pflanzen keine apparente Lichtatmung meßbar, d. h., in einem CO_2-freien Gasstrom wird im Licht kein CO_2 abgegeben. Daraus allein kann allerdings noch nicht geschlossen werden, daß der heute gewöhnlich als Lichtatmung bezeichnete und mit einer Decarboxylierung verbundene Glykolat-Glyoxylat-Glycin-Serin-Weg (Goldsworthy 1970, Jackson and Volk 1970, Tolbert et al. 1970, Kisaki et al. 1971 a, b, Osmond and Harris 1971) den C_4-Pflanzen fehlt. Das freigesetzte CO_2 könnte auch infolge der hohen Effektivität der Photosynthese sofort wieder reassimiliert werden, so daß es apparent nicht nachweisbar ist (El-Sharkawy et al. 1967, Osmond 1971, Laing and Forde 1971, Troughton 1971).

Ein weiteres durch Gaswechselmessungen zu erfassendes Kriterium zur Unterscheidung von C_3- und C_4-Pflanzen ist die Abhängigkeit der Nettophotosyntheserate vom O_2-Gehalt. Die photosynthetische CO_2-Aufnahme von C_3-Pflanzen wird durch Sauerstoff gehemmt (vgl. Abb. 2). Bei 21% O_2 ist die Photosyntheserate gegenüber sauerstofffreien Bedingungen um 25% bis 50% vermindert (Björkman 1966, Hesketh 1967, Apel 1969). Die CO_2-Kompensationskonzentration erhöht sich linear mit dem Sauerstoffgehalt. CO_2-Aufnahme und Kompensationsgleichgewicht erweisen sich bei C_4-Pflanzen dagegen als sauerstoffunabhängig.

Der C_4-Pathway des CO_2-Einbaues und die damit korrelierten Merkmale scheinen im Laufe der Evolution mehrmals und unabhängig voneinander entwickelt worden zu sein. Darauf läßt die systematische Stellung der Pflanzen mit dem L-Syndrom schließen. Es wurde bisher gefunden innerhalb der *Cyperaceae* bei der Gattung *Cyperus*, bei den Gramineen in den Trieben der *Andropogonoideae*, *Panicoideae* und *Eragrostoideae* bei Dicotylen innerhalb der Familie *Aizoaceae*, *Amaranthaceae*, *Chenopodiaceae*, *Euphorbiaceae*, *Nyctaginaceae*, *Portulacaceae* und *Zygophyllaceae* (Downton and Tregunna 1967, Hatch et al. 1967, Tregunna and Downton 1967, Crookston and Moss 1970, Schöch 1971).

Die Gründe für die Herausbildung des C_4-Typs im Laufe der Evolution sind gegenwärtig ein Feld für Spekulationen. Überlegungen hierzu setzen gewöhnlich an folgenden Merkmalen an: Hohe Photosyntheserate, die häufig mit einer hohen Wachstumsrate (Zuwachs an Trockensubstanz pro Zeiteinheit) gekoppelt ist, ein günstiger Wassernutzungskoeffizient infolge des günstigen Verhältnisses von $R_m : R_s$ (Downes 1970, Ludlow u. Wilson 1971) und hohes Temperaturoptimum für die Photosynthese (30–35 °C bei *Zea mays*, 18–22 °C bei *Hordeum* und *Triticum*). Das sind zweifellos Anpassungsmerkmale für heiße und (oder) aride Klimabedingungen. Der C_4-Pathway und die damit korrelierten Merkmale könnten unter solchen Bedingungen einen Selektionsvorteil mit sich gebracht haben.

Die hohe Photosynthese der C_4-Pflanzen hat rasch das Interesse von Ertragsphysiologen gefunden. Das führte u. a. zu dem Versuch, in einem großangelegten Screening nach Mutanten vom C_4-Typ innerhalb von Kulturpflanzenarten zu suchen, die dem C_3-Typ angehören. Methodische Grundlage dafür war die Überlegung, daß alle bisher bekannten C_4-Pflanzen in dem beschriebenen Komplex von Merkmalen, dem L-Syndrom, übereinstimmen. Es sollte daher genügen, nach dem methodisch am leichtesten faßbaren Merkmal zu selektieren. Dazu wurde eine Methode entwickelt, die es gestattet, mit relativ geringem Aufwand in kurzer Zeit Tausende von Individuen zu testen (Menz et al. 1969, Cannell et al. 1969, Widholm u. Ogren 1969, Ogren u. Widholm 1970). Sie beruht auf der Tatsache, daß das CO_2-Kompensationsgleichgewicht für C_3-Pflanzen wesentlich über Null, das der C_4-Pflanzen aber nahe bei Null liegt. Bringt man junge Pflanzen von beiden Typen (etwa *Zea mays* und *Triticum aestivum*) zusammen in einen gasdicht abgeschlossenen Raum, so werden im Licht die Maispflanzen ständig CO_2 aufnehmen, die Weizenpflanzen aber bei Unterschreitung ihres CO_2-Gleichgewichts CO_2 abgeben. Das führt nach einigen Tagen zum Absterben der Weizenpflanzen, während die Maispflanzen überleben. Hohe Temperaturen (30–35 °C) und ein erhöhter O_2-Gehalt beschleunigen diesen Prozeß. Eine Weizenpflanze vom C_4-Typ müßte unter solchen Bedingungen wie die Maispflanzen überleben und könnte auf diese Weise selektiert werden.

Trotz der Leistungsfähigkeit dieser Methode erscheint die Zielstellung selbst problematisch. Die Analyse der F_1- und F_2-Generation aus einer Kreuzung zwischen *Atriplex patula* (C_3-Typ) und *Atriplex rosea* (C_4-Typ) (Björkman et al. 1970, 1971) ergab, daß das L-Syndrom durch mehrere Gene determiniert ist. Ein Selektionserfolg muß daher selbst mit der angeführten Methode als äußerst unwahrscheinlich angesehen werden.

DIE PHOTOSYNTHESERATE ALS ERGEBNIS ENDOGENER REGULATION („SINK-SOURCE"-PROBLEMATIK)

In den Chloroplasten gebildete Assimilate werden mit einer von den Umweltfaktoren abhängigen aber auch genotypisch verschiedenen Geschwindigkeit aus diesen exportiert und in der Regel in einem gerichteten Phloemtransport zu den Attraktionszentren („sink") transloziert. Es ist eine triviale Feststellung, daß über längere Zeiträume hinweg ein Gleichgewicht zwischen Intensität der Assimilatbildung und der Geschwindigkeit des Abtransports aus den Chloroplasten existieren muß. Wird die Translokation der Assimilate experimentell verhindert, so sinkt nach einer gewissen Zeit die Photosyntheserate ab. Die Chloroplasten sind dann in der Regel prall gefüllt mit Stärkekörnern.

Unabhängig davon, wie die Kausalkette zwischen Anhäufung von Assimilaten im Chloroplasten und Reduktion der Photosyntheserate auf molekularer Ebene funktioniert, stellt sich die Frage, ob eine solche Regulation der Photosyntheserate durch Assimilatrückstau ein rein pathologischer Prozeß nach Verhinderung der Translokation ist, oder ob er auch unter normalen physiologischen Bedingungen eine Rolle spielt.

Bezogen auf Getreide in der Kornfüllungsphase wäre die Frage so zu formulieren: Limitiert der Speichermetabolismus der Ähre oder der Assimilatzustrom aus den assimilierten Organen („source") das Wachstum der Karyopsen? Läßt man die erste Annahme gelten, so schließt sich die Frage an, ob eine Rückkopplung besteht zwischen begrenztem Vermögen der Ähre, Assimilate aufzunehmen, und der Photosyntheserate selbst. In diesem Falle wäre die Photosyntheserate eine durch den Assimilatbedarf geregelte Größe und eine Messung würde selbst unter optimalen Umweltbedingungen nicht den maximal möglichen Wert ergeben. Diese Problematik ist nicht ohne Konsequenzen für eine physiologisch orientierte Pflanzenzüchtung. Verfügte eine Pflanze über „Photosynthesereserven", die durch einen erhöhten Assimilatbedarf infolge größerer Speicherorgane mobilisiert werden können, dann wäre es wesentlich wichtiger, züchterisch Zahl und Größe dieser Speicher zu erhöhen, als nach Wegen für die Erhöhung der Photosyntheserate zu suchen.

Die experimentellen Ergebnisse verschiedener Autoren lassen u. E. derzeit eine eindeutige und generalisierbare Aussage darüber nicht zu. Das liegt daran, daß unterschiedliche Objekte mit verschiedenen Methoden untersucht wurden und daß die Zeitkonstanten einer solchen endogenen Regelung schwer abzuschätzen sind. Letzteres ergibt sich aus der Möglichkeit einer Zwischenspeicherung von Assimilaten in verschiedenen Geweben außerhalb der eigentlichen Speicherorgane. Zwischenspeicher müßten sich ja zweifellos als Puffer in dem hypothetischen Regelkreis zwischen Ähre und Blatt auswirken. Ihre Kapazität wäre mitentscheidend für den Zeitverzug in der Reaktion der Photosynthese nach einer Änderung im Speichermetabolismus der Ähre. Ein klarer Hinweis darauf, daß die assimilierenden Zellen selbst erhebliche Mengen an Assimilaten speichern können, ehe die Photosyntheserate eine Verminderung erfährt, wurde durch die Untersuchungen von Nátr (1967) an Gerstenblattsegmenten erbracht. Unter bestimmten Bedingungen konnte eine konstante Photosyntheserate über 78 h in Dauerlicht gemessen werden, wobei sich das Trockengewicht der Segmente auf über 200% erhöhte. Verminderungen der Photosyntheserate konnten in jedem Fall mit Destruktion des Photosyntheseapparates, in keinem Fall aber mit Anhäufung von Assimilaten in Zusammenhang gebracht werden.

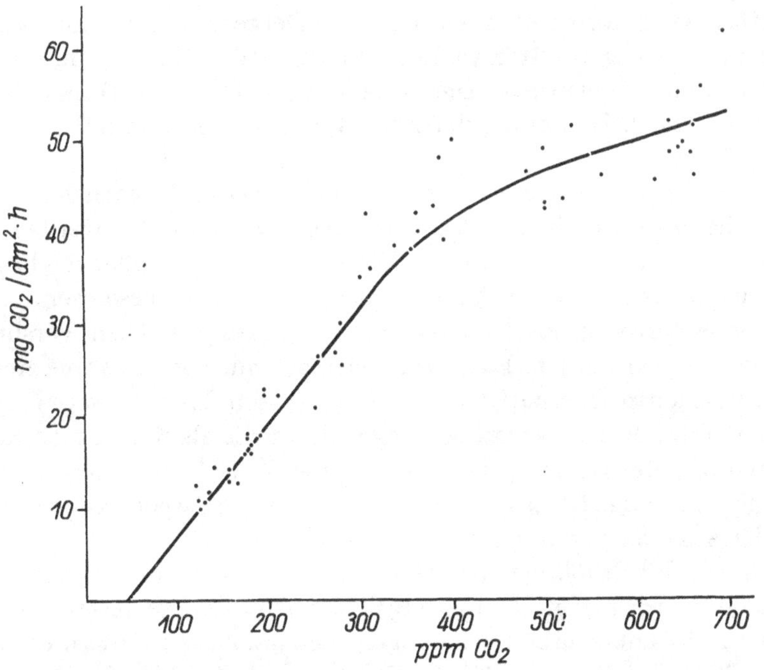

Abb. 4. Abhängigkeit der Nettophotosyntheserate vom CO_2-Gehalt. Fahnenblätter der Weizensorte 'Carola', – 7 Tage nach der Blüte (52 Meßwerte von 6 Blättern), Messung bei 60 Kilolux, Blattemperatur 25 ± 0,8 °C.

Wenn der meßbaren Photosyntheserate durch einen inneren Regelkreis eine obere Grenze vorgegeben wäre, sollte es nicht möglich sein, die Rate durch Änderung der Umweltfaktoren zu erhöhen. Durch einen höheren als den normalen CO_2-Gehalt läßt sich jedoch die Photosyntheserate an Fahnenblättern von Getreide auch in der Kornfüllungsphase beträchtlich steigern (Abb. 4). Eine solche Reaktion konnte bisher allerdings nur bei relativ kurzzeitigen Messungen in der Größenordnung von einigen Stunden beobachtet werden. Sollte die Hypothese der endogenen Regulation zutreffen, so müßte man erwarten, daß nach einer gewissen Zeit die Rate trotz erhöhten CO_2-Gehaltes wieder auf den vorher gemessenen Wert bei 300 ppm absinkt.

Es erscheint fraglich, inwieweit die Ergebnisse von King, Wardlaw und Evans (1967) für die Hypothese der Photosynthesereserven unter normalen Bedingungen herangezogen werden können. Diese Autoren maßen an Fahnenblättern von Weizen innerhalb von 24 h nach Abschneiden der Ähren eine Depression der Photosyntheserate um 40%. Die Rate stieg wieder an, wenn durch Verdunkeln der anderen Blätter der Assimilatstrom aus dem Fahnenblatt zur Wurzel hin umgesteuert wurde. Da gleichzeitig eine beträchtliche Erhöhung des Stomatawiderstandes gemessen wurde, bleibt unklar, in welchem Maße Änderungen des Wasserhaushaltes für das Ergebnis mitverantwortlich sind.

Weiterhin wurde von diesen Autoren eine Depression der Photosyntheserate des Fahnenblattes beobachtet, wenn die Pflanzen über eine Woche in intensivem Dauerlicht gehalten wurden. Die Rate stieg nach einer Dunkelperiode beziehungsweise nach Hemmung der Photosynthese der Ähre mit DCMU wieder an.

Derartige Ergebnisse können als Ausdruck einer endogenen Regulation der Photosyntheserate durch den Assimilatverbrauch gedeutet werden. Da aber alle gemessenen Raten unterhalb des Wertes der Kontrollpflanzen liegen, kann daraus auch nicht auf das Vorhandensein von Photosynthesereserven, sondern eher auf eine erzwungene Regulation unter diesen speziellen Versuchsbedingungen geschlossen werden. Es verträgt sich gut mit der Annahme einer relativ großen Zwischenspeicherkapazität, daß in diesen Experimenten eine lange Exposition in Dauerlicht Voraussetzung war, um die als sink-source-Regulation gedeuteten Ergebnisse zu bekommen. Diese Zwischenspeicher mußten erst gefüllt sein, um eine Reaktion des Photosynthesegaswechsels auf einen Eingriff in die Assimilatabteilung zu bekommen.

Sehr drastische Erhöhungen der Photosyntheserate von Blättern (teilweise über 200%) wurden von Römer (1971) an *Hordeum* gemessen, wenn durch Eingriffe in die sink-source-Beziehungen die Assimilatanforderung an ein bestimmtes Blatt gesteigert wurde. Die Ergebnisse sind dahingehend interpretiert worden, daß der Photosyntheseapparat über Leistungsreserven verfüge, die im Falle einer erhöhten Assimilatanforderung durch ein sink-Organ innerhalb von Tagen mobilisiert werden können. Die Ergebnisse stehen in Einklang mit den

Befunden von Sweet u. Wareing (1966) an *Pinus* und Lenz u. Danuicht (1971) an *Citrus* bezüglich der Art der Reaktion. Auffällig ist hierbei aber die außergewöhnlich große Steigerung der Photosyntheserate. Da nur Relativzahlen mitgeteilt wurden, sind Vergleiche mit den durch Gaswechselanalysen gemessenen Raten bei diesem Objekt (Apel u. Lehmann 1969) nicht möglich.

Eigene Versuche zu dieser Problematik wurden an der Sommerweizensorte 'Carola' und an der Winterweizensorte 'Heine VII' und deren ♂-steriler Form durchgeführt (Apel et al., in Vorber.). Dabei wurden mit Hilfe der Infrarotgasanalyse die Nettophotosyntheserate und die Transpiration von Fahnenblättern in der Phase zwischen Blüte und Milchreife gemessen. Das zu messende Blatt verblieb während der Messung an der intakten Pflanze. Die Messung selbst erfolgte unter Lichtsättigung und bei verschiedenen CO_2-Gehalten zur Ermittlung der CO_2-Abhängigkeit in klimatisierten Küvetten. Die erste Messung geschah etwa 7 Tage nach der Blüte. Bei der Hälfte der Pflanzen wurden dann die Ähre und wechselnde Anteile der unter dem Fahnenblatt inserierten Blätter verdunkelt. Weitere Messungen an denselben Blättern erfolgten mindestens 4, spätestens 14 Tage nach dieser Behandlung. In der Zwischenzeit befanden sich die Pflanzen bei 2 Versuchen in einem Gewächshaus (Langtag, Juli) beziehungsweise bei 3 Versuchen in einer Klimakammer (16 h Licht, 21 °C, 8 h Dunkelheit, 16 °C). Die Messung der CO_2-Aufnahme vor und nach der Behandlung an demselben Blatt gewährleistete eine geringe Streuung innerhalb der Serien. Bei den 5 hierzu durchgeführten Experimenten war in keinem Fall eine signifikante Differenz in der Photosyntheserate des Fahnenblattes von Kontrollpflanzen und partiell verdunkelten Pflanzen nachweisbar. Sollte also die Weizensorte 'Carola' über Photosynthesereserven verfügen, so sind sie mit dieser Methode, die in Römer's Experimenten (1971) zu drastischen Erhöhungen der Rate führten, nicht nachweisbar.

Bei fertilen und ♂-sterilen Pflanzen von 'Heine VII' ließ sich während der gesamten Kornfüllungsphase keine signifikante Differenz in der Photosyntheserate der Fahnenblätter nachweisen. Obwohl bei ♂-sterilen Pflanzen die Karyopsen als Attraktionszentrum für Assimilate fehlen, wird offenbar nicht die Photosyntheserate, sondern lediglich das Verteilungsmuster der Assimilate beeinflußt. In Übereinstimmung damit zeigte eine Wachstumsanalyse unter Freilandbedingungen, daß auch Wachstum und Nettoassimilationsrate bei ♂-sterilen gegenüber fertilen Pflanzen keineswegs vermindert sind. Die Assimilate werden allerdings nicht in die Ähre, sondern in den Halm und zu den in größerer Zahl angelegten Nebentrieben transportiert.

Vorhandensein oder Fehlen eines so bedeutenden 'sink' für Assimilate wie der Karyopsen bleibt also ohne Konsequenzen für die Intensität der Assimilatbildung. Die Regulationsfähigkeit der Pflanze äußert sich in diesen Versuchen nicht in einer Depression der Photosynthese nach Wegfall eines Assimilatspeichers, sondern in der Etablierung neuer Speicher. Darauf weisen auch andere Arbeiten an Getreide hin (Birecka 1968, Birecka and Skiba 1968,

Birecka et al. 1969a, b). Aus der Geschwindigkeit, mit der Richtungsänderungen im Assimilattransport nach experimentellen Eingriffen erfolgen (King et al. 1967), kann man schließen, daß diese Attraktionszentren neben der Ähre potentiell auch bei der intakten Pflanze vorhanden sind und die Einlagerung in die Ähre gegen die Konkurrenz dieser erfolgt. Es ist daher recht unwahrscheinlich, daß mangelnde Speicherkapazität unter normalen physiologischen Bedingungen bei den von uns untersuchten Objekten die Photosyntheserate hemmt. Möglicherweise ist aber mit erheblichen Art- und Sortenunterschieden in dieser Hinsicht zu rechnen.

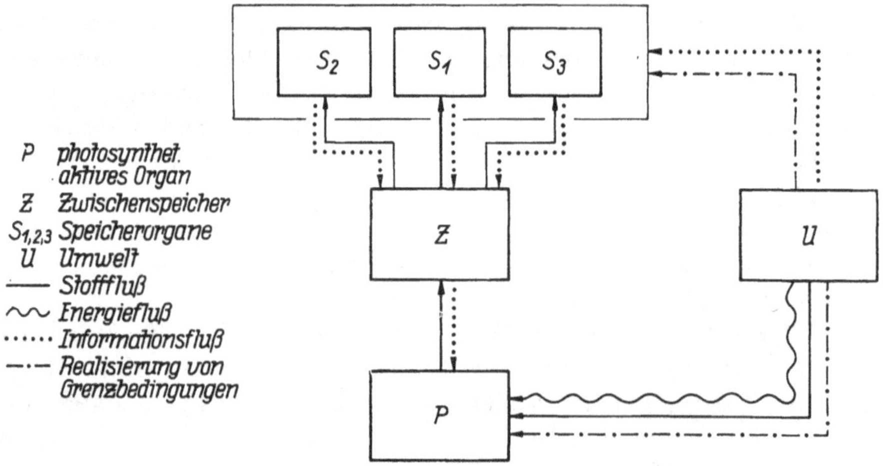

Abb. 5. Schematische Darstellung der Beziehungen zwischen Assimilatbildung und Assimilatspeicherung in der Pflanze

Die schematische Darstellung (Abb. 5) veranschaulicht die möglichen Beziehungen zwischen assimilatbildenden und assimilatspeichernden Organen in einer Pflanze. Der Stoff- und Energiefluß aus der Umgebung sowie die Einhaltung von Grenzbedingungen (Temperatur, Luftfeuchtigkeit, Fehlen schädigender Einflüsse) ermöglichen eine bestimmte Photosyntheserate des Blattes. Die Höhe dieser Rate ist aber daneben abhängig von den art- und entwicklungsspezifischen endogenen Bedingungen im Blatt (anatomische Struktur, Enzymaktivitäten, Chlorophyllgehalt usw.).

Die Richtung des Assimilatflusses wird determiniert durch die Dominanz eines Speicherorgans (S_1) über andere (S_2, S_3 . . . S_n). Zur Realisierung dieser Transportrichtung ist ein Informationsfluß von S_1 zur Verteilungsstelle (Zwischenspeicher?) anzunehmen (durch Phytohormone, Konzentrationsgradienten usw.).

Es ist möglich, daß auch die Intensität des Assimilatstromes zu S_1 durch eine Information über die Höhe dieses Bedarfs reguliert wird.

Denkbar ist weiter ein Informationsfluß von den Speicherorganen (oder dem Zwischenspeicher) zum assimilatbildenden Organ, durch den dessen

Syntheseleistung dem Gesamtbedarf aller „sinks" angepaßt wird. Eine solche Regelung könnte allerdings nur dann wirksam werden, wenn die Syntheseleistung in *P* nicht schon durch Umweltfaktoren begrenzt wird.

Diese Darstellung läßt folgende Möglichkeiten zu:

a) Die Syntheseleistung im assimilatbildenden Organ und damit der Assimilatfluß zum Speicherorgan wird durch die Umwelt oder endogene Faktoren begrenzt. Der Ertragszuwachs in S_l hängt damit hauptsächlich von der Photosyntheseleistung ab.

b) Wachstum und Speichermetabolismus in S_l limitieren dessen Ertragszuwachs trotz ausreichenden Assimilatzuflusses aus *P*.

   1. Es besteht eine Rückkopplung zwischen Assimilatbedarf im Speicherorgan und assimilatbildendem Organ. Die Photosyntheserate wird auf den Bedarf eingeregelt. Es gibt Reserven der photosynthetischen Leistungsfähigkeit.
   2. Die Pflanze verfügt infolge der Möglichkeit der Zwischenspeicherung und des Vorhandenseins von Konkurrenz-„sinks" zu S_l stets über ein ausreichendes Speichervolumen. Photosynthese und Speicherung sind hierdurch weitgehend entkoppelt. Es gibt keine Reserven an photosynthetischer Leistungsfähigkeit, aber Reserven an Photosyntheseprodukten, die dem zu erntenden Organ infolge geringen Attraktionsvermögens nicht zugänglich sind.

Die vorn dargelegten Ergebnisse mit der Weizensorte 'Carola' lassen sich sowohl durch die unter a, als auch durch die unter b2 angeführte Möglichkeit interpretieren.

Es sollte jedoch berücksichtigt werden, daß durch derartige Untersuchungen limitierende Faktoren des Ertrags**zuwachses** in der untersuchten Entwicklungsphase aufgeklärt werden können. Der Endertrag im Speicherorgan ist aber eine über den Entwicklungszeitraum zu integrierende Größe. Regulative Beziehungen, die den Alterungsverlauf und den Abschluß des Organwachstums beeinflussen, sollten unter ertragsphysiologischem Aspekt daher dieselbe Beachtung finden wie die Regulation der Assimilatbildung und -verteilung.

Zusammenfassung

Die photosynthetische CO_2-Aufnahme von Blättern wird als physikalisch-physiologischer Prozeß erörtert. Dabei werden die Vorteile einer quantitativen Bestimmung von Diffusionswiderständen und Teilprozessen bei Untersuchungen über die Wirkungsweise exogener und endogener Faktoren besonders betont.

Es werden weiter die Möglichkeiten betrachtet, die photosynthetische Leistungsfähigkeit in der Pflanzenzüchtung zu berücksichtigen.

Im letzten Abschnitt werden Probleme der endogenen Regulation zwischen assimilatbildenden und assimilatspeichernden Organen dargestellt und in einem Schema veranschaulicht.

Summary

Contribution of researches in photosynthesis to the physiology of crop yield, especially in cereals

The photosynthetic CO_2-uptake of leaves is described in terms of a physico-physiological process. Quantitative determinations of diffusion resistances and partial processes are of advantage for further research on the action of exogenous and endogenous factors.

The possibilities for breeding on photosynthetic efficiency are discussed.

Different possibilities for regulative interrelationsships between source and sinks are evaluated and demonstrated in a simple scheme.

Краткое содержание

Исследование фотосинтеза в физиологии урожайности, главным образом на хлебных злаках

Фотосинтетическое усвоение CO_2 листьями рассматривается как физико-физиологический процесс. Особенно подчеркиваются преимущества количественного определения различных сопротивлений диффузии и их частичных процессов при исследованиях принципа действия экзогенных и эндогенных факторов.

Рассматриваются также возможности учета фотосинтетической производительности в селекции растений.

В последней части описываются проблемы эндогенной регулировки образования и накопления ассимилятов; дается наглядная схема этого процесса.

Literatur

Apel, P., 1969: Zum systematischen Aspekt des Sauerstoffeinflusses auf die apparente CO_2-Aufnahme höherer Pflanzen. – Kulturpflanze *17*, 191–204.

– und Chr. O. Lehmann, 1969: Variabilität und Sortenspezifität der Photosyntheserate bei Sommergerste. – Photosynthetica *3*, 255–262.

Bingham, J., 1967: Investigations on the physiology of yield in winter wheat, by comparisons of varieties and by artifical variation in grain number per ear. – J. agric. Sci. Camb. *68*, 411–422.

Birecka, H., 1968: Translocation and redistribution of ^{14}C-assimilates in cereal plants deprived of the ear. I. Spring wheat. – Bull. Acad. Polon. Sci., Sér. sci. biol., *16*, 455–461.

– and T. Skiba, 1968: Translocation and redistribution of ^{14}C-assimilates in cereal plants deprived of the ear. II. Oat and barley. – Bull. Acad. Polon. Sci., Sér. sci. biol. *16*, 595–601.

– –, and Z. Kozłowska, 1969a: Translocation and redistribution of ^{14}C-assimilates in cereal plants deprived of the ear. III. Assimilate distribution in root and respiration of culm in wheat plants. – Bull. Acad. Polon. Sci., Sér. sci. biol. *17*, 121–127.

–, E. Szczypa and Z. Kozłowska, 1969b: Translocation and redistribution of ^{14}C-assimilates in cereal plants deprived of the ear. IV. After-effect of ear removal on photosynthesis in wheat and oat. – Bull. Acad. Polon. Sci., Sér. sci. biol. *17*, 257–263.

Björkman, O., 1966: The effect of oxygen concentration on photosynthesis in higher plants. – Physiol. Plant. *19*, 618–633.

–, E. Gauhl, and M. A. Nobs, 1970: Comparative studies of *Atriplex* species with and without β-carboxylation photosynthesis and their first generation hybrid. – Carnegie Institution Year Book *68*, 620–633.

–, R. W. Pearcy, and M. A. Nobs, 1971: Hybrids between *Atriplex* species with and without β-carboxylation photosynthesis. – Photosynthetic characteristics. – Carnegie Institution Year Book *69*, 640–648.

Cannell, R. Q., W. A. Brun and D. N. Moss, 1969: A search for high net photosynthetic rate among soybean genotypes. – Crop Sci. *9*, 840–841.

Chartier, Ph., 1968: Modèle biophysique des échanges photosynthétiques de l'unité de surface de feuille. – Studia biophys. *11*, 47–55.

Cowan, I. R., and J. H. Troughton, 1971: The relative role of stomata in transpiration and assimilation. – Planta *97*, 325–336.

Crookston, R. K., and D. N. Moss, 1970: The relation of carbon dioxide compensation and chlorenchymatous vascular bundle sheaths in leaves of dicots. – Plant Physiol. *46*, 564–567.

Curtis, P. E., W. L. Ogren and R. H. Hageman, 1969: Varietal effects in soybean photosynthesis and photorespiration. – Crop Sci. *9*, 323–327.

Dornhoff, G. M., and R. M. Shibles, 1970: Varietal differences in net photosynthesis of soybean leaves. – Crop Sci. *10*, 42–45.

Downes, R. W., 1969: Differences in transpiration rates between tropical and temperate grasses under controlled conditions. – Planta *88*, 261–273.

–, 1970: Effect of light intensity and leaf temperature on photosynthesis and transpiration in wheat and sorghum. – Aust. J. biol. Sci. *23*, 775–782.

Downton, W. J. S., and E. B. Tregunna, 1968: Carbon dioxide compensation – its relation to photosynthetic carboxylation reactions, systematics of the *Gramineae* and leaf anatomy. – Canad. J. Bot. *46*, 207–215.

Duncan, W. C., and J. D. Hesketh, 1968: Net photosynthetic rates, relative leaf growth rates, and leaf numbers of 22 races of maize grown at eight temperatures. – Crop Sci. *8*, 670–674.

El-Sharkawy, M. A., R. S. Loomis and W. A. Williams, 1967: Apparent reassimilation of respiratory carbon dioxide by different plant species. – Physiol. Plant. *20*, 171–186.

Fousová, St., and N. Avratovščuková, 1967: Hybrid vigour and photosynthetic rate of leaf discs in *Zea mays* L. – Photosynthetica *1*, 3–12.

Gaastra, P., 1959: Photosynthesis of crop plants as influenced by light, carbon dioxide, temperature, and stomatal diffusion resistance. – Mededel. Landbouwhogesch. Wageningen *59*, 1–68.

Gale, J., and A. Poljakoff-Mayber, 1968: Resistances to the diffusion of gas and vapor in leaves. – Physiol. Plant. *21*, 1170–1176.

Gauhl, E., and O. Björkman, 1969: Simultaneous measurements on the effect of oxygen concentration on water vapor and carbon dioxide exchange in leaves. – Planta *88*, 187–191.

Goldsworthy, A., 1970: Photorespiration. – Bot. Rev. *36*, 321–340.

Hatch, M. D., and C. R. Slack, 1966: Photosynthesis by sugar-cane leaves. A new carboxylation reaction and the pathway of sugar formation. – Biochem. J. *101*, 103–111.

– – , 1967: The participation of phosphoenolpyruvate synthetase in photosynthetic CO_2 fixation of tropical grasses. – Arch. Biochem. *120*, 224–225.

– – and H. S. Johnson, 1967: Further studies on a new pathway of photosynthetic carbon dioxide fixation in sugar cane and its occurrence in other plant species. – Biochem. J. *102*, 417–422.

– –, 1970: Photosynthetic CO_2-fixation pathways. – Ann. Rev. Plant Physiol. *21*, 141–162.

Heichel, H. G., and R. B. Musgrave, 1969: Varietal differences in net photosynthesis of *Zea mays* L. – Crop Sci. *9*, 483–486.

Hesketh, J., 1967: Enhancement of photosynthetic CO_2 assimilation in the absence of oxygen, as dependent upon species and temperature. – Planta *76*, 371–374.

Hofstra, G. and C. D. Nelson, 1969: A comparative study of translocation of assimilated ^{14}C from leaves of different species. – Planta *88*, 103–112.

Holmgren, P., P. G. Jarvis and M. S. Jarvis, 1965: Resistances to carbon dioxide and water vapour transfer in leaves of different plant species. – Physiol. Plant. *18*, 557–573.

Izhar, S., and D. H. Wallace, 1967: Studies of the physiological basis for yield differences. III. Genetic variation on photosynthetic efficiency of *Phaseolus vulgaris* L. – Crop Sci. *7*, 457–460.

Jackson, W. A., and R. J. Volk, 1970: Photorespiration. – Ann. Rev. Plant Physiol. 21, 385–432.

Khan, M. A., and S. Tsunoda, 1970a: Evolutionary trends in leaf photosynthesis and related leaf characters among cultivated wheat species and its wild relatives. – Japan. J. Breeding *20*, 133–140.

– – 1970b: Leaf photosynthesis and transpiration under different levels of air flow rate and light intensity in cultivates wheat species and its wild relatives. – Japan. J. Breeding *20*, 305–314.

– – , 1970c: Growth analysis of cultivated wheat species and their wild relatives with special reference to dry matter distribution among different plant organs and to leaf area expansion. – Tohoku J. Agric. Research *21*, 47–59.

– –, 1970d: Differences in leaf photosynthesis and leaf transpiration rates among six commercial wheat varieties of West Pakistan. – Japan. J. Breeding *20*, 344–350.

King, R. W., I. F. Wardlaw and L. T. Evans, 1967: Effect of assimilate utilization on photosynthetic rate in wheat. – Planta *77*, 261–276.

Kisaki, T., A. Imai and N. E. Tolbert, 1971 a: Intracellular localization of enzymes related to photorespiration in green leaves. – Plant and Cell Physiol. *12*, 267–273.

Kisaki, T., N. Yoshida and A. Imai, 1971b: Glycine decarboxylase and serine formation in spinach leaf mitochondrial preparation with reference to photorespiration. – Plant and Cell Physiol. *12*, 275–288.

Laing, W. A., and B. J. Forde, 1971: Comparative photorespiration in *Amaranthus*, soybean and corn. – Planta *98*, 221–231.

Lawes, D. A., and K. J. Treharne, 1971: Variation in photosynthetic activity in cereals and its implications in a plant breeding programme. I. Variation in seedling leaves and flag leaves. – Euphytica *20*, 86–92.

Lenz, F., und H. J. Danuicht, 1971: Einfluß von Wurzel und Frucht auf die Photosynthese bei *Citrus*. – Angew. Bot. *45*, 11–20.

Ludlow, M. M., 1970: Effect of oxygen concentration on leaf photosynthesis and resistances to carbon dioxide diffusion. – Planta *91*, 285–290.

–, and G. L. Wilson, 1971: Photosynthesis of tropical pasture plants. I. Illuminance, carbon dioxide concentration, leaf temperature, and leaf air vapour pressure difference. – Austr. J. biol. Sci. *24*, 449–470.

Lupton, F. G., 1969: Estimation of yield in wheat from measurement of photosynthesis and translocation in the field. – Ann. appl. Biol. *64*, 363–374.

Menz, K. M., D. N. Moss, R. Q. Cannell and W. A. Brun, 1969: Screening for photosynthetic efficiency. – Crop Sci. *9*, 692–694.

Moss, D. N., 1970: Laboratory measurement and breeding for photosynthetic efficiency. – In: Prediction and Measurement of Photosynthetic Productivity. – Proceedings of the IBP/PP Technical Meeting, Trebon, 14.–21. Sept. 1969, pp. 323–330.

Nátr, L., 1966: Odrudové rozdily v intenzité fotosyntézy. – Rostlinná vyroba *12*, 163–178.

–, 1967: Time course of photosynthesis and maximum figures for the accumulation of assimilates in barley leaf segments. – Photosynthetica *1*, 29–36.

Ogren, W. L., and J. M. Widholm, 1970: Screening for photorespiratory-deficient soybean mutants. – Plant Physiol. *46*, Suppl. p. 7, Nr. 38.

Osmond, C. B., 1971: The absence of photorespiration in C_4 plants: real or apparent? – In: M. D. Hatch (edit.), Photosynthesis and Photorespiration. – John Wiley & Sons, Inc.

–, and B. Harris, 1971: Photorespiration during C_4 photosynthesis. – Biochim. Biophys. Acta *234*, 270–282.

Parkinson, K. J., 1970: The effects of silicone coatings on leaves. – J. exp. Bot. *21*, 566–579.

Pearce, R. B., G. E. Carlson, D. K. Barnes, R. H. Hart, and C. H. Hanson, 1969: Specific leaf weight and photosynthesis in alfalafa. – Crop. Sci. *9*, 423–426.

Peisker, M., und P. Apel, 1971: Untersuchungen zum Einfluß von Sauerstoff auf den CO_2-Gaswechsel assimilierender Blätter. – Biochem. Physiol. Pflanzen (BPP) *162*, 165–176.

Römer, W., 1971: Untersuchungen über die Auslastung des Photosyntheseapparates bei Gerste (*Hordeum distichon* L.) und weißem Senf (*Sinapis alba* L.) in Abhängigkeit von den Umweltbedingungen. – Arch. Bodenfruchtbarkeit u. Pflanzenproduktion *15*, 415–423.

Schöch, R., 1971: Malat und Aspartat als Hauptprodukte der $^{14}CO_2$-Kurzzeit-Fixierung nun auch bei einer Composite. – Z. Pflanzenphysiol. *64*, 367–368.

Šesták, Z., P. G. Jarvis, and J. Čatsky, 1971: Criteria for the selection of suitable methods. – In: Plant Photosynthetic Production. – Manual of Methods, 1–48. – The Hague.

Slatyer, R. O., 1970: Comparative photosynthesis, growth and transpiration of two species of *Atriplex*. – Planta *93*, 175–189.

Stoy, V., 1965: Photosynthesis, respiration and carbohydrate accumulation in spring wheat in relation to yield. – Physiol. Plant *18* (Suppl. IV), 1–125.

Sweet, G. B., and P. F. Wareing, 1966: Role of plant growth in regulation of photosynthesis. – Nature, London *10*, 77.

Takano, Y, and S. Tsunoda, 1971: Curvilinear regression of the leaf photosynthetic rate on leaf nitrogen content among strains of *Oryza* species. – Japan. J. Breeding *21*, 69–76.
Tolbert, N. E., R. K. Yamazaki and A. Oeser, 1970: Localization and properties of hydroxypyruvate and glyoxylate reductases in spinach leaf particles. – J. Biol. Chem. *245*, 5129–5136.
Tregunna, E. B., and J. Downton, 1967: Carbon dioxide compensation in members of the *Amaranthaceae* and some related families. – Canad. J. Bot. *45*, 2385–2387.
–, B. N. Smith, J. A. Berry, and W. J. S. Downton, 1970: Some methods for studying the photosynthetic taxonomy of the angiosperms. – Can. J. Bot. *48*, 1209–1214.
Troughton, J. H., 1971: The lack of carbon dioxide evolution in maize leaves in the light. – Planta *100*, 87–92.
Tschäpe, M., 1970: Untersuchungen über den Einfluß der Temperatur während der Dunkelperiode auf den Photosynthese-Gaswechsel während der nachfolgenden Lichtperiode. – Flora, Jena *159*, 429–434.
–, 1971: Nachwirkung niedriger Temperaturen auf Stomatabewegung und CO_2-Aufnahme thermophiler Pflanzen. – Biochem. Physiol. Pflanzen (BPP), im Druck.
Waggoner, P. E., 1969: Predicting the effect upon net photosynthesis of changes in leaf metabolism and physics. – Crop Sci. *9*, 315–321.
Widholm, J. M., and W. L. Ogren, 1969: Photorespiratory-induced senescence on plants under conditions of low carbon dioxide. – Proc. Nat. Acad. Sci. *63*, 668–675.
Wilson, D., and J. P. Cooper, 1967: Assimilation of *Lolium* in relation to leaf mesophyll. – Nature, London *214*, 989–992.
– –, 1970: Effect of selection for mesophyll cell size on growth and assimilation in *Lolium perenne* L. – New Phytol. *69*, 233–245.

Untersuchungen über den Stickstoffhaushalt der Blätter stoffwechseldefekter Mutanten von *Lycopersicon esculentum* Mill.

von Ilse Miersch und Otto Machold

(Eingegangen am 23. Dezember 1971)

Aus den elektronenmikroskopischen Untersuchungen über die Struktur der Chloroplasten von Chlorophyllmangel-Mutanten kann abgeleitet werden, daß diese Formen in der Regel durch eine gestörte Grana- bzw. Thylakoidbildung gekennzeichnet sind (v. Wettstein 1960, Walles 1967). Die kausalen Zusammenhänge zwischen Chloroplastenstruktur und Chlorophyllbildung sind jedoch in vielen Fällen nicht eindeutig geklärt. Einige Autoren neigen dazu, als primäre physiologische Ursache für die Bildung defekter Thylakoide Chlorophyllmangel, bedingt durch Störungen in der Chlorophyllsynthese, anzunehmen, während andere den verminderten Chlorophyllgehalt als Folge einer spezifischen Hemmung der Synthese bestimmter Proteine ansehen, die letztlich zu einem Defekt in der Ausbildung der lamellaren Strukturen führen soll (Röbbelen 1966).

In früheren Publikationen über den chemischen Aufbau der Lamellarproteine grüner und chlorotischer Chloroplasten konnte gezeigt werden, daß die Bandenspektren der Proteine nach elektrophoretischer Trennung erheblich voneinander abweichen (Machold 1971 und 1972). Die vorliegende Arbeit soll diese Ergebnisse abrunden und zeigen, daß die Blattproteine chlorotischer Chloroplasten nicht nur qualitativ, sondern auch quantitativ verändert sind.

MATERIAL UND METHODEN

a) Pflanzenmaterial

Als Versuchsmaterial dienten die Chlorophyllmutanten '*xantha*$_1$', '*xantha*$_4$', '*xantha*$_5$' und '*gilva*' der Kulturtomate *Lycopersicon esculentum* Mill. aus dem Sortiment von H. Stubbe, die nach Behandlung trockener Samen der Sorte 'Condine Red' mit Röntgenstrahlen entstanden und an anderer Stelle bereits ausführlich beschrieben wurden (Gröber 1960 und 1964). In allen Fällen handelt es sich um Formen, die unter normalen Vegetationsbedingungen letal sind. Bei Einhaltung optimaler Licht- und Temperaturbedingungen kann '*xantha*$_5$' jedoch auf eigener Wurzel kultiviert werden (Machold und Gröber 1966) und läßt sich in ihrem Chlorophyllgehalt sogar normalisieren, wenn der

Eisenstoffwechsel aktiviert wird (Machold 1968). Die Anzucht von '*xantha*$_1$', '*xantha*$_4$' und '*gilva*' gelingt dagegen nur als Pfropfreiser, die auch unter optimalen Verhältnissen nur sehr geringe Chlorophyllmengen produzieren können.

b) Versuchsbedingungen

Die Mutanten '*xantha*$_1$', '*xantha*$_4$' und '*gilva*' wurden nach der Entfaltung der Keimblätter auf 6 Wochen alte Unterlagen der Ausgangssorte 'Condine Red' gepfropft und nach dem Anwachsen im Gewächshaus weiterkultiviert. Die vier jüngsten Fiederblätter wurden eingefroren und gefriergetrocknet, nachdem die Pfropfreiser eine Höhe von etwa 50–60 cm erreicht hatten. Zur Untersuchung der Beziehungen zwischen dem Chlorophyllgehalt und der Proteinzusammensetzung wurde die Mutante '*xantha*$_5$' einmal in Gartenerde, zum anderen in zwei verschiedenen Nährlösungen mit unterschiedlichem Redoxpotential kultiviert, wobei die Lösung mit Nitral Chlorose, die mit Ammonium Ergrünung verursachte (Machold 1968).

c) Isolierung der Chloroplasten

Um das Auswaschen der löslichen Proteine zu verhindern, erfolgte die Isolierung der Chloroplasten nach Behrens und Thalacker (1957) in Benzin. Die gewonnenen Rohchloroplasten wurden in einen Dichtegradienten aus Benzin und Tetrachlorkohlenstoff mit den Werten 1.25, 1.30, 1.35 und 1.40 gereinigt.

d) Fraktionierte Extraktion

Das Pflanzenmaterial wurde bei +2 °C intensiv in einer Kugelmühle zerkleinert und entsprechend dem in Schema 1 angeführten Analysengang extrahiert.

e) Analysenmethoden

Die Bestimmung des Stickstoffgehaltes erfolgte nach der Methode von Kjeldahl. Bei den Versuchen mit isolierten Chloroplasten wurde der Stickstoffgehalt photometrisch nach Anfärbung mit Neßlers Reagenz ermittelt. Der Chlorophyllgehalt wurde nach Arnon (1949) unter Zugrundelegung des spezifischen Extraktionskoeffizienten von MacKinney bestimmt.

ERGEBNISSE UND DISKUSSIONEN

In Fortsetzung früherer Versuche (Machold 1972), in welchen der chemische Aufbau der Lamellarproteine grüner und chlorotischer Chloroplasten mittels elektrophoretischer Trennung an vernetztem Polyacrylamid bestimmt wurde,

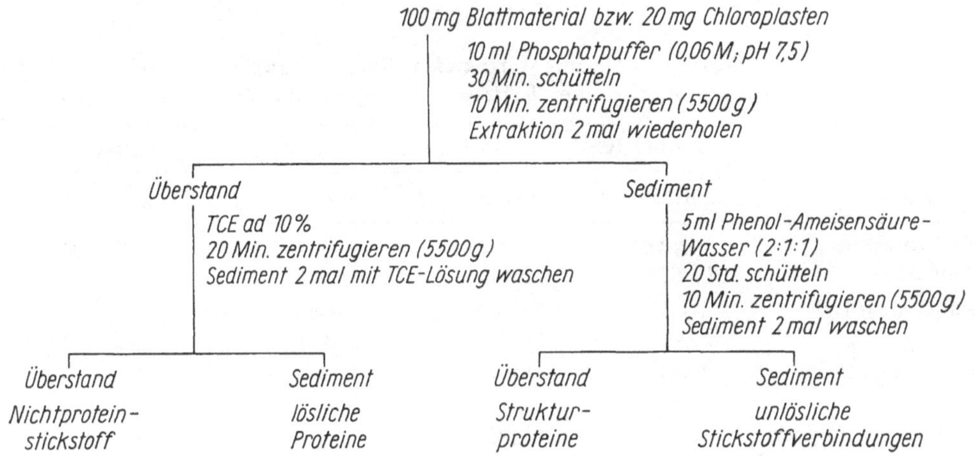

Schema 1
Übersicht über die Fraktionierung der Stickstoffverbindungen

sollen die vorliegenden Experimente einen Einblick in die Beziehungen zwischen der quantitativen Zusammensetzung der Blattproteine und der Chlorophyllbildung vermitteln. Zu diesem Zweck wurden die Stickstoffverbindungen der Blätter und Chloroplasten durch schrittweise Extraktion, kombiniert mit Fällungsprozessen, fraktioniert. Durch die Extraktion des Blatt- bzw. Chloroplastenmaterials mit Phosphatpuffer erfolgte zunächst die Lösung der löslichen Proteine sowie der Nichtproteinstickstoffverbindungen, wobei in einem zweiten Schritt die Proteine mit Trichloressigsäure gefällt wurden. Aus dem Rückstand der ersten Extraktion wurden mit einem Gemisch aus Phenol, Ameisensäure und Wasser die sogen. Strukturproteine herausgelöst; als Rest verblieben unlösliche Stickstoffverbindungen, die nach Jennings und Watt (1967) sehr wahrscheinlich Nucleinsäuren bzw. bisher wenig charakterisierten schwerlöslichen Proteinen mit hohem Hydroxyprolinanteil zugeordnet werden müssen. Die Abgrenzung zwischen der Fraktion mit den löslichen Proteinen und den Strukturproteinen ist nicht scharf, trotzdem dürfte es sich im ersten Fall vorwiegend um Proteine mit Enzymcharakter handeln, wobei Ribulosediphosphat-Carboxylase den größten Anteil ausmacht, während der Phenol-Ameisensäure-Wasser-Extrakt schwerlösliche Proteine enthält, die überwiegend am Aufbau spezifischer Strukturen beteiligt sind, so daß es gerechtfertigt erscheint, diese Fraktion vereinfacht als Strukturproteine zu bezeichnen. Die genaue Definition dieses Begriffes erfolgte bereits an anderer Stelle (Machold 1972).

Bei den in den Tabellen 1–3 angeführten Werten handelt es sich – mit Ausnahme der Werte für das Chlorophyll – um den Stickstoffgehalt der einzelnen Fraktionen bezogen auf die Gewichtseinheit Trockensubstanz. Die Tabellen 1 und 2 enthalten Ergebnisse aus Versuchen mit Pflanzen, die in Gartenerde unter Gewächshausbedingungen kultiviert wurden. Dieser Hinweis

Tabelle 1

Die Fraktionierung der Stickstoffverbindungen grüner und chlorotischer Blätter (mg N/g Trockengewicht)

Genotyp / Fraktion	'Condine Red' mg N	%	*xantha*$_{k}$ mg N	%	*xantha*$_{l}$ mg N	%	*gilva* mg N	%
Nichtprotein-stickstoff	7,2 ± 0,7	14,7	18,2 ± 0,1	30,6	22,4 ± 3,2	35,1	22,1 ± 0,5	35,9
lösliche Proteine	11,0 ± 0,6	22,5	23,6 ± 0,1	39,7	26,9 ± 0,4	42,2	24,3 ± 0,3	39,5
Strukturproteine	10,9 ± 0,4	22,2	10,2 ± 0,1	17,2	8,9 ± 0,2	13,9	9,1 ± 0,5	14,8
Σ Proteinstickstoff	21,9		33,8		35,8		33,4	
unlösliche Stickstoff-verbindungen	20,1 ± 0,5	40,6	7,5 ± 0,6	12,5	5,6 ± 0	8,8	6,0 ± 0,4	9,8
Gesamtstickstoff	49,2	100	59,5	100	63,8	100	61,5	100
Chlorophyll (mg/g Frisch-Gew.)	3,20		0,32		0,28		0,24	

erscheint wichtig, da sich bei der Auswertung der Versuche zeigte, daß die Anzuchtsbedingungen einen erheblichen Einfluß auf den Anteil der einzelnen Fraktionen am Gesamtstickstoff ausüben, was vor allem für die Fraktion mit den unlöslichen Stickstoffverbindungen gilt. Dieser Reststickstoff ist bei den in Nährlösung unter Kunstlicht kultivierten Pflanzen in der Regel geringer als bei den unter Tageslicht in Gartenerde angezogenen. Die Ursache hierfür dürfte im geringeren Verholzungsgrad dieses Materials infolge des hohen Stickstoffangebotes durch die Nährlösung und der besseren Wüchsigkeit unter Kunstlicht und günstigeren Temperaturbedingungen zu suchen sein. In der vorliegenden Arbeit werden deshalb immer nur Werte verglichen, die unter den gleichen Bedingungen erzielt wurden.

Vergleicht man die bei den Chlorophyll-Mutanten ermittelten Werte mit denen der Ausgangsform, so ergibt sich folgende Tendenz:

Die chlorotischen Blätter enthalten pro Gewichtseinheit Trockensubstanz absolut mehr Nichtproteinstickstoff als die grünen (Tab. 1), was in gleicher Weise für die Menge an löslichen Proteinen gilt. Umgekehrt verhalten sich die Fraktionen mit den Strukturproteinen und den unlöslichen Stickstoffverbindungen, die in den chlorotischen Blättern kleiner sind als in den grünen. Diese Tendenz kommt besonders zum Ausdruck, wenn die prozentualen Anteile der einzelnen Fraktionen am Gesamtstickstoff miteinander verglichen werden. Der Proteingehalt insgesamt ist ebenso wie der Stickstoffgehalt in den chlorotischen Blättern der Mutanten deutlich höher als in den grünen Blättern der Ausgangsform. Die Ursache hierfür dürfte vor allem im veränderten C : N-Verhältnis zu suchen sein, das sich in den chlorotischen Blättern infolge geringerer Assimilationsleistung zugunsten des Stickstoffs verschiebt, was eine

Erhöhung des N-Gehaltes pro Gewichtseinheit Trockensubstanz zur Folge hat.

Werden aus dem gefriergetrockneten Blattmaterial die Chloroplasten isoliert und der gleichen Extraktionsprozedur unterworfen, so ergeben sich ähnliche Relationen wie in Tabelle 1, wenn auch der statistische Fehler in einigen Fällen infolge der geringeren Menge an eingesetztem Material erheblich größer ist (Tab. 2). Besonders bemerkenswert ist der hohe Anteil an löslichen Proteinen und der extrem niedrige Anteil an Strukturproteinen in den Chloroplasten der Mutanten. Wie in Tabelle 1, so ist auch hier der Proteingehalt und der Stickstoffgehalt insgesamt in den chlorotischen Chloroplasten höher als in den grünen.

Tabelle 2

Die Fraktionierung der Stickstoffverbindungen grüner und chlorotischer Chloroplasten (mg N/g Trockengewicht)

Genotyp \ Fraktion	'Condine Red'		*xantha*$_4$		*xantha*$_1$		*gilva*	
	mg N	%	mg N	%	mg N	%	mg N	%
Nichtprotein-stickstoff	10,0 ± 1,0	11,3	14,1 ± 0,5	13,3	28,5 ± 0,4	24,4	13,6 ± 0,7	16,8
lösliche Proteine	18,4 ± 1,6	20,9	45,2 ± 1,3	42,7	67,9 ± 3,9	58,2	48,0 ± 0,3	59,4
Strukturproteine	28,5 ± 2,0	32,3	18,4 ± 0,4	17,4	10,7 ± 0,9	9,2	8,7 ± 0,5	10,8
Σ Proteinstickstoff	46,9		63,6		78,6		56,7	
unlösliche Stickstoff-verbindungen	31,3 ± 2,3	35,5	28,2 ± 1,1	26,6	9,5 ± 0,7	8,2	10,5 ± 0,1	13,0
Gesamtstickstoff	88,2	100	105,9	100	116,6	100	80,8	100

Aus den Ergebnissen der beiden Versuche kann geschlossen werden, daß bei den Mutanten *xantha*$_1$, *xantha*$_4$ und *gilva* eine enge Beziehung zwischen dem Chlorophyllmangel und dem Stickstoffhaushalt besteht. Der hohe Gehalt an Nichtproteinstickstoffverbindungen spricht zunächst für eine Störung im Ablauf der Proteinsynthese. Diese Störung scheint jedoch nicht genereller Natur zu sein, da ja z. B. der Gehalt an löslichen Proteinen in den chlorotischen Blättern und Chloroplasten stark erhöht ist, sondern scheint vor allem die Synthese der Strukturproteine in den Chloroplasten zu betreffen. Für eine spezifische Hemmung bestimmter Proteine spricht besonders die starke Verschiebung des prozentualen Anteils der beiden Fraktionen am Gesamtstickstoff zugunsten der löslichen Proteine.

In einem dritten Experiment wurde die Mutante *xantha*$_5$ getestet, die sich nach Überwindung einer kritischen Phase während der Jugendentwicklung und bei Einhaltung optimaler physikalischer Bedingungen auf eigener Wurzel sehr gut kultivieren läßt, und die durch die Aktivierung des Eisenstoffwechsels

Tabelle 3

Beziehungen zwischen Chlorophyll- und Proteinbildung bei der Mutante *xantha*$_5$ (mg N/g Trockengewicht)

Fraktion \ Genotyp	Blätter chlorotisch		Blätter grün		Chloroplasten chlorotisch		Chloroplasten grün	
	mg N	%	mg N	%	mg N	%	mg N	%
Nichtprotein-stickstoff	13,5 ± 0,5	22,8	15,0 ± 0,5	20,2	17,0 ± 0,6	15,4	18,3 ± 1,9	16,1
lösliche Proteine	22,3 ± 0,4	37,7	29,0 ± 0,5	39,1	47,0 ± 2,8	42,6	39,0 ± 3,2	34,3
Strukturproteine	10,4 ± 0,3	17,7	20,3 ± 0,1	27,4	18,8 ± 3,0	17,0	39,6 ± 3,9	34,9
Σ Proteinstickstoff	32,7		49,3		65,8		78,6	
unlösliche Stickstoff-verbindungen	12,9 ± 0,8	21,8	9,9 ± 0,4	13,3	27,6 ± 3,3	25,0	16,7 ± 1,3	14,7
Gesamtstickstoff	59,1	100	74,2	100	110,4	100	113,6	100

phänotypisch „normalisiert" werden kann. Frühere Untersuchungen zeigten, daß der Chlorophyllmangel bei dieser Mutante auf Störungen in der Biosynthesekette des Chlorophylls beruht (Stephan und Machold 1969). Es lag nahe, diese Mutante in die Untersuchungen einzubeziehen und zu testen, ob auch bei Formen mit primär gehemmter Chlorophyllbildung Veränderungen in der quantitativen Zusammensetzung der Blattproteine auftreten und wie sich die Ergrünung auf den Stickstoffhaushalt auswirkt. Die in Tabelle 3 enthaltenen Werte zeigen, daß sich parallel zur Ergrünung der Proteingehalt signifikant erhöht, was jedoch vor allem durch die Zunahme der Menge an Strukturproteinen erfolgt.

Die vorliegenden Ergebnisse bestätigen damit frühere Befunde über den chemischen Aufbau der Lamellarproteine grüner und chlorotischer Chloroplasten (Machold 1971 und 1972). Aus den bisherigen Experimenten kann die Schlußfolgerung gezogen werden, daß chlorotische Blätter in der Regel durch qualitative und quantitative Veränderungen im Stickstoffhaushalt gekennzeichnet sind. Diese Veränderungen können sowohl durch die Störung der Synthese spezifischer Proteine als auch durch das Fehlen des Chlorophylls bedingt sein.

Zusammenfassung

Nichtproteinstickstoffverbindungen, lösliche Proteine und Strukturproteine wurden aus den Blättern und Chloroplasten der Chlorophyllmutanten *xantha*$_1$, *xantha*$_4$, *xantha*$_5$ und *gilva* sowie ihrer Ausgangsform 'Condine Red' von *Lycopersicon esculentum* Mill. extrahiert und ihr Anteil am Gesamtstickstoff ermittelt. Die Mutanten sind durch einen geringen Anteil an Strukturproteinen und einen hohen Anteil an löslichen Proteinen gekennzeichnet. Der Chlorophyllmangel wird bei einigen Formen auf eine Störung der Strukturproteinsynthese zurückgeführt. Die Aktivierung des Eisenstoffwechsels führte bei der Mutante *xantha*$_5$, deren Chlorophyllsynthese primär gehemmt ist, nicht nur zur Normalisierung des Chlorophyllgehaltes, sondern auch zu einer signifikanten Erhöhung des Anteils an Strukturproteinen. Aus den Ergebnissen wird geschlossen, daß Veränderungen im Stickstoffhaushalt chlorotischer Pflanzen sowohl durch Störungen der Proteinsynthese als auch durch das Fehlen des Chlorophylls bedingt sein können.

Summary

Studies on the nitrogen metabolism of defect mutant leaves from *Lycopersicon esculentum* Mill.

Notproteinnitrogen, soluble proteins and structural proteins were extracted and related to the total content of nitrogen from leaves and chloroplasts of the chlorophyll mutants *xantha*$_1$, *xantha*$_4$, *xantha*$_5$ and *gilva* as well as from the normal typ 'Condine Red' of *Lycopersicon esculentum* Mill. The mutants are characterized by a low content of structural proteins and a high content of soluble proteins. It is concluded that the chlorophyll deficiency of a part of the mutants is the result of an inhibition in the synthesis of the structural proteins. On the other side, activating the iron metabolism of the mutant *xantha*$_5$, in which chlorophyll synthesis primarily is inhibited, normalizes the chlorophyll content and as its result increases the content of structural proteins. From the results obtained it is concluded that deviations in the nitrogen metabolism of chlorotic plants can be conditioned by a defect in the synthesis of specific proteins as well as by the absence of chlorophyll.

Краткое содержание

Исследования азотного режима листьев мутантного томата *Lycopersicon esculentum* Mill. с нарушенным обменом веществ

Азотистые небелковые соединения, растворимые и структурные протеины экстрагировались из листьев и хлоропластов хлорофильных мутантов *xantha*$_1$, *xantha*$_4$, *xantha*$_5$, *gilva* и из их исходного сорта томатов 'Кондин ред' для определения их доли в общем количестве азота. Мутанты отличаются малой долей структурных и высокой долей растворимых протеинов. Недостаточность хлорофилла у некоторых форм объясняется нарушениями в синтезе структурных протеинов. Активизация обмена железа у мутанта *xantha*$_5$, чей хлорофильный синтез заторможен первично, привел не только к нормализации содержания хлорофилла, но и к статистически достоверному повышению доли структурных протеинов. Результаты позволяют сделать заключение о том, что изменения в азотном режиме хлорозных растений могут быть обусловлены, как нарушением синтеза протеина, так и отсутствием хлорофилла.

Literatur

Arnon, D. J., 1949: Copper enzymes in isolated chloroplasts. Polyphenoloxidase in *Beta vulgaris*. – Plant Physiol. *24*, 1–15.

Behrens, M., und R. Thalacker, 1957: Gewinnung von Chloroplasten in nichtwäßrigem Milieu. – Naturwissenschaften *44*, 621.

Gröber, K., 1960: Ein neuartig balanciertes Letalfaktorensystem bei *Lycopersicon esculentum* Mill. – Kulturpflanze *8*, 33–89.

–, 1963: Connections between sample size and goodness of fit in case of a 3 : 1 segregation ratio of 7 chlorophyll mutations of the tomato. – Rep. Tomato Genet. Coop. *13*, 50.

Jennings, A. C., und W. B. Watt, 1967: Fractionation of plant material. I. Extraction of proteins and nucleic acids from plant tissues and isolation of protein fractions containing hydroxyproline from brod bean (*Vicia faba* L.) leaves. – Sci. Food Agric. *18*, 527–535.

Machold, O., und K. Gröber, 1966: Untersuchungen an stoffwechseldefekten Mutanten der Kulturtomate. I. Beziehungen zwischen Kalium : Calzium-Verhältnis und Chlorophyllgehalt. – Flora, Abt. A, *157*, 170–182.

Machold, O., 1968: Einfluß der Ernährungsbedingungen auf den Zustand des Eisens in den Blättern, den Chlorophyllgehalt und die Katalase- sowie Peroxydaseaktivität. – Flora, Abt. A, *159*, 1–25.

–, 1971: Lamellar proteins of green and chlorotic chloroplasts as affected by iron deficiency and antibiotics. – Biochim. Biophys. Acta *238*, 324–331.

–, 1972: Lamellarproteine grüner und chlorotischer Chloroplasten. – Biochem. Physiol. Pflanz. (im Druck).

Röbbelen, G., 1966: Gestörte Thylakoidbildung in Chloroplasten einer xantha-Mutante von *Arabidopsis thaliana* (L.) Heynh. – Planta (Berl.) *69*, 1–26.

Stephan, U. W., und O. Machold, 1969: Über die Funktion des Eisens bei der Porphyrin- und Chlorophyll-Biosynthese. – Z. Pflanzenphysiol. *61*, 98–113.

Walles, B., 1967: Use of biochemical mutants in analysis of chloroplast morphogenesis. – In: T. W. Goodwin (edit.), Biochem. of Chloroplasts II. – Academic Press, London und New York, 633–653.

Wettstein, D. v., 1960: Multiple allelism in induced chlorophyll mutants. II. Error in the aggregation of the lamellar discs in the chloroplast. – Hereditas *46*, 700–708.

Zur Wirkung niederer Strahlendosen auf Pflanzen

von Herta Sagromsky

(Eingegangen am 12. Januar 1972)

Es gibt statistisch gesicherte Versuchsergebnisse, nach denen niedere Strahlendosen eine Reihe von Stoffwechselreaktionen stimulieren können (Literatur bei Siegel 1966, Glubrecht und Scheuermann 1968, Sagromsky 1969). Die dabei vorhandenen Wirkungsmechanismen werden von Simonis (1965) diskutiert. Eine Übertragung dieser Befunde auf komplexe Reaktionsmechanismen, wie auf Wachstums- und Entwicklungsvorgänge ganzer Organismen, ist jedoch nicht ohne weiteres möglich. Zahlreiche Versuche, eine Stimulation des Wachstums und der Entwicklung und damit der Ertragsbildung höherer Pflanzen durch die Einwirkung von kleinen Strahlendosen zu erreichen, führten zu den widersprechendsten Ergebnissen. In den meisten Fällen war für diese Versuche zu wenig Material benutzt worden, so daß die statistische Sicherung nicht ausreichte (zusammenfassende Literaturübersicht bei Glubrecht und Süss 1965, Siegel 1966 und Glubrecht und Scheuermann 1968). Dazu kommt die Schwierigkeit bei der Beurteilung von einzelnen miteinander gekoppelten Teilreaktionen in einem stark differenzierten System, wie es die höhere Pflanze ist. Deshalb soll hier über Ergebnisse an wesentlich einfacheren und leicht kultivierbaren grünen einzelligen Organismen berichtet werden, bei denen eine Wachstumsbeschleunigung durch niedrige Strahlendosen erreicht werden konnte.

Versuchsmaterial waren die Stämme 202-7b der Grünalge *Ankistrodesmus braunii* (Naeg.) Brunnth. und 211-11h der Grünalge *Chlorella vulgaris* Beyerinck. aus der Algensammlung des pflanzenphysiologischen Instituts der Universität Göttingen. Algenkulturen (0,00025 ml Lösung enthielten 50 bis 60 Zellen), gewachsen in Nährlösung nach Knop bei 20 °C ± 1 °C im 16 : 8-stündigen Licht-Dunkel-Rhythmus und bei einer Lichtintensität von 500 Lux von 2 Leuchtstoffröhren, Narva 40 Watt, weiß, wurden mit Röntgenstrahlen behandelt (Röhrenspannung 180 kV, Röhrenstrom 12 mA, Fokus-Oberflächenabstand 11,5 cm, Filter 0,5 mm Cu). 1 ml davon kam in 50 ccm Knop'sche Nährlösung zur Weiterentwicklung bei denselben Klimabedingungen wie bei der Ankultur. Nach 15–20 Tagen wurde die Zellzahl der jeweiligen Kultur durch Auszählung mit einer Zählkammer nach Thoma (Anzahl der Zellen in 0,0002 ml) ermittelt oder die Algendichte durch Trübungsmessung mit Hilfe eines Pulfrich-Photometers (Zeiss) bestimmt. Nach 35–40 Tagen erfolgte die zweite Auswertung. Die Versuche wurden in den Jahren 1967 und 1968 durchgeführt und mehr als 10mal wiederholt. Sie waren in 3 Parallelen angesetzt.

In Abbildung 1 ist die Zellzahl von *Ankistrodesmus* in 0,00025 ml Kulturlösung 35 Tage nach Behandlung mit 0, beziehungsweise 5, 10, 20, 40, 60 oder

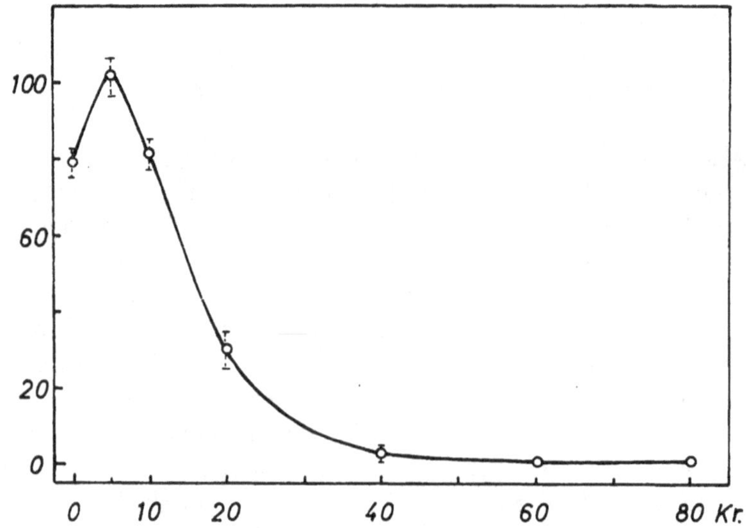

Abb. 1. Einfluß von Röntgenstrahlen verschiedener Dosis auf die Zellvermehrung von *Ankistrodesmus braunii*. Zellzahl in 0,00025 ml Nährlösung 35 Tage nach der Strahleneinwirkung

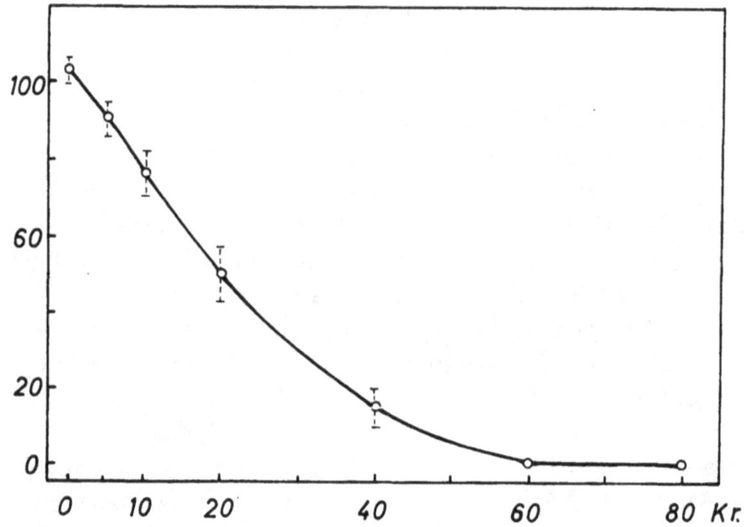

Abb. 2. Einfluß von Röntgenstrahlen verschiedener Dosis auf die Zellvermehrung von *Chlorella vulgaris*. Zellzahl in 0,00025 ml Nährlösung 35 Tage nach der Strahleneinwirkung

80 kR aufgetragen. Man erkennt einen Anstieg der Zellvermehrung bei Einwirkung von schwachen Dosen mit einem Maximum bei 5 kR und dann einen Abfall bis zur vollständigen Abtötung der Kulturen bei 60 und 80 kR.

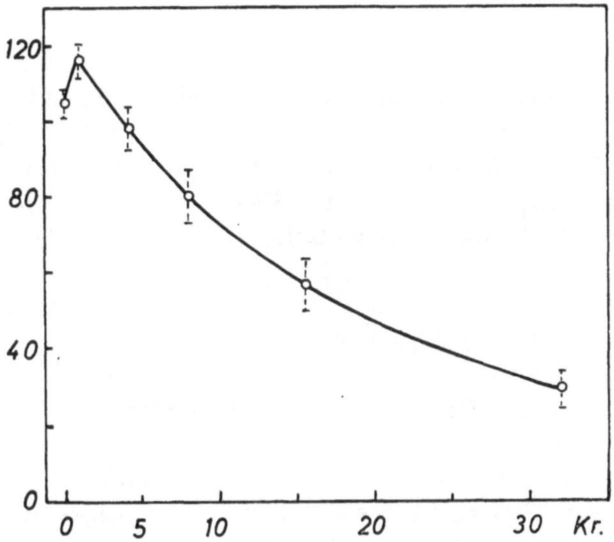

Abb. 3. Einfluß von Röntgenstrahlen verschiedener Dosis auf die Zellvermehrung von *Chlorella vulgaris*. Zellzahl in 0,00025 ml Nährlösung 30 Tage nach der Strahleneinwirkung

Bei *Chlorella vulgaris* war bei den oben angegebenen Bestrahlungsdosen (Abb. 2) keine Stimulation der Zellvermehrung durch niedere Strahlendosen zu beobachten. Sie war jedoch zu finden, wenn noch kleinere Strahlendosen als 5 kR verwandt wurden (Abb. 3). Das Maximum der Zellvermehrung lag bei *Chlorella vulgaris* nach Einwirkung von 1 kR. Alle Wiederholungen bestätigten den oben beschriebenen Befund, wonach bei *Ankistrodesmus braunii* (Maximum bei 5 kR) sowie bei *Chlorella vulgaris* (Maximum bei 1 kR) durch niedere Strahlendosen eine Stimulation der Zellvermehrung erzielt werden kann. Der Dosisbereich, durch den eine Steigerung der Zellvermehrung erreicht werden kann, ist für verschiedene Formen nicht derselbe. Er richtet sich nach der Strahlenempfindlichkeit der einzelnen Arten.

Frau Ulrike Danneil danke ich für die Mithilfe bei den Versuchen, Herrn Erich Voigt für die Durchführung der Bestrahlungen.

Zusammenfassung

Durch niedere Strahlendosen konnte bei *Ankistrodesmus braunii* (Naeg.) Brunnth. und bei *Chlorella vulgaris* Beyerinck eine Stimulation der Zellvermehrung erreicht werden. Bei *Ankistrodesmus braunii* wurde das Maximum der Wachstumsbeschleunigung durch 5 kR erzielt, bei *Chlorella vulgaris* durch 1 kR.

Summary

Effects of low doses of radiation on plants

Low doses of X-rays increased cell-reproduction of the green algae *Ankistrodesmus braunii* (Naeg.) Brunnth. and *Chlorella vulgaris* Beyerinck. *Ankistrodesmus braunii* had maximal stimulation at 5 kR, *Chlorella vulgaris* at 1 kR.

Краткое содержание

К вопросу о действии низких доз облучения на растения

Облучение *Ankistrodesmus braunii* (Naeg.) Brunnth. и *Chlorella vulgaris* Beyerinck низкими дозами рентгена стимулировало процесс размножения клеток. Максимальное ускорение роста достигалось у первого вида при 5 *кр*, у второго – при 1 *кр*.

Literatur

Glubrecht, H., und A. Süss, 1965: Zusammenstellung eines Kolloquiums über „Die fördernde Wirkung kleiner Strahlendosen auf Pflanzen". – Bayerisches Landwirtschaftl. Jb. *42*, Sonderheft 1, 1–100.

–, und W. Scheuermann, 1968: Strahlenwirkungen auf höhere Pflanzen. – Fortschr. Botanik *30*.

Sagromsky, H., 1969: Herabsetzung der Empfindlichkeit gegenüber Röntgenstrahlen durch wiederholte Bestrahlung von *Ankistrodesmus braunii* (Naeg.) Brunnth. – Arch. Protistenk. *111*, 270–274.

Siegel, G., 1966: Die biologischen Wirkungen kleiner Dosen ionisierender Strahlen. – Jena.

Simonis, W., 1965: Über physiologische Probleme der Wirkung kleiner Dosen ionisierender Strahlen auf Pflanzen. – Bayerisches Landwirtschaftl. Jb. *42*, 30–36.

Die infraspezifische Variabilität von *Vicia faba* L. und ihre Gliederung

von Peter Hanelt

(Eingegangen am 18. Januar 1972)

Vom überwiegenden Teil der Kulturpflanzen der Erde sind kaum mehr als Vermutungen über ihre abstammungsgeschichtlichen Beziehungen zu den Wildsippen des jeweiligen Verwandtschaftskreises bekannt. Das trifft auch für viele der kultivierten Leguminosen zu. In Fortsetzung früherer Studien über die Gattung *Vicia* L. sollen daher in einer Reihe von Beiträgen, von denen der erste bereits im letzten Band der „Kulturpflanze" erschien (Schultze-Motel 1972), Verwandtschafts- und Abstammungsverhältnisse der Ackerbohne, *Vicia faba* L., betrachtet werden; im Hinblick auf das zunehmende Interesse, das diese Art in der Landwirtschaft und Pflanzenzüchtung seit einigen Jahren in verschiedenen Ländern erfährt und auf mögliche Verbindungen, die sich aus den theoretischen Untersuchungen für die Belange der praktischen Züchtung ergeben können, erscheinen diese Beiträge von aktueller Bedeutung.

Die Grundlage für alle weiterführenden Erörterungen bildet eine genaue Kenntnis der infraspezifischen Mannigfaltigkeit von *Vicia faba*. Eingehendere Versuche zu ihrer Erfassung sind bei dieser alten und wirtschaftlich bedeutenden Kulturpflanze schon seit langem gemacht worden; sie reichen etwa von Alefeld (1862, 1866) und Mattei (1889) bis zu der eingehenden monographischen Darstellung durch Muratova (1931) aus der Vavilov-Schule, die das umfangreiche Sammelmaterial des Leningrader Instituts (VIR) untersuchen konnte und die 1937 auch *V. faba* in der „Kulturnaja flora SSSR" bearbeitete. Die Autorin entwarf ein detailliertes, in Unterarten, Varietäten, Untervarietäten und Formen gegliedertes System des Formenreichtums der Art. Darüber hinaus ist in der Monographie eine Fülle von Daten zur Geographie, Anbaugeschichte, geographisch-ökologischen Differenzierung von *V. faba* usw. enthalten, die die Arbeit zu einer unentbehrlichen Informationsquelle werden lassen.

Der Versuch, die Formen der in Gatersleben kultivierten Kollektion von *V. faba* in das Gliederungsschema von Muratova einzuordnen und sie danach zu bestimmen, mißlang jedoch in einer relativ großen Zahl von Fällen. Das hat mehrere Gründe:

1. Die Herkünfte mancher Anbaugebiete, z. B. des südlichen Balkans und Kretas, waren zahlenmäßig relativ schwach in dem damaligen Unter-

suchungsmaterial vertreten und sind deshalb zum Teil nicht in das infraspezifische System einbezogen.

2. Quantitative Merkmale, wie Samengröße, Wuchshöhe, TKM, Vegetationsdauer u. a., spielen in dem System von Muratova eine große Rolle und die Angaben sind naturgemäß auf die Bedingungen des von ihr benutzten Anbaugebiets zugeschnitten. Diese Merkmale variieren aber in Abhängigkeit von klimatisch-edaphischen Faktoren beträchtlich, so daß sich – besonders im Hinblick auf die Merkmalsüberschneidungen bei vielen infraspezifischen Taxa der Art – bei der Beurteilung dieser Merkmale und ihrer Anwendung große Schwierigkeiten ergeben. So wird z. B. von Muratova als Wert für die Samenlänge der kleinkörnigen Gruppe der Art (var. *minor*) (6,5) 9,5 (12,5) mm angegeben; bei einem Vergleichsanbau (1966) des Gaterslebener Sortiments ergaben sich Längen von (7,8) 11,0–17,5 (20,0) mm! Derartige Differenzen betreffen nicht nur Absolutwerte sondern auch Relativgrößen. Die Werte für den Dicken-Index der Samen (Dicke : Länge) sind bei Muratova für var. *minor* (0,55) 0,70 (0,85), für die großkörnige Gruppe (var. *faba*) (0,20) 0,26 (0,32); die von uns ermittelten Zahlen betrugen bei var. *minor* (0,43) 0,50–0,63 (0,80) und bei var. *faba* (0,20) 0,32–0,38 (0,44).

3. Selektionsvorgänge in den Populationen der Art (Sorten oder Landsorten) vermögen offensichtlich zumindest bei bestimmten Merkmalen sehr rasch eine Änderung im Phänotyp der betreffenden Herkunft der Art herbeizuführen; daraus kann sich z. B. eine unterschiedliche Einordnung einer Sorte bei Muratova bzw. bei einer Determination derselben Form des Gaterslebener Materials ergeben. Sehr leicht selektiv beeinflußbar ist z. B. die Samengröße. Allein durch eine unbewußte Auslese auf Großkörnigkeit, die bei der Auswahl der Samen für die Aussaat erfolgt und wobei „gut ausgebildete" Samen bevorzugt ausgesucht werden, ist z. B. die Tausendkornmasse bei der Herkunft FAB 29 (Peloponnes) des Gaterslebener Sortiments (var. *minor*) innerhalb von 6 Generationen von 241,2 auf 650,0 g gestiegen und etwa ebenso leicht ist bei der Rückselektion auf den ursprünglichen Samentyp die Ausgangsgröße zu erreichen. Für dieses Phänomen ließen sich zahlreiche Beispiele aus der Anbaupraxis in Gatersleben anführen.

Aus den dargelegten Gründen schien eine erneute Überarbeitung der innerartlichen Systematik von *V. faba* angebracht, die gleichzeitig als Fortsetzung früherer Gaterslebener Studien über die infraspezifische Mannigfaltigkeit bei Kulturpflanzen gedacht ist. Im Falle von *V. faba* ergeben sich besondere Schwierigkeiten daraus, daß diese Art offensichtlich (in schwankendem Maße und auch mit unterschiedlichem Verhalten einzelner Gruppen der Art) zu einem beachtlichen Grad allogam ist und deshalb eine Abgrenzung morphologisch einheitlicher Taxa innerhalb der Art erschwert wird. In diesem Zusammenhang erscheint es zweckmäßig, einleitend auf einige Besonderheiten der Taxonomie von Kulturpflanzen einzugehen.

KULTURPFLANZENTAXONOMIE

Die Mehrzahl der Taxonomen ist sich einig, daß jede systematische Gliederung von Organismen (abgesehen von denjenigen nur speziellen Zwecken dienenden wie Einteilungen in Land- und Wasserpflanzen, Holzgewächse und Kräuter, Lang-, Kurztagspflanzen und photoperiodisch neutrale Sippen usw.) zum Ziel hat, die vorgegebene Mannigfaltigkeit auf der Basis optimaler Merkmalsübereinstimmung zu ordnen und darüber hinaus durch die Stellung und Anordnung, Subordination und Unterteilung sowie Rangstufen-Zuerkennung der abgegrenzten Sippen in einem hierarchisch gestuften System den auf gemeinsamer oder unabhängiger Abstammung beruhenden Grad der (patristischen) Verwandtschaft widerzuspiegeln. Das trifft im Prinzip auch auf die Klassifizierung der innerartlichen Variabilität von Kulturpflanzen zu. Deren Besonderheiten, vor allem ihr im Vergleich mit Wildsippen vielfach ungleich größerer Formenreichtum sowie seine retikulate Merkmalsverknüpfung haben mehrfach zu dem Schluß geführt, daß eine natürliche, abstammungsgeschichtlichen Vorgängen entsprechende Gliederung von Kulturpflanzen-Arten nicht oder nur sehr bedingt möglich sei (vgl. Mansfeld 1953, 1954, Danert 1962, Jirásek 1966, Lamprecht 1966). Dafür werden künstliche, auf Unterschieden in einigen morphologischen Merkmalen beruhende Systeme vorgeschlagen, die nur einer übersichtlichen Ordnung dienen. Man muß sich im klaren sein, daß die daraus resultierenden morphologischen Systeme (etwa der Saatgerste oder des Saatweizens, Mansfeld 1950, 1951) ausschließlich eine Übersicht der auftretenden Kombinationen bestimmter Merkmalsausprägungen innerhalb einer Art darstellen, wobei die Auswahl der relativ wenigen benutzten Merkmale in erster Linie auf Grund ihrer leichten Diagnostizierbarkeit erfolgte. Es sind jedoch sehr viele andere Merkmalsselektionen denkbar, die zu entsprechenden unterschiedlichen morphologischen Systemen führen würden. In diesem Zusammenhang dürften die Ergebnisse taxonomischer Bearbeitungen von Weizen-Gruppen unter Berücksichtigung einer Vielzahl von Merkmalen und mit Hilfe von numerischen Methoden, wie sie in der Forschungsgruppe Taxonomie und Evolutionsforschung bei Kulturpflanzen unseres Instituts (Prof. Dr. S. Danert) vorbereitet werden, von besonderer Bedeutung sein.

Die Besonderheiten der Variabilität von Kulturpflanzen waren der Anlaß, daß von mehreren Bearbeitern (Mansfeld 1953, Jirásek 1961, 1966 u. a.) nicht nur die Einführung zusätzlicher infraspezifischer Rangstufen (convarietas, concultа usw.) sondern auch der Ersatz der in der Klassifikation bei Wildpflanzen üblichen Kategorien, wie species, subspecies, varietas, durch kulturpflanzen-spezifische Kategorien (specioid, subspecioid, provarietas) postuliert wurden.

Die dafür angeführten Gründe, die von Jeffrey (1968) noch einmal zusammengefaßt wurden, lassen aber erkennen, daß zu diesem Vorgehen keinerlei zwingende Notwendigkeit besteht. Folgende Fakten berechtigen nach diesem Autor ein anderes Klassifikationsverfahren bei Kulturpflanzen:

1. Pflanzen haben in der Kultur in der Regel keine natürliche Populationsstruktur. – Damit soll vermutlich zum Ausdruck gebracht werden, daß Kulturpflanzen nicht in derart gegliederten und variabel strukturierten Populationen auftreten wie Wildpflanzen. Das mag für manche Zierpflanzen, die ± einzelpflanzenweise kultiviert werden, zutreffen, gilt aber sicher nicht für die Mehrzahl der land- und forstwirtschaftlich sowie gärtnerisch angebauten Pflanzen. Deren Populationen, etwa die Feldbestände von Getreidesorten, weisen durchaus eine Differenzierung auf, die wie bei Wildpflanzen weitgehend vom Fortpflanzungssystem der betreffenden Sippe sowie von der Methodik der Züchtung und Erhaltung der jeweiligen Sorte abhängig ist. Vor allem bei Landsorten ist das Populationsgefüge wie das von Spontanpopulationen gegenüber den Milieu-Faktoren sehr gut ausbalanciert.

2. Kulturpflanzen besitzen keine natürlichen Areale oder Vorkommen, sondern wachsen auf vom Menschen geschaffenen Standorten und ihr Verbreitungsgebiet ist ebenfalls durch den Menschen bedingt. – Das ist jedoch nicht ausschließlich eine Eigenheit von Kulturpflanzen, sondern gilt ebenso für die ± obligaten Segetal- und Ruderalpflanzen. Außerdem trifft es nicht zu, daß das Anbaugebiet einer Kulturpflanze nur vom Willen des Menschen abhängt. Ein Kulturareal ist stets – in unterschiedlichem Maße, aber vielfach weitgehend – abhängig von der physiologischen Reaktionsnorm der Art oder des gesamten Verwandtschaftskreises, dem die Art entstammt, und es ist kein Zufall, daß sich pflanzengeographisch definierte Bezirke oft sehr gut mit dem Kulturareal einer Pflanze umschreiben lassen (z. B. die mediterrane Florenprovinz durch das Anbaugebiet des Ölbaums).

3. Kulturpflanzen wachsen in einfachen, oft ein-artigen Gesellschaften, ihre Wachstumsbedingungen werden durch den Menschen begünstigt. – Monospezifische und wenig strukturierte Formationen sind keinesfalls auf Kulturpflanzenbestände beschränkt, sie sind z. B. ebenso charakteristisch für verschiedene Wüstenpflanzen-Gesellschaften; in den borealen Nadelwäldern beherrscht zumeist eine einzige Art die Vegetation usw.; andererseits zeichnet sich ein primitiver Ackerbau vielfach durch Mischkulturen mehrerer Arten aus; so wurden im Vorderen Orient regelmäßig Erbsen und Ackerbohnen oder andere Leguminosen zusammen auf einem Feld kultiviert. Von dem günstigen menschlichen Einfluß auf die Wuchsbedingungen profitieren in gleichem Maße alle Unkraut-Arten.

4. Kulturpflanzen sind in einem beachtlichen Ausmaß das Ergebnis einer unbewußten oder bewußten Selektion durch den Menschen, die Evolutionsrate ist bei ihnen erhöht, so daß es insgesamt zu einer gegenüber Wildpflanzen stärker ausgeprägten innerartlichen Polymorphie kommt. – Zweifelsohne ist das zuletzt angeführte Phänomen für viele Kulturpflanzen charakteristisch und es mag deshalb die Einführung zusätzlicher Rangstufen notwendig werden,

um diesen Formenreichtum einer Art besser darstellen zu können. Da von der Taxonomie aber nur die Resultate evolutionistischer Prozesse erfaßt werden, ist es prinzipiell gleichgültig, auf welche Weise diese verlaufen. Auch Wildpflanzensippen sind das Ergebnis sehr unterschiedlicher genetischer Evolutionsmechanismen bzw. sehr verschieden gerichteter und bedingter Selektionsvorgänge. Eine Erhöhung der Evolutionsraten wird für viele, aber nicht alle Kulturpflanzen gelten; sie kann aber auch bei Wildpflanzen (ebenso wie eine rasche Veränderung des gesamten Gen-pools) z. B. innerhalb kleiner, individuenarmer Populationen vor sich gehen.

5. Durch einen Anbau können bestehende Isolationsmechanismen zwischen verschiedenen Sippen überwunden werden, und Hybridisation wie Introgression tragen in starkem Maße zur Erhöhung der Variabilität bei Kulturpflanzen bei (ähnliches gilt für Polyploidie und Apomixis). – Es ist bekannt, daß derartige Vorgänge gleichermaßen häufig bei Wildpflanzen ablaufen (vgl. die zusammenfassenden Darstellungen etwa von Grant 1963, 1971).

6. Als Folge der künstlichen Vermehrung und Verbreitung der Kulturpflanzen können sich bei ihnen Formen, die die Fähigkeit zur selbständigen Verbreitung durch den Verlust ihrer Verbreitungsmittel verloren haben und die in der natürlichen Flora bald ausgemerzt würden, erhalten und zum Formenreichtum der Kulturarten beisteuern. – Auch dieser Charakterzug ist für die Taxonomie an und für sich bedeutungslos. Er trifft übrigens gleichfalls – wenn auch in abgeschwächter Form – für manche Ruderal- und Segetalpflanzen zu, deren Verbreitung in $\pm$ hohem Maße vom Menschen übernommen wurde. Außerdem ist zu bemerken, daß es sehr viele Typen von Kulturpflanzen gibt; von solchen, die eher als „kultivierte Wildpflanzen" zu bezeichnen wären (viele Forstbäume oder Futterpflanzen, die durchaus im Besitz der natürlichen Verbreitungseinrichtungen sind, *Trifolium-*, *Medicago* Arten usw.) bis zu Formen, deren Existenz in der Wildflora aus verschiedenen Gründen nicht vorstellbar ist (Blumenkohl, Getreide usw.), gibt es alle Übergänge.

7. Ein gleichgerichteter Selektionsdruck, der in genetisch ähnlichen aber differenten Abstammungslinien wirksam ist, kann in ihnen eine parallele Variation hervorrufen, wie sie von Vavilov in seinem „Gesetz der homologen Reihen" umschrieben wurde. – Derartige homologe Varianten sind der Ausdruck parallel gerichteter Selektionsvorgänge sowie einer $\pm$ übereinstimmenden Konstitution der entsprechenden Sippen, die eine Variation von Merkmalen nur in bestimmten Richtungen hin erlaubt. Sie können daher ebenso, wie bereits von Jeffrey angeführt, bei Wildsippen auftreten. Beispiele dafür hatte schon Vavilov gebracht.

Wir sehen also, daß es keinerlei logische Berechtigungen gibt, für Kulturpflanzen, die einen (aber durchaus nicht exzeptionellen) Spezialfall abstammungsgeschichtlicher Prozesse darstellen, spezifische Klassifikationsverfahren und -schemata zu akzeptieren. Für die Rangstufe der Art wurde das bereits von Jeffrey zugestanden. Hier sind die Prinzipien des biologischen Artbegriffs, wie sie zur Klassifikation von Wildpflanzen herangezogen werden, anwendbar (vgl. auch Mettin und Hanelt 1964, Baker 1970). Sinngemäß hat das dann aber auch für infraspezifische, auf Kulturpflanzen zugeschnittene Kategorien wie subspecioid, provar, zu gelten, ebenso wie auch der von Jirásek geprägte Begriff Taxonoid für derartige Kategorien zu verwerfen ist. Unberührt davon bleiben vorerst die wegen des großen Formenreichtums der Kulturpflanzen zusätzlich eingeführten Rangstufen.

Nach diesen Ausführungen muß noch einmal auf die Möglichkeiten zur innerartlichen Klassifikation bei Kulturpflanzen zurückgekommen werden. Die erwähnten morphologischen Systeme von Kulturpflanzen können zu einer außerordentlich detaillierten Gliederung einer Art führen. So enthält das System des Saatweizens (*Triticum aestivum*, Mansfeld 1951) über 400, das der Saatgerste (*Hordeum vulgare*, Mansfeld 1950) etwa 200 botanische Varietäten, die sich jeweils in einem einzigen Merkmal von einer anderen Varietät unterscheiden. Durch Neubeschreibungen hat sich inzwischen diese Zahl weiter erhöht. Eine solch minutiöse Gliederung mag bei autogamen Arten noch eine gewisse Berechtigung haben, da eine Auslese und Reinerhaltung von Pflanzen, die morphologisch einer der vielen Varietäten entsprechen, leicht gelingt und wohl die überwiegende Mehrzahl der heutigen hochgezüchteten Sorten auf der Erde ohne weiteres in eine dieser Varietäten einzuordnen sind. Dagegen stellen zweifelsohne viele Landsorten, besonders aus den Mannigfaltigkeitszentren der Art, Gemische sehr verschiedener botanischer Varietäten dar. Bei allogamen Kulturpflanzen tritt diese Erscheinung wesentlich ausgeprägter auf; nur bei einem genetisch stark eingeengten züchterischen Ausgangsmaterial und ständiger Auslese auf einen bestimmten Pflanzentyp ist es möglich, zu morphologisch ähnlich einheitlichen Populationen zu kommen, wie sie für Autogame im Anbau vorherrschend sind. Letzten Endes würde hier ein stark gegliedertes morphologisches System nur eine Übersicht über die Variationsbreite der benutzten Merkmale und ihrer Kombinationen untereinander wiedergeben. Diese nützliche Information läßt sich aber übersichtlicher in einem tabellarischen Schema zusammenstellen. Diese Darstellung hat überdies den unbestreitbaren Vorzug, nicht mit schwerfälligen Nomenklaturproblemen belastet zu sein, die im infraspezifischen Bereich infolge des Fehlens eines Referenzwerkes (wie „Index Kewensis" für Arten und Gattungen) besonders schwerwiegend sind. Es kommt hinzu, daß der Detailliertheit der Systeme durch die züchterischen Praktiken willkürliche Grenzen gesetzt werden. An einem Beispiel soll das deutlich werden: Bei den kleinkörnigen Formen von *Vicia faba* bietet sich als eines der für ein morphologisches System brauchbaren Merkmale die Nabelfarbe der Samen an. Ein dunkler, ± schwärzlicher Nabel herrscht vor, es treten aber auch hellnablige Formen auf, denen ein einfach-rezessiver Vererbungsmodus zugrundeliegt (Sirks 1931). Dieses Merkmal ist jedoch bisher für die Züchtung von keinerlei Interesse gewesen, hat als Sortenkriterium eine geringe Rolle gespielt und ist deshalb bei der

Selektion oft nicht berücksichtigt worden. So kommt es, daß einige Sorten auch einen gewissen Anteil hellnabeliger Formen enthalten. Die Sorte (cultivar) ist aber als grundlegende Kategorie für Kulturpflanzen-Systeme international anerkannt, und ihre Stellung ist in den entsprechenden Nomenklaturregeln offiziell festgelegt. Da nach den Prinzipien eines hierarchischen Systems ein subordiniertes Taxon nur einer übergeordneten Einheit angehören kann, ist es nicht möglich, auf der unterschiedlichen Nabelfarbe etwa verschiedene Varietäten aufzustellen, da dann dieselbe Sorte Glied zweier übergeordneter Taxa sein müßte. Ähnliche Probleme ergeben sich durch die Existenz der sogenannten synthetischen Sorten.

Es erscheint deshalb zweckmäßig, von vornherein auf eine detaillierte formal-taxonomische Gliederung bei Kulturpflanzen (zumindest bei allogamen Sippen) zu verzichten. Das steht im Prinzip auch im Einklang mit der Ansicht verschiedener neuerer Bearbeiter, die ebenfalls für eine Reduzierung der infraspezifischen Rangstufen in Kulturpflanzen-Systemen eintreten (vgl. Žukovskij 1967, Jeffrey 1968, Harlan & de Wet 1971). Als Vorbild für eine sinnvolle Gliederung einer allogamen Kulturpflanzenart schwebt uns etwa das Beispiel der Bearbeitung vom Mais durch Grebenščikov (1949) vor; im übrigen werden sich die anzuwendenden Klassifizierungs-Verfahren natürlich nach den Besonderheiten der jeweiligen Sippe zu richten haben.

Den genannten Ausführungen entsprechend wird das später vorgestellte Gliederungsschema der Ackerbohne (*V. faba*) innerhalb der beiden, als natürliche Abstammungseinheiten aufzufassenden Unterarten relativ grob sein und sich auf die Unterscheidung weniger Rangstufen und Gruppen beschränken. Diese haben nur den Zweck, die Formenmannigfaltigkeit der Art etwas überschaubarer zu gestalten, sie sind auf gut erkennbare Merkmalsunterschiede meist der vom Menschen genutzten Organe (Hülsen und Samen) begründet, und sie setzen in gewissem Sinn die Tradition bei der Gliederung von *Vicia faba* fort.

Die Beschränkung auf ein derartiges künstliches Gliederungsschema, das die eingangs erwähnte zweite Hauptaufgabe jeder systematischen Untersuchung unberücksichtigt läßt, ist natürlich unbefriedigend. Wie können nun evolutionistische Gesichtspunkte trotzdem bei der systematischen Betrachtung der innerartlichen Variabilität berücksichtigt werden?

1. Durch merkmalsgeschichtliche Überlegungen. Dazu wird später bei der Besprechung bestimmter Merkmale oder Gruppen zurückgekommen werden.

2. Durch die Abgrenzung geographischer Populationsgruppen: Die elementare Einheit evolutionistischer Prozesse bei Organismen sind die Populationen, die sich bei Kulturpflanzen als Landsorten, Zuchtsorten und Zuchtstämme repräsentieren. Evolutionsprozesse in ihnen resultieren aus züchterischen Manipulationen, der unbewußten Auslese durch die Anbauer sowie aus den Interaktionen zwischen den jeweiligen Umweltfaktoren und den Pflanzenbeständen. Betrachtet man nun die Populationen von *V. faba* in

bestimmten Anbaugebieten, etwa des mittleren und westlichen Europas, Ostasiens oder Äthiopiens usw., so läßt sich ohne weiteres eine gewisse Einheitlichkeit in der Ausprägung morphologischer und physiologischer Merkmale feststellen. Diese wird hervorgerufen durch die im groben ± einheitlichen Selektionsprozesse in den betreffenden Regionen, was wiederum auf die jeweils ± übereinstimmenden Umweltfaktoren, insbesondere des Klimas, sowie auf ± einheitliche Anbaupraktiken und ± übereinstimmende züchterische Bestrebungen zurückzuführen ist. Die Grenze zwischen derartigen geographischen Populationsgruppen sind natürlich nicht scharf und durch viele Übergangsbildungen ausgezeichnet. Die vielfach vorherrschende Panmixie und historische Vorgänge, die Kulturformen der Art verschiedener geographischer Regionen zusammenbrachten und zu einer Vermischung der Gen-pools der Art führten, haben es kaum an irgendeiner Stelle des Anbauareals zu einer Konsolidierung der regionalen Populationsgruppen von *V. faba* kommen lassen. Derartige Vorgänge sind in der Gegenwart noch stärker ausgeprägt und mit der Intensivierung der pflanzenzüchterischen Arbeit verbunden, bei der oft nicht auf indigenes Material sondern auf Herkünfte gänzlich verschiedener Gebiete zurückgegriffen wird. Trotzdem kann man diese geographisch verschiedenen Populationsgruppen als die natürlichen Einheiten der Art betrachten, da in ihnen die für die Differenzierung der Art wesentlichen Evolutionsprozesse ablaufen und abgelaufen sind. Aus den angeführten Gründen ist aber eine formal-taxonomische Gliederung von *V. faba* auf diese Weise nicht durchführbar. Wir begnügen uns daher mit der Abtrennung informaler Gruppen, die wir einer Anregung Harlans & de Wets (1971) zufolge neutral als Rassen bezeichnen.

Dabei verstehen wir unter Rassen bei Kulturpflanzen im Einklang mit den genannten Autoren eine biologische Einheit von bestimmter genetischer Integrität, die während der Geschichte der betreffenden Kulturpflanze in einem bestimmten Teil des Anbauareals sich herausbildete und die durch eine Kombination von morphologischen Merkmalen, der geographischen Verbreitung, ökologischer Adaptionen und z. T. durch einen bestimmten Fortpflanzungsmodus charakterisiert ist.

Letzten Endes läuft das Verfahren einer derartigen Rassen-Abgrenzung innerhalb einer Kulturpflanzenart auf die Akzeptierung der Prinzipien einer geographisch-ökologischen Klassifizierung von Kulturpflanzen der Vavilov-Schule hinaus, allerdings ohne deren strenges taxonomisches Schema. Auf die temporäre Natur solchermaßen umschriebener informaler Einheiten, die z. B. auf dem vollständigen Ersatz indigener Landsorten eines Gebietes durch Neuzüchtungen aus anderen Räumen des Anbauarelas resultieren können, hat bereits Danert (1962) hingewiesen. Auch daraus ergeben sich unseres Ermessens die Vorzüge einer informellen Gliederung von Kulturpflanzen.

MERKMALSVARIABILITÄT BEI *VICIA FABA*

Ehe wir uns mit der infraspezifischen Gliederung der Art selbst befassen, muß man sich über die Variationsbreite von potentiell taxonomisch wichtigen Merkmalen klar werden. Die folgenden Ausführungen beziehen sich in erster Linie auf Erhebungen an der Gaterslebener Kollektion der Art. Schwerpunkte der Erörterungen werden Merkmale oder Merkmalsausprägungen sein, die in den monographischen Arbeiten von Muratova (1931, 1937) keine ausführliche Behandlung erfahren haben.

Wurzel

Geprüft wurde das Merkmal „Zahl der Gefäßprimanen der Hauptwurzel", in dem sich *V. faba* von den übrigen Vertretern der Gattung unterscheidet. Das Merkmal spielt deshalb eine Rolle bei Diskussionen über die systematische Stellung der Art und wurde von Žukovskij (1964) zur Stützung der von ihm vorgenommenen generischen Abtrennung der Art (als *Faba* Adans.) herangezogen. (Allerdings sind bei ihm irrtümlich die Werte für *V. faba* mit denen der anderen Arten der Gattung vertauscht.) Bei *V. faba* ist die Zahl der Gefäßprimanen erhöht, es können 4, 5, 6, selten 7 oder 8 (die letzten Zahlen nur bei den großkörnigen Formen einige Male beobachtet) vorhanden sein. Eine Herkunft der Art ist nur in relativ seltenen Fällen hinsichtlich dieses Merkmals einheitlich, meist haben die einzelnen Pflanzen einer Sorte, Landsorte usw. verschiedene Werte aufzuweisen. Insgesamt ergeben sich jedoch für die verschiedenen Gruppen der Art weitgehend übereinstimmende Durchschnittswerte. Einzelheiten sind in der folgenden Tabelle zusammengestellt, die aus Messungen von 5–10 Pflanzen je Nummer resultieren.

Tabelle 1

Zahl der Gefäßprimanen der Hauptwurzel bei *Vicia faba* L.

	var. *minor* (kleinsamig)	var. *equina* (mittelgroßsamig)	var. *faba* (großsamig)
Zahl d. geprüften Nummern	23	28	24
davon m. einheitl. Primanenzahl (i. Klammern Zahl d. Primanen)	6 (4 × 4; 1 × 5; 1 × 6)	3 (2 × 4; 1 × 5)	3 (2 × 4; 1 × 5)
durchschnittl. Primanenzahl d. Varietät	4,83	4,70	4,88
Variationsbreite d. Durchschnittswerte der einzelnen Nummern	4,0 – 6,0	4,0 – 6,0	4,0 – 6,0
absolute Variationsbreite	4–6	4–8	4–7

Sproß

Sproßentwicklung, Niederblätter: In Übereinstimmung mit den meisten Sippen der *Vicia narbonensis*-Gruppe aber im Gegensatz zu vielen anderen annuellen Arten der Gattung *Vicia* entwickelt sich der Hauptsproß bei *Vicia faba* normal zu einem blühenden und fruchtenden Trieb, dessen Wuchshöhe in relativ wenigen Fällen bei besonders stark bestockten Formen von einigen basalen Seitentrieben erreicht wird. Die Jungpflanzen bilden nach den hypogäischen Keimblättern stets zwei niederblattartige Primärblätter am Hauptsproß aus, ehe es zur Entwicklung der anfangs ein-, später mehrjochigen Folgeblätter kommt. In der Zahl der Niederblätter stimmt *V. faba* wiederum mit der *V. narbonensis*-Gruppe (und auch mit den Vertretern des subgen. *Ervum*) überein, während die Mehrzahl der übrigen *Vicia*-Arten 3 oder 4 derartiger Primärblätter besitzt.

In den Achseln dieser Niederblätter werden die Bestockungstriebe angelegt, dabei treibt in der Mehrzahl der Fälle der Seitensproß des unteren Niederblatts zuerst aus. Stark bestockte Formen zeichnen sich dadurch aus, daß basale Seitentriebe auch in den Achseln der einjochigen Folgeblätter sowie in denen der Kotyledonen austreiben. In seltenen Fällen kommt es auch zur Bildung von Seitensprossen 2. Ordnung in den Achseln der ersten Blätter der kräftigsten primären Basalsprosse oder zu einer Bildung von einzelnen, meist schwachen Seitentrieben in der floralen Region des Hauptsprosses. Der Grad der Bestockung, der bekanntlich auch stark umweltabhängig ist (Niederschläge, Standdichte u. a.), schwankt innerhalb *V. faba* beträchtlich; neben eintriebigen Formen ohne Bestockung, bei denen nur der Hauptsproß ausgebildet wird, gibt es alle Übergänge zu stark bestockten Formen mit 4–5 Basaltrieben je Pflanze (vgl. auch Atabekova u. Archangelskaja 1963). Im Durchschnitt sind die großkörnigen Varietäten stärker bestockt als die kleinsamigen Formen der Art (var. *minor*), was bereits von den genannten Autorinnen beobachtet wurde. Der Austrieb der Basaltriebe erfolgt bei den großkörnigen Formen auch deutlich früher als bei den kleinkörnigen Herkünften: Bei einem Vergleichsanbau (1966) wurde festgestellt, daß an 3 Wochen alten Pflanzen mit einem 20–23 cm langen Hauptsproß (mit 5–6 Folgeblättern) bei den großkörnigen Vertretern der Art wenigstens der erste Basaltrieb bereits etwa die halbe Länge des Hauptsprosses (oder mehr) erreicht hatte. Dagegen waren bei den Formen von var. *minor* auf demselben Entwicklungsstadium (bei oft etwas geringeren Wuchshöhen) die Bestockungstriebe erst im Austreiben oder hatten nur eine Länge von wenigen Zentimetern, sofern überhaupt Basalsprosse entwickelt wurden.

Sproßhöhe: Dieses Merkmal ist außerordentlich umweltabhängig. Jedoch kann man beim Anbau eines größeren Sortiments unter einheitlichen Bedingungen signifikante Unterschiede zwischen verschiedenen Herkünften feststellen, wie das aus den Beobachtungen früherer Bearbeiter und aus der züchterischen Praxis lange bekannt ist. Nach unseren Erfahrungen kann man innerhalb *V. faba* relativ eindeutig beim Vergleich mehrjähriger Ermittlungen zwischen einer niedrigen Gruppe mit im Durchschnitt 50–85 (90) cm Wuchshöhe und einer hochwüchsigen Gruppe mit durchschnittlich (100) 105–120 cm Wuchshöhe unterscheiden. Eine relativ kleine Zahl von Herkünften mit mittleren Wuchshöhen vermittelt zwischen den beiden Ausbildungsformen. Alle Wuchsgruppen sind parallel in den verschiedenen systematischen Gruppen der Art ausgebildet. In den einzelnen Jahren können von diesen groben Mittelwerten natürlich beträchtliche Abweichungen auftreten. So verschoben sich z. B. unter den günstigen Wuchsbedingungen von 1971 die Werte der niedrigen Gruppe auf ± 90–115 cm und die der hochwüchsigen auf (125) 130–150 cm und mehr. Wie bereits früher beobachtet, ist das Merkmal Wuchshöhe ± korreliert mit dem Grad der Verzweigung: Stark bestockte Formen sind fast stets niedrigwüchsig, ein- oder zweitriebige Formen meist hochwüchsig. Es gibt nur wenige Korrelationsbrecher dieser Merkmalskombination (besonders unter den hohen Formen). Unter Berücksichtigung dieser Merkmalskopplung kann man auch die Formen mit mittleren Wuchshöhen je nach Bestockungsgrad der einen oder anderen Gruppe zuordnen und dann also vereinfacht von zwei Wuchstypen innerhalb der Art sprechen: ± niedrig und deutlich bestockt – ± hochwüchsig und sehr wenig oder nicht bestockt. Unter anderen Klimabedingungen differieren die Werte für Wuchshöhen, bei Muratova (1931) sind meist etwas geringere Werte angegeben; hier ist auch der niedrige Typ stärker differenziert und es sind z. B. Zwergformen mit nur 20/30 cm Sproßlängen angegeben. Hierzu gehörige Formen (z. B. aus Indien) wiesen unter unseren Bedingungen aber nicht derartige Extremwerte auf.

Weitere Sproßmerkmale: Über Unterschiede in der Sproßdicke hat bereits Muratova aufmerksam gemacht. Die oft über 1 cm dicken hohlen Stengel sind von Žukovskij (1964) als Resultat einer Fasziation gedeutet worden. Es fehlt dafür aber jegliche entwicklungsgeschichtliche Bestätigung. Dünne Stengel sind mitunter so schwach, daß es regelmäßig zu einem frühzeitigen Lagern der Pflanzen kommt (ostasiatische großkörnige, Muratova). Stengeldicke scheint nicht streng mit Standfestigkeit korreliert zu sein, da unter den wenigen für Gaterslebener Bedingungen eindeutig standfesten Formen sich auch eine dünnstengelige Herkunft ('Majminskij mestnyj') befindet.

Die Stengel sind vielfach ± intensiv violett überlaufen. Häufig (besonders bei Landsorten) treten violett- und grünstengelige Formen innerhalb einer Herkunft nebeneinander auf. Durch einen besonders hohen Anteil intensiv gefärbter Sprosse zeichnen sich der größte Teil der italienischen und nordwestafrikanischen sowie einige balkanische Herkünfte der Art im Gaterslebener Sortiment aus. Starke Violettfärbung des Stengels ist aber nicht mit einer entsprechenden Blütenfarbe korreliert.

Blatt

Blattfolge, Fiederentwicklung: Wie erwähnt, verläuft die Blattfolge bei *V. faba* von den Kotyledonen, den zwei niederblattähnlichen Primärblättern, einigen 1-paarig-gefiederten zu mehrpaarig-gefiederten Folgeblättern, wobei an der Spitze der Sprosse eine leichte Reduzierung der Fiederzahl der Blätter zu beobachten ist. Mit diesem Wechsel sind Änderungen in der Fiedergröße (ansteigend, oben wieder etwas abnehmend) und der Fiederform (vor allem eine allmähliche Verschmälerung und Zunahme des Längen-Breiten-Index) verbunden, die bereits Muratova beschrieben hatte und die aus der Abb. 1 zu ersehen ist.

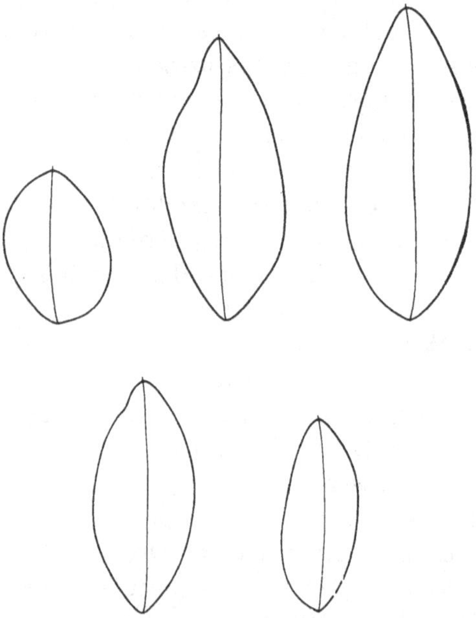

Abb. 1. Blattfolge bei *V. faba*, erläutert an der Fiederausbildung einer äthiopischen Herkunft (V 243); oben links: Fieder eines 1-paarigen Folgeblattes aus der unteren Stengelregion, oben Mitte und rechts sowie unten links: Fiedern 2-paariger Laubblätter aus der floralen Region, unten rechts: Fieder eines 2-paarigen Blattes aus der oberen Region des Sprosses (oberhalb der Blütenzone)

Im Gegensatz zu den meisten *Vicia*-Arten aber in Übereinstimmung mit einigen anderen abgeleiteten Sippen dieser Gattung (Hanelt u. Mettin 1970) sind die Blätter der Ackerbohne rankenlos, die Endfieder ist in Form einer einige Millimeter (untere Blätter) bis einige Zentimeter langen Grannenspitze (obere Blätter) entwickelt.

Auf die Unterschiede in der Blattzahl pro Sproß haben besonders Atabekova u. Archangelskaja (1963) aufmerksam gemacht, großkörnige Formen zeigen die Tendenz zur Ausbildung einer geringeren Anzahl als die kleinsamigen Formen.

Die Lage der Fiedern in der Knospe ist für *V. faba* sehr charakteristisch und – soweit bisher bekannt – von allen anderen Arten der Gattung (auch von denen der verwandten *V. narbonensis*-Gruppe) abweichend: Wie bereits Gams (in Hegi 1924) angab, sind die jungen Fiedern gerollt, wobei es sich in unserem Fall um eine konvolutive Vernation handelt. Auf sehr frühen Stadien der Blattentwicklung, etwa bei 1,5 mm langen Fiederanlagen, sind die Fiederhälften aber noch einfach gefaltet und entsprechen in diesem Stadium der für die Gattung sonst zutreffenden konduplikativen Vernation. Erst während der weiteren Entwicklung setzt eine allmähliche Einrollung der Fiederspreiten ein.

Fiederzahl: Abgesehen von den intraindividuellen Schwankungen ist die Zahl der Blattfiedern, so wie sie sich als maximale Anzahl in den oberen Sproßregionen repräsentiert, ein relativ wenig variables Merkmal. Etwa 75% der Gaterslebener Kollektion bildeten 6–7 oder 7 Fiederpaare aus, nur sehr wenige Nummern der kleinkörnigen Formen hatten regelmäßig 7–8 Fiedern. Eine gewisse Verringerung (auf 5–6 Fiedern) war bei Landsorten aus dem Mittelmeergebiet (bei den kleinsamigen Formen auch aus Mittelasien, Transkaukasien und dem Hindukusch) festzustellen. Die geringste Zahl (4–5 Fiedern) wurde während der Bonituren am Vergleichsanbau der Sammlung 1971 bei den vorhandenen afghanischen und äthiopischen Herkünften (sowie bei einer italienischen Form) ermittelt, die alle zu der kleinkörnigen Varietät gehören[1]. Dieselbe Zahl wurde von Muratova (1931, 1937) als charakteristisch für die indischen Primitivformen der Art (von ihr als ssp. *paucijuga* (Alef.) Murat. abgetrennt) angegeben. Die wenigen aus Indien stammenden, bei uns kultivierten Nummern fielen allerdings nicht in diese wenig-fiederige Gruppe, sie besaßen 6 Fiedern. Ein Beleg aus dem Herbar Schlaginweit (no. 17185, von Kashmir, Bot. Staatss. München, M), der auch der Beschreibung der f. *paucijuga* Alef. zugrundegelegen hatte, besitzt allerdings nur 2–3 Fiedern! Jedenfalls macht das Auftreten dieses Merkmals in anderen geographischen Gruppen der Art eine subspezifische Abgrenzung der nordindischen Formen problematisch. Verallgemeinernd ist festzustellen, daß die niedrigsten Fiederzahlen bisher nur bei primitiven kleinsamigen Vertretern der Art beobachtet wurden, daß sich alle neueren, aber auch viele alte Zuchtsorten und eine Reihe von Landsorten aller Gruppen der Art durch hohe Fiederzahl auszeichnen und daß mittlere Werte wiederum nur auf züchterisch wenig beeinflußte Landsorten Südeuropas und des westlichen Asiens beschränkt bleiben.

[1] 4–5 Fiedern wurden auch an Herbarmaterial von *V. faba*-Pflanzen aus dem Karakorum und aus NO-Afghanistan gezählt (M), ebenso an einem mittelchinesischen Beleg (GAT).

Fiederform- und -größe: Auch diese Merkmale sind, worauf schon Muratova hinwies (1931), bei *V. faba* relativ wenig variabel. Die Form der Fiedern in den mittleren bis oberen Sproßregionen ist ± elliptisch (schmal-elliptisch bis breit- oder oval-elliptisch) mit breit-keilförmigen oder abgerundetem Grund, vorn abgerundet oder breit-abgerundet, selten ± spitz zulaufend und immer mit einer kurzen Stachelspitze versehen. Im vorderen Drittel sind die Spreiten vielfach etwas eingeschnürt-verschmälert. Unterschiede in der Fiederform betreffen vor allem die relative Breite, die sich in verschiedenen Breiten: Längen-Indices äußert. Differenzen sind auch in den Fiedergrößen zu beobachten, so schwankt die Fiederlänge (in der mittleren floralen Region) unter den Anbaubedingungen von 1971 etwa von 6 bis 13 cm und die Breite von 3,5 bis 6,5–7,0 cm. Die angegebenen Werte bei Muratova liegen wiederum generell niedriger (4,4–9,7 × 2,1–5,1 cm). Klein- und großfiederige Typen können dabei ebenso wie die verschiedenen Fiederformen als Parallelentwicklungen in allen Untergruppen der Art beobachtet werden. Unter Berücksichtigung der Fieder-

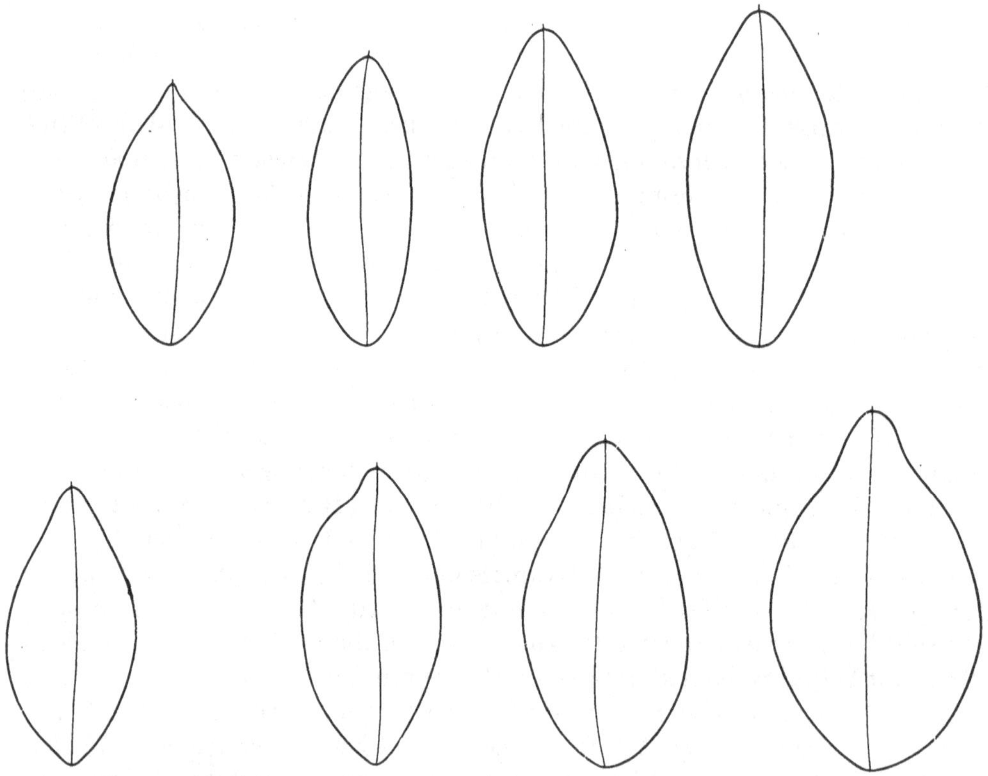

Abb. 2. Fiedertypen von *V. faba*; oben von links nach rechts: Typ 1.1. (var. *faba*, Italien); Typ 1.1. (var. *minor*, Äthiopien); Typ 1.2. (var. *equina*, Italien); Typ 1.2. (var. *minor*, Zuchtstamm); unten von links nach rechts: Typ 3 (var. *minor*, Italien); Typ 2.1. (var. *equina*, China); Typ 2.2. (var. *minor* cv. 'Dumbrava Bakau'); Typ 2.2. (var. *minor*, Polen)

form und Fiedergröße kann man vereinfacht bei *V. faba* folgende Fiedertypen unterscheiden (vgl. Abb. 2):

1. Fiedern ± elliptisch, mitunter auch vorn spitz zulaufend, schmal, mit einem Breiten: Längen-Verhältnis von weniger als 1 : 2 (1 : 2,2–1 : 2,6);

1.1. Fiedern relativ klein (± 8–10 cm lang)

1.2. Fiedern relativ groß (9,5–11,0 cm lang)

2. Fiedern breit- oder oval-elliptisch, vorn fast stets breit abgerundet, breiter, mit einem Breiten : Längen-Verhältnis über 1 : 2 (1 : 1,8–1 : 1,9);

2.1. Fiedern relativ klein (± 8,5–10 cm lang)

2.2. Fiedern relativ groß (9,5–11,5 cm lang)

3. Übergangstyp zwischen 2. und 1. mit einem mittleren Breiten : Längen-Index von 1 : 2,0 und fast stets relativ kleinen Fiedern. – Es muß betont werden, daß zwischen diesen Fiedertypen sehr viele Übergangsbildungen auftreten und die Zuordnung der Fiedern mancher Herkünfte problematisch bleibt.

Die Mehrzahl der in Gatersleben erhaltenen Formen gehört zum Typ 2.2., der auch fast alle neueren Zuchtsorten der Art umfaßt; allerdings sind unter diesen auch einige schmalblättrige Formen vertreten (1.2.). Eine ähnliche Entwicklungstendenz wie bei der Fiederzahl, die zu einer Vergrößerung der assimilierenden Blattfläche bei züchterisch stärker beeinflußten Formen der Art (bzw. deren bevorzugte Auslese) führt, betrifft auch die Fiedergröße. Kleinfiederige Formen sind fast nur unter den z. T. primitiven Landsorten anzutreffen (1.1. Mittelmeergebiet, Äthiopien; 2.1. Afghanistan, Mittelasien u. a.). Nur sehr wenige und dann meist ältere Sorten aus den nördlicheren Teilen des Anbaugebiets zeichnen sich durch derartige geringere Blattflächen aus. Dagegen sind Herkünfte aus den Mannigfaltigkeitszentren der Art – allerdings mit einem geringeren Anteil – auch unter den Typen mit größeren Fiedern zu beobachten.

Von Muratova (1931) sind ferner Unterschiede in der Fiederdicke, der Fiederfarbe, die für manche Populationsgruppen recht charakteristisch ist, und der Nebenblattgröße und -zähnelung beschrieben worden.

Stomata: Da das Merkmal der Spaltöffnungs-Verteilung in der Gattung *Vicia* von systematischem Wert ist, wurde es stichprobenweise auch bei *V. faba* geprüft. Streicher (1902) gab an, daß bei dieser Art die Fiederunterseiten sich durch eine schwache Häufung an Stomata gegenüber den Oberseiten auszeichnen. Damit stimmt diese Art im Prinzip in der Stomataanordnung mit den anderen Vertretern der subgen. *Vicia* überein, während subgen. *Cracca* amphistomatische Blätter mit einer Häufung auf der Oberseite besitzt. Die Untersuchungen von je 5 Blättern verschiedener Sproßinsertion (die in sich sehr gut übereinstimmten) bei ausgewählten Einzelpflanzen ergab ein eindeutiges Überwiegen der Spaltöffnungen auf den Unterseiten. In Prozenten ausgedrückt ist auf der Fiederoberseite folgende relative Häufigkeit der Stomata zu beobachten:

var. *minor* (7 Proben)	var. *equina* (9 Proben)	var. *faba* (7 Proben)
71,5%	82,4%	72,8%

Die wenigen vorliegenden Befunde weisen darauf hin, daß sich vor allem moderne Zuchtsorten ('Fribo', 'Dreifache Weisse', 'Juno' u. a.) durch eine relativ hohe absolute Zahl der Spaltöffnungen auszeichnen, während die niedrigsten Werte bei Landsorten aus ± ariden Klimagebieten (Mittelasien, Ägypten, Marokko) auftreten. Zu gesicherten Aussagen reichen aber die gemachten Erhebungen nicht aus.

Infloreszenz

Wie die anderen Arten des subgen. *Vicia* besitzt auch *V. faba* kurz-gestielte, achselständige Trauben, die wesentlich kürzer als das zugehörige Tragblatt sind. Die Zahl der Blüten pro Traube ist allerdings meist nicht derart reduziert, wie das für die meisten anderen annuellen Sippen dieses Verwandtschaftskreises zutrifft (vielfach nur 1–2 Blüten). Bei der Ackerbohne ist eine starke intraindividuelle Variabilität in der Blütenzahl ausgeprägt, die mit der Insertionshöhe der Blütenstände zusammenhängt. Die untersten Trauben sind stets wenigblütiger, erst nach einer Anzahl von Nodien (bei spätblühenden Formen rasch, oft bereits in der 2. oder 3. Traube, bei frühen Formen allmählicher, z. T. erst in der 6.–7. Traube) wird eine maximale Blütenanzahl erreicht, die dann in den oberen und obersten Infloreszenzen wieder abnimmt und z. T. die anfänglichen Werte erreicht. Die bei uns 1971 beobachtete Gesamtschwankungsbreite in der Maximalzahl der Blüten pro Traube reicht von 3/4 bis 10/11, was gut mit den Werten von Muratova (2–11) übereinstimmt. Die niedrigsten Zahlen (2/3) traten nach Muratova bei den charakteristischen nordindischen Formen der Art auf; die in Gatersleben kultivierten indischen Herkünfte besaßen allerdings etwas höhere Blütenzahlen. Die größte Variabilität innerhalb der Art hinsichtlich dieses Merkmals weisen, wie die folgende Zusammenstellung zeigt, die kleinkörnigen Vertreter auf, bei denen auch eine geringfügige Erhöhung in der durchschnittlichen Blütenzahl pro Traube zu beobachten ist:

	var. *minor*	var. *equina*	var. *faba*
Schwankungsbreite der maximalen Blütenzahlen pro Traube	3/4–10/11	3/4–6/7	4–6/7
durchschnittl. Blütenzahlen pro Traube	5/6–7	5–6	4/5–6

Die niedrigsten Zahlen bei den kleinsamigen Formen haben ± primitive Herkünfte aus Äthiopien, Mittelasien, Afghanistan, Indien und einige südgriechische Nummern (4–3 Blüten); auch unter den Formen mit etwas zahlreicheren Blüten (± 5) überwiegen Landsorten aus den genannten Gebieten und aus Südeuropa überhaupt. Bei den großkörnigen Gruppen sind die blütenärmeren Typen ebenfalls auf Landsorten aus Südeuropa und Nordafrika beschränkt. Dagegen sind Formen mit sehr hohen Werten nur unter modernen europäischen Sorten der kleinkörnigen Varietät anzutreffen, z. B. 'Fribo' (± 10 Blüten).

Blüten

Blütengröße: Wegen der relativ geringen Variabilität in der Blütengröße wurden dazu nur einige orientierende Messungen durchgeführt, die die Befunde von Muratova (1931) bestätigten: Die Blütengröße nimmt innerhalb einer einzelnen Traube von unten nach oben etwas ab. Vergleichbare Blüten aus den untersten Trauben sind zwischen 2,5 und 3,5 cm lang, wobei die kleinsten Werte bei extrem kleinsamigen Formen (Indien) und die größten bei sehr großkörnigen Puffbohnen gefunden wurden. Im übrigen scheint aber keine Korrelation zwischen Blüten- und Samengröße zu bestehen.

Blütenfarbe: Der bekannte vorherrschende Blütenfarbtyp bei *V. faba* besitzt weiße Fahnen, die innen eine braune Längsnervatur tragen und die außen auf dem Fahnennagel rosa-violett überlaufen sind; die weißen Flügel tragen im vorderen Drittel einen großen braun-schwarzen Fleck, während die Schiffchen rein weiß sind. Die Violettfärbung der Fahne kann intensiver sein und dann auch auf die Außenseite der Platte übergreifen; in diesen Fällen ist dann auch die Nervatur der Fahne violett und nicht braun. Viele moderne europäischen Sorten, wie 'Fribo', 'Maxime', 'Wieselburger Kleinkörnige', zeichnen sich durch eine derartige intensivere Anthozyan-Färbung aus, die beim Verwelken der Blüten meist noch stärker hervortritt. Bei einem anderen Farbtyp fehlt diese Violettfärbung gänzlich, die Fahnen sind rein weiß und etwas braun geadert. Dieser Typ war z. B. für die afghanischen, indischen, tadžikischen und einen Teil der äthiopischen Herkünfte charakteristisch. Schließlich ist es bei einem weiteren Farbtyp zum vollständigen Farbstoffverlust gekommen, hier sind auch Fahne und Flügel rein weiß. Früher war dieser Typ nur bei den großkörnigen Vertretern der Art bekannt ('Dreifach Weisse'), jetzt sind auch weißblühende kleinkörnige Formen in den Zuchtstationen vorhanden (Kress, mündl. Mitteilung). Diese verschiedenen Farbtypen (Abb. 3) stimmen mit den genetischen Analysen von Sirks (1931) gut überein; die ± stark anthozyan-gefärbten Typen würden die beiden dominanten Faktoren O und Z_1 bzw. Z_2 (OOZ_1Z_1, OOZ_2Z_2), diejenigen mit weißen, braungeaderten Fahnen die Formel OOzz besitzen, rein weiße Formen sind monofaktoriell-rezessiv (OO). Die Angabe von Sirks, daß sich die für die Anthozyanfärbung verantwortlichen Allele Z_1 und Z_2 im Plasma der kleinsamigen Vertreter stärker auswirken, entspricht unseren Beobachtungen, da die Gaterslebener Kollektion der großkörnigen Formen generell schwächer violett gefärbt ist als die der kleinsamigen. Ältere Angaben über das Vorkommen purpurner und gelblicher Farbtypen bei *V. faba* konnten bereits von Muratova

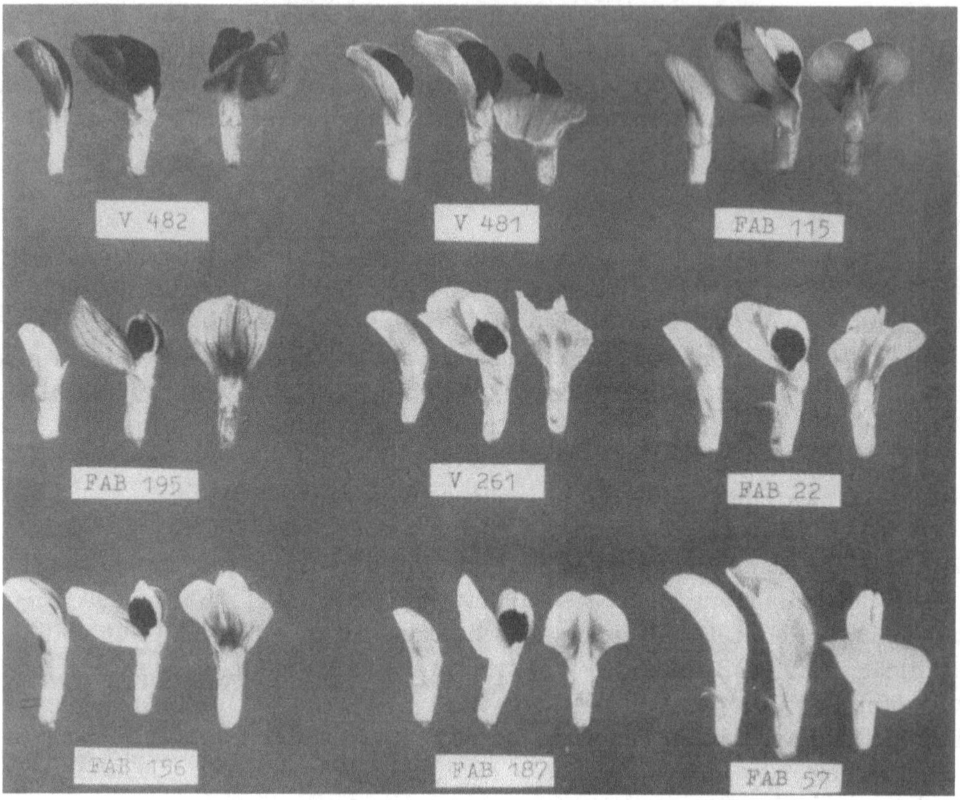

Abb. 3. Blütenfarb-Varianten von *V. faba*; V. 482 u. V. 481: Blütenfarb-Mutanten (B 19-, B 12, Svalöf) von var. *minor* mit ± purpurvioletten Fahnen und vollständig schwarz-purpurnen Flügeln; FAB 115 u. FAB 195: var. *equina* cv. 'Wieboon C. B.' u. var. *minor*, Dagestan, Fahne ± überall violett überlaufen und violett geadert, Flügel mit braunschwarzem Fleck; V 261 u. FAB 22: var. *minor*, cv. 'Pirkkonen' u. Peloponnes, Fahne innen braun geadert, außen nur sehr schwach violett überlaufen, Flügel wie vor; FAB 156: var. *faba*, Italien, Fahne innen braun geadert, außen etwas violett überlaufen und mit braunem Fleck am Plattengrund, Flügel wie vor; FAB 187: var. *minor*, Afghanistan, Fahne innen braun geadert, außen ohne Violettönung, Flügel wie vor; FAB 57: var. *equina*, cv. 'Dreifach Weiße Puffbohne', Blüte rein weiß.

nicht bestätigt werden. Es ist jedoch nicht ausgeschlossen, daß derartige Pflanzen als Spontanmutanten gelegentlich auftraten, da neuerdings (Sjödin 1971) solche Farbvarianten als Folge induzierter Mutationen beobachtet wurden.

Blütenbiologie: Wie bei vielen anderen *Vicia*-Arten begünstigt bei *V. faba* das frühe Platzen der Antheren noch in der Blütenknospe eine Selbstbestäubung. Jedoch zeigen die bei Kress (1971) zusammengestellten neueren Arbeiten zur Blütenbiologie und die Erfahrungen der Pflanzenzüchter, daß trotzdem mit einem hohen Anteil von Fremdbestäubung gerechnet werden muß, der vermutlich mindestens 50% beträgt. Die widersprüchlichen Befunde in der

Literatur können z. T. auch darauf beruhen, daß sich einzelne Gruppen der Art in dieser Hinsicht verschieden verhalten. So wird seit Mattei (1889) den indischen Primitivformen eine ± obligate Autogamie zugeschrieben und weitgehend autogam sollen auch die äthiopischen Herkünfte von *V. faba* sein (Bond, mündl.). Nach unseren Beobachtungen müßte das auch für die afghanischen Populationen zutreffen. Eingehende Untersuchungen an einem umfangreichen Material zu diesem, für die pflanzenzüchterische Praxis außerordentlich bedeutenden Problem sind dringend erforderlich.

Hülsen

Hülsenlänge und -breite: Die Hülsengrößen (vgl. auch Abb. 8) reichen bei *V. faba* von in der Gattung üblichen Dimensionen bis zu Ausmaßen, die für den gesamten Verwandtschaftskreis der Tribus *Fabeae* ungewöhnlich sind. Die Länge der Früchte schwankt zwischen 3,5 und 20 cm; in einzelnen Fällen, so bei manchen Sorten der Longpod-Typen der Puffbohnen (z. B. 'Gilletts Imperial Green Longpod') können Werte von 30–35 cm erreicht werden. – In der Hülsenbreite, die insgesamt von 1 cm bis 3 cm schwankt, sind die Unterschiede in den Mittelwerten bei den einzelnen Gruppen der Art deutlicher:

Hülsenbreite (mm)

	var. *minor*	var. *equina*	var. *faba*
Schwankungsbreite	10–19	16–27	19–30
Mittelwerte	13–16	18–22	23–26

Hülsenzahl und -stellung: In Abhängigkeit von der Blütenzahl pro Traube variiert die Zahl der Hülsen pro fertiles Nodium; bei manchen großkörnigen Formen ist vielfach nur 1 Hülse entwickelt, bei kleinkörnigen Typen kann diese Zahl auf 3–4 ansteigen. Diese Werte und die Zahl der fertilen Nodien der Pflanzen insgesamt ergeben die Hülsenzahl pro Pflanze, die ein sehr wichtiges züchterisches Merkmal darstellt und die ebenfalls außerordentlichen, auch umweltbedingten Schwankungen unterworfen ist (etwa von 4–5 bis 40/50, in Extremfällen über 70 Hülsen pro Pflanze). Die Lage des ersten fertilen Knotens am Sproß ist sehr stark von der Länge der Vegetationsperiode der jeweiligen Herkunft abhängig (Muratova 1931); frühe Typen treten sehr zeitig in die reproduktive Phase ein und bilden bereits in der Achsel des 4.–5. Folgeblatts Blüten und Hülsen, während späte Formen dies erst in höheren Regionen, etwa ab dem 10.–12. Folgeblatt tun. Unter Gaterslebener Bedingungen bedeutet das, daß der erste Hülsenansatz bei einer Sproßhöhe von 15/25 cm bzw. 40/60 cm (späte Formen von var. *minor*) liegt; die großkörnigen Formen haben einen gegenüber den kleinsamigen im Durchschnitt etwas tiefer einsetzenden Hülsenansatz (± 30–40 cm).

Die Stellung der reifen Hülsen reicht von aufrecht-angedrückt (so einige der kleinsamigen Formen), über im spitzen Winkel abstehend bis hängend (so die Mehrzahl der großkörnigen Puffbohnen).

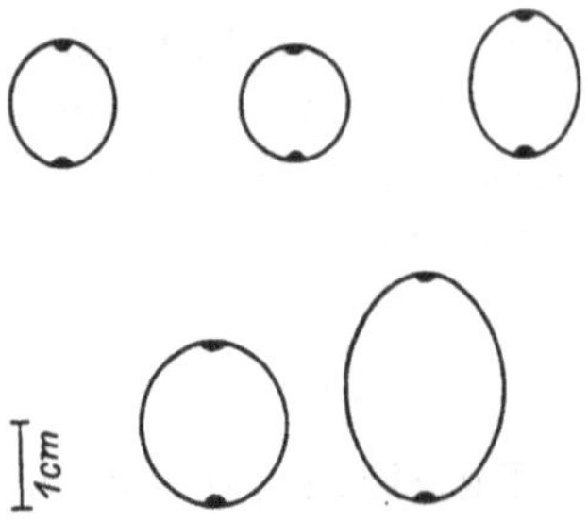

Abb. 4. Schematische Querschnitte grüner Hülsen; oben: var. *minor* (von links nach rechts – Afghanistan, 'Niki', 'Herz Julbohne'), unten links: var. *equina;* unten rechts: var. *faba*, 'Adrie'

Hülsenform und -struktur: Die – infolge einer ± dichten, kurzen Behaarung – matten oder glänzenden reifen Hülsen sind von zylindrischer Form und bei den großkörnigen Varianten mitunter schwach gekrümmt. Der Querschnitt der Grünhülsen ist ± rundlich und nur bei den Puffbohnen (var. *faba*) infolge seitlicher Kompression deutlich elliptisch (Abb. 4). Die Wanddicke der unreifen Hülsen beträgt bei den großkörnigen Formen fast das Doppelte (1,8–2,0 mm) der der kleinsamigen (1–1,2 mm). Die für die Art charakteristische weißliche Schwammschicht, die die Innenwände der Hülsen auskleidet, schwankt in etwa demselben Ausmaß. Sie ist bei den klein- und mittelsamigen Varietäten nur wenig stärker entwickelt als bei den Sippen der verwandten *V. narbonensis*-Gruppe (etwa 1 mm dick), während sie bei der großkörnigen Varietät sehr deutlich (1,5–1,8 [2,0] mm) ausgebildet ist. Der anatomische Bau der Hülsenwand ist auch für die Beschaffenheit der Hülsenaußenseite verantwortlich. Diese ist entweder glatt und höchstens sehr schwach höckerig – die Samen zeichnen sich an der reifen Hülse kaum ab – oder sie ist runzelig-faltig und legt sich den Samen eng an, so daß deren Form und Zahl bereits an der geschlossenen Hülse deutlich zu erkennen ist (Abb. 5). Im ersten Fall ist in der Fruchtwand unterhalb der Epidermis, einem 2-schichtigen Hypoderm und einer anschließenden dünnwandigen, stärkereichen Parenchymschicht eine 4 Zellagen umfassende Faserschicht entwickelt, die im Querschnitt aus isodiametrischen Zellen mit stark verdickten Wänden besteht. Im zweiten Falle ist diese Faserschicht überhaupt nicht vorhanden oder sehr stark rückgebildet. Auf den Zusammenhang dieser anatomischen Strukturen mit der Hülsenöffnung hatte bereits Muratova (1931) eingehend aufmerksam gemacht (vgl. die dortigen Abbildungen). Hülsen mit deutlicher Faserschicht gehören zu den Typen mit platzenden Früchten, jene ohne sind dagegen platz-

Abb. 5. Hülsentypen bei *V. faba;* oben: runzelige, platzfeste Hülsen mit fehlender Faserschicht der Fruchtwand (var. *minor* subvar. *tenuis*, Äthiopien); unten: glatte, platzende Hülsen mit gut entwickelter Faserschicht (var. *minor* subvar. *minor*, 'Pirkkonen')

fest. Der von Sirks (1931) ermittelte bifaktorielle Vererbungsmodus dieses Merkmals ist neuerdings von Lutova und Fedotov (1967, zitiert nach Kress 1971) bestätigt worden. Die rezessiv vererbten platzfesten Hülsen treten in allen drei Samen-Größenklassen der Art auf; auf dieses wirtschaftlich sehr bedeutende Merkmal, das wegen des damit verbundenen Verlusts des natürlichen Ausbreitungsmechanismus der Samen eine typische Kulturpflanzen-Eigenschaft darstellt, wird später noch eingegangen werden.

Runzelige Hülsen sind vor allem bei den großkörnigen Vertretern der Art mit dem Besitz des niedrigwüchsigen, basal reich bestockten Wuchstyps (mit schwachen, oft sich lagernden Sprossen) gekoppelt, während bei var. *minor* sehr häufig auch glatte, platzende Hülsen mit dem genannten Wuchs verbunden sind. Die runzelig-hülsigen Formen besitzen hier aber dann meist besonders niedrige Sproßlängen.

Samenzahl: Dieses Merkmal ist relativ wenig variabel. Die überwiegende Mehrzahl der Formen besitzt 3–4 Samen je Hülse; einzelne Vertreter der kleinsamigen Sippen haben eine geringe Erhöhung auf 4–5 zu verzeichnen, während unter der großkörnigen Gruppe vielfach nur 2–3 Samen entwickelt sind. Andererseits zeichnen sich die Longpod-Typen dieser Varietät durch eine deutliche Vermehrung der Samenzahl aus; diese beträgt hier meist 5–6, sie kann in einzelnen Fällen auf 8 (mitunter 10) ansteigen (z. B. bei der oben erwähnten Sorte 'Gilletts Imperial Green Longpod').

Samen

Über die Variabilität von Samenmerkmalen (vgl. auch Abb. 9, 10) bei *V. faba* ist bereits vielfach berichtet worden, da auf ihnen im wesentlichen die bisherigen infraspezifischen Gliederungen beruhten und da sie als leicht diagnostizierbare Eigenschaften auch zur Sortenunterscheidung und -identifizierung herangezogen werden. Als dasjenige Organ dieser Kulturpflanzenart, das hauptsächlich vom Menschen genutzt wird, hat es im Laufe der Abstammungsgeschichte beträchtliche Abänderungen erfahren. – Im folgenden wird nur kurz auf die Gesamtvariationsbreite einzelner Samenmerkmale hingewiesen, es wird später bei der Behandlung der infraspezifischen Gruppen noch auf sie eingegangen; im übrigen muß auch hier wieder auf die bereits vorliegenden Ermittlungen, vor allem von Muratova, verwiesen werden.

Samenform und -größe: Die Gestalt der Samen kann man im wesentlichen mit Hilfe von folgenden Meßwerten festlegen: Samenlänge, Dicken-Index (Dicke : Länge), Längen-Breiten-Index (Länge : Breite).

Die Samenlänge schwankt bei den verschiedenen Herkünften der Art nach unseren Ermittlungen, die gut mit denen von Muratova übereinstimmen, insgesamt zwischen 7,5 und 28 mm, wobei auf Grund von Literaturangaben in einzelnen Fällen diese Werte offensichtlich sowohl etwas unter- wie überschritten (bis 30–40 mm) werden können.

Der Dicken-Index als Maß der Abflachung der Samen reicht von 0,9 bei den Formen mit regelmäßig gewölbten Flanken der Samen bis zu 0,2 bei sehr stark abgeflachten Formen; eine deutliche Abflachung tritt bei den kleinsamigen Typen nie auf; wie bei der Samenlänge haben die verschiedenen Gruppen der Art deutlich verschiedene Häufungswerte, allerdings überlappen sich die Gesamt-Variationsbreiten stark.

Im Längen-Breiten-Index kommt die Umrißform der Samen zum Ausdruck, die bei ± 1,0 rundlich ist und mit zunehmenden Werten (bis 1,65) länglich-elliptisch wird.

Die Variation der angegebenen Masse bewirkt nun das Zustandekommen recht unterschiedlicher Samenformen, die bei den kleinsamigen kugelig, länglich-eiförmig, eiförmig und – infolge der beengten Anordnung in der

Hülse – öfter etwas kantig-eckig sein kann. Die Flanken der Samen sind „voll", nur in der Mitte mitunter etwas eingedellt, nicht abgeflacht, und das Nabelende des Samens ist von übereinstimmender Dicke mit dem gegenüberliegenden. Bei den mittel- und großkörnigen Typen tritt dagegen eine ± starke seitliche Abflachung auf, die Samen sind flach bis flach-walzlich und das Nabelende ist stets dicker (mitunter um ± das Doppelte) als das entgegengesetzte Samenende. Im Umriß sind diese Samen ebenfalls länglich-elliptisch bis ± rundlich.

Der Bemerkung von Muratova, daß sich die angeführten Indices als Relativwerte besser zur Charakterisierung der Samen eignen als Absolutzahlen, können wir uns nicht anschließen. Die Variation der Index-Werte ist wie angegeben ebenfalls sehr groß, auch hierin überschneiden sich die Variationsbreiten der Gruppen der Art beträchtlich und die Werte für die Gaterslebener Kollektion sind bei den Gruppen der Art ebenso wie die Absolutzahlen gegenüber den Angaben von Muratova verschoben, so daß eine Übernahme der Bonituren aus einem anderen Anbaugebiet gleichfalls nicht ohne weiteres möglich ist.

Entsprechend der unterschiedlichen Samengröße sind auch die Tausendkornmassen (TKM) bei *V. faba* sehr verschieden. Dieses Merkmal ist stark umweltabhängig und – wie erwähnt – leicht selektiv zu beeinflussen; nur mehrjährige Erhebungen können deshalb eine Herkunft in diesem Merkmal eindeutig charakterisieren. Nach unseren Erfahrungen schwankt bei dem von uns geprüften Material die TKM von ca. 220 g (bei primitiven Formen) bis etwa 2600 g bei manchen Puffbohnen-Sorten; die Mehrzahl dieser Formen erreicht allerdings nur Werte von 1500–1800 g. Die von Muratova angegebene Variationsamplitude ist etwas nach unten verschoben; sie gibt bereits Massen von 180–200 g an (z. B. für afghanische Formen, die in Gatersleben Werte von 255–275 g aufwiesen).

Von Muratova (1931) ist auch auf Differenzen in der Dicke der Samenschale aufmerksam gemacht worden, die bei den großkörnigen Formen infolge der stärkeren Ausdehnung des auf die hypodermale Trägerzellschicht folgenden Parenchymgewebes mitunter fast doppelt so dick sein kann als bei kleinsamigen Vertretern der Art.

Samenfarbe: Sehr auffallend sind an einer Samenkollektion der Art die verschiedenen Farbvarianten. Die überwiegende Mehrzahl der Herkünfte sowohl der groß- wie kleinkörnigen Vertreter besitzt eine schwach bräunliche bis hell-ockerfarbene Samenschale, die infolge von Melaninbildungen (auf dem DOPA-Gehalt der Samenschalen beruhend) rasch nachbräunen und vielfach bereits nach einem Jahr derart dunkel (braunrot) gefärbt sind, daß die ursprüngliche Samenfarbe nicht mehr erkennbar ist, und sie mitunter von anderen Farbvarianten kaum zu unterscheiden sind. In einigen Fällen wird die genannte Grundfärbung von einer ± intensiven Grautönung überlagert (besonders asiatische und italienische kleinsamige Herkünfte). Vorzugsweise innerhalb der kleinkörnigen Gruppe sind dunkelsamige Varianten vorhanden, bei denen bereits die frisch geernteten Samen rotbraun, dunkel- bis schwarzbraun, violett oder dunkel- bis schwarzviolett sind (besonders bei Formen der Mannigfaltigkeitszentren). Im Gegensatz zu diesen bei Kreuzungen über die Normalfarbe dominierenden Merkmalsausprägungen stehen grüne, weißlich-graue und zitronengelbliche Varianten, die soweit bisher bekannt (Sirks 1931, Picard 1963) sich im Erbgang gegenüber der Normalfarbe rezessiv verhalten und die vorzugsweise aus der mittel- und großkörnigen Gruppe bekannt geworden sind. Die Ausbildung farbloser weißlich-grauer Samen ist dabei stets mit dem Merkmal rein-weiße Blüten (und ungefärbte Stipelnektarien) verknüpft ('Dreifach Weisse'). Ältere Angaben aus dem vergangenen Jahrhundert über das Vorkommen roter Samen konnten bereits von Muratova nicht bestätigt werden; dieser Samentyp ist auch in der Gaterslebener Kollektion nicht vorhanden, dasselbe betrifft Samenvarianten mit dunkler Sprenkelung und Fleckung auf normal-gefärbten Samenschalen, von denen ebenfalls früher eine Reihe von Typen beschrieben wurde. Noch Muratova (1937) gab zwei großkörnige Formen mit unterschiedlicher Samenzeichnung an. Von uns wurde eine derartige Zeichnung nur bei krankhaft entwickelten Körnern von unterschiedlichen Farbvarianten beobachtet.

Auf das Auftreten von Nabelfarb-Varianten wurde bereits eingangs hingewiesen. Neben den vorherrschend dunkel (schwärzlich bis grau) gefärbten Hila treten insbesondere in europäischen Sorten und Stämmen rezessiv vererbte weiß-nabelige Typen auf.

Eiweißgehalt: Wie aus den bisher vorliegenden Untersuchungen zu diesem für die Qualitätszüchtung außerordentlich wichtigen Merkmal hervorgeht (vgl. die Zusammenstellung bei Kress, 1971), variiert der Eiweißgehalt der Samen relativ wenig, die Mehrzahl der Formen besitzt einen Gehalt von etwa 30% der Trockenmasse, wobei im einzelnen Schwankungen von rund 26–35% vorkommen. Es ist interessant, daß die durchschnittlichen Werte für den Proteingehalt bei den verschiedenen Gruppen der Art nahezu identisch sind. Das ergibt sich aus der folgenden Zusammenstellung, die auf Analysen zurückgeht, die 1965 von der Lehr- und Versuchsstation Remderoda (Universität Jena) dankenswerterweise durchgeführt wurden:

	var. *minor*	var. *equina*	var. *faba*
Zahl der untersuchten Proben	70	21	17
Durchschn. Eiweißgehalt der Samen (%)	29,55	28,33	29,48
Variationsbreite der geprüften Nummern	27,79–32,38	25,9–31,25	27,01–31,5

Phänologische Merkmale: Auf diese Merkmalsklasse soll abschließend wegen ihrer pflanzenzüchterischen Relevanz kurz eingegangen werden. – Daß bei *V. faba* hinsichtlich Blütezeit und Länge der erforderlichen Vegetationsperiode sehr unterschiedliche Typen anzutreffen sind, ist aus der Anbaupraxis seit langem bekannt. Von Muratova ist dieses Phänomen an einem großen Material beobachtet und auch als Merkmal zur infraspezifischen Gliederung herangezogen worden. Sehr frühe Formen sind z. B. die äthiopischen, afghanischen, aber auch manche der balkanischen Herkünfte der Art, während sich in unserem Anbau manche der modernen Sorten aus dem mittleren und westlichen Europa als späteste Formen herausstellten. Generell liegt Blüte- und Reifezeit bei den mittel- und großkörnigen Vertretern etwas eher, was den Angaben von Atabekova u. Archangelskaja (1963) entspricht. Darauf ist auch der im Durchschnitt tiefere Hülsenansatz dieser Formen zurückzuführen (s. S. 93).

Auffallend ist bei einem größeren Vergleichsanbau der unterschiedliche Reifeprozeß der verschiedenen Pflanzenorgane: Pflanzen mit reifen, z. T. bereits platzenden Hülsen haben zwar meist ebenfalls im Absterben begriffene oder abgefallene Blätter, ihr Sproß ist jedoch vielfach noch saftig-grün und keineswegs absterbend. Dieses Verhalten ist jedoch nur in Jahren zu beobachten, wo eine normale Ausreife der Pflanzen und kein durch Trockenheit o. ä. bedingter vorzeitiger Abschluß der Vegetationstätigkeit stattfindet. Synchrone Reifung der Organe erscheint für eine maschinelle Ernte wesentlich; deshalb wurde diesem Vorgang besondere Aufmerksamkeit geschenkt. Dabei zeigte es sich, daß eine ± gleichmäßige Abreife von Hülse, Blatt und Stengel oder nur eine relativ geringe Reifeverzögerung beim Stengel fast ausschließlich bei Landsorten und Primitivformen vorhanden ist, während sich fast alle neueren und älteren Zuchtsorten (aber auch ein Teil der Landsorten) durch eine ausgesprochene Disharmonie in Hülsen- und Stengelreife auszeichnen. Bei var. *minor* sind z. B. die afghanischen, äthiopischen, ein Teil der italienischen und griechischen Herkünfte und auch einige ältere europäische Sorten gleichzeitig reifend; bei den übrigen Gruppen sind dies viele Herkünfte aus dem gesamten Mittelmeergebiet und einige wenige ältere Sorten ('Russkie Černye', 'Dreifach Weisse Puffbohne').

Es liegt hier also eine ähnliche Merkmalsverteilung wie bei Fiederzahl und -größe vor (s. S. 87/88).

GLIEDERUNG DER INFRASPEZIFISCHEN MANNIGFALTIGKEIT VON *VICIA FABA*

Versuche zur systematischen Gliederung der Art *V. faba* gehen bis in die vor-linneische Zeit zurück. Die historische Entwicklung der infraspezifischen Klassifikationen ist eingehend bei Muratova (1931) geschildert. Hier kann nur zusammenfassend dargestellt werden, daß von der Mehrzahl der Autoren von Metzger (1841) und Alefeld (1861) bis in die Gegenwart (Rothmaler 1963, Steinberger 1968) eine Dreiteilung der Art vorgeschlagen wird. Als

Tabelle 2

Gliederung von *Vicia faba* L. bei verschiedenen Autoren

	Harz (1885)	Beck in Reichb. (1903)	Gams in Hegi (1924)	Muratova (1931)	Kiffmann (1952)	Rothmaler (1963)
kleinkörnige Gruppe	Sa 10–13 mm lang, TKM 402–650	Sa 10–13 mm lang	Sa 5,5–13 mm lang	Sa (6,5) 9,5 (12,5) mm lang, TKM 150–750 g	Sa 8–12 mm lang, TKM 350–550 g	Sa 5–15 mm lang
mittlere Gruppe	Sa 15–20 mm lang, TKM 650–1600 g	Sa länglich	Sa 15–20 mm lang	Sa (12,5) 14,5 (16,5) mm lang, TKM 450–1100 g	Sa 12–14 mm lang, TKM 700–800 g	Sa 15–20 mm lang
großkörnige Gruppe	Sa 25–35 mm lang, TKM 1300–3400 g	Sa 25–30 mm lang	Sa 25–35 mm lang	Sa (19) 25 (31) mm lang, TKM (600) 1000–2550 g	Sa 20–22 mm lang, TKM 900–2000 g	Sa 25–35 mm lang

wichtigste Klassifikationsmerkmale wurden dabei stets die Samenform und die Samengröße benutzt und es werden auf diese Weise eine kleinkörnige Gruppe mit ± vollen Samen, eine mittelgroß-körnige und eine großkörnige Gruppe (beide mit abgeflachten Samen) unterschieden. Wie aus den später aufgeführten Synonymiken hervorgeht, sind diese Gruppen bei den verschiedenen Autoren vielfach unterschiedlich benannt und haben unterschiedliche Rangstufen. Die folgende Tabelle erläutert diese Gruppierungen und zeigt deutlich die Schwierigkeit, diese Gruppen mit Hilfe der absoluten Samenmaße zu trennen. Eine klare Differenzierung ist nur durch einen Vergleich an einer repräsentativen Kollektion möglich.

Selten ist eine Zusammenfassung der Formen von *V. faba* in zwei infraspezifische Sippen festzustellen, so z. B. bei Fruwirth (1921), von dem die kleinkörnige und mittlere Gruppe vereint werden, oder bei Mattei (1889), bei dem die mittlere und großkörnige Gruppe den kleinsamigen Vertretern gegenübergestellt wird. – Die ursprüngliche Dreiteilung ist von Alefeld (1862) in einer späteren Arbeit aufgegeben worden, es sind hier 40 nach Samen- und Blütenmerkmalen unterschiedene Varietäten gleichberechtigt nebeneinander aufgestellt. Dieses System wurde von Körnicke (1873) übernommen.

Abgesehen von einer detaillierten Weitergliederung der erwähnten drei Gruppen ist das infraspezifische System von Muratova in folgender Hinsicht erweitert: Als selbständige Unterart (ssp. *paucijuga*) wurden die in Nordindien endemischen kleinsamigen Formen von *V. faba* von allen übrigen Formen der Art (ssp. *eu-faba*) abgetrennt. Sie sollen sich nach der Autorin durch geringe Zahl der Fiedern der Blätter, wenigblütige Trauben, sehr kleine Samen und Hülsen und andere Blattfarbe von der Typus-Unterart unterscheiden. Es wurde bereits darauf hingewiesen, daß das Merkmal der wenigzähligen Blattfiedern auch in anderen Herkünften der Art auftritt und daß die in Gatersleben kultivierten indischen Formen diese Merkmalsausprägung in untypischer Weise zeigten. Auch in den übrigen genannten Merkmalsunterschieden fallen die indischen Formen nicht aus der Variationsbreite der kleinsamigen Gruppe der Art heraus, sie bilden nur in manchen Fällen, etwa der Samengröße, die Extremwerte der für diese Gruppe zutreffenden Variationsamplitude. Es liegt daher kein zwingender Grund vor, diese Formen als selbständige Unterart abzutrennen; mit $\pm$ ebenso viel Recht könnte diese Behandlung dann auch für andere geographische Formenkreise von *V. faba* gefordert werden (z. B. für die ostasiatischen Vertreter). Es wird deshalb ssp. *paucijuga* Murat. in die kleinkörnige Gruppe von *V. faba* einbezogen und später nur als besondere Rasse herausgestellt (S. 111).

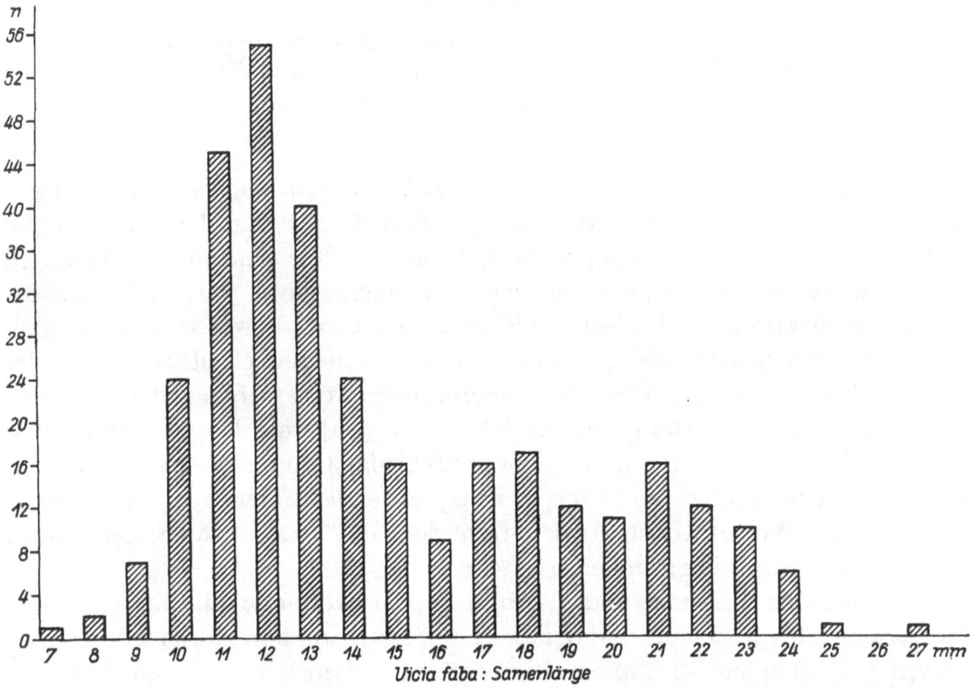

Abb. 6. Häufigkeit der Größenklassen der Samenlänge bei der Gaterslebener Kollektion von *V. faba* auf Grund der Messungen an Material des Vergleichsanbaues 1971

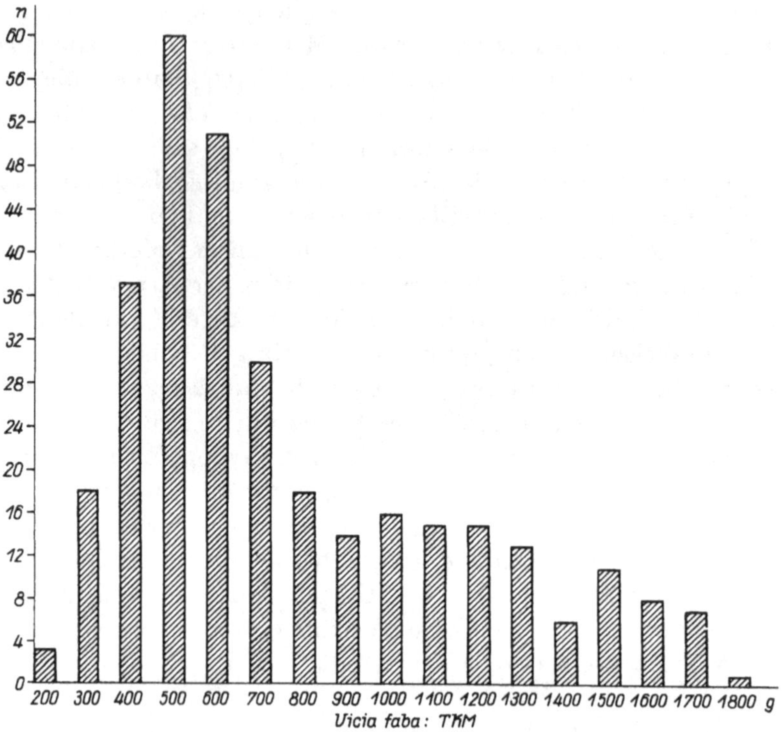

Abb. 7. Häufigkeit der Größenklassen der Tausendkornmasse bei der Gaterslebener Kollektion von *V. faba* auf Grund der Messungen am Material des Vergleichsanbaues 1971

Die oben erwähnte Dreigliederung der Art hat sich bei den Ermittlungen an dem Gaterslebener Sortiment bestätigt. Das geht z. B. aus den Diagrammen in Abbildung 6 und Abbildung 7 deutlich hervor. Hier sind die Häufigkeiten der verschiedenen Größenklassen der Samenlänge und des TKM für die gesamte Kollektion, die im Vergleichsanbau 1971 erfaßt wurde, aufgetragen. Es schälen sich jeweils drei Gruppen mit unterschiedlichen Mittelwerten der betreffenden Merkmale heraus, eine kleinsamige mit Samenlängen um 12 mm und einem TKM von 500 g, eine mittlere mit $\pm$ 18 mm langen Samen und einem TKM von 1000/1100 g und eine großkörnige Gruppe mit 21 mm langen Samen und einem TKM von 1500 g. Entsprechende Bilder erhält man, wenn man z. B. die Werte für die Hülsenbreite oder den Dicken-Index der Samen bei *V. faba* in Blockdiagrammen darstellt.

Aus den Abbildungen 6 und 7 geht ferner hervor, daß die innerartlichen Gruppen nicht scharf voneinander getrennt sind, sondern durch Übergangsformen miteinander verbunden bleiben (vgl. Samenlängen von 16 bzw. 19/20 mm, TKM von 800–950 bzw. 1400 g). Relativ häufig sind derartige Zwischenformen bei der mittleren und großkörnigen Gruppe, so daß auch unter Zuhilfenahme anderer Merkmale (etwa der Hülsengröße und -form) die Zuordnung von einzelnen Herkünften oder Sorten problematisch bleibt.

Die genannte Gruppierung der Art läßt sich auch bei der Auswertung der Bonituren aus anderen Anbaujahren reproduzieren. Jedoch sind dann meist die absoluten Werte deutlich verschoben. So liegen z. B. bei einem Vergleichsanbau von 1966 die Mittelwerte der Samenlängen der 3 Gruppen um einige Millimeter höher als 1971 (15 mm; 21 mm; 23 mm) und entsprechend ist die TKM erhöht (700–800 g; 1300–1400 g; 1800 g).

In diesem Zusammenhang erhalten Befunde, die von Sirks (1931) bei seinen umfangreichen genetischen Analysen der Ackerbohne mitgeteilt wurden, ihre besondere Bedeutung: Sirks stellte fest, daß Kreuzungen zwischen Vertretern der kleinsamigen und der großkörnigen (einschl. mittlere) Gruppe schlechter gelingen als Kreuzungen innerhalb der Gruppen, daß in manchen Fällen die F_1 von Gruppen-Kreuzungen eine auffallende Zygotensterilität besitzt und daß zwischen den beiden Gruppen plasmatische Unterschiede vorhanden sein müssen, da reziproke Kreuzungen zwischen den Gruppen oftmals sich unterschiedlich verhaltende Nachkommen ergaben bzw. da der Informationsgehalt bestimmter Gene nur im Plasma der mütterlichen Gruppe realisiert werden kann. Außerdem haben Dubinin et al. (1966) auf unterschiedliche Spektren spontaner Chromosomen-Mutationen bei den beiden Gruppen aufmerksam gemacht.

Diese Befunde im Einklang mit der erwähnten morphologisch schwächer ausgeprägten Trennung der mittleren und großkörnigen Gruppe veranlaßt uns, die genannten beiden Gruppen zu einer taxonomischen Einheit (Unterart, ssp. *faba*) zusammenzufassen und sie den kleinsamigen Vertretern gegenüberzustellen (ssp. *minor*). Es gibt wie erwähnt einige weitere Merkmalstendenzen, die diese Auffassung bestätigen: So ist bei den kleinsamigen Formen eine generell geringere Neigung zur Bestockung, etwas spätere Blütezeit u. a. festzustellen (s. S. 84,99). Vielfach sind im Mittelmeergebiet Pflanzen der mittleren und großkörnigen Gruppe innerhalb desselben Feldbestands anzutreffen (Muratova 1931), ähnliche Beobachtungen konnten wir z. B. beim Nachbau italienischer Herkünfte der Art machen, während offensichtlich die kleinsamigen stets für sich im Anbau sind. In weiten Teilen des Anbauareals der Art ist zumindest heute auch die Nutzungsweise der beiden Gruppen verschieden (kleinsamig: Körner-Viehfutter; mittel- und großsamig: menschliche Ernährung, Gemüse). In phylogenetischer Hinsicht handelt es sich bei der großkörnigen Gruppe im erweiterten Sinne um eine abgeleitete, jüngere Sippe, was die Besprechung der prähistorischen Funde der Art (Schultze-Motel 1972) und der historischen Entwicklung des Anbaues ergab (Hanelt 1972).

Die Zweiteilung von *V. faba* entspricht deshalb einer natürlichen, den Abstammungsprozessen gerecht werdenden Gliederung.

Die weitere Unterteilung der Art ist rein künstlicher Natur und dient nur einer groben Orientierung des Formenreichtums der Ackerbohne, er stützt sich auf einige wenige Merkmalsunterschiede und steht im Gegensatz zu der später erläuterten informalen Gliederung der beiden Subspezies in geographische Rassen.

Die Typus-Unterart ssp. *faba* wird entsprechend früheren Einteilungen und den oben gemachten Ausführungen in zwei in erster Linie nach der Samengröße unterschiedene Varietäten (var. *equina* und var. *faba*) gegliedert. Wegen der eingipfligen Variationskurve dieses Merkmals bei ssp. *minor* läßt sich hier eine derartige Teilung nicht durchführen, diese Sippe besitzt nur eine Varietät (var. *minor*). Alle Varietäten werden dann im Hinblick auf ihre Hülsenstruktur in eine Untervarietät mit platzenden und in eine mit nicht platzenden Hülsen differenziert (S. 94). Schließlich wird der bei ssp. *minor* größere Formenreichtum nach den beiden früher beschriebenen Wuchstypen (S. 85) in eine hochwüchsige, eintriebige *Elatae*-Gruppe und eine niedrigere meist bestockte *Pluricaules*-Gruppe zerlegt. Somit ergibt sich folgende Gliederung:

1 Samen ± kugelig, kantig (aber ebenfalls mit ± gleichgroßer Länge und Breite), ellipsoidisch bis länglich-ellipsoidisch, Seiten gewölbt, mitunter in der Mitte etwas eingedellt, Nabelende so dick wie das gegenüberliegende oder nur wenig dicker, Samen von vorn daher kugelig, elliptisch oder breit- und stumpf-keilförmig, relativ klein, meist zwischen 7 und 15 mm lang (selten mehr oder weniger), TKM von 200–900 g (selten mehr oder weniger), Dicken-Längen-Index fast stets über 0,5; Hülsen im Querschnitt rundlich, anliegend oder im spitzen Winkel abstehend . . . . ssp. *minor* (Harz) Rothm.

2 Nur eine Varietät . . . . . . var. *minor* Peterm. em. Harz (Abb. 8, 9)

3 Hülsen mit deutlich entwickelter Faserschicht, zur Reife daher mit glatter Oberfläche und ± platzend . . . . subvar. *minor*

4 Pflanzen ± hochwüchsig, im Durchschnitt über 1 m hoch (± 1,05–120 m), in der Regel eintriebig (nur der Hauptsproß entwickelt) . *Elatae*-Gruppe

4a Pflanzen niedriger, im Durchschnitt unter 1 m hoch (± 0,5–0,9 m), in der Regel zwei-mehrtriebig (mit basalen Bestockungstrieben) . . . . *Pluricaules*-Gruppe

3a Hülsen mit reduzierter Faserschicht oder diese völlig fehlend, zur Reife stark runzlig-geschrumpft, geschlossen bleibend . . subvar. *tenuis* Murat.

1a Samen deutlich seitlich abgeflacht und vielfach ± eingedellt, im Umriß elliptisch, breit-elliptisch, elliptisch-oval bis rundlich-nierenförmig, Nabelende deutlich dicker als das gegenüberliegende, Samen daher von vorn stumpf- bis spitz-keilförmig, mittelgroß bis sehr groß, meist länger als 16 mm, TKM fast stets über 900 g, Dicken-Längen-Index unter 0,5; Hülsen im spitzen Winkel abstehend bis hängend. . . . . ssp. *faba* (Abb. 8, 10)

2 Samen mittelgroß, flach, im Umriß elliptisch bis breit elliptisch, von vorn stumpf- bis spitz-keilförmig, im allgemeinen zwischen 15 und 21 mm

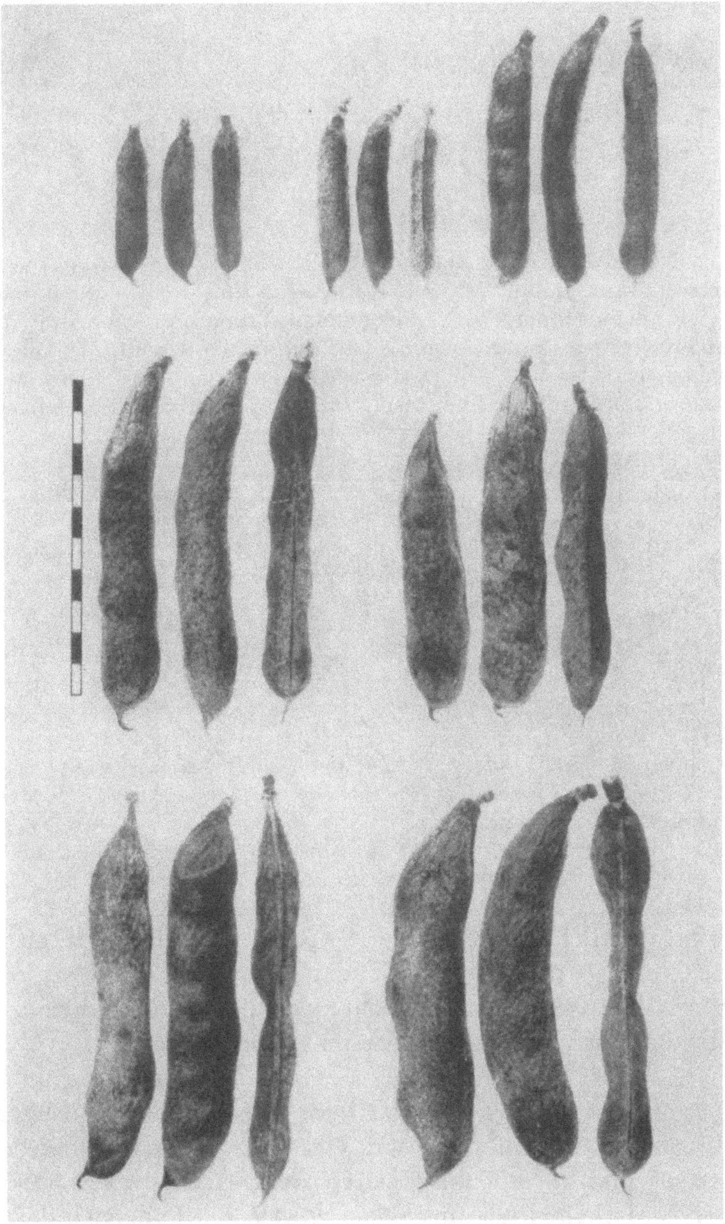

Abb. 8. Hülsenformen bei *V. faba;* oben: var. *minor*, von links nach rechts – Afghanistan, 'Niki', 'Rinal'; Mitte: var. *equina*, links – 'Wierboon C. B.', rechts – China; unten: var. *faba*, links – Bulgarien, rechts – 'Wagners Perfekta'

lang, TKM von 900 bis 1300 g, seltener weniger oder mehr, Dicken-Längen-Index zwischen 0,5 und 0,35; Grünhülsen im Querschnitt rundlich bis schwach abgeflacht . . . . var. *equina* Pers.

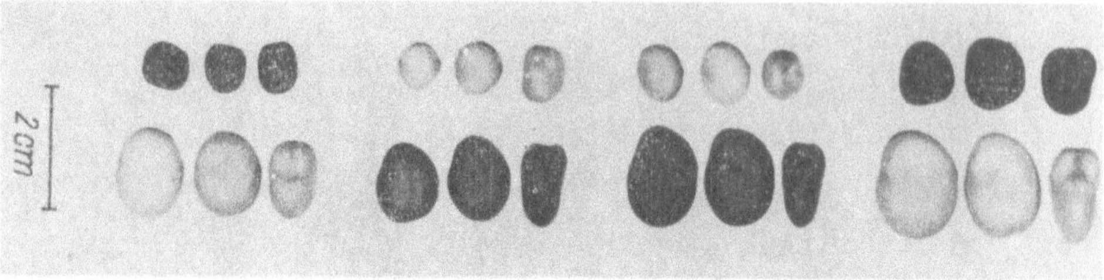

Abb. 9. Samentypen von *V. faba* ssp. *minor;* oben links nach rechts: Indien (braunschwarze Samen), Afghanistan, 'Maxime', Dagestan (braunschwarz); unten von links nach rechts: 'Francks Hohenloher', Peloponnes (braunschwarz), Altai (Majminskij mestnyj, dunkelviolett, in Samenform zu var. *equina* tendierend, aber mit niedrigem TKM), 'Zeiners Silagebohne' (Übergangstyp zu var. *equina*); wenn nicht anders erwähnt, sind die Samen von der vorherrschenden normalen Farbe

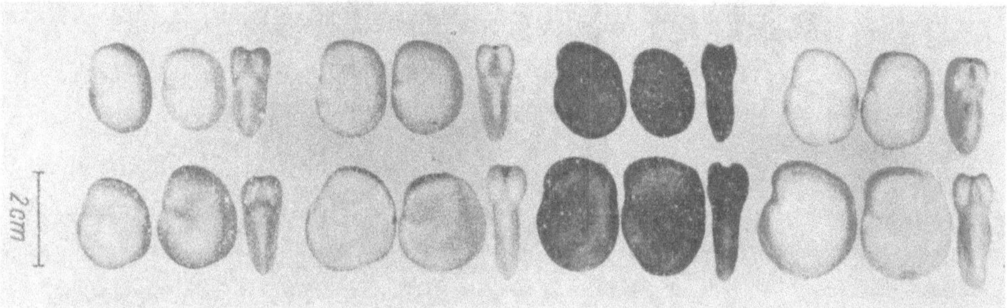

Abb. 10. Samentypen von *V. faba* ssp. *faba;* oben von links nach rechts: var. *equina* – „Leipziger Winterbohne", China (rosa-überlaufene Samen), 'Russkie černye' (violett), Peloponnes; unten von links nach rechts: var. *equina* – Italien, var. *faba* – Italien, Italien (violett), 'Wagners Perfekta'; wenn nicht anders erwähnt, sind die Samen von der vorherrschenden normalen Farbe

3 Hülsen mit deutlich entwickelter Faserschicht, zur Reife daher mit glatter Oberfläche und ± platzend . . . . subvar. *equina*

3a Hülsen mit reduzierter Faserschicht oder diese völlig fehlend, zur Reife stark runzlig-geschrumpft, geschlossen bleibend . . . . subvar. *rugosa* Murat.

2a Samen groß bis sehr groß, sehr flach, im Umriß breit-elliptisch, elliptisch-oval bis rundlich-nierenförmig, von vorn fast stets spitz-keilförmig, meist zwischen 20 und 28 mm lang, selten weniger oder mehr, TKM im allgemeinen zwischen 1300 und 2500 g, Dicken-Längen-Index zwischen 0,45 und 0,20; Grünhülsen im Querschnitt deutlich abgeflacht, Hülsen sehr groß . . . . var. *faba*

3 Hülsen mit deutlich entwickelter Faserschicht, zur Reife daher mit glatter Oberfläche und ± platzend . . . . subvar. *faba*

3a Hülsen mit reduzierter Faserschicht oder diese völlig fehlend, zur Reife stark runzelig-geschrumpft, geschlossen bleibend . . . . subvar. *clausa* Murat.

Im folgenden werden die wichtigsten Synonyme zu den behandelten Taxa zusammengestellt:

Vicia faba L., Sp. Pl. (1753) 737. – *Faba equina* et *Faba bona* Medik. in Vcrles. Churpf. Ges. 2 (1787) 360; *Faba vulgaris* Moench, Meth. (1794) 150; *Vicia esculenta* Salisb., Prodr. (1796) 339; *Faba sativa* Bernh., Syst. Verz. Erfurt (1800) 250; *Faba major* Desf., Tabl. ed. 1 (1804) 196.

ssp. minor (Peterm. em. Harz) Rothm., Exkursionsfl. Deutschl. IV (1963) 202.– *Faba equina* Medik., l. c., pp.; *Vicia equina* Rchb., Fl. germ. exc. (1832) 532 p.p.; *Vicia faba* L. ssp. *paucijuga* (Alef.) Murat. in Bull. appl. bot., genet., pl. breed. Suppl. 50 (1931) 81, 90; *V. faba* L. ssp. *eu-faba* Murat. var. *minor* Peterm. em. Harz in Murat., l. c., 81, 95; *V. faba* L. grex *minor* (Peterm. em. Harz) Kiffm. in Z. Acker-Pflzbau 94 (1952) 458; *V. faba* L. convar. *minor* (Peterm. em. Harz) Soó, Syn. fl. veg. hung. 2 (1966) 363.

Im gesamten Anbaugebiet der Art, ursprünglich allerdings nicht in Ostasien, relativ selten in Amerika; diese Sippe enthält Primitiv- und Hochzuchtformen, auch alle prähistorischen Funde der Art, mitunter als *V. faba celtica nana* Heer bezeichnet, sind in ssp. *minor* einzuschließen (vgl. Schultze-Motel 1972). – Nur eine Varietät:

var. minor Peterm., Fl. Lips. exc. (1838), 549 p. p., em. Harz, Landw. Samenkd. 2 (1885) 661. – *V. faba* ß L., Sp. Pl. (1753) 737 [„Faba minor s. equina" Bauh. pin. 338]; *Faba vulgaris* Moench var. *minuta* Alef. in Bonplandia 9 (1861) 101; *Vicia faba* L. var. *minuta* (Alef.) Mansf. in Kulturpflze, Beih. 2 (1959) 191.

subvar. minor. – *V. faba* L. var. *minor* Peterm. em. Harz subvar. *rigida* Murat. in Bull. appl. bot., genet., pl. breed., Suppl. 50 (1931) 83, 105.

Die formenreichste Sippe der Art, die insbesondere in West-, Mittel-, Ost- und dem südlichen Nordeuropa, dem Mittelmeergebiet, seltener in Asien (Kaukasus, Mittelasien, Hindukusch) angebaut wird und die auch in andere Kontinente eingeführt wurde.

Pluricaules-Gruppe. – Gruppe von Herkünften, die sich fast ausschließlich aus Landsorten des Mittelmeerraumes und der genannten asiatischen Gebiete zusammensetzt, selten Zuchtsorten (z. B. die finnische cv. 'Pirkkonen').

Elatae-Gruppe. – Gruppe von Land- und Zuchtsorten fast ausschließlich aus dem westlichen, mittleren, nördlichen und östlichen Europa, selten anderer Gebiete; alle zugelassenen Sorten der DDR gehören hierher, ebenso die sogenannten Taubenbohnen, eine vorzugsweise westeuropäische Sortengruppe (cv. 'Niki', cv. 'Columba', cv. 'Minor' usw.) mit besonders kleinen Samen, deren Größe die der asiatischen Primitivformen der Art (Afghanistan, Indien u. a.) nicht wesentlich übersteigt.

subvar. tenuis Murat. in Bull. appl. bot., genet., pl. breed., Suppl. 50 (1931) 81, 95.

Im Anbau auf Nordindien, Afghanistan, Syrien und NO-Afrika (Ägypten bis Äthiopien) beschränkt, nach Muratova vereinzelt auch in Kreta, Kleinasien und Kolumbien (vermutlich hier überall nur neuerdings eingeschleppt). Alle hierhergehörenden Formen dürften im Wuchstyp der Pluricaules-Gruppe entsprechen, wobei die Wuchshöhen unter Gaterslebener Bedingungen im Durchschnitt noch etwas niedriger lagen. Muratova gibt für diese Sippe auch 1-triebige Formen (z. B. Äthiopien) an, entsprechende Auskünfte zeichneten sich in Gatersleben aber stets durch den Besitz von Bestockungstrieben aus.

ssp. faba. – *Vicia faba* L., l. c.; *V. faba major* sensu Sirks in Genetica 13 (1931) 211 ff.

Phylogenetisch jüngere Sippe der Art, erst in historischer Zeit nachweisbar (Schultze-Motel 1972, Hanelt 1972); vorzugsweise im Mittelmeergebiet, im westlichen Europa, seltener in anderen Teilen Europas und im westlichen Asien (ursprünglich nur bis W-Afghanistan) sowie in China und Japan im Anbau, auch nach Amerika eingeführt.

var. equina Pers., Syn. 2 (1807) 308, em. Harz, Landw. Samenkde. 2 (1885) 661. – *Faba equina* Medik., l. c., p. p.; *Vicia equina* Rchb., l. c., p. p.; *V. faba* L. var. *minor* Peterm., Fl. Lips. exc. (1838) 549 p. p.; *Faba vulgaris* Moench var. *equina* (Pers.) Alef. in Bonplandia 9 (1861) 101; *Vicia faba* L. grex *equina* (Pers.) Kiffm. in Z. Acker-Pflzbau 94 (1952) 460; *V. faba* L. ssp. *equina* (Pers.) Rothm., Exkursionsfl. Deutschl. IV (1963) 202: *V. faba* L. convar. *equina* (Pers.) Steinberger in Jb. Bundesanst. Pflzbau Samenprüfg. Wien (1968) 178.

Relativ formenarme Sippe (Mittelmeergebiet, Vorderasien bis W-Afghanistan, Ostasien, W-Europa, selten in anderen Teilen Europas, auch in N-Amerika); die ersten substantiellen Belege der ssp. *faba* müßten nach der Samengröße zu urteilen in diese Varietät zu stellen sein (vgl. Schultze-Motel 1972).

subvar. equina. – *V. faba* L. var. *equina* Pers. em. Harz subvar. *reticulata* Murat. in Bull. appl. bot., genet., pl. breed., Suppl. 50 (1931) 86, 130.

Die etwas variablere Sippe der Varietät; seltener im Mittelmeergebiet, mehr im westlichen, mittleren und östlichen Europa sowie in Ostasien angebaut. Hierzu gehören bekannte alte Sorten wie 'Ditmarscher Marschbohne', 'Mansholts Wierboon', aber auch neuere Züchtungen wie 'Dreifach Weisse' und 'Juno', die sich durch rein-weiße Blüten und farblose Samen auszeichnen.[1] Wie bei var. *minor* sind auch hier die hochwüchsigen Typen nur 1- oder 2-triebig, die niedrigeren mehrtriebig, es treten aber sehr viele intermediäre

[1] Diese Formen wurden früher, auch von Muratova, unter var. *faba* aufgeführt, nach Samengröße und TKM zählen sie aber eindeutig zu var. *equina*.

Ausbildungen auf. Unabhängig davon variiert die Samengröße (mittel- und großkörnige Formen).

subvar. rugosa Murat. in Bull. appl. bot., genet., pl. breed., Suppl. 50 (1931) 86, 127. –

Im Mittelmeergebiet und Vorderasien (bis Afghanistan) verbreitet, oft im Mischanbau mit Formen von var. *faba*. Es handelt sich stets um relativ niedrige (bis mittelhohe) mehrtriebige Formen mit mittelgroßen oder großen Samen, wobei die mittelgroßen Samenformen etwas häufiger als bei der vorangegangenen glatthülsigen Untervarietät auftreten.

var. faba. – *Vicia faba* L. s. str.; *Faba bona* Medik., l. c.; *Faba major* Desf., l. c.; *Faba vulgaris* Moench var. *megalosperma* Alef. in Bonplandia 9 (1861) 101; *Vicia faba* L. var. *major* Harz, Landw. Samenkde, 2 (1885) 661; *Vicia faba* L. grex *major* (Harz) Kiffm. in Z. Acker-Pflzbau 94 (1952) 460; *Vicia faba* L. ssp. *faba* ap. Rothm., Exkursionsfl. Deutschl. IV (1963) 202; *Vicia faba* L. convar. *major* (Harz) Steinberger in Jb. Bundesanst. Pflzbau Samenprüfg. Wien (1968) 178.

Diese nur der menschlichen Ernährung dienende formenreiche Sippe ist im Mittelmeergebiet bis Vorderasien, im westlichen und mittleren Europa, seltener weiter östlich, sowie in Ostasien verbreitet und wird auch nicht selten in Amerika, insbesondere den lateinamerikanischen Ländern angebaut.

subvar. faba. – *Vicia faba* L. var. *major* Harz subvar. *dehiscens* Murat. in Bull. appl. bot., genet., pl. breed., Suppl. 50 (1931) 89, 152.

Diese Sippe bildet im westlichen und mittleren Europa ein sekundäres Mannigfaltigkeitszentrum der Unterart, bekannte Sortengruppen wie die Longpod-Typen mit extrem langen Hülsen oder die Windsor-Typen mit rundlich-nierenförmigen Samen gehören hierher. Seltener ist die Sippe im Mittelmeergebiet, im östlichen Europa (violettsamige Formen) und in Ostasien im Anbau. Wie bei var. *equina* ist auch hier eine zahlenmäßig größere hochwüchsige und 1–2triebige Gruppe durch Übergänge mit einer niedrigeren, bestockten Gruppe verbunden. Meist zeichnen sich die höheren Typen auch durch besonders große Samen aus.

subvar. clausa Murat. in Bull. appl. bot., genet., pl. breed., Suppl. 50 (1931) 88, 143.

Diese kleine Sippe ist im Anbau im wesentlichen auf das Mittelmeergebiet und das angrenzende Vorderasien beschränkt, darüberhinaus gehören charakteristische violettsamige Formen[1] aus dem europäischen Teil der UdSSR (und vereinzelt auch in Sibirien) hierher, auch in Lateinamerika ist die Untervarietät (u. a. durch eine zitronengelbe Samenvariante, s. Muratova) ver-

[1] Das sind die sogenannten 'Černye russkie'-Bohnen; in Gatersleben kultivierte Formen dieses Typs sind aber der Samengröße nach in die var. *equina* einzubeziehen.

treten. Wie bei den runzelighülsigen Formen von var. *equina* handelt es sich bei subvar. *clausa* um niedrige bis höchstens mittelhohe Pflanzen mit deutlich ausgeprägter basaler Bestockung und großen oder sehr großen Samen, wobei ebenfalls im Durchschnitt die Samengröße etwas geringer ist als bei der glatthülsigen Sippe der var. *faba*.

GEOGRAPHISCHE RASSEN DER ART

Die im folgenden vorgeschlagene und den eingangs erläuterten Prinzipien entsprechende Rassen-Gliederung der Art muß vorläufigen Charakter haben, da die notwendigen Angaben aus manchen Teilen des Anbauareals fehlen oder von dort kein und ungenügend Material in den Sortimenten vorhanden ist. Es muß noch einmal betont werden, daß diese Rassen nicht scharf voneinander abzugrenzen sind, was sowohl auf dem blütenbiologischen Verhalten der Art, auf den gleichfalls kontinuierlich variierenden Umweltbedingungen der einzelnen Anbaugebiete und dem Saatgut-Tausch beruht, der bereits für frühhistorische Zeiten nicht zu unterschätzen ist. Die Rassen-Gliederung spiegelt darüberhinaus nur den Zustand einer bestimmten zeitlichen Epoche wider, da vor allem die züchterischen Bestrebungen in unserer Zeit mit einem $\pm$ tiefgreifenden Umbau der Gen-pools der Art verbunden sind und es dadurch z. B. zum Ersatz primitiver Rassen durch moderne Zuchtsorten kommen kann. Die aufgestellten Rassen werden in manchen Fällen nicht die jetzigen Verhältnisse wiedergeben, da sie vor allem auf den älteren Befunden von Muratova (1931) und dem Sammelmaterial des Gaterslebener Sortiments beruhen, das in wesentlichen Teilen auf Aufsammlungen der vierziger und fünfziger Jahre zurückgeht. Es ist durchaus möglich, daß sich in der Zwischenzeit die Zusammensetzung des Formenspektrums in manchen Gebieten, vor allem den Mannigfaltigkeitszentren, stark geändert hat. – Die bei Muratova (1931) angedeutete geographische Gruppierung ihrer infraspezifischen Taxa kann als Vorläufer der besprochenen Rassen-Gruppierung von *V. faba* betrachtet werden.

Vicia faba ssp. *minor*

Es wurde bereits darauf hingewiesen, daß es sich hierbei auf Grund der Übereinstimmung mit den prähistorischen Funden der Art und auf Grund der historischen Belege des Anbaues um die phylogenetisch ursprünglichere Sippe der Art handelt. Wir finden deshalb in ihr auch ausgesprochene Primitivformen vor, andererseits gehören viele rezente Hochzuchtsorten ebenfalls in diese Unterart. Ihr Anbaugebiet umfaßt das westliche Asien (von Nordindien, dem sowjetischen Mittelasien im Osten), das Mittelmeergebiet, Ostafrika (von

Äthiopien bis Ägypten) sowie das westliche, mittlere und östliche Europa mit Ausnahme des hohen Nordens. In anderen Ländern liegende Anbauflächen sind relativ jungen Ursprungs, die Kultur währt dort noch zu kurze Zeit, als daß sich eine Rassenformierung hätte herausbilden können.

In Übereinstimmung mit Muratova betrachten wir als Mannigfaltigkeitszentrum der Unterart ein Gebiet, das Afghanistan und das benachbarte Tadžikistan umfaßt. Als ein sekundäres Mannigfaltigkeitszentrum relativ rezenten Ursprungs muß Europa (außerhalb des Mittelmeerraumes) angesehen werden, dessen Formenreichtum sich in z. T. noch existierenden alten Landsorten, modernen Zuchtsorten und Zuchtstämmen repräsentiert.

Indische Rasse: Mehrtriebige Pflanzen mit niedrigen Stengeln (nach Muratova extrem niedrig); Blätter stärker graufarbig als sonst, Fiedern relativ klein, schmal, wenigzählig (nach Muratova höchstens 4–5, in Gatersleben 5–6); Trauben wenigblütig (4–5), Blüten klein, Fahne ohne Violetttönung, nur braun gestreift; Hülsen sehr kurz, aufrecht-abstehend, runzelig und nicht platzend; Samen sehr klein (die kleinsten der Art, TKM in Gatersleben 1971 z. T. nur 220 g), in Gatersleben ±8–9 mm, schwarzbraun oder normalfarben, kugelig bis eckig; frühreif, nach älteren Angaben (Mattei 1889, von Muratova nicht bestätigt) vorwiegend autogam.

Diese Formen waren von Muratova als ssp. *paucijuga* abgetrennt worden (S. 87). Sie sind in ihrem Vorkommen auf den nördlichen Teil des indischen Subkontinents, insbesondere auf die Täler und Vorländer des Himalaya und anderer nördlicher Grenzgebirge beschränkt (nördliches Westpakistan, Kashmir, Pandjab usw.). Es handelt sich um einen sehr charakteristischen, aber relativ einförmigen Formenkreis (Muratova), der von Mattei (1889) wegen der Ähnlichkeit in manchen Merkmalen (Samengröße) mit *V. narbonensis* als die ursprünglichste Gruppe innerhalb *V. faba* angesehen wurde.

Afghanische Rasse: Niedrige bis mittelhohe Pflanzen mit basalen Bestockungstrieben; Blätter mit relativ kleinen, breit-elliptischen, wenigzähligen Fiedern; Trauben wenigblütig, Blüten mittelgroß, ohne Violettfärbung; Hülsen kurz bis etwas länger, aufrecht-abstehend, runzelig, nicht platzend oder glatt und platzend; Samen meist klein, seltener mittelgroß, kugelig-eckig, seltener länglich-ellipsoidisch und abgerundet, braunschwarz, normalfarben oder grünlich (nach Muratova auch violett), in Gatersleben nach den indischen Formen diejenigen mit niedrigsten TKM (1971: ca. 250 bis 260 g); relativ frühreif, seltener später, meist Sproß, Blatt und Hülse gleichmäßig abreifend, nach den Anbauerfahrungen in Gatersleben ist der Prozentsatz der Fremdbestäubung bei diesen Formen sehr niedrig.

Verbreitet in Afghanistan, besonders den nördlichen und östlichen Landesteilen. Es handelt sich um einen primitiven, sehr variablen Formenkreis (in morphologischer und physiologischer Hinsicht), der von Muratova 1928 in einer speziellen Untersuchung eingehend beschrieben wurde. Eine Reihe der charakteristischen Merkmalsausprägungen hat sich im Erbgang als dominant erwiesen, so daß wir in Zusammenhang mit dem Formenreichtum das Areal der Rasse als primäres Formenzentrum der Art betrachten. Eine Untergliederung der Rasse entsprechend der verschiedenen Wuchsgebiete ist nach den Angaben von Muratova durchaus möglich, dabei besitzen die Formen von Badachschan starke Anklänge an die folgende mittelasiatische Rasse.

Tadžikische Rasse: Basal bestockte Pflanzen mit niedrigen bis mittelhohen Stengeln; Blätter im Farbton heller als sonst (hell-, nicht satt-graugrün), Stipeln bei den wenigen in Gatersleben kultivierten Herkünften besonders grob-gezähnt, Fiedern relativ klein, breit-elliptisch, relativ wenigzählig (5–6); Trauben wenigblütig (3–4), Blüten ohne Violettönung; Hülsen $\pm$ kurz, dem Stengel anliegend oder aufrecht-abstehend, glatt und platzend; Samen rundlich-eckig, klein (TKM 1971 in Gatersleben 300–400 g), seltener fast abgerundet, braunschwarz oder normalfarben, dann meist grau überlaufen; mittelfrüh, nach Muratova besonders rostanfällig (wie die afghanische Rasse).

Diese morphologisch ziemlich einförmige Rasse ist in den Hochgebirgen Tadžikistans verbreitet und ihr Anbau erstreckt sich von hier aus bis nach Usbekistan; möglicherweise wäre ein Teil der im nördlichen Afghanistan angebauten Formen ebenfalls hier einzuordnen. Wie in Afghanistan werden die Formen auch hier mitunter in Mischkulturen (mit Nacktgerste, *Pisum*, *Lathyrus*, Muratova 1931) gezogen.

Äthiopische Rasse: Niedrige Pflanzen mit mäßiger basaler Bestockung: Blattfiedern klein, relativ schmal, meist länglich-elliptisch, nur zu 4–5; Trauben wenigblütig (meist 3–4), Blüten z. T. ohne Violettfärbung; Hülsen kurz, aufrecht-abstehend, runzelig und nicht platzend; Samen klein bis mittelgroß (TKM 1971 in Gatersleben meist 300–400 g), ellipsoidisch mit abgerundeten Enden, meist normalfarben, selten rotbraune oder braunschwarze Formen beigemischt; sehr frühreif (in Gatersleben zu den frühesten Formen der Art zählend), Sproß, Blatt und Hülsen relativ gleichmäßig abreifend, nach Bond (mündl.) vorwiegend autogam, Samen nach Angaben von Muratova besonders eiweißreich (35%); vermutlich besonders anfällig gegen *Bruchus*, die Beobachtungen am Vergleichsanbau von 1971, als diese Schädlinge sehr häufig auftraten, zeigten, daß alle äthiopischen Herkünfte sich durch starken Befall (mitunter war die Hälfte des Erntegutes mit Käfern besetzt) auszeichneten; vermutlich ziemlich dürrefest: Die äthiopischen Herkünfte waren die einzigen Bestände des Vergleichsanbaues, die während des heißen und trocknen Sommers auch während der Mittagszeit keinerlei Welkeerscheinungen zeigten und voll-turgeszente Blätter behielten. Relativ einförmige Rasse, die auf dem Hochland von Äthiopien (und im Yemen) im Anbau ist; nur selten wird sie hier in Mischkultur (mit Erbsen, Muratova 1931) gezogen. Muratova machte auch auf die relativ große morphologische Übereinstimmung mit manchen afghanischen Formen der Art aufmerksam. Eine Herkunft der

Ackerbohnen-Kultur aus dem westasiatischen Anbaugebiet wird auch durch die Übereinstimmung in der Benennung der Pflanzen in Westasien und Äthiopien nahegelegt (vgl. Hanelt 1972).

Ägyptische Rasse: Niedrige Pflanzen mit ± starker basaler Bestockung; Blattfiedern relativ klein und schmal; Blütentrauben wenigblütig (4–5), Blüten relativ klein; Hülsen kurz, abstehend, runzelig und nicht-platzend; Samen länglich-ellipsoidisch, Seiten mitunter etwas eingedellt, seltener an den Enden etwas gedrückt, meist mittelgroß (TKM in Gatersleben 500–600 g), normalfarben; frühreif.

Dieser uns aus eigener Anschauung sehr ungenügend bekannte Formenkreis scheint ziemlich einförmig zu sein und nahe Beziehungen zu der äthiopischen Rasse aufzuweisen. Die in der VAR große Ackerflächen einnehmenden Pflanzen werden hier wie in Äthiopien als Winterfrucht kultiviert. Nach Muratova wird die Gruppe, wohl auf Grund neuerer Einfuhren, vereinzelt auch auf Zypern, Kleinasien und im Sudan angebaut; ob die sonst morphologisch ähnlichen syrischen Formen ebenfalls hierher gehören, muß mangels Material unentschieden bleiben.

Südbalkanische Rasse: Meist niedrige bis mittelhohe Pflanzen mit basaler Bestockung, selten hochwüchsig und unverzweigt; Blattfiedern meist zu 6, groß oder klein, länglich-, seltener breit-elliptisch; Blütentrauben meist 5blütig, Blüten fast stets mit Violettönung; Hülsen im allgemeinen mittellang, aufrecht-abstehend, glatt und platzend; Samen meist mittelgroß (TKM 1971 in Gatersleben zwischen 450 und 650 g), selten kleiner, ellipsoidisch, oft an den Enden gedrückt-kantig, nicht abgeflacht, normalfarben oder dunkelbraun selten violett; meist relativ früh (manche zu den frühesten Formen des Gaterslebener Sortiments gehörend), Formen mit gleichmäßiger Reife von Blatt, Sproß und Hülse vorhanden.

Dieser von Muratova nicht berücksichtigte Formenkreis, der in Gatersleben durch die Balkan-Sammelreisen Anfang der vierziger Jahre gut repräsentiert ist, erweist sich als relativ formenreich. Er ist vor allem wegen seiner Beziehungen zu der folgenden Rasse interessant. Die in Gatersleben kultivierten, hierhergehörenden Herkünfte stammen aus Griechenland, überwiegend aus dem Peloponnes, wo der Anbau der Sippe verbreitet zu sein scheint.

Nordosteuropäische Rasse: Niedrige bis mittelhohe, basal bestockte Pflanzen; Blätter mit 3 Fiederpaaren, diese nach den wenigen in Gatersleben vorhandenen Formen zu urteilen relativ schmal, groß oder klein; Blütentrauben meist nur 4blütig, Blüten bei den Gaterslebener Nummern ohne Violetttönung; Hülsen relativ kurz, anliegend bis aufrecht-abstehend, glatt und platzend; Samen stets dunkel gefärbt, meist dunkel- bis schwarzviolett, seltener dunkelbraun, in Größe und Form sehr variabel, sowohl sehr kleinsamig, kugelig-eckig bis kurz-ellipsoidisch, mit niedrigem TKM (nach Muratova bei den braunschwarzen Formen vom Ladoga-Gebiet nur 180 g und somit zu den kleinsten Samen der Art gehörend, in Gatersleben 1971 TKM 300 g), als auch mittelgroß, ellipsoidisch, meist an den Enden ± gestutzt, seitlich abgeflacht (in der Form zu var. *equina* tendierend!) und im Umriß elliptisch, TKM wesentlich höher (in Gatersleben bis 600 g); frühreif, mitunter gleichmäßig abreifend, nach Muratova relativ rost- und blattlausresistent.

Dieser durch die dunkle Samenfarbe sehr auffallende Formenkreis ist in den nördlichen Regionen des europäischen Teils der UdSSR entlang des Südrands der borealen Nadelwaldzone (vom Ladoga-See bis zum Ural) verbreitet, wo er gleichzeitig die Nordostgrenze des Anbauareals der Art einnimmt. Darüberhinaus liegen Angaben für Sibirien (Altai, Irkutsk) vor, eine finnische Sorte (cv. 'Pirkkonen') gehört ebenfalls hierher. Muratova (1931) vermutet, daß diese charakteristische Gruppe im 11.–12. Jahrhundert durch bulgarische Gärtner nach Rußland eingeführt wurde, wo sie sich an die veränderten Klimabedingungen anpaßte. Diese Vermutung wird durch die Tatsache gestützt, daß eine auffallende morphologische Übereinstimmung der Gruppe mit manchen der dunkelsamigen südbalkanischen Herkünften besteht, unter denen allerdings dunkelbraune, nicht violett-samige Formen überwiegen. Andererseits sind Beziehungen zu primitiven asiatischen Formen der Art auf Grund der Samenfarbe und Samenform (insbesondere bei den kleinsamigen Vertretern der Rasse) ebenfalls vorhanden. Die Pflanzen der Rasse bilden zusammen mit den dunkelsamigen Formen der ssp. *faba* die sogenannten „Schwarzen russischen Bohnen“ (černye russkie boby), eine Bezeichnung, die mitunter aber auch nur auf die großkörnigen Vertreter (ssp. *faba*) angewandt wird. – In den mittleren und südlichen Gebieten des europäischen Teils der UdSSR wird unsere Rasse von Formen abgelöst, die zu dem in Mittel- und Westeuropa verbreiteten Rassenkreis gehörten.

Italienische Rasse: Mittelhohe, basal bestockte Pflanzen, in den Beständen meist ein beachtlicher Anteil (mitunter überwiegend) von Exemplaren mit stark anthozyangefärbten Sprossen enthalten; Blattfiedern meist relativ klein, länglich-elliptisch oder von mittlerer Breite, zu 2,5 bis 3 Paaren; Blütentrauben 5–6blütig, Blüten mit Violettönung; Hülsen meist mittellang, aufrecht-abstehend, glatt und platzend, nicht selten stark behaart; Samen meist mittelgroß (TKM in Gatersleben 1971 ± 600–700 g), ellipsoidisch, meist ± eckig, normalfarben oder dunkelbraun, selten sehr kleine Samen (TKM um 300 g); mittelfrüh bis spätreif; selten alle Organe gleichmäßig abreifend, nach den Anbauerfahrungen in Gatersleben mit einem hohen Anteil von Fremdbestäubung.

In Italien weit verbreiteter Formenkreis, der je nach der Lage des Anbaugebietes als Winter- bzw. Sommerfrucht kultiviert wird. Nach Muratova sind diese in Italien als favetta bezeichneten Ackerbohnen-Formen gegenüber

Bodenunterschieden sehr tolerant. Inwieweit sich das Areal dieser Rasse auch auf das südliche Frankreich oder das übrige westliche Mittelmeergebiet erstreckt, ist unbekannt. In Nordwestafrika spielt ssp. *minor* im Anbau jedenfalls keine Rolle.

West- und mitteleuropäische Rasse: Hochwüchsige, fast stets eintriebige Pflanzen, vielfach mit derben Stengeln; Blätter mit 6–7 Fiedern, diese meist groß, breit-elliptisch, selten länglich-elliptisch oder kleiner und breit-elliptisch; Blütentrauben reichblütig; Blüten zu 6–8 (10), Violettönung vielfach stark ausgeprägt; Hülsen kurz bis mittellang, meist aufrecht-abstehend, glatt und platzend; Samen klein, kugelig-ellipsoidisch bis mittelgroß, ellipsoidisch bis länglich-ellipsoidisch, Seiten gewölbt, selten etwas eingedellt, TKM (1971 in Gatersleben) meist zwischen 600 und 800 g, bei den kleinsamigen Formen (Taubenbohnen) 350–450 g, fast stets normalfarben, sehr selten dunkelsamig (dunkelbraun oder violett); mittelfrüh bis spätreif, sehr selten gleichmäßig abreifend, nach neueren Beobachtungen offensichtlich mit hohem Anteil von Fremdbestäubung.

Dieser in West- und Mitteleuropa als Viehfutter (z. T. in Gemengesaaten) im Anbau verbreitete Formenkreis ist besonders hinsichtlich der Samengröße und der Reifezeit variabel. Die klein- und rundlich-elliptisch-samigen Formen, die sogenannten Taubenbohnen, sind besonders im atlantischen Europa in Kultur, sie sind gleichzeitig die spätesten Typen innerhalb der Rasse. In England mit seinen milden Wintern werden die Ackerbohnen vielfach als Winterformen ausgesät, während sie sonst nur als Sommerfrucht kultiviert werden. Mitteleuropäische Typen sind auch im östlichen Europa im Anbau (bis Ukraine), hier treten auch einige violettsamige Sorten auf, während dunkelbraune Samentypen bei wenigen alten mitteleuropäischen Sorten vorhanden sind (z. B. 'Janetzkis Schwarze Pferdebohne'). Die produktivsten Formen der Art gehören zu dieser Rasse, an deren züchterischen Verbesserung in einer Reihe von Ländern intensiv gearbeitet wird. Vertreter dieses Formenkreises sind in neuerer Zeit auch in vielen außereuropäischen Gebieten in Kultur.

Die Einordnung der Ackerbohnen-Sippen aus manchen Ländern muß vorerst aus Mangel an Material unentschieden bleiben; das betrifft z. B. die spanischen Herkünfte und diejenigen des Kaukasus-Gebiets. Hier sind sowohl Typen im Anbau, die den mitteleuropäischen sehr stark ähneln, als auch solche, die durch ihre dunklen, relativ kleinen Samen und ihren Wuchstyp an andere asiatische Vertreter (Mittelasien) erinnern.

Vicia faba ssp. *faba*

Diese fast ausschließlich der menschlichen Ernährung dienende Unterart ist in phylogenetischer Hinsicht eine relativ junge Sippe, deren Entstehung für die zweite Häfte des ersten nachchristlichen Jahrtausends festgelegt werden kann (Schultze-Motel 1972, Hanelt 1972). Ihr Anbauareal umfaßt das westliche Asien (bis zum südwestlichen Afghanistan), das Mittelmeergebiet, das westliche und (seltener) mittlere sowie östliche Europa sowie China und Japan. Erst ziemlich jungen Ursprungs ist die Kultur in lateinamerikanischen Ländern sowie in anderen Teilen Asiens. Die intensive züchterische Bearbeitung seit mehr als hundert Jahren hat im westlichen Europa einen besonderen Formenreichtum geschaffen, so daß dieses Gebiet als ein sekundäres Mannigfaltigkeitszentrum der Sippe anzusprechen ist; ein älteres, aber weniger ausgeprägtes Formenzentrum umfaßt das Mittelmeergebiet und das angrenzende Vorderasien.

Irano-afghanische Rasse: Niedrige bis mittelhohe, stark bestockte Pflanzen, mit relativ dünnen Stengeln; Blätter mit relativ kleinen, schmalen, länglich-elliptischen Fiedern; Trauben 3–5blütig; Hülsen mittellang, ziemlich dicht behaart, runzelig und nicht-aufplatzend, 3samig; Samen mittelgroß bis groß, mäßig stark abgeflacht, im Umriß elliptisch-breitoval, dunkelviolett oder normalfarben; mittelfrüh bis spät.

Diese ziemlich einförmige, nach den Angaben von Muratova beschriebene Rasse ist im Südwesten Afghanistans, im Ostiran, gelegentlich auch in Tadžikistan und in Chinesisch-Turkestan im Anbau. Was die Größe und den Grad der Abflachung der Samen betrifft, so stehen diese Formen am Beginn der großkörnigen ssp. *faba*; es handelt sich um Pflanzen, deren Samen nur in den Größenbereich der var. *equina* fällt. Diese Rasse nimmt im Innern Asiens die ursprüngliche Ostgrenze des Anbauareals von ssp. *faba* ein.

Mediterrane Rasse: Niedrige bis mittelhohe Pflanzen mit deutlicher basaler Bestockung (fast stets mehr als 2triebig) und mit relativ dünnen und schwachen, leicht lagernden Stengeln; Blattfiedern zu 5–6, meist relativ schmal und länglich elliptisch, klein oder groß, Fiedern aber auch oft breitelliptisch und groß; Trauben 4–6blütig, Blüten wie bei ssp. *faba* überhaupt meist nur mit schwacher Violettönung; Hülsen lang bis sehr lang, abstehend bis hängend, meist runzelig und nicht-platzend, seltener glatt-platzend (vielfach gemischt vorkommend), meist 2–4samig; Samen groß bis sehr groß, deutlich abgeflacht (in den Größenklassen von var. *equina* und var. *faba*), im Umriß länglich- bis breit-elliptisch, meist normalfarben, sehr selten (Beimischung) violett; meist früh bis mittelfrüh, Blatt, Stengel und Hülsen meist gleichmäßig abreifend, nach den Gaterslebener Anbauerfahrungen stark zur Fremdbestäubung neigend.

Dieser relativ wenig variable Formenkreis wird im gesamten Mittelmeergebiet und den benachbarten Teilen Westasiens (Kleinasien, Transkaukasien, Syrien, Irak und West-Iran) kultiviert; Vertreter dieser Rasse sind nach verschiedenen Ländern Asiens und nach Latein-Amerika eingeführt und haben dort auch eine besondere zitronengelbe Samenfarb-Variante hervorgebracht (Mexiko, Peru; Muratova), die aus anderen Anbaugebieten nicht bekannt ist. Der Formenkreis ist allerdings nicht so monomorph, wie es nach den Angaben von Muratova zu vermuten ist. Das bezieht sich vor allem auf das gelegentliche Auftreten abweichender Samenfarb-Typen (violett, Italien, Südbalkan) und auf das Vorkommen des glatten, platzenden Hülsentyps. Während in den nordafrikanischen Gebieten des Mittelmeerraumes nur Formen mit platzfesten Hülsen vorzukommen scheinen, sind solche mit platzenden Hülsen bereits unter den Herkünften von Kreta und Südgriechenland zu beobachten und auch ein Teil der italienischen Formen gehört hierzu. Wie Aufspaltungen und Trennungen verschiedener Originalherkünfte aus diesen Ländern zeigten, kommen offensichtlich beide Hülsentypen gemischt in den dortigen Populationen vor. Es sind Andeutungen für eine weitere Differenzierung dieser mediterranen Rasse von ssp. *faba* vorhanden, das Material reicht aber nicht zu einer klaren Entscheidung. Nach Muratova sind z. B. in Syrien (nach Florenangaben auch im Irak) besonders großkörnige Vertreter mit 27 bis über 30 mm langen, extrem flachen Samen (Dicken-Index 0,20), nur 2–3-samigen Hülsen und niedrigem Wuchs im Anbau. Italienische Herkünfte zeigen oft (wie bei ssp. *minor*) einen größeren Anteil von anthozyan-gefärbten Sprossen (dasselbe gilt für die nordwestafrikanischen Formen), ihre Blüten besitzen auf der Oberseite der Fahnen oft einen braun-schwarzen Fleck; die Schwierigkeit der Trennung morphologischer Typen zeigt, daß bei ihnen die Fremdbestäubungsrate sehr hoch sein muß. Besonders langhülsige Formen mit 5–6 Samen je Hülse sind für Spanien charakteristisch (Muratova). Ob eine Abtrennung aller dieser abweichenden Formen als eigene Rassen gerechtfertigt ist, kann zur Zeit noch nicht entschieden werden.

Nordosteuropäische Rasse: Meist mittelhohe Pflanzen mit einer Reihe von Bestockungstrieben, Sprosse relativ derb; Blattfiedern zu 6–7, schmal, länglich-elliptisch, klein oder groß (nach den Angaben Muratovas auch breit-elliptisch); Blütentrauben (4) 5–6blütig, Blüten mit Violettönung; Hülsen abstehend bis hängend, mittellang, 3–4samig, meist runzelig und nicht platzend, selten Hülsen glatt-platzend; Samen groß bis sehr groß (Größenklasse von var. *equina* und var. *faba*), wenig bis sehr stark abgeflacht (Dicken-Index bis 0,22), Seiten meist deutlich eingedellt, Umriß elliptisch bis länglich-elliptisch, dunkel-violett; früh bis mittelfrüh, gleichmäßig abreifende Typen vorhanden, nach Muratova rostresistent.

Diese Rasse ist das Gegenstück zu der gleichfalls dunkelsamigen nordosteuropäischen Rasse von ssp. *minor* Die Verbreitung entspricht der der kleinsamigen Rasse, der Formenkreis ist daher wieder in den nördlichen und den mittleren Teilen des europäischen Territoriums der UdSSR (im Norden etwa von Leningrad bis zum Moskauer- und Tambower-Gebiet im Süden) verbreitet und auch jenseits des Urals liegen in Sibirien kleinere Anbaugebiete. Die

Rasse wird fast ausschließlich gärtnerisch kultiviert; hinsichtlich der Samengröße und -form ist sie (wie die kleinsamigen Formen der „černye russkie boby") recht variabel; vorherrschend ist der platzfeste Hülsentyp, nach Muratova haben einzelne Formen sowohl der großen wie der sehr großkörnigen Typen aber auch platzende Hülsen. Muratova wies darauf hin, daß im Iran Formen von ssp. *faba* im Anbau sind, die diesen charakteristischen nordrussischen Herkünften sehr stark ähneln und die sich in erster Linie nur durch spätere Reife und abweichenden Beginn des Hülsenansatzes unterschieden. Wie bereits bei ssp. *minor* erwähnt, existieren aber auch auf dem Balkan (S-Griechenland) und auch in Italien einzelne Herkünfte, die den diagnostischen Merkmalen nach weitgehend mit der nordosteuropäischen Rasse übereinstimmen. Vermutlich muß auch hier mit einer Einfuhr dieser Formen aus südlicheren Anbaugebieten gerechnet werden, wobei den veränderten Umweltbedingungen sich dann bevorzugt die violettsamigen Typen angepaßt haben.

In den angrenzenden südlicheren Teilen, vor allem in der Ukraine, sind entsprechend den Verhältnissen bei ssp. *minor* mittel- bis westeuropäische Formen im Anbau.

West- bis mitteleuropäische Rasse: Meist hochwüchsige Pflanzen mit geringer bis fehlender basaler Bestockung (fast stets 1-2-triebig), seltener niedrig und dann meist mit gedrängten Internodien, Stengel kräftig; Blattfiedern zu 6–7, fast stets groß und breit, breit-elliptisch und vorn breit-abgerundet, selten klein (vor allem bei den Formen mit gedrängten Internodien); Trauben 5-7-blütig, Blüten mit Violettönung, seltener rein weiß; Hülsen lang bis sehr lang und oft sehr breit, abstehend und (meist) hängend, glatt, platzend, meist 3–5-samig, mitunter (Longpod-Typen) bis 7–8-samig; Samen groß bis sehr groß (Größenklassen von var. *equina* und var. *faba*), flach bis sehr flach, im Umriß elliptisch bis breit-elliptisch, länglich-elliptisch oder elliptisch-nierenförmig, meist normalfarben, seltener grün oder (bei den weißblütigen Formen) weißlich-farblos, hellnabelige Formen nicht selten; meist mittelfrüh bis spät, die Treibformen mit verkürzten Internodien sehr früh, fast stets mit ungleichmäßiger Reife von Blatt, Stengel und Hülsen, vermutlich mit deutlichem Anteil von Fremdbestäubung.

Schwerpunkt der Verbreitung dieser Rasse ist das westliche Europa (in England hat ihr Anbau größere Bedeutung als der der *Phaseolus*-Bohnen), in den anderen Teilen des extra-mediterranen Europas liegen größere Anbauflächen ebenfalls bevorzugt in subatlantisch getönten Klimagebieten.

Vertreter dieses Formenkreises sind auch nach Nordamerika und nach verschiedenen Ländern Asiens, z. B. Indien, Japan, eingeführt worden. Zu dieser Rasse gehören die produktiv-kräftigsten Sorten der Unterart. Ihre Variabilität hinsichtlich einer Reihe von Merkmalen, wie Samengröße, -form und -farbe, Wuchshöhe und Beblätterung, Hülsengröße ist sehr groß, so daß das Heimatgebiet dieser Rasse als ein (in phylogenetischer Hinsicht sekundäres) Mannigfaltigkeitszentrum der Art angesehen werden muß. Auffallende Sortentypen der Rasse sind die früher erwähnten großfrüchtigen Longpod-, oder die Windsor-Sorten mit im Umriß rundlich-nierenförmigen Samen. Auch die für die Konservenherstellung besonders geeigneten Sorten vom Typ 'Dreifach Weiße Puffbohne' mit rein weißen Blüten und weißlichen, nicht nachdunkelnden Samen bilden einen auffallenden Formenkreis; dasselbe gilt für die sehr frühen Formen mit niedrigen Stengeln und gestauchten Internodien, die sich speziell für die Anzucht im Frühbeet eignen und die fast ausschließlich in Westeuropa in Kultur sind (hierunter fallen Sorten mit Samen der Größenklassen von var. *equina* und var. *faba*). – Von den übrigen Rassen der ssp. *faba* besitzt die mediterrane Rasse am meisten Übereinstimmung mit den geschilderten europäischen Formen.

Ostasiatische Rasse: Mittelhohe Pflanzen mit geringer Bestockung und schwachen, sich bald lagernden Sprossen; Blattfiedern breit-elliptisch, relativ groß; Blütentrauben 3–4-blütig; Hülsen mittellang bis lang, glatt und platzend, 2–3-samig; Samen groß bis sehr groß, flach bis sehr flach (Größenklassen von var. *equina* und var. *faba*), im Umriß länglich- bis breit-elliptisch-oval, grün; mittelfrüh.

Dieser für Japan, Korea und die ostchinesische Küstenregion charakteristische Formenkreis ist leider im Gaterslebener Sortiment nicht vertreten. Muratova wies auf die engen Beziehungen dieser Rasse zu dem mediterranen Formenkreis hin (schwache Sprosse z. B.), die platzenden Hülsen müssen aber nicht – wie die Autorin meinte – unbedingt einen Einfluß der west-mitteleuropäischen Rasse dokumentieren, da diese Merkmalsausprägung auch innerhalb der mediterranen Formen vorkommt. Im kontinentaleren Nord- und Nordostchina kommen großkörnige Formen (aus dem Bereich der var. *equina*) vor, die sich durch kräftigere, aufrechte Stengel und meist normalgefärbte Samen (allerdings mit einer deutlichen rosa Tönung) von den eben beschriebenen Pflanzen unterscheiden. Derartige Formen sind von uns auch 1956 um Peking gesammelt worden, sie vermitteln ebenfalls zwischen den mediterranen und den übrigen europäischen Formen der Unterart. In Japan sind auch eindeutig mediterrane großkörnige Vertreter bekannt; ob sie relativ rezente Einfuhren darstellen, ist nicht erwiesen. Auf jeden Fall werden die engen Beziehungen der ostasiatischen Rasse zu der mediterranen deutlich, wobei jene durch das Auftreten einiger von rezessiven Erbfaktoren bestimmten Merkmalsausprägungen auffällt (grüne Samen, liegende Sprosse).

Auch bei ssp. *faba* bleibt die Einordnung mancher Herkünfte vorerst unsicher; das betrifft vor allem neben der noch problematischen Fassung der mediterranen Rasse die Formen Südwest-Arabiens, die zum Teil nach Muratova eindeutig in den mediterranen Formenkreis gehören, aber auch eine endemische Sippe besitzen, deren Stellung noch zu untersuchen wäre.

MANNIGFALTIGKEITSZENTREN UND EVOLUTIONSTENDENZEN INNERHALB DER ART

Der in abstammungsgeschichtlicher Hinsicht ursprüngliche Charakter der kleinkörnigen Vertreter von *V. faba*, auf den mehrfach hingewiesen wurde, erlaubt uns, das Mannigfaltigkeitszentrum von ssp. *minor* im afghanischen Raum gleichzeitig als primäres Formenzentrum der gesamten Art zu betrachten. Es darf dabei aber nicht übersehen werden, daß noch im ostmediterranen Gebiet ssp. *minor* eine beachtliche Variabilität entwickelt hat (insbesondere für Samenmerkmale zutreffend), die in früheren Bearbeitungen kaum berücksichtigt worden ist und die vielleicht ein Hinweis darauf ist, daß sich das ursprüngliche Mannigfaltigkeitszentrum wesentlich weiter nach Westen erstreckt als bisher angenommen wurde. Ein weniger deutlich ausgeprägtes, eindeutig sekundäres Formenzentrum von ssp. *minor* befindet sich in West- und Mitteleuropa, wo vor allem Varianten hinsichtlich Reifezeit, Samengröße, Hülsengröße und verschiedener ertragsbestimmender Faktoren auftreten. Innerhalb der abgeleiteten ssp. *faba* liegen die Verhältnisse umgekehrt: Das primäre Formenzentrum im Mittelmeergebiet (im weiteren Sinne, den westlichen Teil Vorderasiens einschließend) ist relativ schwach ausgeprägt und bezieht sich vor allem auf das Vorkommen der verschiedenen Hülsen-Varianten. Deutlich tritt dagegen ein sekundäres Mannigfaltigkeitszentrum in Westeuropa in Erscheinung, das sich in sehr verschiedenen Wuchstypen, Samenvarianten, Blütenvarianten usw. repräsentiert. Die hinsichtlich der Samenform und -größe ursprünglichsten Vertreter jeder Unterart sind jeweils östlich der primären Mannigfaltigkeitszentren beheimatet (indische bzw. sw.-afghanische Rasse), sie zeichnen sich im übrigen aber durch eine sehr geringe Variabilität aus. Abweichend von den hier vorgetragenen Ansichten werden von J. I. S. Cubero (Cordoba) in einer noch unveröffentlichten Dissertation (1970) als primärer Kern der Art *V. faba* die *equina*- und *faba*-Formenkreise angesehen, von denen sich als evolutionistische Seitenäste die *minor*- und *paucijuga*-Varianten abgespalten haben sollen. Das steht jedoch in klarem Widerspruch zu den Belegen prähistorischer und historischer Untersuchungen sowie zu den Ergebnissen eines taxonomisch-phylogenetischen Vergleichs zwischen *V. faba* und den übrigen Sippen der Gattung. Wie die Zweigliederung von *V. faba* andeutet, ist die Entwicklung innerhalb der Art von kleinsamigen zu großkörnigen Formen vor sich gegangen. Dabei haben sich unserer Meinung nach die großkörnigen Vertreter so weit verselbständigt, daß sie heute als eigene Unterart abgetrennt werden können. Es kann aber auch der umgekehrte Prozeß verfolgt werden; so haben z. B. die rezenten westeuropäischen Taubenbohnen-Sorten eine Samengröße und Tausendkornmasse, die nur unwesentlich über den Werten afghanischer Primitivformen liegen und bei denen es sich um eine sekundär erworbene Kleinkörnigkeit handeln muß. Andere Evolutionstendenzen können parallel in den beiden Unterarten von *V. faba* beobachtet werden; das betrifft z. B. die Parallelentwicklung des hochstengeligen, eintriebigen Wuchstyps bei abgeleiteten Formen, die Vergrößerung des photosynthetischen Apparats (Fiederzahl, -größe und -breite), die Erhöhung der Zahl der Blüten pro Traube, ganz allgemein die Steigerung der Samenproduktivität, die Herausbildung homologer Samenfarbvarianten und Hülsentypen usw. Falls sich ältere diesbezügliche Angaben und die Beobachtungsdaten aus den Sortimentskulturen bestätigen lassen, wäre innerhalb *V. faba* auch mit einer Tendenz zur Verstärkung der Allogamie zu rechnen, die bei primitiven Formen vermutlich (s. S. 111, indische, afghanische Rasse von ssp. *minor*) relativ gering ist, sich aber bei modernen Sorten aus dem europäischen Anbaugebiet auf wesentlich über 50% steigern kann. Das würde eine Umkehrung der für die Wildsippen der Gattung *Vicia* zutreffenden evolutionistischen Tendenz bedeuten, bei denen die Entwicklung von allo- zu autogamen Formen verlaufen ist. Ähnlich müßte die Erhöhung der Blütenzahl pro Traube und die Verlängerung der Traube bei vielen Sorten der Ackerbohne interpretiert werden; innerhalb des *V. faba* einschließenden subgenus *Vicia* hat bei den spontanen Arten die Traube sonst eine zunehmende Reduktion erfahren. Bei einem Vergleich der Variabilität von *V. faba* in den Arealzentren und den peripheren Gebieten des Anbaugebiets fällt auf, daß in den randlichen Arealteilen der Verlust einer Reihe von Merkmalsausprägungen (z. B. dunkelsamige Varianten), die durch dominante Erbfaktoren übertragen werden, zu verzeichnen ist. Andererseits treten nur hier einige Merkmalsvarianten auf, denen rezessive Erbfaktoren zugrundeliegen, das betrifft u. a. grünfarbige Samen, helle Nabelfarbe, reinweiße Blüten, niederliegender Wuchs, deren Vorkommen auf die nordwestlichsten (Europa nördlich der Alpen und Westeuropa) sowie nordöstlichsten Anbaugebiete (Japan und küstennahes China) beschränkt sind. Diese Merkmalsverteilung entspricht vollkommen den Vorstellungen von Vavilov, nach dem sich die Arealzentren und Mannigfaltigkeitsgebiete durch einen Reichtum an dominanten Allelen, diejenigen der Arealperipherie durch ein Hervortreten rezessiv bedingter Merkmale auszeichnen. Daß eine derartige „Entmischung“ von Erbfaktoren aber nicht nur den von Vavilov betonten historischen Aspekt besitzt, sondern auch sehr stark selektiv durch bestimmte Umweltfaktoren beeinflußt werden kann, zeigt das Beispiel der Hülsenstruktur und das Vorkommen der platzenden Hülsen mit glatten Hülsenwänden sowie des runzelig-platzfesten Hülsentyps. Wie erwähnt (s. S. 95), erweisen sich die nicht-platzenden Hülsen im Erbgang als rezessiv. Die dominant-vererbten platzenden Hülsen mit ihrer besonderen anatomischen Struktur, die auch allen Wildarten der Gattung *Vicia* zukommt, muß daher als eine primitive Merkmalsausprägung angesehen werden. Wie aus der Verbreitungskarte (Abb. 11) zu erkennen ist, sind die Träger des abgeleiteten Merkmals „platzfeste Hülsen“ aber keineswegs am Rand des Anbauareals sondern südlich davon – alle primären Mannigfaltigkeitszentren der Art einschließend – konzentriert. Das muß nach unserer Meinung zu den Selektions-

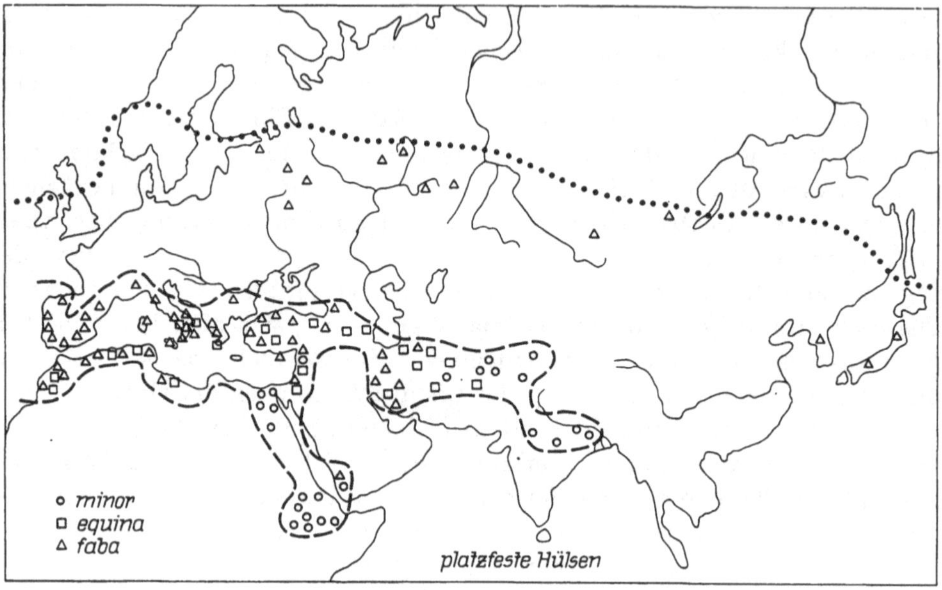

Abb. 11. Verbreitung des Merkmals „platzfeste Hülsen" bei den Varietäten von *V. faba*, die Vorkommen in Japan beruhen vermutlich auf subrezenten Einfuhren; die Punktlinie gibt die ungefähre Nordgrenze des Anbauareals der Art in Eurasien an, während die Südgrenze im allgemeinen mit der südlichen Verbreitungsgrenze platzfester Formen zusammenfällt (vgl. Text) (zusammengestellt nach Angaben von Muratova 1931, 1937, und eigenen Belegen)

werten dieses Merkmals in verschiedenen Klimagebieten in Beziehung gesetzt werden. Platzende Formen haben in den auf der Karte umrissenen Gebieten mit aridem Klima bzw. in Gebieten mit einer ausgeprägten Trockenperiode, in die die Reifezeit von *V. faba* fällt, außerordentlich hohe Ernteverluste aufzuweisen. Deshalb konnten sich hier nur platzfeste Formen durchsetzen. Dieser Selektionsvorteil ist in den an Sommerregen reichen Anbaugebieten im Norden nicht gegeben; es zeigt sich im Gegenteil, daß hier besonders in Jahren mit sehr niederschlagsreichen Vegetationsperioden platzfeste Formen eine schlechte Kornausbildung und vielfach unregelmäßige und krankhafte Kornentwicklung besitzen. Daraus resultiert die merkwürdige Situation, daß sich am Rand des Areals das Vorkommen von Pflanzen mit einer primitiven Merkmalsausbildung (platzende Hülsen) häuft.

Inwieweit die moderne und in manchen Ländern sehr intensiv betriebene pflanzenzüchterische Arbeit mit der Ackerbohne und die neuen Zuchtmethoden (Hybrid-Züchtung, Züchtung synthetischer Sorten) das Bild der Variabilität von *V. faba* und die in ihr abgelaufenen Evolutionsrichtungen verändern werden, ist heute noch nicht abzuschätzen; das bleibt späteren vergleichenden Studien vorbehalten. Auf jeden Fall ist mit der zunehmenden Bedeutung moderner Zuchtsorten die Gefahr des Verlusts von genetisch interessantem und vielfach wertvollem Material aus den Mannigfaltigkeitszentren der Art verbunden, dessen Sammlung und Erhaltung eine wichtige Aufgabe der in mehreren Ländern existierenden Weltsortimente darstellt.

Es ist mir eine angenehme Pflicht, Fr. B. Fouquet für die Betreuung des Gaterslebener Sortiments von *Vicia faba* zu danken, die von ihr seit vielen Jahren in vorbildlicher Weise durchgeführt worden ist; ihrer Vertrautheit mit dem Material habe ich viele wertvolle Hinweise zu verdanken. Die Zeichnungen und Fotos der Arbeit fertigten in dankenswerter Weise Frl. J. Roloff und Herr W. Kilian sowie Frau G. Terpe und Frau I. Kuntze an.

Zusammenfassung

Die Arbeit ist ein Beitrag zur Erfassung der infraspezifischen Variabilität von Kulturpflanzen. Einleitende Erörterungen beschäftigen sich mit allgemeinen Problemen der Systematik von Kulturpflanzen. Auseinandersetzungen mit den in der Literatur vertretenen Ansichten führen zu dem Schluß, daß es keine zwingende Notwendigkeit zur Einführung kulturpflanzenspezifischer systematischer Kategorien (wie taxonoid, specioid usw.) gibt und daß sehr detaillierte morphologische Systeme der infraspezifischen Variabilität zumindest bei $\pm$ allogamen Kulturpflanzen abzulehnen sind, da sie weder abstammungsgeschichtliche oder evolutionistisch zusammengehörige Einheiten ausgliedern, noch ein genaues Bild der gesamten morphologischen Vielfalt der Sippe zu vermitteln vermögen. Einer gewissen Orientierung und einer Übersicht des Formenreichtuns einer Art werden relativ grobe Gliederungen verbunden mit tabellarischen Zusammenstellungen von Merkmalsvarianten am ehesten gerecht. Diesen künstlichen Gliederungsschemata wird ein taxonomisch informales System beigeordnet, das die natürlichen Einheiten einer Kulturpflanzenart, in denen die evolutionistischen Vorgänge ablaufen, zusammenzufassen versucht. Dieses doppelte, verschiedenen Zwecken dienende Klassifikationsschema entspricht auch Vorstellungen, wie sie z. B. Baum (1970) geäußert hat.

An Hand von *Vicia faba* L., einer $\pm$ allogamen Art, werden diese Überlegungen exemplifiziert. Die vorgeschlagenen Klassifikationen beruhen auf einer eingehenden Darlegung der Merkmalsvariabilitäten der Art. *V. faba* wird in zwei (durch einige Übergänge verbundene) Unterarten (ssp. *minor* und ssp. *faba*) gegliedert, die auf Grund morphologischer, geographischer und abstammungsgeschichtlicher Kriterien als natürliche Einheiten zu betrachten sind. Die ssp. *minor* ist im phylogenetischen Sinne als die ursprünglichere Sippe anzusprechen, deren primäres Mannigfaltigkeitszentrum im afghanischen Raum liegt; ssp. *faba* ist abstammungsgeschichtlich jünger, ihr ursprüngliches zusammenhängendes Anbauareal reicht weniger weit nach Osten und ein ausgeprägtes sekundäres Mannigfaltigkeitszentrum liegt im westlichen Europa. Eine der Übersicht dienende künstliche Gliederung dieser beiden Subspecies benutzt Merkmale des Hülsenbaues und der Korngröße (bei ssp. *minor* auch des Wuchstyps), so daß folgendes Klassifikations-Schema entsteht:

ssp. *minor*			ssp. *faba*		
var. *minor*		var. *equina*		var. *faba*	
subv. *minor*	subv. *tenuis*	subv. *equina*	subv. *reticulata*	subv. *faba*	subv. *clausa*
Pluricaules-Gr.					
Elatae-Gr.					

Die informale, evolutionistischen Gesichtspunkten entsprechende Gliederung umfaßt folgende geographische Rassen, die durch morphologische Merkmale der vegetativen und floralen Region, durch phänologische und andere Kriterien unterschieden sind: ssp. *minor* – Indische, afghanische, tadžikische, äthiopische, ägyptische, südbalkanische, nordosteuropäische, italienische und west/mitteleuropäische Rasse; ssp. *faba* – Irano-afghanische, mediterrane, nordosteuropäische, west/mitteleuropäische und ostasiatische Rasse.

Beide Subspecies zeichnen sich durch das parallele Auftreten einer Reihe von Evolutionstendenzen aus, die in manchen Fällen eine Umkehr von Entwicklungsrichtungen bedeuten, die sonst für das die Art *V. faba* einschließende subgen. *Vicia* charakteristisch sind.

Summary

The infraspecific variability of *Vicia faba* L. and its classification

The paper contributes to the analysis of the infraspecific variability of cultivated plants. Introductory remarks are concerned with general problems of the taxonomy of cultivated species. Discussions with opinions hitherto published in the literature lead to following conclusions: It is not necessary to introduce categories specifically for cultivated plants (as taxonoids, specioids); very detailed morphological classifications of the infraspecific variability should be reject (at least in ± allogamous species) because they are not useful for delimiting phylogenetical and evolutionary units and they do not enable us to reflect the whole morphological manifoldness of a taxon. One may achieve an orientation and survey of the variability of a species more adequately by relatively simple classifications completed by tabular arrangements of the character variants. To these artificial classification schemes are added taxonomically informal systems which should try to describe the „natural" units of cultivated plants within which all the evolutionary processes of the species are going on. These double classification procedure serving different purposes corresponds well to the ideas proposed by Baum (1970). These considerations are exemplified by the treatment of *Vicia faba* L., an ± allogamous species. The proposed classifications are based upon a thorough analysis of the character variability within this species. *V. faba* is divided into two subspecies (ssp. *minor* and ssp. *faba*, being connected by some transitional forms); these taxa have to be recognised as natural ones being well characterized in morphological, geographical and phylogenetical respect. Ssp. *minor* is phylogenetically the more primitive taxon, its primary centre of variability is situated in Afghanistan; ssp. *faba* is the more derived and younger one, its area of cultivation tends to be a little more Western, a distinct secondary centre of variability is represented in Western Europe. For an artificial division of these subspecies characters of the legumes and seeds (in ssp. *minor* also of the growth type) are used; the following classification scheme results:

ssp. *minor*			ssp. *faba*		
var. *minor*		var. *equina*		var. *faba*	
subv. *minor*	subv. *tenuis*	subv. *equina*	subv. *reticulata*	subv. *faba*	subv. *clausa*

Pluricaules group
Elatae group

The informal classification based upon evolutionary considerations includes the following geographical races which may be distinguished by morphological, phenological and other criteria: ssp. *minor* – Indian, Afghan, Tadžik, Ethiopian, Egyptian, Northeast-European, Italian and Western/central-European race; ssp. *faba* – Irano-afghan, Mediterranean, Northeast-European, Western/central-European and East-Asiatic race.

Both the subspecies are characterized by a parallel development of evolutionary trends, in some cases they are running contrary to those ones which are characteristic for the wild taxa of the subgen. *Vicia* (a species of which represents *V. faba*).

Краткое содержание

Внутривидовая изменчивость и классификация *Vicia faba* L.

Во введении рассматриваются общие проблемы систематики культурных растений. Пересмотр, существующих в литературе взглядов, позволяет сделать заключение, что никакой необходимости вводить систематические категории, специфичные для культурных растений (как напр. таксоноид, специоид и др.) – не существует. Следует также отказаться от сильно детализированных морфологических систем внутривидовой изменчивости, по крайней мере у более или менее аллогамных культурных растений. Такие системы не выделяют ни филогенетически ни эволюционно связанные формы и не дают точной картины общего морфологического разнообразия группы. Для ориентировки в многообразии форм вида лучше всего подходит относительно грубая классификация в комбинации с обзором вариант признака, представленных в виде таблицы. Такая искусственная классификационная схема дополняется таксономически неформальной системой, которая пытается дать сводку естественным единицам культурного вида, в которых протекают эволюционные процессы. Эта двойная, служащая различным целям, схема классификации соответствует некоторым, уже опубликованным, представлениям, напр. Баума (1970).

Вышеприведенные соображения поясняются на примере более или менее аллогамного вида *Vicia faba* L. Предложенная классификация основывается на подробном показе изменчивости признаков вида. *V. faba* делится на два (связанные переходами) подвида (ssp. *minor* и ssp. *faba*), которые на основании морфологических и географических критериев, а также по их истории происхождения, могут рассматриваться как естественные комплексы. Подвид ssp. *minor* в филогенетическом смысле может считаться более древним; первичный центр его многообразия находится в районе Афганистана. Более молодым подвидом является ssp. *faba*; монолитный первичный ареал его возделывания не заходит так далеко на восток; ярко выраженный вторичный центр многообразия лежит в западной Европе. Искусственная классификация, служащая целям обзора многообразия обоих подвидов, основана на признаках строения боба и величины семян (у ssp. *minor* также и на габитусе). Получается следующая схема классификации:

ssp. *minor*			ssp. *faba*		
var. *minor*		var. *equina*		var. *faba*	
subv. *minor*	subv. *tenuis*	subv. *equina*	subv. *reticulata*	subv. *faba*	subv. *clausa*

группа *Pluricaules*
группа *Elatae*

Неформальная система, основанная на эволюционистических соображениях, включает следующие географические расы, которые различаются при помощи морфологических вегетативных и генеративных признаков, фенологических и других критериев:

ssp. *minor* – индийская, афганская, таджикская, эфиопская, египетская, южно-балканская, раса северо-восточной Европы, итальянская, западно- и средне-европейская;

ssp. *faba* – ирано-афганская, средиземноморская, раса северо-восточной Европы, западно- и средне-европейская, восточно-азиятская.

Оба подвида обладают параллельными проявлениями ряда эволюционных тенденций, которые в некоторых случаях означают обращение направления развития, свойственного вообще всему подроду subgen. *Vicia*, включающему вид *V. faba*.

Literatur

Alefeld, F., 1861: Über Vicieen. – Bonplandia *9*, 66–72, 99–105, 116–131, 139–153.
–, 1862: Die Gattung *Faba* in ihren Culturvarietäten. – Bonplandia *10*, 347–349.
–, 1866; Landwirthschaftliche Flora. – Berlin.
Atabekova, A. I., und Z. M. Archangelskaja, 1963: Nekotorye sortovye osobennosti kormovych bobov. – Dokl. TSCHA, vyp. *88*, 549–553.
Baker, H. G., 1970: Taxonomy and the biological species concept in cultivated plants. – In: Frankel, O. H., and E. Bennett (Edit.), Genetic resources in plants, p. 49–68. – Oxford – Edinburgh.
Baum, B. R., 1970: The problem of classifying cultivars with special emphasis on oat (*Avena*) cultivars. – Canad. J. Bot. *48*, 1373–1381.
Cubero, J. I. S., 1970: Influencia de la homocigosis y heterocigosis en la fertilidad de *Vicia faba* L. – Cordoba (unveröffentl. Dissertation).
Danert, S., 1962: Über Gliederungsprobleme bei Kulturpflanzen. – Kulturpflanze *10*, 350–358.
Dubinin, V. P., V. K. Ščerbakov und S. V. Rudneva, 1966: (Infraspecific dif. ferences in the spectrum of naturally appearing chromosome mutations and the major types of a natural mutation process) (russ./engl.). – Genetika (Moskva) *6*, 20–27.
Fruwirth, C., 1921: Handbuch des Hülsenfruchterbaues. – Berlin.
Grant, V., 1963: The origin of adaptations. – New York – London.
–, 1971: Plant speciation. – New York – London.
Grebenščikov, I., 1949: Zur morphologisch-systematischen Einteilung von *Zea mays* L. unter besonderer Berücksichtigung der südbalkanischen Formen. – Züchter *19*, 302–311.
Hanelt, P., 1972: Zur Geschichte des Anbaues von *Vicia faba* L. und ihrer verschiedenen Formen. – Kulturpflanze *20*, 209–223.
Hanelt, P., und D. Mettin, 1970: Zur systematischen Stellung von *Vicia oroboides* Wulf. – Kulturpflanze *18*, 179–188.
Harlan, J. R., und J. M. J. de Wet, 1971: Toward a rational classification of cultivated plants. – Taxon *20*, 509–517.
Harz, C. D., 1885: Landwirthschaftliche Samenkunde, *2*. – Berlin.
Hegi, G., 1924: Illustrierte Flora von Mittel-Europa, *IV*, *3*. – München.
Jeffrey, C., 1968: Systematic categories for cultivated plants. – Taxon *17*, 109–114.
Jirásek, V., 1961: Evolution of the proposals of taxonomic categories for the classification of cultivated plants. – Taxon *10*, 34–45.
–, 1966: Systematika kulturních rostlin a její třídicí kategorie. – Preslia *38*, 267–284.
Kiffmann, R., 1952: Morphologie und Systematik der landwirtschaftlich bedeutsamen Wicken- (*Vicia*-) und Linsen- (*Lens*-) Arten. – Z. Acker- u. Pflzbau *94*, 422–479.
Körnicke, F., 1873: Systematische Übersicht der Cerealien und monocarpischen Leguminosen. – Bonn, 55 pp.
Kress, H., 1971: (Manuskript).
Lamprecht, H., 1966: Die Entstehung der Arten und höheren Kategorien. – Wien-New York.
Lutova, L. I., und V. S. Fedotov, 1967: (Vererbbarkeit von Besonderheiten im anatomischen Bau des Perikarps, die das Platzen der Hülsen verhindern, bei Hybriden von Futterleguminosen) (russ.). – Vestn. Moskovsk. univ., ser. *VI*, biol., počvov. *22* (1967) no. 3, 33–41.

Mansfeld, R., 1950: Das morphologische System der Saatgerste, *Hordeum vulgare* L. s. l. – Züchter *20*, 8–24.
–, 1951: Das morphologische System des Saatweizens, *Triticum aestivum* L. s. l. – Züchter *21*, 41–60.
–, 1953: Zur allgemeinen Systematik der Kulturpflanzen I. – Kulturpflanze *1*, 138–155.
–, 1954: Zur allgemeinen Systematik der Kulturpflanzen II. – Kulturpflanze *2*, 130–142.
Mattei, G., 1889: Monografia della *Vicia Faba*. – Bologna.
Mettin, D., und P. Hanelt, 1964: Cytosystematische Untersuchungen in der Artengruppe um *Vicia sativa* L. I. – Kulturpflanze *12*, 163–225.
Metzger, J., 1841: Landwirthschaftliche Pflanzenkunde. – Heidelberg.
Muratova, V. S., 1928: Boby Afganistana. – Trudy prikl. bot., genet., selekc. *19* (2), 1–21.
–, 1931: Boby (*Vicia Faba* L.). – Trudy prikl. bot., genet., selekc., prilož. *50*, 298 pp.
–, 1937, *Vicia* L. – Vika. – In: E. V. Vulf, Kulturnaja flora SSSR, *IV*, 75–124. – Moskva-Leningrad.
Picard, J., 1963: La coloration des téguments du grain chez la féverole (*Vicia faba* L.). Étude de l'hérédité des différentes colorations. – Ann. amélior. pl. *13*, 97–117.
Reichenbach, H. G. L., 1903: Icones Florae germanicae, *22*: Leguminosae. – Lipsiae et Gerae.
Rothmaler, W., 1963: Exkursionsflora von Deutschland. Kritischer Ergänzungsband. – Berlin.
Schultze-Motel, J., 1972: Die archäologischen Reste der Ackerbohne, *Vicia faba* L., und die Genese der Art. – Kulturpflanze *19*, 321–358.
Sirks, M. J., 1931: Beiträge zu einer genotypischen Analyse der Ackerbohne, *Vicia Faba* L. – Genetica *13*, 209–631.
Sjödin, J., 1971: Induced morphological variation in *Vicia faba* L. – Hereditas *67*, 155–179.
Steinberger, J., 1968: Die botanischen Merkmale der großsamigen Leguminosen als Grundlage zur Sortenbeschreibung. – Jb. Bundesanst. Pflzbau Samenprüfg. Wien (*1967*), 173–194.
Streicher, O., 1902: Beiträge zur vergleichenden Anatomie der Vicieen. – Beih. bot. Centrbl. *12*, 483–538.
Žukovskij, P. M., 1964: Kulturnye rastenija i ich sorodiči. – Leningrad.
–, 1967: (The nature and the span of species in cultivated plants). – Bot. Žurn. *52*, 1530–1539.

Über die Stabilität der Heritabilitätskoeffizienten (im weiteren Sinne) am Beispiel von Kürbis und Mais

von Igor Grebenščikov

(Eingegangen am 20. Januar 1972)

I. EINFÜHRUNG

Bevor die feineren Relationen zwischen additiven und nicht additiven sowie epistatischen Varianzen – deren Schätzung oft problematisch sein kann – ermittelt werden, muß in der Züchtung zuerst geklärt werden, ob das Merkmal, nach welchem die Auslese in der gegebenen Population vorgenommen werden sollte, eine genotypische Variabilität überhaupt aufweist, bzw. wie hoch sie ist. Bereits 1955 (Cold Spring Harbor Symposium on Quantitative Biology, über Populationsgenetik) wurde klar ausgesprochen: „Es ist ein Axiom, daß die Selektion ganz unnütz wird, wenn die genotypische Varianz fehlt" (Comstock). Je höheren Anteil die genotypische Varianz (s_g^2) an der beobachteten phänotypischen (s_p^2) hat, desto leichter kann die betreffende gewünschte Variante züchterisch ausgelesen werden. Der Anteil der genotypischen Varianzkomponente an der phänotypischen Gesamtvarianz wird heute als Heritabilität im weiteren Sinne bezeichnet ($h_w^2 = s_g^2/s_p^2$). Weiterhin kann die phänotypische Varianz in die genotypische und die Umweltvarianz zerlegt werden, was bei Anwendung der varianzanalytischen Methodik kaum problematisch sein wird; dabei können wir im selben Zuge auch die Wechselwirkungsvarianz zwischen Genotyp und Umwelt abschätzen ($s_p^2 = s_g^2 + s_u^2 + s_{g.u}^2$).

Die genotypische Varianz setzt sich theoretisch zusammen aus mindestens 3 Komponenten: eine wird durch die additiven Wirkungen der Loci verursacht (s_{ga}^2), die andere durch die Dominanzabweichungen (s_d^2), die dritte durch die Epistasiewirkungen zwischen nicht allelen Loci (s_e^2). Da sich theoretisch nur die additive Varianz durch die Züchtung fixieren läßt, wird für die Heritabilität oft eine andere Formel benutzt, in welcher nur diese Varianzkomponente im Zähler bleibt: $h_e^2 = s_{ga}^2/s_p^2$. Es ist klar, daß diese Heritabilität „im engeren Sinne" viel mehr züchterische Information enthalten sollte. Es fragt sich nur, ob die genotypische Varianz tatsächlich so sauber in die einzelnen Komponenten zerlegbar ist. Manche Forscher betrachten diese problematische Prozedur als nicht nötig, da die additive Komponente sowieso den größten Anteil an der genotypischen Varianz hat, und „die Werte der Heritabilität im weiteren und im engeren Sinne unterscheiden sich meistens nur in einigen Prozenten"; so spricht z. B. S. Borojević (1965), der eine große Erfahrung bei Züchtung und Schätzung der Heritabilität von einzelnen Ertragsmerkmalen des Weizens hat.

Ein – unseres Erachtens – sehr gewichtiges Argument für die Benutzung der Formel der Heritabilität im weiteren Sinne kann der Arbeit von Sprague (1966) entnommen werden: „Der Unterschied zwischen diesen beiden Formeln ist von beträchtlicher theoretischer Bedeutung, in der Praxis aber mag er nur von begrenztem Werte sein wegen des großen Standardfehlers, der mit der Schätzung verbunden ist". Daraus geht hervor, daß in den meisten Fällen die beiden Formeln voneinander, sozusagen, nicht abzusichern sind. Und noch eine Bemerkung aus dem „Biometrischen Wörterbuch" (1968): „Häufig wird zwischen h_e^2 und h_w^2 nicht unterschieden, der Erwartungswert von h^2 liegt bei mehreren Schätzmethoden zwischen h_e^2 und h_w^2". In einer solchen Situation scheint es uns logisch, jene Formel zu benutzen, welche weniger problematisch ist – wenn es nicht speziell um die additiven oder dominanten Komponenten geht.

Bis vor kurzem hat man die Heritabilitätskoeffizienten hauptsächlich in der Tierzüchtung benutzt. Das ist verständlich, denn hier ist es lohnend, und es läßt sich exakt von Tier zu Tier, von Mutter zu Tochter, die Ähnlichkeit zwischen Verwandten – meist mittels Korrelationsmethoden – schätzen. Erst in der letzten Zeit hat sich der Begriff Heritabilität auch in den breiteren Kreisen der Pflanzenzüchter „eingebürgert". Trotzdem ist bei vielen von ihnen ein gewisses Mißtrauen gegenüber der Anwendung von Heritabilitätskoeffizienten zu verzeichnen. Dieses Mißtrauen ist nicht unbegründet. Als Beispiel für solche Gründe könnte man folgende nennen. Eine zu oberflächliche und vereinfachte Darstellung des Problems – ohne Erwähnung von „Skalenproblem" und Vorbedingungen, die z. B. die Methodik von Mather (1949 u. a.) verlangt – in manchen verbreiteten Büchern, so z. B. bei Brewbaker (1967) in seiner „Angewandten Genetik"; einige mathematische Tricks, die z. B. Warner (1952) verwendet; die Tatsache, daß man bei manchen Methoden für die Schätzung einer quadratischen Zahl plötzlich ein negatives Vorzeichen bekommt usw. Auch der viel bekrittelte Hiorth (1963) sagt mit Recht: „Die Bestimmung der Komponenten der Varianz geschieht gewöhnlich mit indirekten Methoden ... Die statistischen Methoden können nämlich nicht Dominanz und Interaktion der Gene als solche erfassen, sondern sie messen Varianzkomponenten, die in sehr indirekter Weise durch solche Geneffekte beeinflußt werden".

Die meisten Zweifel beziehen sich freilich auf die Heritabilität im engeren Sinne, bzw. überhaupt auf die Zerlegung der genotypischen Varianz. Gegen Heritabilität im weiteren Sinne werden die Stimmen meist in den Fällen erhoben, in welchen die geschätzten Werte den Züchter in seinen Prognosen enttäuscht haben. Das ist eine wichtige prinzipielle Frage. Abgesehen von Superoptimisten und Forschern, für die die quantitative Genetik aus – freilich oft sehr eleganten – mathematischen Spielereien besteht, wird heute die Möglichkeit der Prognostizierung des Zuchterfolges auf mathematischem Wege noch nicht anerkannt. Dasselbe gilt für die Populationsgenetik schlechthin. C. Harte (1959) hat trefflich bemerkt, daß in den populationsgenetischen Kalkulationen so viele Unbekannte enthalten sind, „daß es unendlich viele Lösungen gibt, und wir müssen uns in der Populationsgenetik zunächst darauf beschränken, die Probleme zu suchen und für Teilprobleme Teillösungen anzustreben. Die Voraussage darüber, ob die Lebewesen auf der Erde einem Gleichgewichtszustand oder einer gegenseitigen Vernichtung zustreben, bleibt nach wie vor nicht Sache der Statistik, sondern der Propheten". Ich möchte auch erinnern an die scharfe Kritik von W. Seyffert (anläßlich eines Gaterslebener Kolloquiums im Oktober 1965) an der – sonst sehr wertvollen – Arbeit von Bellmann und Ahrens (1965), in welcher sie im Vorwort über die Möglichkeit der „Voraussagen über den Verlauf bestimmter biologischer Prozesse" schreiben. Ganz entschieden gegen die Prognostizierung sprechen auch die Autoren des ausgezeichneten Buches über die „Theoretischen Grundlagen der Tierzüchtung", das vom Kollektiv des Nowosibirsker Instituts für Zytologie und Genetik geschrieben wurde (Nikoro und Mitarb., 1968): „Man muß unterstreichen, daß eine Reihe von Kardinalfragen der züchterischen Praxis heute nicht zu beantworten ist. Darunter fällt z. B. das Problem der Prognose von Züchtungsergebnissen. Wir bemühten uns, die Näherungsverfahren für die Lösung solcher Aufgaben zu geben, die Fehler, die dabei entstehen, zu zeigen sowie die Notwendigkeit des weiteren Suchens in dieser Richtung."

Diese Notwendigkeit des weiteren Suchens veranlaßte uns, das in Gatersleben vorhandene Material an reinen Stämmen und Kreuzungen von typischen Fremdbefruchtern (Mais und Kürbis) hinsichtlich der Heritabilitätsschätzung durchzusehen, um zeigen zu können, wie weit die Heritabilität im weiteren Sinne als eine gewisse Konstante in der Züchtungsforschung angesehen werden darf.

II. MATERIAL

Das meiste Material, das uns zur Verfügung stand und für die Fragen der Heritabilität auswertbar ist, sind 20 Stämme des Gaterslebener Sortiments und 15 Kreuzungen (Eltern, F_1, F_2, oft reziprok oder rückgekreuzt) innerhalb der Kürbisart *Cucurbita pepo* L. sowie eine Kreuzung innerhalb von *Cucurbita maxima* Duch., welche mehrere Jahre beobachtet wurden. Für die Schätzung der Heritabilität beim Mais wurde der zweijährige Anbau (1965–1966) von 74 Kreuzungen (Eltern, F_1, F_2) mehr oder weniger ingezüchteter verschiedener Stämme unseres Sortiments, d. h. Hart-, Zahn- und etwas Zuckermais, (vgl. Grebenščikov 1968 und 1970) ausgewertet. Bei der Erforschung von Heritabilitätskoeffizienten und deren Bedeutung hat Kürbis wesentliche Vorteile gegenüber Mais wegen seiner extrem verschiedenen Wuchsformen. Wir haben z. B. in unserem Sortiment Formen mit einer Trieblänge von 30 cm bis 8 m und mit einem Einzelfruchtgewicht von 50 g bis 20 kg. Deswegen ist es bei Kürbis theoretisch möglich, manche Unterschiede bereits an wesentlich kleinerem Versuchsmaterial statistisch zu sichern als beim Mais, der als durchgezüchtete Kultur relativ einförmig ist. Die einzelnen Stämme und Kreuzungsgenerationen werden kurz bei der Besprechung der Ergebnisse charakterisiert.

Der Verfasser dankt wie immer Frl. B. Kohl für die Betreuung der Versuche und viele Verrechnungen.

III. METHODE

Es gibt viele Methoden zur Schätzung der Heritabilität, wie auch viele mehr oder weniger verschiedene Auffassungen dieses Begriffes für die Vererbbarkeit der polygenen Merkmale. Es wäre sehr nützlich, wenn jeder Forscher jeweils angegeben hätte, wie er Heritabilität definiert, und welche Methode er für ihre Schätzung angewandt hat (besonders wichtig für kurze Referate!). Das ist leider nicht der Fall, wodurch die Vergleichbarkeit der Ergebnisse sehr erschwert ist. Bereits die erste Monographie über Heritabilität (Plochinskij 1964) beschreibt ausführlich 15 verschiedene Heritabilitätskoeffizienten, wobei die Monographie nur für die Tierzüchtung gedacht ist. Es ist also unmöglich, hier die einzelnen Verfahren zu nennen. Nach der Grundmethode der Schätzung lassen sich diese in zwei Gruppen aufteilen:

1. Schätzung der Heritabilität mit Hilfe der Korrelations- bzw. Regressionsrechnung (als Untergruppe seien hier die parameterfreien Heritabilitätskoeffizienten genannt, mit welchen man leider noch sehr wenig Erfahrung hat).

2. Schätzung der Heritabilität aus Varianzkomponenten (mit oder ohne Zerlegung der genotypischen Varianz).

Wir verwenden in dieser Arbeit die Methode von A. Lein, die zur zweiten Gruppe gehört. Da diese von uns und anderen Autoren bereits öfter benutzt und besprochen wurde (Lein und Flechsig 1956, Pollmer 1957, 1961, Lein 1960, Grebenščikov 1964, 1967, 1972, Ceapoiu 1968), sei hier nur das Notwendige gesagt. Diese Methode ist, wie uns scheint, die klarste und einfachste Weise „zur relativen Bewertung von Streuungsanteilen auf Grund der Varianzanalyse" – so betitelte Lein 1960 seine nur eine halbe Seite füllende Begründung der Methode. In der genetischen Literatur wird die phänotypische Varianz als Bezugsgröße für die Bewertung der Heritabilität additiv aus den Varianzkomponenten konstruiert. Lein sieht nicht recht ein, warum diese konstruierte phänotypische Varianz benutzt werden soll, und nicht die experimentell ermittelte Gesamtvarianz, „die ja schließlich der direkte Schätzwert für die Variabilität der Phänotypen ist" (vgl. auch Tab. 2 bei Grebenščikov 1964) und verwendet die Totalvarianz (s_T^2) als Bezugsgröße. Seinen Heritabilitätskoeffizienten bezeichnet er als

$$H = \frac{u\,(g-1)}{g \cdot u - 1} \cdot s_g^2/s_T^2;$$

die einzelnen Streuungsanteile werden varianzanalytisch wie folgt geschätzt

$$\frac{(g-1)\,(MQ_g - MQ_{g\cdot u})}{SQ_T} + \frac{(u-1)\,(MQ_u - MQ_{g\cdot u})}{SQ_T} + \frac{MQ_{g\cdot u}}{MQ_T} = 1$$

wobei g und u die Anzahl der Genotypen bzw. der Umwelten bedeuten. Es ist wichtig, daß bei Verwendung von echter Totalvarianz anstelle von konstruierter phänotypischer eine Sicherung gegen die Überschätzung der Heritabilität bei kleinem Versuchsumfang gewährleistet wird. Wenn g und u wesentlich größer als 2 sind, so wird $H \approx h_w^2$. Wir setzen die Summe von drei Streuungsanteilen (für Genotyp, Umwelt und Wechselwirkung) nicht = 1, sondern = 100 und drücken die Anteile in % aus.

Bei der Varianzanalyse benutzen wir also ein Zwei-Wege-Klassifikations-Modell mit einer Beobachtung in jeder Klasse und zufälligen Effekten, wo bei der Schätzung von Varianzkomponenten die Versuchstotalvarianz als Bezugsgröße genommen wird. Für die Varianzanalyse mit zwei Faktoren (Genotyp, Umwelt) interpretieren wir nach Lein (briefliche Mitteilung) und Campbell (1967) die Restvarianz als Wechselwirkungsvarianz zwischen beiden Faktoren.

Als Stufen des Faktors Genotyp verwenden wir hier in erster Annäherung die gut ausgeprägten, ausgeglichenen, mehr oder weniger ingezüchteten Stämme unseres Sortimentes, aber auch (zum Unterschied von der eigentlichen Methode von Lein) die beiden Elternstämme *und* die Kreuzungsgenerationen. Die Heritabilität, d. h. den genotypischen Streuungsanteil, geschätzt an reinen, nicht gekreuzten Stämmen, nennen wir „Reinzuchtheritabilität"; die Schätzung an den Stämmen der Eltern und ihrer Nachkommen ergibt dann die „Kreuzungsheritabilität" (vgl. Pirchner 1964). Auf diese Begriffe kommen wir später noch zurück.

Als Stufe des Faktors Umwelt wurden in dieser Arbeit die Anbaujahre und Wiederholungen auf verschiedenen Parzellen des Versuchsfeldes in einem Jahre genommen. Es sei dabei bemerkt, daß bei Kürbis die Wiederholungen innerhalb eines Jahres manchmal stärkere Unterschiede zeigen als in zwei verschiedenen Jahren. Besser wäre es natürlich, als Umwelten verschiedene Orte zu benutzen, doch jeder weiß, mit welchen Schwierigkeiten die Arbeit an verschiedenen Orten verbunden ist. Die Erfahrung zeigte aber, daß auch bei unserer Methodik der Einfluß der Umwelt meist signifikant ausfällt.

Die Angepaßtheit unseres Materials an die varianzanalytische Bearbeitung wird kaum Zweifel hervorrufen. Wir gehen in die Varianzanalyse mit den Parzellenmittelwerten ein, wodurch eine genügende Normalität der Verteilung erreicht wird, auch wenn die Einzelpflanzenwerte nicht normal verteilt wären. Bei Kürbis umfaßt eine Parzelle in den meisten Fällen 20 Pflanzen, welche einzeln gemessen werden; die Mittelwerte werden dann varianzanalytisch bearbeitet. Dadurch ist es auch möglich, das Merkmal „Anzahl der Früchte je Pflanze" als eine kontinuierliche zufällige Variable zu betrachten. Beim Mais waren die Parzellen mit 28 Pflanzen angelegt, wovon die Hälfte in siloreifem

Zustande geerntet wurde für die Ermittlung der Grünmasse. Die Werte für Grünmasse (PG) und für Kornertrag (KrG) beziehen sich jeweils auf 10 Pflanzen, wie in unseren früheren Arbeiten. Die Gleichheit der Zeilenvarianzen hat uns in zweifelhaften Fällen der Cochran-Test bestätigt. Es sei noch erinnert, daß die Varianzanalyse besonders bei der Anwendung auf Feldversuche ein ziemlich robustes Verfahren ist (vgl. Campbell 1967) und daß die Methode Lein nicht mehr Voraussetzung zur Schätzung der Heritabilität verlangt als die Varianzanalyse selbst.

IV. EXPERIMENTELLER TEIL

1. Reinzuchtheritabilität beim Mais

In den Jahren 1965 und 1966 wurden 74 Kreuzungen von verschiedenen (nicht ausgewählten) mehr oder weniger ingezüchteten Maisherkünften des Gaterslebener Sortimentes zur Ermittlung der Gesetzmäßigkeiten von Heterosiserscheinungen angebaut (ausführlich bei Grebenščikov 1968). Auf dem Felde standen also Parzellen von jeweils beiden Elternstämmen, F_1- und F_2-Generationen. Dieses Material gibt uns heute Gelegenheit, die Reinzuchtheritabilität einzeln für die Einzeleltern (P), für den Elternmittelwert ($\bar{P}$, als Basis der Messung von Heterosis), für die F_1- und für die F_2-Generationen zu schätzen und dann zu vergleichen, wie weit sich die einzelnen Schätzwerte unterscheiden. Das Schema der Varianzanalyse war folgendes (z. B. Pflanzenhöhe in cm für F_1):

		Genotyp			
		F_1–1	F_1–2	F_1–3	F_1–74
Umwelt	Anbaujahr 1965	163	125	125	190
	Anbaujahr 1966	183	135	129	194

Dieses Schema wurde für jede Generation und jedes der drei Merkmale benutzt. Die Streuungsanteile (die genotypische als Heritabilität) sind, wie gesagt, in % angegeben. Die Werte wurden auf ganze Prozente abgerundet. Eine größere Genauigkeit für solche Schätzwerte aus Feldversuchen halten wir für nicht reell (vgl. auch Sachs 1968). Die Sternchen in den Tabellen zeigen in der üblichen Weise die Signifikanz beim F-Test an. Die Anzahl der Freiheitsgrade betrug meistens 73 für Genotyp (nur für Einzeleltern P betrug sie 97) und 1 für Umwelt. Die Zusammenstellung der Anteile gibt Tab. 1.

Die Zahlen der Tab. 1 zeigen, daß es für das Merkmal Pflanzenhöhe fast belanglos ist, an welcher Generation die Heritabilität geschätzt wurde; auch für die Grünmasse ist die Übereinstimmung befriedigend. Für den Kornertrag sind die Koeffizienten viel weniger stabil; dieses Merkmal ist auch genetisch nicht so einfach bedingt wie etwa die Pflanzenhöhe und wird wahrscheinlich von viel mehr Loci beeinflußt als die Grünmasse; dazu kommt ein wesentlich

Tabelle 1

Streuungsanteile beim Mais in „Reinzucht"

	für Pflanzenhöhe, geschätzt an			
	P	$\bar{P}$	F_1	F_2
Genotyp	91**	92**	90**	87**
Umwelt	1**	1**	3**	1**
Wechselwirkung	8	7	7	12
	für Grünmasse, geschätzt an			
	P	$\bar{P}$	F_1	F_2
G	85**	87**	80**	81**
U	1**	2**	1*	1**
G · U	14	11	19	18
	für Kornertrag, geschätzt an			
	P	$\bar{P}$	F_1	F_2
G	47**	49**	50**	30**
U	13**	21**	13**	17**
G · U	40	30	37	53

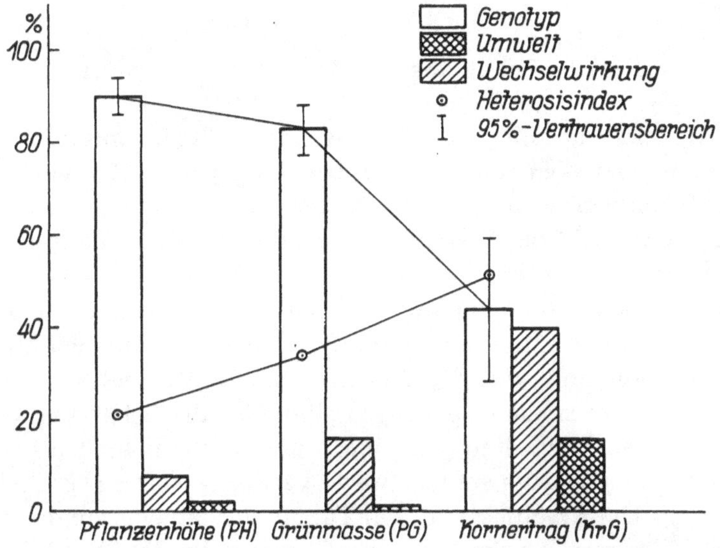

Abb. 1. Durchschnittliche Streuungsanteile und Heterosisindizes (in %) beim Schätzen von Reinzuchtheritabilität am Mais. Der Heterosisindex wird nach der Formel HET = $100 - (\bar{P}/F_1) \cdot 100$ berechnet

stärkerer Anteil der Umwelt, vor allem aber ein sehr bedeutender der Wechselwirkung Genotyp × Umwelt. Diese Wechselwirkung zeigt an, daß die einzelnen Genotypen verschieden auf die Bedingungen des Anbaujahres reagiert haben. Das allgemeine Bild ist besser in Abb. 1 zu sehen, wo die Streuungsanteile als Zeilenmittelwerte der Tab. 1 dargestellt sind. In Abb. 1 sind außerdem die durchschnittlichen Werte der Heterosis für die betreffenden Merkmale in demselben Versuche angegeben (nach Grebenščikov 1972). Bei den Säulen für genotypische Streuungsanteile ist der 95%-Vertrauensbereich des Mittelwerts gezeigt; innerhalb dieses soll also der „wahre" Mittelwert liegen, vorausgesetzt, daß unsere Heritabilitätskoeffizienten einigermaßen normal verteilt sind.

Es läßt sich aus Tab. 1 und Abb. 1 folgende Gesetzmäßigkeit für die drei von uns geprüften Merkmale ablesen. Je höher die Heritabilität geschätzt wird, desto kleinere Schwankungen zeigen die Heritabilitätskoeffizienten, die an den verschiedenen Generationen ermittelt werden. Diese Tendenz steht in einem negativen Zusammenhang mit der durchschnittlichen Höhe der Heterosis. Für Kornertrag, welcher die stärkste Heterosis zeigt, sind die genotypischen Streuungsanteile viel weniger konstant (der „wahre" Mittelwert liegt etwa zwischen 28 und 59%) als für Pflanzenhöhe, welche relativ schwach zu Heterosis neigt, aber ziemlich konstante Heritabilität ergibt, deren „wahrer" Wert (bei unserem Material und unserer Methodik) zwischen 86 und 94% zu suchen ist. Die Höhe der Streuungsanteile für Wechselwirkung geht bei unseren Merkmalen parallel der Höhe der Heterosis.

2. Eine provisorische Schätzung der Kreuzungsheritabilität bei Mais

Es läßt sich leider an unserem Maismaterial die Kreuzungsheritabilität für die einzelnen Kreuzungen nicht so schätzen, wie wir es für Kürbis gemacht haben, denn Mais wurde nur 2 Jahre hintereinander ohne Wiederholung angebaut (die Gesamtzahl der Freiheitsgrade wäre für eine Analyse der Einzelkreuzungen ungenügend). Um eine provisorische Information über Kreuzungsheritabilität bei Mais trotzdem unter gleichen Bedingungen zu bekommen, haben wir eine Kompromißlösung gefunden, indem wir mit den Mittelwerten für jede Generation und jede der drei Inzuchtgruppen (vgl. Grebenščikov 1968) in die Varianzanalyse eingegangen sind. Für die Schätzung der Heritabilität wurden also 2 Umwelten (1965 und 1966 wie für Reinzuchtheritabilität) und 12 Genotypen als Gruppenmittelwerte verwendet: drei $\bar{F}$ ♀, drei $\bar{F}$ ♂, drei $\bar{P}_1$ und drei $\bar{P}_2$). Die Ergebnisse sind in Tab. 2 zusammengestellt.

Schon bei flüchtigem Vergleich mit der Reinzuchtheritabilität fällt ins Auge, daß besonders der genotypische Anteil auf Kosten der Wechselwirkung zu-

Tabelle 2

Streuungsanteile beim Durchschnitt von Maiskreuzungen

	für Pflanzenhöhe	für Grünmasse	für Kornertrag
Genotyp	94**	94**	79**
Umwelt	5**	3**	17**
Wechselwirkung	1	3	4

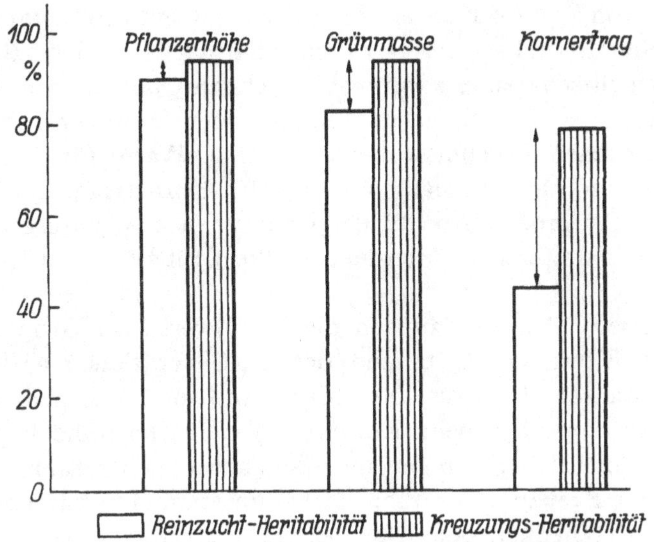

Abb. 2. Vergleich von Reinzucht- und Kreuzungsheritabilität beim Mais

genommen hat. Noch deutlicher ist es aus Abb. 2 zu ersehen. Für alle Merkmale ist die Kreuzungsheritabilität (die anderen Anteile sind hier nicht angegeben) höher als die Reinzuchtheritabilität. In der Regel soll es auch so sein. Pirchner (1964), der – soviel uns bekannt ist – als erster diesen Ausdruck gebrauchte, schreibt, daß die Kreuzungsheritabilität, „wenn man sie als solche bezeichnen will, im allgemeinen größer ... ist ... als die Heritabilität derselben Eigenschaft in Reinzucht". Sonst sind die Verhältnisse in Abb. 2 denen in Abb. 1 ähnlich: eine gewisse Konstanz der Heritabilitätsschätzung bei Merkmalen mit höherem genotypischen Anteil und eine Labilität bei Merkmalen mit einem niedrigeren Anteil.

Auch wenn unser Fall nicht mit dem von Pirchner beschriebenen identisch ist – es geht bei ihm um tierzüchterische Probleme und eine Komponente, geschätzt aus der Streuung zwischen Vatertiergruppen sowie um h_e^2 – glauben wir, diesen passenden Ausdruck in unserem Sinne verwenden zu dürfen ohne Mißverständnisse zu verursachen, zumal sich bei uns diese Kreuzungsheritabilität ebenfalls größer als die Reinzuchtheritabilität gezeigt hatte. Es ist wahrscheinlich, daß noch andere Ursachen, besonders bei den Merkmalen Grünmasse und Kornertrag, dabei im Spiele sind, und daß die Heritabilität in diesem Falle als Kreuzungsheritabilität etwas zu hoch geschätzt wurde. Wie wir unten, bei der Besprechung der Kürbiskreuzungen, sehen werden, haben bei unserer Methodik für die Heritabilitätsschätzung die starken Kontraste der geprüften Genotypen, die die Schätzung in die Höhe treiben können, eine wesentliche Bedeutung.

Diese Kontraste charakterisieren wir durch den Quotienten Q aus den absoluten Werten der beiden Elternstämme. Ein Q für das Merkmal: „Gewicht einer Frucht" von 2,50 bei Kürbis besagt z. B., daß ein Elternstamm im Durchschnitt zweieinhalb mal schwerere Früchte hat als der andere. Für Vergleiche mit der Reinzuchtschätzung kann man als Q den Quotienten aus den Werten von den beiden sich am meisten unterscheidenden Stämmen nehmen. Für die bereits besprochenen Ergebnisse betrugen die Q-Werte für Tab. 2: 1,44 für Pflanzenhöhe; 2,40 für Grünmasse und 3,78 für Kornertrag. Für Tab. 1 dürfte Q wegen der sehr großen Anzahl der Genotypen eine untergeordnete Rolle spielen. Wie wir weiter sehen werden, ist die Größe Q meist nur relativ zu bewerten.

Weil bei unseren Maiskreuzungen die Mittelwerte der Gruppen von stark ingezüchteten Eltern einerseits und den F_1-Generationen andererseits sich (infolge von starker Heterosis) besonders kraß unterscheiden, ist der genotypische Anteil (vor allem beim Kornertrag) vielleicht zu hoch geraten. Auch auf Grund anderer Überlegungen und Beobachtungen vermuten wir, daß die Schätzwerte für Kreuzungsheritabilität bei unserem Maismaterial stärker verzerrt sind, und schenken den Angaben aus der Schätzung von Reinzuchtheritabilität, so zu sagen, mehr Glauben. Für Kürbis, bei welchem wir nicht so hohe Heterosiseffekte beobachtet haben, wird eine ähnliche Vermutung in den Fällen begründet sein, in welchen die Unterschiede der Merkmalswerte zwischen den gekreuzten Eltern besonders kraß sind. Beim Mais kennen wir solche Unterschiede kaum. Das ist wieder ein Beispiel dafür, wie sich die Arbeit mit diesen beiden Fremdbestäubern fruchtbar ergänzt.

3. Reinzuchtheritabilität beim Kürbis

Für die Schätzung von Reinzuchtheritabilität beim Kürbis dient uns zuerst das Material von 12 genügend ingezüchteten Herkünften unseres Sortimentes vom gleichen Sortentypus. Sie gehören zu *Cucurbita pepo* convar. *giromontiina* Greb. und sind kurztriebige, meist buschförmige Gemüsekürbisse mit länglichen Früchten (etwa Cocozellen-Typ). Anzahl und Gewicht der Früchte wurden aber, wie bei Winterkürbis, erst in voller Reife bei der Ernte ermittelt. Die Trieblänge wurde bei diesem Versuch nicht bonitiert, weil fast alle Stämme etwa die gleiche Länge hatten, was für die Schätzung der Heritabilität ebenso wie die starken Kontraste nicht vorteilhaft ist (davon wird noch unten die Rede sein). Die 12 Stämme (Genotypen) wurden in 4 Umwelten im Laufe der Jahre 1966 und 1967 beobachtet; die Gesamtzahl der Freiheitsgrade betrug 47. Die Schätzung ist in Tab. 3 zusammengestellt. Als Q sind die oben besprochenen Quotienten angegeben.

Wenn man die beiden Gewichtsmerkmale (1 und 2) betrachtet, so verhalten sich diese, wenn man so sagen darf, nach der Regel (vgl. Grebenščikov 1967): das zweifellos genetisch einfacher bedingte Merkmal Gewicht einer Frucht hat eine wesentlich höhere Heritabilität. Günstig für diese Schätzung ist auch, daß die Q-Werte (in diesem Falle also Relation von „schwerstem" zu „leichtestem"

Tabelle 3

Reinzuchtheritabilität bei kurztriebigem Kürbis

	1. Gewicht einer Frucht ($Q = 2{,}57$)	2. Gewicht d. Früchte je Pflanze ($Q = 2{,}16$)	3. Anzahl d. Früchte je Pflanze ($Q = 4{,}07$)
Genotyp	76**	51**	85**
Umwelt	7**	13**	3**
Wechselwirkung	17	36	12

Stamm) für beide Merkmale ähnlich sind. Wir sind dagegen geneigt, den genotypischen Anteil für Anzahl der Früchte als zu hoch geschätzt (mindestens im Vergleich mit den zwei ersten Merkmalen) zu betrachten. Daß wir im gegebenen Falle tatsächlich eine Überschätzung vor uns haben können, wird auch durch eine besondere „Anfälligkeit" dieses Merkmals für zufällige äußere Einflüsse bekräftigt. Gezählt wurden nur die Früchte, die reif waren und bis zur Ernte nicht wesentlich beschädigt oder angefault, was durch mehrere nicht genetische Faktoren hervorgerufen werden könnte. Wie später gezeigt wird, ist auch die Labilität der geschätzten Heritabilitätskoeffizienten im Durchschnitt bei der Anzahl der Früchte sogar stärker als bei einem genetisch komplizierten Merkmal, wie das Gewicht der Früchte je Pflanze (vgl. Abb. 5).

4. Kreuzungsheritabilität beim Kürbis

Von den 15 Kreuzungen innerhalb der Art *Cucurbita pepo*, die uns zur Verfügung stehen, und deren Ergebnisse zusammengefaßt in Abb. 5 dargestellt sind, sollen hier zwei gesondert behandelt werden als die Beispiele, an welchen man einige Verzerrungen und Schwierigkeiten beim Schätzen der Heritabilität leicht erkennen kann (vgl. Abb. 3 und 4).

Abb. 3 stellt die Streuungsanteile (Bezeichnung wie in Abb. 1), geschätzt aus 4 Genotypen ($P♀$, $P♂$, F_1 und $\bar{F}_2$) und 4 Umwelten in den Jahren 1959–1962, graphisch dar. Diese Kreuzung zweier robuster buschförmiger Kürbisstämme (*C. pepo* convar. *giromontiina* Greb., PEP 222 und PEP 221) wurde von uns ausführlich 1963 beschrieben, nur wurde damals der „Anteil der Faktorenwirkung" etwas anders geschätzt als wir heute die Heritabilität schätzen. Die beiden Kürbisstämme sind ähnlich. Besonders interessant ist es aber zu sehen, wie vorsichtig man schätzen muß, wenn die Merkmale der Elternstämme fast gleich sind. Für die Anzahl der Früchte haben wir hier $Q = 1{,}07$. Weil unsere Anteile als Summe 100 ergeben müssen, so ist es klar (vorausgesetzt ein nicht zu hoher Wechselwirkungsanteil, wie in unserem Falle 14%), daß der Umweltanteil durch den schwachen Kontrast der Genotypen und den dadurch zu niedrig geschätzten genotypischen Anteil in die Höhe getrieben wird. Es ist deswegen nicht verwunderlich, daß bei einem genotypischen Anteil von 10% der Umweltanteil 76% beträgt. Wesentlich reeller fällt das Schätzen von beiden

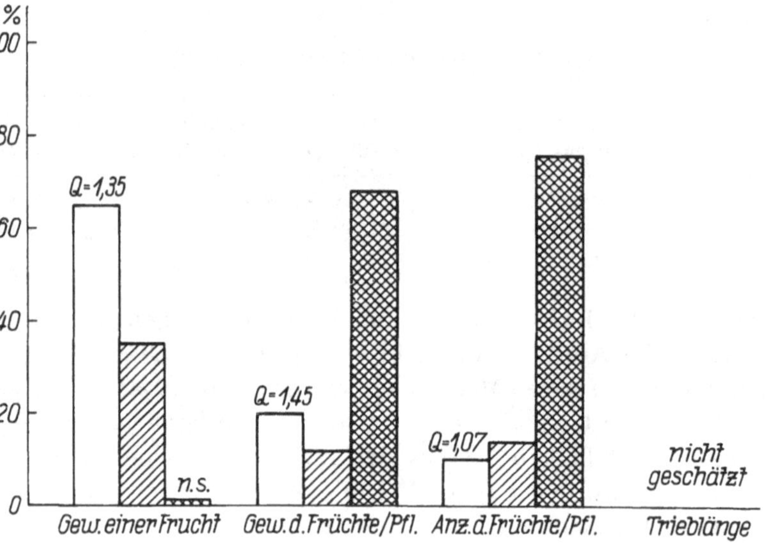

Abb. 3. Streuungsanteile, geschätzt an der Kreuzung zweier ähnlicher buschförmiger Kürbisherkünfte, PEP 222 und PEP 221. Bezeichnung wie in Abb. 1

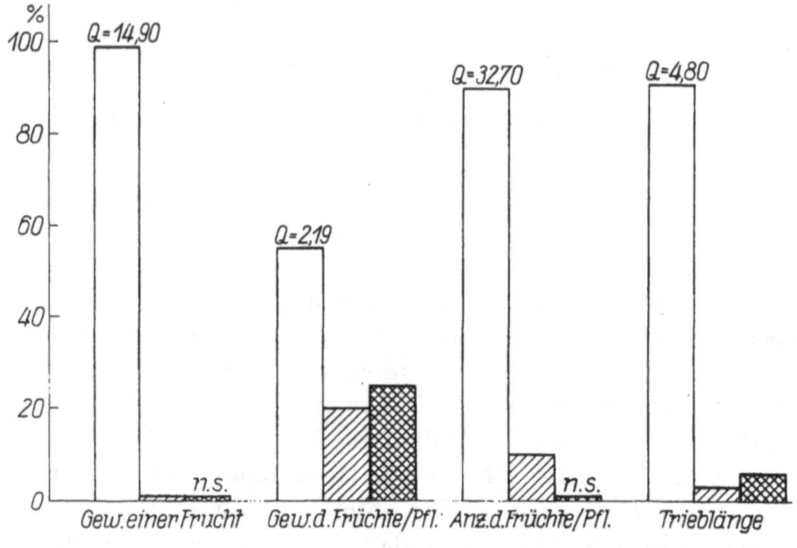

Abb. 4. Streuungsanteile, geschätzt an der Kreuzung zweier stark unterschiedlicher Kürbisherkünfte, PEP 846 (langtriebig, kleinfrüchtig) und PEP 222 (buschförmig mit großen Früchten). Bezeichnung wie in Abb. 1

Gewichtsmerkmalen aus, zumal die beiden sehr ähnliche Q-Werte aufweisen (1,35 bzw. 1,45). Hier geht es wieder „nach allen Regeln". Interessant ist zu unterstreichen, daß der hohe Umweltanteil (68%) für das Gewicht der Früchte je Pflanze wahrscheinlich mit dem hohen Umweltanteil der Anzahl der Früchte zusammenhängt. Interessant ist auch, was nicht selten vorkommt, daß bei dem Gewicht einer Frucht der Umweltanteil als solcher überhaupt nicht zum Ausdruck gekommen ist (das entsprechende Mittelquadrat erwies sich nach dem F-Test als nicht signifikant) und, sozusagen, versteckt blieb in dem bedeutenden Wechselwirkungsanteil (35%).

Abb. 4 zeigt einen Fall, in welchem zu starke Kontraste der Elternstämme das Schätzen erschweren. Hier sind zwei sehr unterschiedliche Stämme gekreuzt worden; ein zierlicher langtriebiger Zierkürbis mit sehr zahlreichen, aber sehr kleinen Früchten (*C. pepo* convar. *microcarpina* Greb., PEP 846) und ein robuster kurztriebiger Gemüsekürbis (*C. p.* convar. *giromontiina* Greb., PEP 222) mit wenigen großen Früchten. Die Q-Werte für die Merkmale Anzahl der Früchte und Gewicht einer Frucht betrugen fast 15 bzw. sogar 33! Das alleine genügte, um die Heritabilität bis und über 90% zu bringen. Aber auch bei einem Q von 4,80 schätzen wir die Heritabilität für die Pflanzenlänge auf 91%. Nur das Gewicht der Früchte je Pflanze ist in einem bescheidenen Verhältnis von 2,19, so daß die Streuungsanteile hier wahrscheinlich richtig abgeschätzt wurden.

Natürlich *muß* eine Population, die aus einer Kreuzung von so unterschiedlichen Formen entstanden ist, eine sehr hohe Heritabilität für die Merkmale haben, die sich besonders kraß unterscheiden – darin hat uns die Schätzung nicht getäuscht! Wir möchten nur unterstreichen, daß der *Zahlenwert* der Heritabilitätskoeffizienten durch die zu starken oder zu schwachen Kontraste der Genotypen wesentlich beeinflußt werden kann. Diese Tatsache beeinträchtigt aber prinzipiell unsere Schätzmethode nicht, denn die Heritabilität soll gerade die Unterschiede, d. h. eine genotypische Formenmannigfaltigkeit anzeigen. Lush (1949), den man als Urheber des Begriffes Heritabilität ansehen kann, schreibt in seiner grundlegenden Arbeit: „Wie alle anderen Aspekte der Genetik betrifft die Heritabilität eher die Unterschiede zwischen den Individuen als die absoluten Werte der individuellen Phänotypen".

Es ist aber nicht so, daß die Heritabilitätskoeffizienten nur auf die Q-Werte reagieren, obwohl diese Werte von primärer Bedeutung für die Schätzung der Vererbbarkeit sind. Unter unseren Kreuzungen haben wir Beispiele, die bei gleichen Q-Werten für verschiedene Merkmale doch stark verschiedene H-Werte ergeben. In einer Kreuzung von zwei kurztriebigen Stämmen, PEP 221 und PEP 400, bei welcher 6 Genotypen in 6 Umwelten geprüft wurden (beide Elternstämme und jeweils reziproke F_1 und $\bar{F}_2$ in den Jahren 1965–67) waren die Q-Werte für die Anzahl der Früchte und für das Gewicht einer Frucht fast gleich (1,26 bzw. 1,25), die Heritabilität aber wurde bei „Anzahl" auf 34% und bei „Gewicht" auf 67% geschätzt, was unserer Durchschnittserwartung entspricht. Noch deutlicher ist das Beispiel der Kreuzung eines langtriebigen Ölkürbisses (PEP 510) mit einem kurztriebigen Gemüsekürbis (PEP 261). Es ist klar, daß das Gewicht einer Frucht theoretisch eine höhere Heritabilität als das

Gewicht der Früchte je Pflanze haben müßte (vgl. auch Pirchner 1964, S. 165). So ist es auch bei der Schätzung ausgefallen, obwohl das zweite Merkmal einen höheren Q-Wert besaß:

Gewicht einer Frucht	$Q = 2{,}24$; $H = 84\%$
Gewicht der Früchte je Pflanze	$Q = 2{,}94$; $H = 43\%$

Die „biologische" Bedingtheit des Merkmals ist also mindestens ebenso einflußreich bei unserer Schätzmethode wie die Stärke der Unterschiede.

Die Kreuzungspartner für unsere 15 Einzelkreuzungen innerhalb von *C. pepo* waren meistens nach dem sich deutlich unterscheidenden Habitus ausgesucht. Der bedeutendste Faktor für Kürbishabitus ist die Trieblänge. Deswegen sind nicht alle 4 Merkmale, die durch die Mittelwerte ihrer Heritabilität in Abb. 5 vertreten sind, gleichwertig. Während die drei ersten als Mittelwerte von mehr oder weniger zufälligen, repräsentativen Stichproben der „Population *C. pepo*" angesehen werden dürfen, ist das 4., die Trieblänge, nicht ohne weiteres mit den ersten vergleichbar, weil die Kreuzungspartner eben nach diesem Merkmal ausgesucht wurden. Die drei ersten Merkmale (Abb. 5) unterliegen denselben Gesetzmäßigkeiten, die wir beim Mais gefunden haben: die Merkmale mit hoher Heritabilität zeigen engere 95%-Vertrauensbereiche der Mittelwerte als die mit

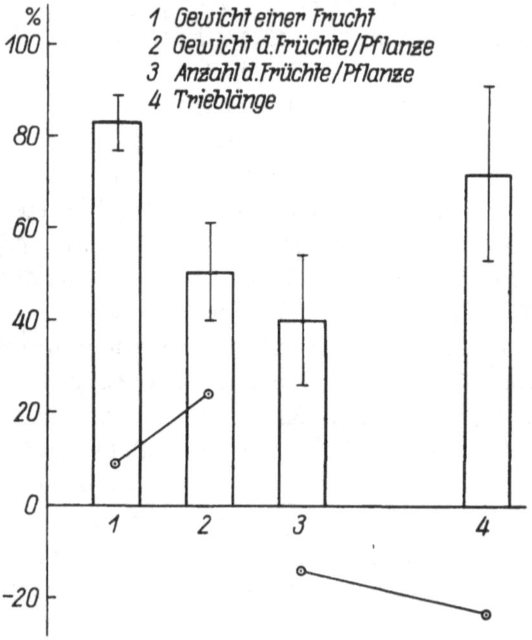

Abb. 5. Durchschnittliche Heritabilitätskoeffizienten (genotypische Streuungsanteile) und Heterosisindizes (in %), als Mittelwerte von 15 verschiedenen Kürbiskreuzungen. Bezeichnung wie in Abb. 1

niedriger. Für die beiden Gewichtsmerkmale (1 und 2) ist auch dieselbe Beziehung zur durchschnittlichen Heterosis zu beobachten: höhere Heritabilität ist mit schwächerer Heterosis verbunden. Dies gilt anscheinend aber nur für die Merkmale, die im Durchschnitt überhaupt Heterosis zeigen. Bei einer (im Durchschnitt) intermediären Vererbung oder einer „negativen" Heterosis ist das bei der Anzahl der Früchte je Pflanze sowie bei der Trieblänge (freilich, wie gesagt, nur bedingt vergleichbar!) nicht der Fall; vielleicht ist hier sogar eine entgegengesetzte Tendenz vorhanden.

Aus Abb. 5 ist deutlich zu ersehen, wozu in der Praxis die Heritabilitätskoeffizienten dienen können (und sollen!). Hätten wir als Züchter wählen müssen, nach welchem Merkmal die Ertragsfähigkeit in unserem Material an *C. pepo*-Kürbissen am leichtesten selektiert werden könnte, so hätten wir ohne Zögern das Gewicht einer Frucht gewählt. Dieses Merkmal hat einen absolut hohen *H*-Wert (83%), und er ist auch relativ höher als bei allen anderen geprüften Merkmalen, was im gegebenen Falle das Wichtigste ist, weil die absolute Höhe der Heritabilität schwieriger zu beurteilen ist. Aus unserer reichen Erfahrung mit den Kürbiskreuzungen würden wir etwa 50% als die untere Grenze für einen Heritabilitätskoeffizienten angeben, bei welchem eine züchterische Arbeit noch vielversprechend wäre. Das ist aber eine subjektive Meinung. Den relativ hoch liegenden Wert für die Trieblänge (sie hat aber keine direkte Verbindung mit der Ertragsfähigkeit!) müssen wir aus bereits erwähnten Gründen sehr vorsichtig betrachten; der Mittelwert wird wohl überschätzt sein. Der Vertrauensbereich ist hier zu breit; aus früheren Arbeiten ist uns bekannt (Grebenščikov 1956, 1967 u. a.), daß bei diesem Merkmal noch ein Dominanzwechsel dazukommt, und daß es schwer ist, wieder eine streng buschförmige Pflanze zu bekommen, wenn die Langtriebigkeit einmal eingekreuzt ist. Nach dem Gewicht der Früchte je Pflanze, welches am besten die Ertragsfähigkeit repräsentiert, wäre sicherlich Auslese nicht leicht zu treiben, denn der *H*-Wert liegt dicht bei 50%. Die Anzahl der Früchte war bereits als unsicheres Merkmal besprochen, was auch in Abb. 5 aus dem niedrigen *H*-Wert und dem breiten Vertrauensbereich ersichtlich ist.

Wir zeigten oben, daß ein *Q*-Wert von 4,80 ebenso wie ein *Q*-Wert von 15 (freilich für ein anderes Merkmal) einen *H*-Wert von über 90% ergeben kann; andererseits können sehr ähnliche *Q*-Werte mit unterschiedlichen *H*-Werten verbunden sein. Trotz solcher Fälle, die übrigens selten vorkommen, könnte man vielleicht von einem Optimum von *Q*-Werten sprechen, welches die am wenigsten verzerrte Heritabilitätsschätzung ergibt. Diese optimalen Grenzen werden wohl unterschiedlich für verschiedene Objekte und Merkmale sein. Unser Material ist noch zu klein, um begründete Rezepte auf dessen Grundlage zu entwerfen. Es sieht aber so aus, als ob die untere Grenze des Optimums im Durchschnitt irgendwo bei $Q = 1,3$ liegen würde, die obere dürfte wahrscheinlich nicht 4 oder 5 überschreiten. Bei höheren *Q*-Werten spielt es, wie wir sahen, bereits kaum eine Rolle, ob *Q* 15 oder 33 beträgt.

Unser Material zeigte ebenfalls, daß bei hohen Q-Werten eine Heterosis nicht zu erwarten ist. In unserer Arbeit von 1959 sprachen wir für das Merkmal Gewicht einer Frucht bei Kürbis die Vermutung aus, daß bei Q höher als 2,5 Heterosis wenig wahrscheinlich wird. Dieses Mal – bei viel größerem Material – haben wir einen Fall von schwacher Heterosis (24%), sogar bei einem Q-Wert von 5,76 beobachtet. Das war bei der Kreuzung PEP 408 mit PEP 1 (*C. p.* convar. *giromontiina* Greb. und *C. p.* convar. *patissonina* Greb., ein buschförmiger 'Table Gem' mit einem Patisson), von dem wir in den Jahren 1968–69 6 Genotypen, d. h. beide Eltern, F_1, $\bar{F}_2$ und beide Rückkreuzungen in 4 Umwelten beobachtet haben. Solche Fälle sind aber selten. Bei dem wirtschaftlich besonders wichtigen Merkmal Gewicht der Früchte je Pflanze liegt die Durchschnittsgrenze von wahrscheinlicher nennenswerter Heterosis kaum höher. Zwar haben wir die höchste Heterosis (46%) bei diesem Merkmal bei der Kreuzung PEP 221 mit PEP 12 (zwei buschförmige Gemüsekürbisse, beobachtet 1963–64; 4 Genotypen in 4 Umwelten) mit einem Q-Wert von 2,58 feststellen können, doch einer fast ebenso hohen Heterosis von 39% entsprach in der Kreuzung PEP 6 × PEP 1 ein Q-Wert von nur 1,09 (gekreuzt wurden zwei tellerförmige Patissone; 1965, 1966 und 1968 wurden 4 Genotypen in 6 Umwelten geprüft). Eine wahrscheinliche Heterosis für den Ertrag der Pflanze wird also durch die Q-Werte zwar stark begrenzt, aber innerhalb dieser Grenzen scheint die Heterosis von den Q-Werten unabhängig zu sein. Für andere Merkmale lassen sich die Zusammenhänge zwischen Q-Werten und möglicher Heterosis bei unserem Material nicht durchschauen.

Eine unserer Kreuzungen war zwischen einem buschförmigen und einem langtriebigen, sog. Ölkürbis („nacktsamig"), durchgeführt worden; es waren *C. p.* convar. *giromontiina* var. *oleifera* Pietsch (PEP 400) und *C. p.* convar. *pepo* var. *styriaca* Greb. (PEP 510); beobachtet wurden 1966–68 4 Genotypen in 6 Umwelten. Die Streuungsanteile für die Merkmale Trockensamengewicht je Frucht bzw. je Pflanze waren ziemlich ähnlich denen für Gewicht einer Frucht bzw. Gewicht der Früchte je Pflanze (Tab. 4).

Es läßt sich noch feststellen, daß die Streuungsanteile für unsere Kreuzung zwischen zwei unterschiedlichen Formen von *C. maxima* ohne weiteres mit den entsprechenden Anteilen bei den Kreuzungen von *C. pepo*-Formen ver-

Tabelle 4

Kreuzungsheritabilität beim Ölkürbis

	Streuungsanteile		
	G	U	$G \cdot U$
Gewicht einer Frucht (Q = 2,02)	71**	20**	9
Samengewicht je Frucht (Q = 1,41)	78**	12**	10
Gewicht der Früchte je Pflanze (Q = 1,79)	24**	62**	14
Samengewicht je Pflanze (Q = 1,09)	32**	58**	10

gleichbar sind. Diese Kreuzung wurde von uns ausführlich 1967 beschrieben. Die Artunterschiede sind in dieser Hinsicht nicht stärker als die entsprechenden Unterschiede innerhalb der Art *C. pepo*. Es besteht eine große Wahrscheinlichkeit, daß die Gesetzmäßigkeiten, die hier für *C. pepo* angedeutet wurden, Gültigkeit für alle *Cucurbita*-Arten haben.

Obwohl solche Vergleiche immer vage sind, möchten wir doch einfach zur Orientierung angeben, daß z. B. die Heritabilität für das Gewicht einer Frucht bei Kürbis (83%) etwa zwischen den Heritabilitätskoeffizienten für die Augenfarbe (96%) und für den Intelligenztest (80%) beim Menschen liegt, und daß das Gewicht der Früchte je Pflanze (51%) in unseren Untersuchungen eine schwächere, jedoch nicht unähnliche, Vererbbarkeit als das Körpergewicht beim Menschen (64%) hat. Diese Koeffizienten entstammen der Arbeit von Jensen (1967) und wurden aus Untersuchungen an Zwillingen berechnet.

Nicht minder vage sind auch Vergleiche von Heritatibilität an demselben Objekt, wenn diese nach ganz anderer Methode geschätzt wurde. Bereits Robinson, Comstock und Harvey (1949) gaben einen Vergleich von Heritabilitätskoeffizienten, die beim Mais mit verschiedenen Methoden geschätzt wurden. Für die Merkmale, die auch bei uns untersucht waren, sind die Angaben in Tabelle 5 zusammengestellt (abgerundet in % wie in unserer Arbeit).

Tabelle 5

Heritabilität beim Mais, geschätzt nach

	Varianzkomponenten	Mutter-Nachkommen-Regression	Vater-Nachkommen-Regression	unsere Schätzung
Pflanzenhöhe	70	43	60	90
Kornertrag	20	9	15	44

Zuerst macht Tabelle 5 einen entmutigenden Eindruck. In solchen Fällen helfen aber oft die sog. Übersetzungskoeffizienten. Und tatsächlich, wenn man den Zahlen aus der ersten Säule 20 zuzählt, so bekommt man Werte, die dicht bei unserer Schätzung liegen. Damit ist noch einmal die Relativität der Heritabilitätskoeffizienten gezeigt. Vergleiche sollten eigentlich nur innerhalb eines bestimmten Komplexes durchgeführt werden.

V. SCHLUSSBEMERKUNGEN

Die Praktiker der Pflanzenzüchtung haben, wie bereits erwähnt, eine gewisse Abneigung gegen den Heritabilitätskoeffizienten. In vielen Lehrbüchern wird die Heritabilität nur erwähnt, oder man widmet ihr kaum eine Seite, wie z. B.

in der – sehr gelungenen – „Pflanzenzüchtung“ von Schmalz (1969). Auch die großen amerikanischen Lehrbücher, wie Hayes-Immer-Smith (1955), Allard (1960) oder Briggs und Knowles (1967), widmen ihr nicht mehr als 3–10 Seiten. Schmalz hat in dem genannten Buche sehr trefflich bemerkt, daß „die verschiedenen Schätzmethoden zu unterschiedlichen Werten ... führen, die in ihrer Tendenz aber übereinstimmen. Die Heritabilitätswerte variieren auch in Abhängigkeit von Jahreseinfluß und Versuchsort. Aus einer Serie von Untersuchungen lassen sich aber Unterlagen gewinnen, die mit Erfolg in der Züchtung eingesetzt werden können“. Dieser Satz vervollständigt auch unsere Beobachtungen über die Heritabilitätskoeffizienten.

In verschiedenen Branchen werden verschiedene Schätzmethoden bevorzugt. Der Humangenetiker W. Lenz (1970) schreibt: „Die einfachste Möglichkeit, h^2 zu bestimmen, basiert auf Messungen an getrennt aufgewachsenen eineiigen Zwillingen“. Die Tierzüchter, die die meiste Erfahrung mit Heritabilität haben, bevorzugen anscheinend den Weg der Kovarianzanalyse. Bei den Pflanzenzüchtern ist die Uneinigkeit besonders groß. Man möchte deswegen einige Schlußbemerkungen aus der tierzüchterischen Praxis bringen. Pirchner (1964) mahnt zu Vorsicht, aber gibt auch Mut: „Der Heritabilitätskoeffizient ist keine Naturkonstante, sondern beschreibt nur die in einer bestimmten Population vorhandene Verteilung der Varianz. Er gilt daher streng genommen nur für die Population, an der er errechnet worden ist. Wie weit er auf andere Populationen extrapoliert werden kann, hängt davon ab, ob die zweite Population in ihrem genetischen Aufbau und in den Verhältnissen in bezug auf Beobachtungsgenauigkeit usw. mit der ersten vergleichbar ist. Trotzdem muß auch gesagt werden, daß bei sorgfältig untersuchtem und entsprechend umfangreichem Material die gefundenen Heritabilitätskoeffizienten eine erstaunliche Ähnlichkeit zeigen“. In diesem Zitat kommt wieder eine Menge praktischer Weisheit zutage. Es sei übrigens hier daran erinnert, daß das Buch von Pirchner das erste kontinental-europäische Buch über Populationsgenetik ist, das ins Englische übersetzt wurde (San Francisco, 1969).

Es wurde bereits erwähnt, daß die Mißverständnisse in bezug auf die Heritabilitätskoeffizienten dann entstehen, wenn die Züchter von ihnen etwas anderes erwarten als sie geben können. Ein russischer Dichter (N. Gumilev) am Anfang des Jahrhunderts sagte: „Das beste Mädchen kann nicht mehr geben als das, was es hat“. Auch der Heritabilitätskoeffizient! Wir halten es deswegen für zweckmäßig, noch mal zu sagen, was eigentlich ein Heritabilitätskoeffizient anzeigt; dieses Mal mit den Worten von Plochinskij (1964): „Die Heritabilitätskoeffizienten charakterisieren nur die erbliche Bedingtheit der Merkmalsheterogenität, aber nicht die Merkmale selbst. Wenn ein Heritabilitätskoeffizient hoch ist, so bedeutet es, daß die Merkmalsheterogenität, die in unserem Vergleich beobachtet wurde, zum großen Teil durch die Erblichkeit bedingt ist. Wenn ein Heritabilitätskoeffizient niedrig ist, bedeutet es, daß die Merkmalsheterogenität in unserem Versuche nur wenig von den erblichen Einflüssen abhängig war, obwohl das Merkmal selbst erblich sehr stark bedingt sein kann." Diese Tatsache wird oft vergessen und die Merkmalsvariabilität mit dem Merkmal selbst verwechselt.

Daß es gewisse, sogar ziemlich enge, Grenzen für die „vernünftigen" (optimalen) Schätzungsmöglichkeiten – wie wir gezeigt haben – gibt, ist eigentlich für die biologische Versuchstradition nichts Neues. Denken wir nur daran, was alles Mather für die Anwendungsmöglichkeiten seiner Methode verlangt, und auch der immer realistische Rundfeldt (1967) sagt in bezug auf die Varianzanalyse, daß „bei vernünftigen Feldversuchen alle Werte zwischen 70 und 130% des jeweiligen Versuchsmittels liegen sollen".

Ein Gebiet, auf welchem die Heritabilitätskoeffizienten Anwendung finden könnten, ist die Züchtungsökologie. Bis jetzt fand diese Anwendung noch wenig statt. Dieses Gebiet wird wohl verwandt sein mit der Ökovalenz von Wricke (1964). Doch wir denken zuerst an die Möglichkeiten, die Rokickij und Chotyleva (1968) angedeutet haben: „Man muß unterstreichen, daß der Heritabilitätskoeffizient (im weitern Sinne) gleichzeitig die Möglichkeit gibt, auch die Rolle von Umweltfaktoren abzuschätzen, was zweifellos wichtig für die Erzielung von maximalen praktischen Effekten der Heterosis ist." Wir kamen in der vorliegenden Arbeit nur flüchtig mit diesem Gebiet in Berührung. Das Studium der Änderungen des Heterosiseffektes in Abhängigkeit von Umweltbedingungen verlangt eine besondere Untersuchung.

Was aus unserem Material noch zu entnehmen wäre, ist die Tatsache, daß wir eigentlich bei allen unseren Kreuzungen erklären konnten, warum ein genotypischer Streuungsanteil so oder so ausgefallen ist, aber erst *nach* Kreuzung und durchgeführten Beobachtungen. Wir befinden uns noch in der Forschungsphase, in welcher zwar die Deutung, aber nicht die Prognose möglich ist.

Zusammenfassung

An Material von Mais- und Kürbisherkünften des Gaterslebener Sortimentes wird versucht zu zeigen, wie weit der Heritabilitätskoeffizient (im weiteren Sinne) als gewisse Konstante in der Züchtungsforschung angesehen werden darf. Die Heritabilität wurde als genotypischer Streuungsanteil varianzanalytisch geschätzt. Eine eindeutige Antwort für alle Fälle ist kaum zu geben. Die optimalen Schätzungsmöglichkeiten liegen in gewissen Grenzen, die durch den Wert des Quotienten (Q) aus den absoluten Werten der Elternstämme beim Schätzen von „Kreuzungsheritabilität" und durch den Quotienten aus den extremen Werten der Stämme beim Schätzen von „Reinzuchtheritabilität" gegeben sind. Im ersten Falle übrigens ist eine Heterosis meist nur bei niedrigen Q-Werten zu erwarten. Die optimale Information, welche mit Hilfe von Heritabilitätskoeffizienten erhalten werden kann, ist die über die Auswahl des Merkmals, auf welches – in einem gegebenen Material, unter gegebenen Bedingungen – am leichtesten selektiert werden kann. In fast allen Fällen konnten die erzielten Schätzungsergebnisse gedeutet werden, doch die Prognose der Schätzwerte ist heute kaum möglich.

Summary

On the stability of the coefficients of heritability (in the broad sense) as studied in squash and maize

From material of maize and squash varieties out of the Gatersleben collection, it is tried to show how far the coefficient of heritability (in the broad sense) may be considered as a certain constant in breeding research. The heritability was estimated as the genotypic component of variance. Unambiguous results do not seem to be possible in all cases. Most favourable estimation is possible within certain limits which are given by the quotient (Q) of the absolute values of the parents if estimating „cross heritability", or by the quotient of the extreme values of the varieties if estimating „pure bred heritability", respectively. In the first case, heterosis can be expected primarily with low Q values. By means of coefficients of heritability the best information can be obtained if that character is chosen, for which – in a given material and under given conditions – selection is most easy. The obtained results of estimation could be interpreted in nearly all cases, but prognosis of estimation values is hardly possible at present.

Краткое содержание

О постоянстве показателей наследуемости (в широком смысле слова) на примере тыквы и кукурузы

На материале образцов кукурузы и тыквы гатерслебенской коллекции автор пытался выяснить в какой степени показатель наследуемости (в широком смысле слова) может рассматриваться в селекции как некая постоянная величина. Наследуемость оценивалась методом дисперсионного анализа как генотипическая доля общего разброса. Определенный ответ для всех случаев дать весьма затруднительно. Оптимальные возможности оценки лежат в известных границах, определяемых величиной частного (Q) от деления абсолютных величин признаков обоих родителей при оценке на скрещиваниях или крайних величин образцов на „чистом" материале. Следует отметить, что явление гетерозиса (в первом случае) можно ожидать, очевидно, только при малых Q. Оптимальная информация, могущая быть получена при помощи показателей наследуемости, это — указание на выбор признака, по которому на данном материале, в данных условиях легче всего будет вести отбор на нужное свойство. Почти во всех случаях можно было объяснить, почему оценка оказалась той или иной, но прогнозирование оцениваемых величин в настоящее время вряд ли возможно.

Literatur

Allard, R. W., 1960: Principles of plant breeding. – New York-London.

Bellmann, K., und H. Ahrens, 1965: Zum gegenwärtigen Stand der Anwendungsmöglichkeiten der biometrischen Genetik in der Pflanzenzüchtung. 1. Teil. – Züchter *35*, 156–174.

Biometrisches Wörterbuch, in 2 Bden., 1968. VEB Deutscher Landwirtschaftsverlag Berlin.

Borojević, S., 1965: (Mode of inheritance and heritability of quantity characters in crosses of different wheat varieties). – Savremena poljoprivreda (Novi Sad) *13*, 586–606 [serbo-kroatisch, engl. Summary].

Brewbaker, J. L., 1967: Angewandte Genetik. Stuttgart.

Briggs, F. N., and P. F. Knowles, 1967: Introduction to plant breeding. – New York-Amsterdam-London.

Campbell, R. C., 1967: Statistics for biologists. – Cambridge (Deutsche Ausgabe 1971, Stuttgart).

Ceapoiu, N., 1968: Metode statistice aplicate in experimentele agricole si biologice. – Bucureşti.

Comstock, R. E., 1955: Theory of quantitative genetics: synthesis. – Cold Spring Harbor Symposia on quantitative biology *20*, 93–102.

Dubinin, N. P. i Ja. L. Glembockij, 1967: Genetika populacij i selekcija. – Moskva.

Falconer, D. S., 1960: Introduction to quantitative genetics. – New York.

Grebenščikov, I., 1950: Zur Kenntnis der Kürbisart *C. pepo* usw. – Züchter *20*, 194–207.

–, 1956: Über einen Fall von ontogenetischem Farbwechsel der Bastardfrüchte beim Kürbis und über die Anwendung des Begriffes „Dominanzwechsel". – Kulturpflanze *4*, 247–276.

–, 1959: Ein Vergleich des Heterosiseffektes im „Fruchtgewicht" bei Kürbis und Mais. – Kulturpflanze *7*, 184–197.

–, 1963: Zur quantitativ-genetischen Analyse der Ertragskomponenten beim Kürbis. Teil 1. – Kulturpflanze *11*, 264–280.

–, 1964: Zur quantitativ-genetischen Analyse der Ertragskomponenten beim Kürbis. – Teil 2. – Kulturpflanze *12*, 93–106.

–, 1967: Zur quantitativ-genetischen Analyse der Ertragskomponenten beim Kürbis. Teil 3. – Kulturpflanze *15*, 57–74.

–, 1968: Beobachtungen an Pflanzenhöhe, Pflanzengewicht und Korngewicht von F_1- und F_2-Bastarden des Gaterslebener Maissortimentes. – Z. Pflanzenzüchtg. *60*, 297–314.

–, 1970: Über einen extremen Fall der Benachteiligung von F_2-Maisbastarden gegenüber den Eltern bei Fritfliegenbefall. – Kulturpflanze *18*, 17–22.

–, 1972: Über einige Fragen der Heterosis und des Leistungsabfalls bei den Ertragsmerkmalen von Mais. – Kulturpflanze *19*, 151–162.

Gumilev, N., 1921: Žemčuga (Erstes Buch der Gedichte), 2. Aufl. – Berlin.

Harte, C., 1959: Einige Probleme der Populationsgenetik. – Biometrische Zeitschrift *1*, 248–260.

Hayes, H. K., F. R. Immer, and D. C. Smith, 1955: Methods of plant breeding. – New York.

Hiorth, G. F., 1963: Quantitative Genetik. – Berlin-Göttingen-Heidelberg.

Jensen, A. R., 1967: Estimation of the limits of heritability of traits by comparison of monozygotic and dizygotic twins. – Proc. nat. Acad. Sci. (Wash.) *58*, 149–156.

Kempthorne, O., 1957: An introduction to genetic statistics. – New York.

Lein, A., 1960: Zur relativen Bewertung von Streuungsanteilen auf Grund der Varianzanalyse. – Züchter *30*, 352.

Lein, A. und J. Flechsig, 1956: Über die Mahlfähigkeit als Sorteneigenschaft. – Getreide und Mehl *6*, 1–3.

Lenz, W., 1970: Medizinische Genetik. – Stuttgart.

Le Roy, H. L., 1960: Statistische Methoden der Populationsgenetik. – Basel.

Lush, J. L., 1949: Heritability of quantitative characters in farm animals. – Proc. 8th Int. Congr. Genetics, 356–375. – Stockholm.

Mather, K., 1949: Biometrical genetics. – London.

Nikoro, Z. S., G. A. Stakan, Z. N. Charitonova, L. A. Vasil'eva, E. Ch. Ginzburg, N. F. Rešetnikova, 1968: Teoretičeskie osnovy selekcii životnych. – Moskva.

Pirchner, F., 1964: Populationsgenetik in der Tierzucht. – Hamburg und Berlin. (Englische Ausgabe 1969, San Francisco).

Plochinskij, N. A., 1964: Nasleduemost', – Novosibirsk.

Pollmer, W. G., 1957: Untersuchungen zur Ertragsbildung bei Sommerweizen. – Z. Pflanzenzüchtg. *37*, 231–261.

–, 1961: Ertragsstrukturen von Winter- und Sommerweizen. – Z. Acker- und Pflanzenbau *113*, 361–370.

Robinson, H. F., R. E. Comstock and P. H. Harvey, 1949: Estimates of heritability and the degree of dominance in corn. – Agron. J. *41*, 353–359.

Rokickij, P. F. i L. V. Chotyleva, 1968: Matematičeskie voprosy geterozisa. – In: Geterozis, teorija i praktika, 187–197. Leningrad.

Rundfeldt, H., 1967: Interaktion zwischen Zweck, Anlage und Auswertung von Versuchen. – Tagungsberichte DAL (Bln.) *86*, 73–78.

Sachs, L., 1968: Statistische Auswertungsmethoden. – Berlin-Heidelberg-New York.

Schmalz, H., 1969: Pflanzenzüchtung, 2. Aufl. – Berlin.

Schnell, W., 1958: Vererbungsanalysen bei quantitativer Merkmalsvariation. – In: Hdb. d. Pflanzenzüchtg., 2. Aufl. *1*, 815–832. – Berlin und Hamburg.

Sprague, G.F., 1966: Quantitative genetics in plant improvement. – In: K. J. Frey (Edit.), Plant breeding – A symposium held at Iowa State University. Ames.

Stahl, W., D. Rasch, R. Šiler und J. Váchal, 1969: Populationsgenetik für Tierzüchter. – Berlin-Prag.

Warner, S. N., 1952: A method for estimating heritability. – Agron. J. *44*, 427–430.

Weber, E., 1967: Mathematische Grundlagen der Genetik. – Jena.

Wricke, G., 1955: Über die Methoden zur Untersuchung der Wirkungsweise quantitativer Gene. – Züchter *25*, 262–274.

–, 1964: Zur Berechnung von Ökovalenz bei Sommerweizen und Hafer. – Z. Pflanzenzüchtg. *52*, 127–138.

–, 1972: Populationsgenetik. (Sammlung Göschen 5005). – Berlin-New York.

In-vitro-Kultur der Wurzeln von letalen *fusca*-Mutanten von *Arabidopsis thaliana*

von Ulrike Weiland und Andreas J. Müller

(Eingegangen am 20. Januar 1972)

EINLEITUNG

Trotz ihres ausgedehnten Einsatzes für pflanzenphysiologische Untersuchungen ist die in-vitro-Kultur von Wurzeln bisher nur selten zum Studium genetisch bedingter Stoffwechsel- und Entwicklungsstörungen verwendet worden. Zwar sind bei Tomate, Erbse, *Trifolium pratense, Senecio vulgaris* und Mais mehrfach Unterschiede in Wachstumsrate und Nährstoffansprüchen der isolierten Wurzeln verschiedener Genotypen beschrieben worden (vgl. Butcher und Street 1964, Street 1966, Skinner 1952), doch fehlt in diesen Fällen eine detaillierte genetische Analyse. Nach Befunden von Lee (1959) zeichnen sich isolierte Wurzeln einer Zwergmutante der Tomate durch verringerte Wachstumsrate aus. Neales (1968) untersuchte bei *Arabidopsis thaliana* in vitro kultivierte Wurzeln von zwei vitalen, unter bestimmten Bedingungen durch Vitaminbedürftigkeit ausgezeichneten Mutanten und demonstrierte damit den Wert dieser Kulturmethode für die biochemische Genetik höherer Pflanzen.

Im folgenden wird über Versuche berichtet, in denen die in-vitro-Kultur von Wurzeln zur physiologischen Charakterisierung von spätletalen *fusca*-Mutanten von *Arabidopsis thaliana* benutzt wurde.

Charakteristisches Merkmal dieses rezessiven Mutantentyps ist das Auftreten von Anthozyan im Embryo des unreifen und reifen Samens (Müller 1963, Müller und Heidecker 1968). Die hier untersuchten 35 Mutanten, die verschiedene Allele der Loci *fusA*, *fusD* und *fusK* darstellen, sind extrem schwachwüchsig und sterben nach Ausbildung einer kleinen, ergrünten Blattrosette und kurzer Wurzeln. Wir fanden, daß trotz der Letalität der ganzen Pflanze isolierte Mutantenwurzeln in einem Medium, das nur die für das Wachstum von Wildtyp-Wurzeln notwendigen Supplemente (insbesondere Saccharose und Thiamin) enthält, kultivierbar und durch Verklonung unbegrenzt vermehrbar sind. Allerdings ist die Rate des Längenwachstums der Wurzeln bei allen Mutanten geringer als beim Wildtyp und im einzelnen allelspezifisch verschieden. Außerdem unterscheiden sich die älteren Gewebe der in vitro kultivierten Mutantenwurzeln vom Wildtyp durch Flavonoidbildung und erhöhten Trockenmassegehalt. Somit wird gezeigt, daß sich die mutierten Gene auch in der isoliert vom Sproß wachsenden Wurzel manifestieren.

MATERIAL UND METHODEN

Verwendete Stämme: 'Dijon G' – ein frühblühender Wildtyp-Stamm, der durch wiederholte Einzelpflanzenauslese aus einer im Laibach-Sortiment gehaltenen und ursprünglich aus dem Botanischen Garten Dijon stammenden Population gewonnen wurde. *fusca*-Mutanten: Nach Behandlung mit alkylierenden Agenzien aus 'Dijon G' isolierte rezessive Mutanten. Der für die Versuche verwendete homozygote *fusca*-Samen wurde aus der Selbstungsnachkommenschaft heterozygoter Pflanzen (M_4, M_5) ausgelesen.

Keimlingskultur: Nachgereifte und gleichmäßig keimende Samen wurden 10 min in 0,01 %iger $HgCl_2$-Lösung desinfiziert, dreimal in aqua dest. gewaschen und (sofern nicht anders angegeben) in Petrischalen auf Agar-Mineralmedium im Licht bei 20–24 °C inkubiert. Nach 36–42 h war beim Wildtyp die Keimung abgeschlossen. (Radikula tritt aus der Samenschale heraus.) 4 Tage alte (gerechnet von Aussaat) Lichtkeimlinge (die beim Wildtyp 4–5 mm lange Primärwurzeln aufwiesen) oder 10 Tage alte Lichtkeimlinge (mit rund 15 mm langer Primärwurzel ohne Seitenwurzeln) wurden (in der Regel einzeln) in 100-ml-Erlenmeyerkolben mit 50 ml flüssigem „Wurzelmedium" (s. u.) umgesetzt und im Dunkeln bei 27 °C submers kultiviert.

Klonkultur isolierter Wurzeln: Die Isolierung erfolgte in der Regel nach 14-tägiger submerser Dunkelkultur der Keimlinge, d. h. nachdem (beim Wildtyp) sich bereits viele Seitenwurzeln (auch höherer Ordnung) gebildet haben, die mycelartig miteinander verflochten sind. Die ausgebleichten Sproßteile wurden entfernt. Die Wurzelmasse wurde zerschnitten und auf mehrere 100-ml-Erlenmeyerkolben (mit je 50 ml Flüssigmedium) verteilt. Die Kulturen wuchsen im Dunkeln bei 27 °C und wurden alle 18–20 Tage subkultiviert. (Frischgewicht der Inokula: 10–30 mg.)

Kulturmedium: Modifiziertes White-Medium folgender Zusammensetzung:

$Ca(NO_3)_2 \times 4H_2O$	200	mg/l	H_2MoO_4	0,0017	mg/l
KNO_3	80	„	$CuSO_4 \times 5H_2O$	0,013	„
KCl	65	„	Fe-EDTA	2,5	„
$NaH_2PO_4 \times 4H_2O$	15,6	„			
$MnCl_2 \times 4H_2O$	4,5	„	Thiamin HCl	0,1	„
$ZnSO_4 \times 7H_2O$	1,5	„	Pyridoxin	0,1	„
KJ	0,75	„	Nicotinsäure	0,5	„
$Na_2SO_4 \times 10H_2O$	200	„	Glycin	3,0	„
$MgSO_4 \times 7H_2O$	360	„	Saccharose	20	g/l
H_3BO_3	1,5	„	aqua bidest.	1	l

Der pH-Wert wurde vor dem Autoklavieren (15 Minuten, 1,5 atü) auf 5,0 eingestellt. Die Sterilisation der Vitaminlösungen erfolgte durch ein Bakterienfilter G 5.

Messung des Wurzelwachstums: Bei Kurzzeitkultur von Keimlingen (bzw. isolierten Primärwurzeln) wurde die Länge der Haupt- und Seitenwurzeln gemessen und die Anzahl der Seitenwurzeln bestimmt. Die Wurzeln wurden dazu in Petrischalen in Wasser gespreitet und über Millimeterpapier ausgemessen. Bei älteren Kulturen bzw. etablierten Klonkulturen erfolgte Bestimmung von Frisch- und Trockengewicht. Zur Frischgewichtsbestimmung wurden die Wurzeln auf einer Fritte abgesaugt und sofort gewogen (Die zarten Wurzeln trocknen an der Luft sehr schnell aus!). Die Prüfung der Reproduzierbarkeit dieses Verfahrens ergab Abweichungen von nur 3%. Zur Ermittlung des Trockengewichts wurden die abgesaugten Wurzeln 20 min bei 110 °C getrocknet und sofort gewogen.

ERGEBNISSE

A. Ermittlung optimaler Bedingungen für das Wurzelwachstum von 'Dijon G'

Wurzelwachstum bei submerser Dunkelkultur von Keimlingen

Beim Wildtyp können bereits die rund 15 mm langen, unverzweigten Primärwurzeln von 7 bis 10 Tage alten Keimlingen isoliert und mit hoher (wenn auch nicht mit 100%iger) Erfolgsrate in Wurzelmedium weiterkultiviert werden. Bei Verwendung isolierter Primärwurzeln ist es möglich, die bei Tomaten bewährte Technik der Kurzzeitkultur (7 Tage) mit anschließendem Ausmessen der Wurzeln anzuwenden, doch variieren die Einzelergebnisse sehr stark. Wir fanden, daß das Wurzelwachstum wesentlich gleichmäßiger ist, wenn auf die Isolierung verzichtet wird, und daß diese submerse Dunkelkultur von Keimlingen weitgehend die gleichen Aussagen zu liefern imstande ist wie die Kultur isolierter Wurzeln.

Werden Samen von 'Dijon G', die nach dem Einquellen zur Keiminduktion kurze Zeit beleuchtet worden sind, im Dunkeln zum Keimen gebracht, so bilden sich nicht-ergrünte Keimlinge mit langem, etiolierten Hypokotyl, deren Primärwurzel bei andauernder Dunkelheit auf Mineralmedium höchstens 2,5 mm Länge erreicht. In Medium mit 20 g/l Saccharose wird dagegen die Primärwurzel rund 8 mm lang und es bilden sich viele Seiten- und Adventivwurzeln. Das Frischgewicht pro Keimling beträgt nach 6 Wochen im Mittel nur 11 mg. Wird dem Medium dagegen 0,1 mg/l Thiamin oder die vollständige Vitaminkomponente zugesetzt, so wird in 6 Wochen allein durch Wurzelwachstum ein Frischgewicht pro Keimling von rund 60 mg erreicht. Die Hemmung des Sproßwachstums und die extreme Thiaminbedürftigkeit sind eine Folge der Dunkelhaltung, denn im Licht zeigen submers im Mineralmedium kultivierte Keimlinge Ergrünung und gutes Sproßwachstum. Allerdings wird das Sproßwachstum durch Belüften der Kulturlösung (Schütteln) gefördert, während das Wurzelwachstum davon unbeeinflußt bleibt.

Infolge anfänglicher Schwierigkeiten bei der Kultur von Dunkelkeimlingen wurden allerdings bei den im folgenden zu beschreibenden Versuchen die Keimlinge vor Beginn der submersen Dunkelkultur im Licht auf Mineralmedium angezogen und wiesen dementsprechend ergrünte, deutlich vergrößerte Kotyledonen auf. Der Sproß bleichte im Dunkeln jedoch ziemlich schnell aus und stellte nach Bildung von höchstens 4 kleinen Rosettenblättern sein Wachstum ein. (Endgewicht des Sprosses: ca. 10 mg). Natürlich ist dessenungeachtet die Verwendung von Dunkelkeimlingen der Vorkultur in Licht vorzuziehen, da u. U. bestimmte Syntheseleistungen der ergrünten Kotyledonen das Wurzelwachstum beeinflussen können. Beispielsweise setzen die Wurzeln von Lichtkeimlingen nach Verdunkelung auch in vitaminfreiem Medium ihr Wachstum fort und erreichen noch eine Länge von 24 mm (Tab. 2), während Dunkelkeimlinge ohne exogene Thiaminzufuhr höchstens 8 mm lange Primärwurzeln bilden.

Submerse Keimlingskulturen können auf sehr einfache Weise dadurch etabliert werden, daß die Samen in die Kulturlösung gebracht werden und dort keimen. Allerdings setzt submerse Keimung (zumindest bei 'Dijon G') einen relativ hohen Sauerstoffgehalt der Lösung voraus, der nur durch Schütteln oder Durchsprudeln mit steriler Luft zu erreichen ist. Wir haben daher die Keimung auf Agar-Medium vorgenommen und erst 4 Tage alte Keimlinge in Flüssigmedium umgesetzt.

Einfluß der Saccharosekonzentration

Der Einfluß acht verschiedener Saccharosekonzentrationen im Bereich von 0–100 g/l wurde geprüft. Von steriler Agarkultur wurden vier Tage alte Lichtkeimlinge entnommen und für jede Konzentration fünf Kolben mit je einem Keimling bei 27 °C im Dunkeln kultiviert. Nach sieben Tagen wurden die Längen der Haupt- und Seitenwurzeln gemessen und die Anzahl der Seitenwurzeln bestimmt. Wie Abbildung 1 zeigt, ergeben 20–40 g/l Saccharose die größte Wachstumsintensität. Dieses Resultat wird durch Experimente mit längerer Kulturdauer bestätigt, in denen zehn Tage alte Keimlinge ebenfalls ohne Isolierung der Wurzeln im Dunkeln 29 Tage lang wuchsen (Abb. 2). Bei den weiteren Versuchen wurde das Wurzelmedium mit 20 g/l Saccharose supplementiert.

Einfluß der Temperatur

Zur Ermittlung der geeigneten Kulturtemperatur diente ebenfalls ein Kurzzeit-Versuch mit vier Tage alten Lichtkeimlingen, die sieben Tage bei vier verschiedenen Temperaturen in Wurzelmedium wuchsen. Die in Ab-

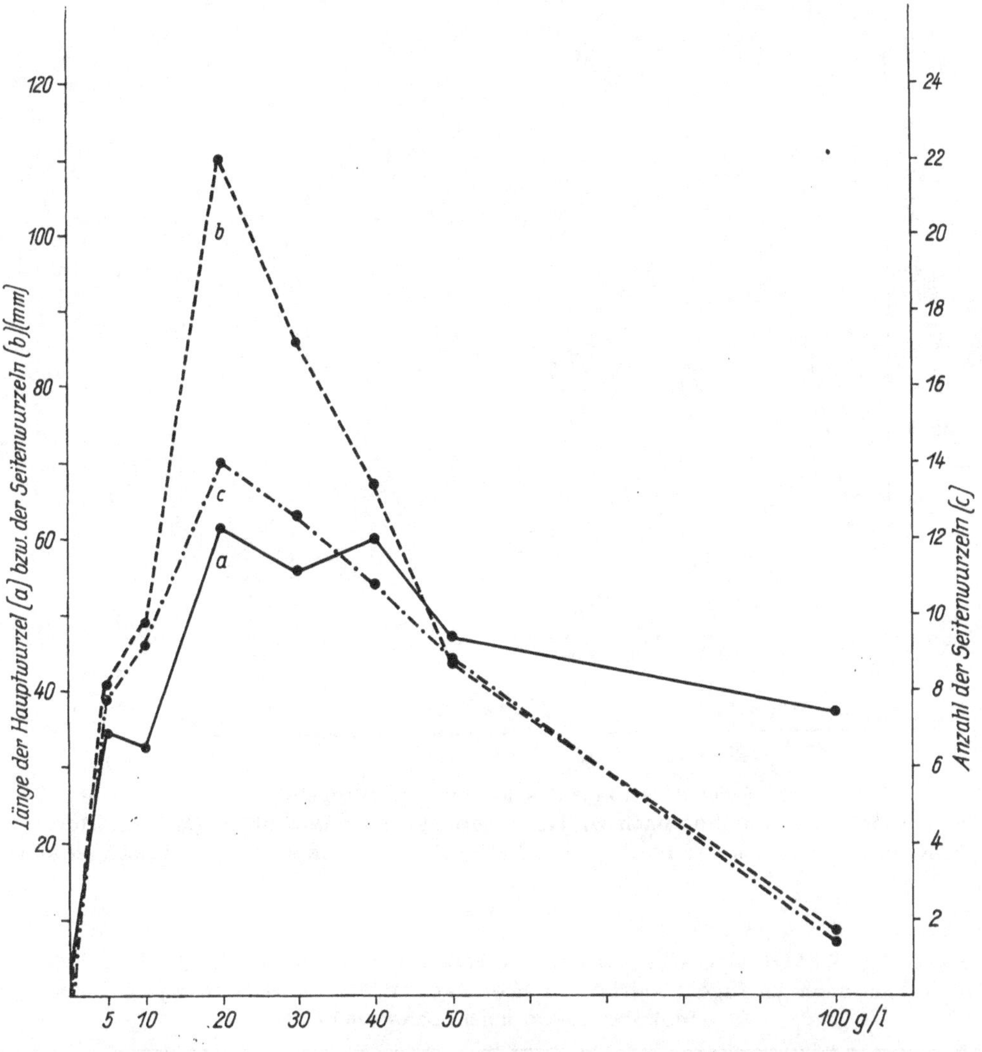

Abb. 1. Einfluß der Saccharosekonzentration auf das Wurzelwachstum von 'Dijon G'. Länge der Hauptwurzel (a), Gesamtlänge der Seitenwurzeln (b) und Anzahl dei Seitenwurzeln (c) pro Keimling nach 7 Tagen submerser Dunkelkultur. (Mittelwerte von je 5 Keimlingen). Inokula: 4 Tage ale Lichtkeimlinge mit 4–5 mm langer Primärwurzel

bildung 3 dargestellten Ergebnisse zeigen, daß das Temperaturoptimum bei 27 °C liegt und daß bereits relativ geringe Abweichungen vom Optimum zu einer ausgeprägten Hemmung des Wurzelwachstums führen. In einem weiteren Versuch dienten Inokula (20–30 mg Frischgewicht) eines etablierten Wildtyp-Klons als Ausgangsmaterial. Sie wurden 34 Tage bei den gleichen Temperaturen inkubiert. Auch in diesem Fall wurde das beste Wurzelwachstum bei 27 °C erzielt, während sowohl bei 31 °C als auch bei 19 °C sich kein gesichert nachweisbarer Zuwachs ergab (Tab. 1).

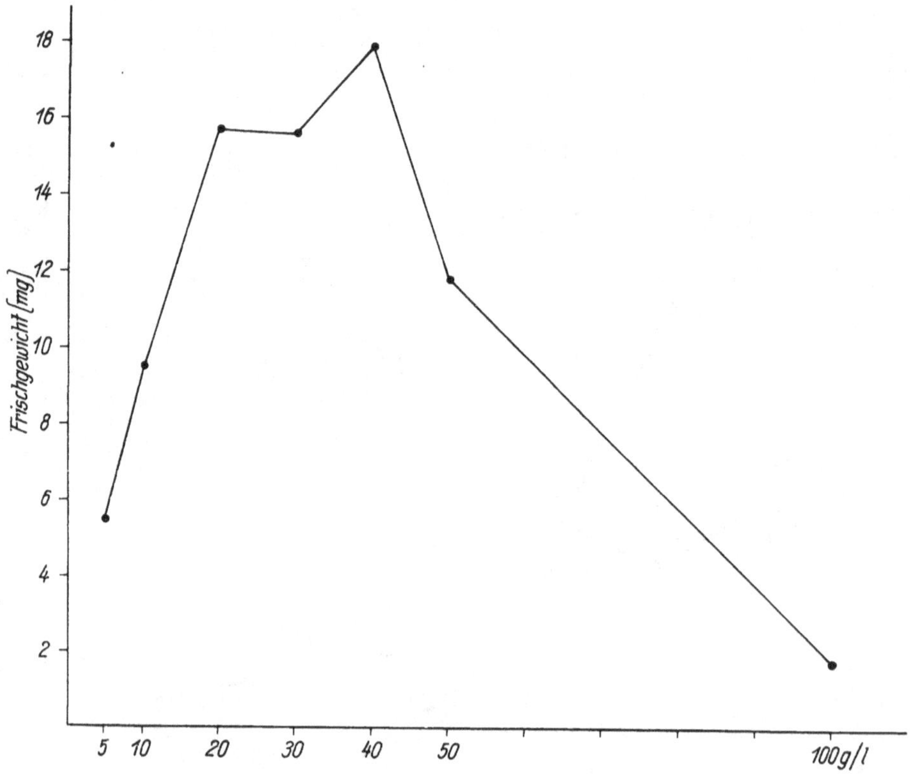

Abb. 2. Einfluß der Saccharosekonzentration auf das Wurzelwachstum von 'Dijon G'. Frischgewicht pro Keimling nach 29 Tagen submerser Dunkelkultur. (Mittelwerte von je 5 Keimlingen). Inokula: 10 Tage alte Lichtkeimlinge von ca. 1,5 mg Frischgewicht

Tabelle 1

Einfluß der Kulturtemperatur auf das Wurzelwachstum von 'Dijon G'. Endgewicht pro Kolben nach 34 Tagen Kultur von Klonmaterial. (Mittelwerte von je 5 Kolben.) Inokula: 20–30 mg Frischgewicht.

Temperatur °C	Frischgewicht mg/Kolben	Trockengewicht mg/Kolben	Relation Trockengewicht : Frischgewicht
19	33,2	3,3	0,10
23	101,8	9,1	0,09
27	233,5	22,6	0,09
31	27,9	4,2	0,15

Vitaminbedürftigkeit

Ein Versuch mit vier Tage alten Lichtkeimlingen, die mit und ohne Vitamine (Thiamin, Pyridoxin, Nicotinsäure) 13 Tage in Wurzelmedium submers im Dunkeln kultiviert wurden, ließ erkennen, daß die Wurzeln des Wildtyps 'Dijon G' vitaminbedürftig sind (Tab. 2). Bei Verwendung von Dunkel-

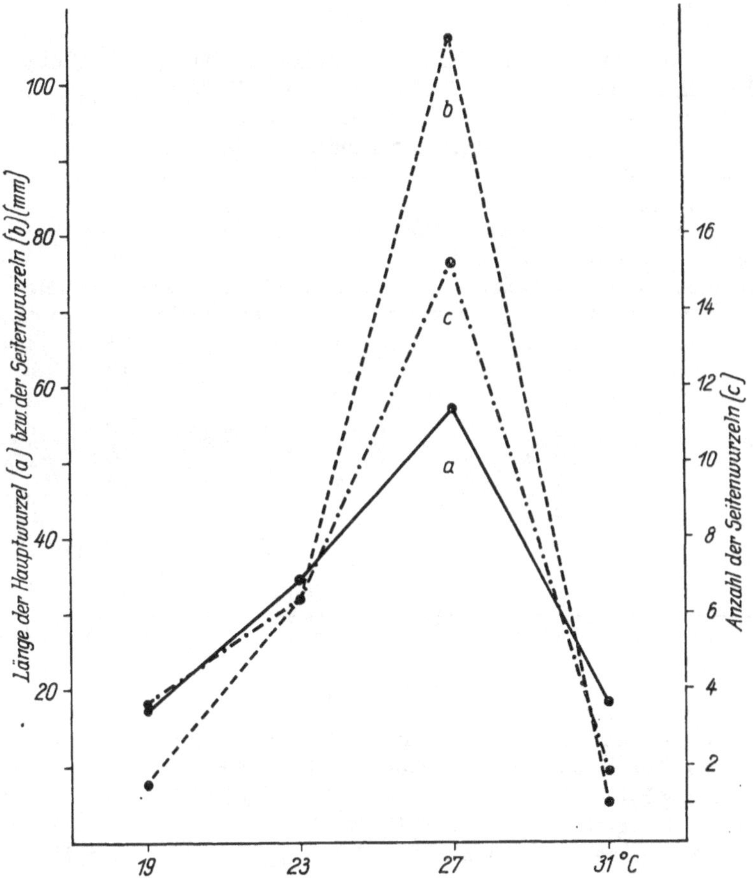

Abb. 3. Einfluß der Kulturtemperatur auf das Wurzelwachstum von 'Dijon G'. Länge der Hauptwurzel (a), Gesamtlänge der Seitenwurzeln (b) und Anzahl der Seitenwurzeln (c) pro Keimling nach 7 Tagen submerser Dunkelkultur. (Mittelwerte von je 5 Keimlingen). Inokula: 4 Tage alte Lichtkeimlinge mit 4–5 mm langer Primärwurzel

keimlingen zeigte sich, daß die Vitaminbedürftigkeit absolut ist. Um den Einfluß der einzelnen Komponenten zu testen, wurden Klonkulturen mit fünf verschiedenen Vitaminkombinationen supplementiert. In Tabelle 4 sind die mittleren Frisch- und Trockengewichte nach 34 Tagen Kulturdauer aufgeführt. Die Inokula wurden vor dem Ansetzen der Kulturen dreimal in aqua dest. gespült, um einen Übertragungseffekt möglichst auszuschalten.

Die Ergebnisse zeigen, daß das Restwachstum von Klonkulturen bei fehlender Vitaminsupplementierung nur gering ist. Von den getesteten Substanzen kommt Thiamin die größte Bedeutung zu. Biotin allein und zusätzlich zu Thiamin ergibt in der angewandten Konzentration keinen signifikant fördernden Effekt. Ein fördernder Einfluß von Pyridoxin und/oder Nicotin-

Tabelle 2

Einfluß von Vitaminen auf das Wurzelwachstum von 'Dijon G'. Wurzelwerte der einzelnen Keimlinge nach 13 Tagen submerser Dunkelkultur. Inokula: 4 Tage alte Lichtkeimlinge mit 4–5 mm langer Primärwurzel. Vit. = Thiamin 0,1 mg/l, Pyridoxin 0,1 mg/l, Nicotinsäure 0,5 mg/l, Glycin 3,0 mg/l.

mit Vit.		ohne Vit.		
Länge der Hauptwurzel mm	Anzahl der Seitenwurzeln	Länge der Hauptwurzel mm	Anzahl der Seitenwurzeln	
133	56	34	25	
158	51	25	18	
156	51	17	11	
162	63	23	12	
160	56	28	9	
129	47	27	18	
164	52	19	6	
138	37	26	16	
—	—	22	15	
—	—	24	12	
150	51,6	24,5	14,2	Mittelwerte

Tabelle 3

Einfluß von Vitaminen auf das Wurzelwachstum von 'Dijon G'. Endgewicht pro Kolben nach 34 Tagen Kultur von Klonmaterial. (Mittelwerte von je 5 Kolben.) Inokula: 10–20 mg Frischgewicht. Rangtest nach Mann und Whitney: Die Varianten 2 bis 5 differieren signifikant von der Kontrolle (0,1% $< P <$ 1%). Folgende Differenzen sind nicht signifikant ($P >$ 5%): 2/3, 3/4, 4/5, 1/K.

Supplement	Frischgewicht mg/Kolben	Trockengewicht mg/Kolben	Relation Trockengew : Frischgew.
K ohne Vitamin	24,5	2,9	0,11
1 Biotin 0,1 mg/l	26,0	3,3	0,12
2 Thiamin 0,1 mg/l	141,5	15 2	0,10
3 Thiamin 0,1 mg/l Biotin 0,1 mg/l	149,8	15,6	0,10
4 Thiamin 0,1 mg/l Biotin 0,1 mg/l Pyridoxin 0,1 mg/l Nicotins. 0,5 mg/l	183,3	17,0	0,09
5 Thiamin 0,1 mg/l Pyridoxin 0,1 mg/l Nicotins. 0,5 mg/l Glycin 3,0 mg/l	190,6	18,8	0,10

säure deutet sich an, ist aber in vorliegenden Versuch nicht gesichert nachweisbar. Die Zugabe von Glycin bewirkte in der angewandten Konzentration keine signifikante Erhöhung der Wurzelmasse.

B. Kultur der Mutantenwurzeln

Während 10 Tage alte Wildtyp-Keimlinge bereits eine rund 15 mm lange Primärwurzel besitzen, die vom Sproß isoliert und in Wurzelmedium kultiviert werden kann, bildet die Mehrzahl der hier untersuchten *fusca*-Mutanten im gleichen Zeitraum nur 2–6 mm lange Wurzeln aus (vgl. Tab. 4), die nach Isolierung nicht weiter wachsen. Erst nach anschließender 14tägiger submerser Dunkelkultur der Mutantenkeimlinge erreichen die Wurzeln eine zur Isolierung geeignete Länge. Es gelang auf diese Weise, von allen 35 untersuchten *fusca*-Mutanten Klonkulturen zu etablieren, die kontinuierlich über 12 Monate bei 18 Tagen Passagedauer vermehrt wurden.

Tabelle 4

Wurzelwachstum verschiedener *fusca*-Mutanten bei submerser Dunkelkultur von Keimlingen. (Mittelwerte von je 5 Keimlingen.)
Inokula: 7 Tage alte Lichtkeimlinge.
Rangtest nach Mann und Whitney: Sämtliche Differenzen zum Wildtyp sind bei $P < 1\,\%$ signifikant, sofern nicht anders angegeben (n. s. = nicht signifikant)

Stamm	Bei Versuchsbeginn	Nach 7 Tagen Dunkelkultur		
	Länge der Hauptwurzel mm	Länge der Hauptwurzel mm	Anzahl der Seitenwurzeln	Gesamtlänge d. Seitenwurzeln mm
'Dijon G'	15	76,0	14,6	208,6
fus A 146	2	22,8	0,2	1,6
fus A 117	2	3,0	0	0
fus A 135	3	17,6	0,2	1,0
fus A 344	4	28,8	4,8	13,6
fus A 367	2	5,6	0	0
fus D 112	8	63,2 n. s.	12,6 n. s.	75,0
fus D 307	8	34,0	4,6	17,0
fus D 123	6	48,2 n. s.	5,2	26,0
fus D 357	3	11,2	0	0
fus K 292	3	41,4	4,0	13,2
fus K 330	3	34,0	2,0	8,6
fus K 331	3	33,8	1,8	6,2
fus K 341	3	26,2	3,4	15,2
fus K 246	3	32,8	1,6	6,0

Allerdings wachsen die Mutantenwurzeln auffällig langsamer als Wildtyp-Wurzeln. Tabelle 4 enthält die Ergebnisse eines Versuchs, in dem das Wurzelwachstum von 14 Mutanten bei 7tägiger submerser Dunkelkultur von Lichtkeimlingen bestimmt wurde. Diese Ergebnisse zeigen, daß sich die Mutanten nicht nur durch eine gegenüber dem Wildtyp verringerte Wachstumsrate der

Wurzel auszeichnen, sondern daß auch beträchtliche Unterschiede zwischen den einzelnen Mutanten bestehen. Bei *fusD 112*, die auch als ganze Pflanze wesentlich besser wächst als die anderen *fusD*-Mutanten und unter günstigen Bedingungen sogar bis zur Blütenbildung gelangt, ist der Unterschied zum Wildtyp am geringsten und nur in der Gesamtlänge der Seitenwurzeln gesichert.

Tabelle 5

Wurzelwachstum verschiedener *fusca*-Mutanten bei submerser Dunkelkultur von Keimlingen. (Mittelwerte von 4 bis 5 Wiederholungen.) Inokula: 10 Tage alte Lichtkeimlinge bzw. Dunkelkeimlinge (Anzucht ohne Vitamine, aber mit 20 g/l Saccharose). Rangtest nach Mann und Whitney: Die Differenzen zwischen den Endgewichten von Wildtyp und Mutanten sind bei $P < 1\%$ signifikant. (Einzige Ausnahme: *fus C 116* – Lichtkeimlinge). Sämtliche Differenzen zwischen den Werten für Licht- und Dunkelkeimlinge sind nicht signifikant ($P > 5\%$)

Stamm	Länge der Primärwurzel bei Versuchsbeginn (mm)		Frischgewicht nach 42 Tagen pro Keimling (mg)	
	Lichtkeimling	Dunkelkeimling	Lichtkeimling	Dunkelkeimling
'Dijon G'	10,0	5,5	259,5	311,8
fus A 135	2,5	2,5	98,0	104,5
fus A 344	2,5	2,5	11,7	24,3
fus D 112	7,5	2,5	154,8	161,2
fus D 136	3,5	3,5	79,0	75,2
fus K 330	2,5	2,5	100,7	101,0
fus K 341	2,5	2,5	35,6	24,8
fus C 116	7,5	2,5	247,3	157,3

Da bei dem in Tabelle 4 dargestellten Versuch wegen der Verwendung von Lichtkeimlingen und der kurzen Kulturdauer die Möglichkeit nicht auszuschließen ist, daß die gefundenen Unterschiede in der Wurzellänge zumindest teilweise auf die unterschiedliche Ausbildung der Sproßteile zurückzuführen ist, wurden in einem weiteren Versuch (Tab. 5) außer Lichtkeimlingen auch gleichaltrige Dunkelkeimlinge verwendet, deren Kotyledonen einheitlich klein und chlorophyllfrei waren und die sich (da ihre Anzucht auf vitaminfreiem Medium erfolgte) auch nicht in der Länge der Primärwurzeln unterschieden. Die Ergebnisse dieses Versuchs zeigen, daß auch bei Verwendung von Dunkelkeimlingen die Mutantenwurzeln stets mit deutlich geringerer Rate als die Wildtyp-Wurzel wachsen. (Beachte insbesondere *fusD 112*!)

Für 5 Mutanten liegen genaue Bestimmungen der Gewichtszunahme bei der Kultur von Inokula aus etablierten Wurzelklonen vor. Bei der Beurteilung dieser in Tabelle 6 dargestellten Ergebnisse ist zu beachten, daß die Kulturdauer 60 Tage betrug und dementsprechend die Auswertung in der stationären Phase erfolgte. Dadurch ergaben sich teilweise andere Relationen zwischen den Werten für die Mutanten und dem für den Wildtyp. Bei *fusD 122* war

Tabelle 6

Wurzelwachstum verschiedener *fusca*-Mutanten.
Endgewicht pro Kolben nach 60 Tagen Kultur von Klonmaterial. (Mittelwerte von je 5 Kolben), Inokula: 5–10 mg Frischgewicht. Rangtest nach Mann und Whitney: Differenz zu Wildtyp $^{**}P < 1\,\%$, $^{*}P < 5\,\%$, n. s. = nicht signifikant

Stamm	Frischgewicht mg/Kolben	Trockengewicht mg/Kolben	Relation Trockengewicht : Frischgewicht
'Dijon G'	127,8	18,6	0,146
fus D 122	143,9 n. s.	26,0**	0,182**
fus D 136	74,1**	13,3**	0,179**
fus D 262	105,0*	19,6 n. s.	0,187**
fus D 307	43,7**	11,6**	0,266**
fus K 292	88,4**	17,3 n. s.	0,196**

sogar die Zunahme (zumindest im Trockengewicht) gesichert größer als beim Wildtyp. Die vier anderen Mutanten sind, sofern man nur das Frischgewicht als Kriterium heranzieht, auch hier dem Wildtyp in der Wachstumsrate unterlegen. Alle fünf Mutanten unterscheiden sich jedoch insofern gesichert vom Wildtyp, als ihr Trockenmassegehalt stets größer ist. Außerdem fiel auf, daß innerhalb einer Variante die Kolben mit dem kleineren absoluten Gewicht stets das höhere relative Trockengewicht aufweisen. Diese veränderte Konsistenz kann im Zusammenhang mit einer anderen Besonderheit der Mutantenwurzeln gesehen werden: Bereits nach der ersten Passage unterschieden sich die Wurzeln aller geprüften *fusca*-Mutanten durch deutliche Gelbfärbung von den farblosen Wildtyp-Wurzeln. Allerdings ist auch bei den Mutantenwurzeln der apikale Bereich zunächst farblos; die Pigmentbildung erfolgt also erst in den älteren Geweben. 6–10 Wochen alte Kulturen geben das Pigment, das als Flavonoid identifiziert werden konnte, in das Medium ab.

DISKUSSION

Unsere Ergebnisse zeigen, daß isolierte Wurzeln von 'Dijon G' in mehrfacher Hinsicht anders reagieren als die Wurzeln der von Neales (1968a, b) untersuchten Wildtyp-Stämme 'Estland', 'Pitztal' und 'Blanes'. Bei keinem dieser Arabidopsis-Stämme sind die Wurzeln so ausgeprägt empfindlich gegenüber einer Erhöhung der Temperatur von 27° auf 31 °C. Für 'Estland' liegen darüber hinaus Ergebnisse bei tiefen Temperaturen vor, die zeigen, daß 'Dijon G' bei Verwendung praktisch des gleichen Mediums (mit Vitaminen, aber ohne Biotin) auch suboptimale Temperaturen wesentlich schlechter toleriert als 'Estland'. Da 'Dijon G' als ganze Pflanze bei 19 °C noch recht gut wächst, muß die bei dieser Temperatur zu beobachtende extreme Wachstumsdepression der kultivierten Wurzeln durch die Isolierung vom Sproß bedingt sein. 'Dijon G' zeichnet sich auch im Vergleich zu 'Estland' durch eine geringere Toleranz gegenüber hohen Saccharose-Konzentrationen aus.

Bemerkenswert sind insbesondere die genotypisch bedingten Unterschiede in der Vitaminbedürftigkeit. Unsere Ergebnisse zeigen, daß die Wurzeln von 'Dijon G' ein praktisch absolutes Bedürfnis für exogene Thiaminzufuhr aufweisen und sich somit in dieser Hinsicht ähnlich verhalten wie die Mehrzahl der Pflanzen, von denen bisher isolierte Wurzeln in Kultur genommen wurden (Street 1966). Nach Neales (1968a, b) besteht dagegen bei 'Estland' kein und bei 'Pitztal' nur ein mäßiges Thiaminbedürfnis der isolierten Wurzeln. Nur bei 'Blanes' konnte durch Zugabe von Thiamin und Biotin eine beträchtliche Förderung des sonst schwachen Wurzelwachstums erreicht werden.

Unsere Versuche mit 35 spätletalen *fusca*-Mutanten ergaben, daß bei allen Mutanten die Wurzeln in einem Medium, daß nur Saccharose, Vitamine und Glycin als organische Supplemente enthält, zwar mit verringerter Rate der Längenzunahme, aber doch (bei Subkultivierung) unbegrenzt wachsen. Durch Kultivierung der ganzen Mutanten-Pflanzen auf Agar-Medium, das die gleichen Supplemente enthält, wird dagegen der Letaleffekt der Mutation nicht aufgehoben (unveröffentl. Ergebnisse). Da bei der Wurzelkultur die Möglichkeit, daß die genannten Supplemente nicht in genügendem Maße aufgenommen werden, praktisch ausgeschlossen ist, kann aus dem verminderten Wachstum der Mutantenwurzeln der Schluß gezogen werden, daß die mutativ bedingte Stoffwechselstörung nicht auf einem Mangel an Kohlenhydraten oder Vitaminen beruht. Kennzeichnend für die Wurzeln aller *fusA*-, *fusD*- und *fusK*-Mutanten sind Flavonoidbildung und erhöhter Trockenmassegehalt in den älteren Geweben.

Es wurden deutliche Unterschiede in der Wachstumsrate zwischen den einzelnen Mutanten gefunden. Obwohl sich viele dieser Differenzen statistisch sichern lassen, bleibt doch zu beachten, daß die Mutanten-Stämme außer dem jeweiligen *fusca*-Allel noch andere, qualitativ nicht faßbare Mutationen aufweisen können, die eventuell das Wurzelwachstum beeinflussen. Endgültige Aussagen über allel- oder locus-spezifische Unterschiede in der Wachstumsrate der Wurzeln sind daher erst nach Durchführung von Rückkreuzungsexperimenten möglich. Bei Wachstumsmessungen in Klonkulturen können außerdem durch Unterschiede im Klonmaterial genotypisch bedingte Unterschiede vorgetäuscht werden. Untersuchungen an Mutantenpflanzen zeigen allerdings, daß die höhere Wachstumsrate von *fusD 112* tatsächlich allelspezifisch ist.

Zusammenfassung

Der Einfluß von Temperatur, Saccharosekonzentration, Vitaminen (Thiamin, Pyridoxin, Nicotinsäure, Biotin) und Glycin auf das Wachstum in vitro kultivierter Wurzeln des Wildtyp-Stammes 'Dijon G' von *Arabidopsis thaliana* wurde untersucht. Im Vergleich zu anderen Wildtyp-Stämmen von *A. thaliana* erwiesen sich die Wurzeln von 'Dijon G' als sehr empfindlich gegen Abweichungen von der Optimaltemperatur (~ 27 °C) und als abhängig von exogener Thiaminzufuhr. Die anderen Vitamine und Glycin führten zu keiner signifikanten Förderung des Wurzelwachstums. Die Versuche wurden sowohl mit etablierten Klonen isolierter Wurzeln als auch mit dunkelkultivierten Keimlingen in Flüssigmedium durchgeführt. Beide Kulturformen ergaben im wesentlichen übereinstimmende Ergebnisse.

Von 35 letalen *fusca*-Mutanten (*fusA*, *fusD*, *fusK*) konnten unbegrenzt wachsende Kulturen isolierter Wurzeln etabliert werden. Gegenüber der Ausgangsform zeichnen sich die Wurzeln aller geprüften Mutanten durch verringerte Rate des Längenwachstums, Flavonoidbildung und höheren Gehalt an Trockenmasse aus. Es wurden allelspezifische Unterschiede in der Wachstumsrate gefunden.

Summary

In vitro cultivation of roots of lethal *fusca* mutants of *Arabidopsis thaliana*

The effects of temperature, sucrose concentration, vitamins (thiamin, pyridoxine, nicotinic acid, biotin) and glycin on the growth of in vitro cultivated roots of *Arabidopsis thaliana*, wildtype strain 'Dijon G', have been studied. In comparison with other wildtype strains of *A. thaliana*, the roots of 'Dijon G' proved to be very sensitive to deviations from optimum temperature (~ 27 °C) and fully dependend on an exogenous thiamin supply. The other vitamins and glycin did not significantly enhance root growth. The experiments were carried out with established clones of excised roots and with dark-grown seedlings in liquid medium. Both modes of cultivation gave essentially similar results.

Root growth of 35 lethal *fusca* mutants (*fusA*, *fusD*, *fusK*) has been studied with the aim to gain information about organ-specific expression of the genes involved. Although whole mutant plants are lethal after developing a short root and some very small rosette leaves and are not repaired by the addition of sucrose, vitamins and amino acids, their excised roots showed unlimited growth (at least during 16 passages). In comparison with the wildtype, roots of all mutants tested are characterized by lower growth rate, flavonoid synthesis and higher relative dry weight. Allele-specific differences in growth rate of mutant roots have been found.

Краткое содержание

Культура in vitro корешков летальных мутантов типа *fusca* у *Arabidopsis thaliana*

Исследуется зависимость роста, культивируемых in vitro, корешков *Arabidopsis thaliana*, штамм 'Дижон Г', от температуры, витаминов (тиамин, пиридоксин, никотиновая кислота, биотин), глицина и концентрации сахарозы. В сравнении с другими штаммами *A. thaliana*, корешки 'Дижон Г' очень чувствительны к отклонениям от оптимальной температуры (~ 27 °C) и не растут без прибавки тиамина. Прибавка других витаминов и глицина не оказывала достоверного влияния на рост корешков. Опыты проводились, как с клоновыми культурами изолированных корешков, так и с проростками, культивированными в жидкой среде без доступа света. В обоих случаях наблюдались принципиально схожие результаты.

Из 35 летальных мутантов типа *fusca* удалось получить перманентные культуры изолированных корешков. Корешки всех испытанных мутантов отличаются от исходной формы более слабым ростом, наличием флавоноида и повышенной долей сухого вещества. Скорость роста зависит от определенного мутантного аллеля.

Literatur

Butcher, D. N., and H. E. Street, 1964: Excised root culture. – Botanical Review *30*, 513–586.

Lee, A. E., 1959: The effect of various substances on the comparative growth of excised tomato root clones carrying dwarf and normal alleles. – Amer. J. Bot. *46*, 16.

Müller, A. J., 1963: Embryonentest zum Nachweis rezessiver Letalfaktoren bei *Arabidopsis thaliana*. – Biol. Zbl. *82*, 133–163.

Müller, A. J., und U. Heidecker, 1968: Lebensfähige und letale *fusca*-Mutanten bei *Arabidopsis thaliana*. – Arabid. Inf. Serv. *5*, 54.

Neales, T. F., 1968a: The nutritional requirements of excised roots of three genotypes of *Arabidopsis thaliana* (L.) HEYNH. – New Phytol. *67*, 159–165.

–, 1968b: Effects of high temperatur and genotype on the growth of excised roots of *Arabidopsis thaliana*. – Aust. J. biol. Sci. *21*, 217–223.

Skinner, J. C., 1952: Genetical variation in excised root cultures of *Senecio vulgaris*. – J. Hered. *43*, 299–302.

Street, H. E., 1966: The Physiology of root growth. – Ann. Rev. Plant Physiol. *17*, 315–344.

–, 1966: The Nutrition and metabolism of plant tissue and organe cultures. – In: E. N. Willmer (Edit.), Cells and Tissues in Culture, vol. 3, p. 533. London, New York.

Gewebekulturen aus Alkaloidpflanzen

III. VERSUCHE ZUR VERESTERUNG VON TROPIN[1]

von Anneliese Romeike und Helmut Koblitz

(Eingegangen am 26. Januar 1972)

Die Tropanalkaloide liegen in der Pflanze zum größten Teil in Form von Estern vor. In der Gattung *Datura* treten als Komponenten von Esteralkaloiden die Alkamine Tropin, Nortropin, 6-Hydroxytropin, Teloidin, Pseudotropin, Scopin, Norscopin und die Säuren Tropasäure, Atropasäure, Isovaleriansäure, Tiglinsäure, Essigsäure und α-Phenylglycerinsäure auf. Die Hauptalkaloide sind Hyoscyamin, Scopolamin und einige Tiglinsäureester von Hydroxytropinen.

Der Hauptbildungsort der Tropanalkaloide in verschiedenen Solanaceen-Gattungen ist die Wurzel. Daher sind sterile isolierte Wurzelkulturen ein sehr geeignetes Objekt zur Untersuchung der Bildungsweise dieser Alkaloide. Gewebekulturen dagegen vermögen im allgemeinen Alkaloide nur in Spuren zu bilden.

Unser Ziel ist es, die Orte der Blockierung des Biosyntheseweges der Tropanalkaloide in Gewebekulturen aufzufinden und zu versuchen, die Blockierung aufzuheben. Dabei wurde so vorgegangen, daß zunächst die letzten Schritte der Reaktionskette untersucht wurden. Zunächst ergab sich die Frage, ob eine Veresterung zwischen Alkaminen und Säuren in Gewebekulturen stattfindet.

METHODIK

A. Biologie

In allen Fällen wurde als Nährmedium die Mineralsalzlösung nach Murashige und Skoog (1962), ergänzt durch Vitamine und Aminosäuren nach Koblitz und Hagen (1962) und Auxin, Cytokinin und Gibberellin, benutzt (vgl. Romeike und Koblitz 1970); auch die hier genannten Kultivierungsbedingungen waren die gleichen.

Es wurde folgendes in vitro kultiviertes Pflanzenmaterial benutzt:

I. *Datura innoxia* Mill.
Installation der Kulturen (Agar-Oberflächenkulturen von Stengelexplantaten): 1964.

[1] II. Mitteilung vgl. A. Romeike und H. Koblitz. – Kulturpflanze *18* (1970), 169–177.

II. *Datura metel* L.
Installation der Kulturen (Agar-Oberflächenkulturen von Stengelexplantaten): 1968

III. *Nicotiana tabacum* L.
Installation der Kulturen (Agar-Oberflächenkulturen von Stengelexplantaten): 1965

IV. *Sphaerophysa salsula* (Pall.) DC. (*Leguminosae*), grüner Gewebestamm.
Installation der Kulturen (Agar-Oberflächenkulturen von Stengelexplantaten): 1966

V. *Sphaerophysa salsula*, gelber Gewebestamm.
Angaben wie bei IV.

B. Chemische Analytik

Die Extraktion der Kulturen sowie die qualitative und halbquantitative papier- und dünnschichtchromatographische Untersuchung geschah in der bereits beschriebenen Weise (Romeike und Koblitz 1970).

Zur Identifizierung von Acetyltropin wurde zunächst eine Abtrennung mit Hilfe mikropräparativer Dünnschichtchromatographie durchgeführt, die in ihrem R_F-Wert dem Acetyltropin entsprechenden Zonen von der Platte abgekratzt, mit Na_2CO_3 verrieben und mit $CHCl_3$ eluiert. Aus der essigsauren Ausschüttelung des Chloroformextrakts wurde Acetyltropin als Pikrat gefällt und durch Bestimmung des Schmelzpunkts (217°) und Mischschmelzpunkts mit authentischem Acetyltropinpikrat identifiziert.

C. Fütterungsversuche

Um die Fähigkeit der Zellkulturen zu enzymatischen Umsetzungen im Biosyntheseweg der Tropanalkaloide zu prüfen, wurden dem Nährmedium Tropin und Tropasäure, resp. Tiglinsäure, resp. Acetat, Komponenten der Esteralkaloide aus *Datura*, zugesetzt. Die Konzentration der genannten Substanzen in der Nährlösung betrug $2 \cdot 10^{-4}$ Mol/l, wobei bei einer Produktion von etwa 20 bis 40 g Trockengewebe/l die Alkaloidkonzentration etwa die gleiche ist wie in intakten Daturen. Der Zusatz der Verbindungen zu dem im Autoklaven sterilisierten Nährmedium geschah in der Weise, daß sie in wäßriger Lösung durch G5-Fritten filtriert und unter aseptischen Bedingungen in die Versuchsgefäße gebracht wurden.

Ergebnisse

Die dünnschicht- resp. papierchromatographische Analyse ergab, daß weder in *Datura*- noch in *Nicotiana*-Zellkulturen eine Veresterung zwischen Tropin

Tabelle 1

Versuche zur Veresterung von Tropin mit Tropasäure resp. Tiglinsäure an Zellkulturen (Suspensionskulturen)

Verwendetes Material	Dem Nährmedium zugefügte Substanzen (Konz.: 2 · 10^{-4} molar)	Trockengewicht der Zellkulturen (g/l Nährlösung)	Am Versuchsende gebildete Tropinester	Halbquantitative Mengenangabe der Tropinester (% des Trockengewichts der Zellkulturen)
Datura innoxia	Tropin	45	Acetyltropin[1]	0,020
Datura innoxia	Tropin + Tropasäure	38	Acetyltropin	0,030
Datura innoxia	Tropin + Tropasäure	43	Acetyltropin	0,025
Datura innoxia	Tropasäure	50	keine	—
Datura innoxia	Tropin + Tiglinsäure	41	Acetyltropin	0,030
Datura metel	Tropin + Tropasäure	30	Acetyltropin	0,020
Nicotiana tabacum	Tropin + Tropasäure	33	keine	—

1 Identifizierung s. Methodik

und Tropasäure resp. Tiglinsäure erfolgt war. Dagegen wurde den *Datura*-Kulturen zugesetztes Tropin mit endogener Essigsäure verestert. Die Identifizierung des gebildeten Acetyltropins geschah durch Schmelzpunkts- und Mischschmelzpunktsbestimmung des Pikrats.

Um zu prüfen, ob die Acetylierung des Tropins durch eine allgemein im Pflanzenreich verbreitete enzymatische Reaktion erfolgt, führten wir Fütterungsversuche mit Tropin resp. Tropin und Acetat an Zellkulturen weiterer Pflanzenarten durch, wozu wir eine Solanacee, *Nicotiana tabacum*, und zwei Gewebestämme von *Sphaerophysa salsula* auswählten. In sämtlichen Fällen wurde nach 14tägiger Versuchsdauer nur unverändertes Tropin nachgewiesen.

Die Resultate sind im einzelnen aus den Tabellen 1 und 2 ersichtlich.

Diskussion

Frühere eigene Versuche (Romeike und Aurich 1967; 1968) hatten bereits ergeben, daß exogenes Tropin auch in Kulturen isolierter *Datura*wurzeln vorwiegend mit endogener Essigsäure verestert wird. Das entsprechende Enzymsystem muß also auch in Zellkulturen wirksam sein; es ist anscheinend sehr spezifisch und vermag nicht, eine Veresterung des Tropins mit Tropasäure oder Tiglinsäure zu katalysieren. Acetyltropin kommt als Nebenal-

Tabelle 2

Versuche zur Veresterung von Tropin mit Acetat an Zellkulturen (Suspensionskulturen)

Verwendetes Material	Dem Nährmedium zugefügte Substanzen (Konz.: $2 \cdot 10^{-4}$ molar)	Trockengewicht der Zellkulturen (g/l Nährlösung)	Am Versuchsende gebildete Tropinester (halbquantitative Mengenangabe in % des Trockengewichts der Zellkulturen)
Datura innoxia	Tropin	24	Acetyltropin 0,010 %
Datura innoxia	Tropin + Natriumacetat	30	Acetyltropin 0,020 %
Nicotiana tabacum	Tropin	25	keine
Nicotiana tabacum	Tropin + Natriumacetat	26	keine
Sphaerophysa salsula (grün)	Tropin	23	keine
Sphaerophysa salsula (grün)	Tropin + Natriumacetat	23	keine
Sphaerophysa salsula (gelb)	Tropin	20	keine
Sphaerophysa salsula (gelb)	Tropin + Natriumacetat	22	keine

kaloid auch in intakter *Datura* vor (Evans und Major 1966; Romeike und Aurich 1968).

Versuche zur Acetylierung von Tropin in Zellkulturen von Pflanzenarten, die normalerweise keine Tropanalkaloide führen, verliefen negativ. Dies Resultat spricht dafür, daß das die Bildung von Acetyltropin in *Datura* steuernde Enzym recht spezifisch ist. Auf die Spezifität der Esterasen in *Datura* deutet auch die Tatsache hin, daß Tropin bevorzugt mit Tropasäure, Hydroxyderivate des Tropins bevorzugt mit Tiglinsäure verestert vorkommen, während Tigloyltropein und Hydroxyhyoscyamin nur in Spuren auftreten.

Unsere Versuche ergaben, daß Zellkulturen von *Datura* zwar zu verschiedenen enzymatischen Reaktionen, die aus intakten Pflanzen bekannt sind, nicht fähig sind (Romeike und Koblitz 1970), daß aber andererseits gewisse Restaktivitäten erhalten sind, wie die Wirksamkeit der sehr spezifischen Essigsäure-Tropin-Esterase.

Unsere Resultate stimmen mit Ergebnissen von Elze und Teuscher (1969) überein, die bei Zufuhr von Tropin zu Zellkulturen von *Datura* als einziges Umwandlunsgprodukt Acetyltropin dünnschichtchromatographisch nachwiesen. Dagegen konnten wir Resultate von Stohs (1969) nicht bestätigen, wonach bei Gabe von Tropin und ^{14}C-Tropasäure (20 mg Tropin + 1 μg ^{14}C-Tropasäure pro Versuchskolben) an Zellkulturen von *Datura* sowohl ^{14}C-markiertes Hyoscyamin als auch Scopolamin nachgewiesen wurden. Auch die Feststellung, daß Zellkulturen von *Nicotiana tabacum* die Fähigkeit besitzen, Tropin und Tropasäure zu Hyoscyamin und Scopolamin zu verestern, widerspricht unseren Resultaten. Frühere eigene Untersuchungen hatten ergeben, daß in *Datura*-Arten die biogenetische Einführung der Epoxidbrücke am Ester Hyoscyamin, nicht dagegen am freien Alkamin Tropin erfolgt (Romeike 1963). Eine Umwandlung von Hyoscyamin in Scopolamin findet jedoch nach unseren sowie Befunden von Teuscher (1967) in *Datura*-Zellkulturen nicht statt. Auch die Möglichkeit, daß der Weg zum Scopolamin in Gewebekulturen anders als in der intakten Pflanze, nämlich über Epoxidbildung am Tropin verläuft, besteht nach unseren Fütterungsversuchen mit Tropin an *Datura*- und *Nicotiana*-Zellkulturen nicht. Das Auftreten von Hyoscyamin und Scopolamin in Gewebekulturen von *Datura* und anderen Tropanalkaloideführenden Solanaceen kann durch Regeneration von Wurzeln zustande kommen. Bhandary und Mitarb. (1969) und Thomas und Street (1970) stellten an Gewebekulturen von *Atropa bella-donna* fest, daß Tropanalkaloide nur gebildet werden, wenn Wurzeln regeneriert sind. Weiterhin beobachteten Thomas und Street eine Förderung der Wurzelbildung durch Tropasäure.

Gewebekulturen von *Nicotiana tabacum* sind nach unseren Befunden weder zur Veresterung von Tropin mit Tropasäure noch mit Essigsäure fähig; am zugeführten Tropin findet während 14tägiger Versuchsdauer keine Veränderung statt. Die Unfähigkeit intakter *Nicotiana tabacum* (ebenso verschiedener anderer Solanaceen, die kein Tropanalkaloid führen) zur Umwandlung von Hyoscyamin in Scopolamin hatten wir bereits früher festgestellt (Romeike 1956). Die Spezifität des die Epoxidbildung am Hyoscyamin steuernden Enzymsystems ist sehr hoch.

Die Beobachtung von Kouassi und Péaud-Lenoël (1970), wonach Tropin in Zellkulturen von *Datura metel* mit Tropasäure verestert wird, beruht wahrscheinlich auf einem durch die Methodik bedingten Irrtum. Wir stellten fest, daß bei beiden von ihnen angewandten dünnschichtchromatographischen Verfahren Hyoscyamin und Acetyltropin den gleichen R_F-Wert haben. Sairam und Khanna (1971) fanden an Gewebekulturen von *Datura tatula* eine Steigerung des Gesamtalkaloids durch Phenylalanin, eine Vorstufe bei der Biogenese der Tropasäure; sie machen allerdings für ihre Fütterungsversuche keine qualitativen Angaben über die Einzelalkaloide. An *Scopolia stramonifolia*-Gewebekulturen stellten Bereznegovskaja und Mitarb. (1971) dagegen nach Gabe von Phenylalanin eine Verminderung des Gesamtalkaloids auf fast die Hälfte fest.

An Gewebekulturen von Tropanalkaloide führenden Pflanzen wurden recht widersprechende Resultate gefunden. Die Schwierigkeiten bei der Beurteilung liegen einmal darin, daß mit Wurzelregeneraten gerechnet werden muß, zum anderen darin, daß bei dem geringen Alkaloidgehalt der Nachweis meist nur mit Hilfe von Dünnschicht- oder Papierchromatographie möglich ist, wodurch Fehler unterlaufen können.

Frl. Brigitte Weiß und Herrn Rolf Groß danken wir für gewissenhafte technische Mitarbeit.

Zusammenfassung

Bei Gabe von Tropin und Tropasäure resp. Tiglinsäure an *Datura*-Zellkulturen findet keine Veresterung zwischen diesen Komponenten sondern zwischen Tropin und endogener Essigsäure statt. Zellkulturen von *Nicotiana tabacum* und *Sphaerophysa salsula* vermögen nicht Tropin mit Essigsäure zu verestern. Dies Resultat deutet auf die Spezifität des die Acetyltropin-Bildung in *Datura* steuernden Enzyms hin.

Summary

Tissue cultures of alkaloid-bearing plants. III. Investigations concerning the esterification of tropine.

Tropine fed to tissue cultures of *Datura* together with tropic or tiglic acid is not esterified with these acids but esterification with endogenic acetic acid takes place. Tissue cultures of *Nicotiana tabacum* and *Sphaerophysa salsula* are not able to esterify tropine with acetic acid, indicating the specifity of the enzyme esterifying tropine with acetic acid in *Datura*.

Краткое содержание

Культура тканей алкалоидных растений. III. Опыты по этерификации тропина.

Если клеточным культурам дурмана дается тропин и троповая или тиглиновая кислота, то этерификация происходит не между этими компонентами, а между тропином и эндогенной уксусной кислотой. Культуры клеток табака и сферофизы солонцовой не способны этерифицировать тропин с уксусной кислотой. Это указывает на специфичность энзима, регулирующего образование ацетилтропина у дурмана.

Literatur

Bereznegovskaja, L. N., S. E. Dmitruk, N. V. Doščinskaja, i N. A. Trofimova, 1971: Kul'tura tkanej *Scopolia stramonifolia* (Wall.) Semenova i obrazovanie alkaloidov v nich. – Rastitel'nye resursy, Leningrad *7*, 511–517 [russisch].

Bhandary, S. B. R., H. A. Collin, E. Thomas, and H. E. Street, 1969: Root, callus, and cell suspension cultures, from *Atropa belladonna*, L. and *Atropa belladonna*, cultivar *lutea* Döll. – Ann. Bot., Oxford *33*, 647–656.

Elze, H., und E. Teuscher, 1969: Persönliche Mitteilung.

Evans, W. C., and V. A. Major, 1966: The alkaloids of the genus *Datura*, section *Brugmansia*. Part IV. New alkaloids of *D. sanguinea* R. and P. – J. chem. Soc. (C), London 1621–1623.

Kouassi, B., et C. Péaud-Lenoël, 1970: Sur la biosynthèse des alcaloïdes tropaniques par les cultures de tissu de *Datura metel*. – Compt. rend. Soc. biol., Paris *164*, 46–52.

Romeike, A., 1956: Unveröffentlicht.

–, 1963: Sekundäre Umwandlung von Hyoscyamin im Spross von *Datura*-Arten. – Abh. Dtsch. Akad. Wiss., Klasse Chem. Geol. Biol. 179–185.

Romeike, A., und O. Aurich, 1967: Untersuchungen über den Alkaloidstoffwechsel in *Datura*wurzeln. 1. Mitteilung: Die Umsetzung von Tropin in Wurzelkulturen von *Datura innoxia* Mill. – Pharmazie *22*, 603–604.

–, 1967: Untersuchungen über den Alkaloidstoffwechsel in *Datura*wurzeln. 2. Mitteilung: Die Bildung von Acetyltropin in Wurzelkulturen von *Datura innoxia* Mill. – Pharmazie *22*, 604.

–, 1968: Untersuchungen über den Alkaloidstoffwechsel in *Datura*wurzeln. – III. Acetyltropin im Alkaloidspektrum von jungem Wurzelgewebe. – Phytochemistry, Oxford *7*, 1547–1553.

Romeike, A., und H. Koblitz, 1970: Gewebekulturen aus Alkaloidpflanzen. II. Versuche an *Datura*-Arten. – Kulturpflanze *18*, 169–177.

Sairam, T. V., and P. Khanna, 1971: Effect of tyrosine and phenylalanine on growth and production of alkaloids in *Datura tatula* tissue cultures. – Lloydia, Cincinnati *34*, 170–171.

Stohs, S. J., 1969: Production of scopolamine and hyoscyamine by *Datura stramonium* L. suspension cultures. – J. pharmaceut. Sci., Washington *58*, 703–705.

Teuscher, E., 1967: Persönliche Mitteilung.

Thomas, E., and H. E. Street, 1970: Organogenesis in cell suspension cultures of *Atropa belladonna* L. and *Atropa belladonna* cultivar *lutea* Döll. – Ann. Bot., Oxford *34*, 657–683.

Resistenzeigenschaften im Gersten- und Weizensortiment Gatersleben

16. PRÜFUNG VON WEIZEN-NEUZUGÄNGEN AUF IHR VERHALTEN GEGEN BRAUNROST (*PUCCINIA RECONDITA* ROB. EX DESM., SYN. *P. TRITICINA* ERIKSS.)

von Ilse Nover[1], Christian O. Lehmann und Irmgard Simon[1]

(Eingegangen am 27. Januar 1972)

Im Jahre 1967 wurden die ersten Ergebnisse der Braunrostresistenzprüfung an den Weizen des Gaterslebener Sortiments veröffentlicht; ihnen lagen die Untersuchungen von 2700 Sommer- und 2000 Winterweizen zugrunde (Nover und Lehmann 1967). Mit der Mitteilung des Verhaltens der Neuzugänge aus den Jahren 1959 bis 1965, deren Resistenzeigenschaften gegenüber Mehltau wir bereits untersuchten (Nover und Lehmann 1969), setzen wir diese Veröffentlichung fort.

MATERIAL UND METHODE

Es wurden 1211 Weizen, 597 Sommer- und 614 Winterweizen, geprüft; ihre Verteilung auf die einzelnen Arten ist in der Tabelle 1 zusammengestellt. Die Mehrzahl der Zuchtsorten sind Saatweizen (89%) aus Europa, Nord- und Südamerika, Kenya, Australien und Neuseeland (vgl. Nover und Lehmann 1969).

Die Keimpflanzen wurden im Gewächshaus mit den fünf Braunrostrassen 15 (Rassengruppe UN 2), 20/31 (UN 9), 41 (UN 15), 77 (UN 13) und 84 (UN 3) infiziert. Um bestimmte Resistenzkombinationen besser erkennen zu können, wurden gelegentlich auch andere Rassen zusätzlich verwendet. Es waren vor allem die als „Rasse 20/31 W × R" und „Rasse 77 W × R" bezeichneten Isolate von 'Salzmünde 14/44', der aus einer Weizen-Roggenkreuzung hervorging (vgl. Nover und Lehmann 1967).

ERGEBNISSE

Resistenz gegen alle Braunrostrassen zeigten 13 Sommerweizen, d. h. ein reichliches Prozent der geprüften 1211 Weizen. Sie sind in der Tabelle 2 zusammengestellt. Gegen einzelne dieser Rassen waren 66 Sommer- und 31 Winter-

[1] Sektion Pflanzenproduktion der Universität Halle.

Tabelle 1

Mit Braunrost geprüfte *Triticum*-Arten

Triticum-Arten	Zahl der Proben		
	Gesamt	Sommerweizen	Winterweizen
T. boeticum Boiss.	2	2	—
T. monococcum L.	10	10	—
T. araraticum Jakubz.	1	1	—
T. dicoccoides Körn.	4	4	—
T. timopheevi Zhuk.	3	3	—
T. dicoccon Schrank	1	1	—
T. ispahanicum Heslot	3	3	—
T. durum Desf.	65	52	13
T. turgidum L.	9	8	1
T. polonicum L.	3	3	—
T. turanicum Jakubz.	1	1	—
T. carthlicum Nevski	1	1	—
T. spelta L.	3	3	—
T. zhukowskyi Men. et Eriz.	1	1	—
T. spaerococcum Perc.	5	5	—
T. aestivum L.	1081	482	599
T. timonovum Heslot et Ferrary	1	1	—
Gattungsbastarde	17	16	1
Gesamt	1211	597	614

weizen, das sind etwas über 8%, widerstandsfähig (vgl. Tab. 3). Sie sind, geordnet nach ihrem spezifischem Verhalten gegenüber bestimmten Rassen bzw. Gruppen von Rassen, in der Tabelle 4 aufgeführt. Gemische von resistenten und anfälligen Pflanzen lagen in 34 Hart- und Saatweizensippen vor.

DISKUSSION

Die Ergebnisse der Prüfungen verschiedener Autoren zeigen übereinstimmend, daß eine hohe, gegen alle Braunrostrassen wirksame Widerstandsfähigkeit bei den diploiden Weizen häufig vorhanden ist (Dodoff 1931, Jakubziner 1969, Nover und Lehmann 1967). Für *T. timopheevi* Zhuk. und den eng verwandten *T. zhukowskyi* Men. et Eriz. könnte man sie sogar als ein arttypisches Merkmal bezeichnen (vgl. Bartoš und Šebesta 1967, Freitas 1967, Jakubziner 1934, 1969). In den anderen tetra- und hexaploiden Weizen fanden wir diese generelle Keimlingsresistenz nicht.

Der Mangel an ausreichender Resistenz bei den Saatweizen und den ihnen näher verwandten Arten hat die Züchter veranlaßt, diese Eigenschaft aus anderen Gattungen zu überführen. Als Kreuzungspartner dienten dabei *Aegilops* spp. (Sears 1956, 1969, Kerber und Dyck 1969), *Agropyron* spp. (Bakshi und Schlehuber 1959, Schlehuber und Sebesta 1959, Wienhues-Ohlen-

Tabelle 2

Braunrost-vollresistente Sommerweizen

Sortiments-nummer Gatersleben	Morphologische Gruppe	Herkunft	*Erysiphe graminis*
	Triticum monococcum L.		
TRI 7130	var. *albo-hornemanni* Flaksb.	Sort. Prag-Ruzyně	r
TRI 4304	var. *flavescens* Körn.	Sort. E. Schiemann (Württemberg)	r
TRI 4324	var. *flavescens* Körn.	Sort. E. Schiemann (Baden)	r
TRI 4327	var. *hornemanni* Clem.	Sort. E. Schiemann (Schweiz)	r
TRI 4321[1]	var. *laetissimum* Körn.	Sort. E. Schiemann (Marokko)	r
TRI 4312[1]	var. *macedonicum* Papag.	Sort. E. Schiemann	r
TRI 4316	var. *vulgare* Körn.	Sort. E. Schiemann	r
TRI 4322	var. *vulgare* Körn.	Sort. E. Schiemann	± r
TRI 5384	var. *vulgare* Körn.	Sort. Tápiószele, Ungarn	r
	Triticum timopheevi Zhuk.		
TRI 5351	var. *timopheevi*	Sort. Braunschweig: BBA 7057	r
TRI 5352	var. *timopheevi*	Sort. Braunschweig: BBA 7058	r
TRI 5416	var. *timopheevi*	VIR Leningrad (Kat. VIR: 42345)	r
TRI 7258	*Triticum zhukowskyi* Men. et Eriz.	VIR Leningrad (Kat. VIR: 43063)	r

Zeichenerklärung:
[1] Beimischung anfälliger Pflanzen
r: resistent; ± r: mäßig resistent

Tabelle 3

Triticum-Arten mit braunrostresistenten Sorten und Herkünften

Triticum-Arten	Zahl der Proben Gesamt	vollresistent	teilresistent
T. monococcum L.	10	9	—
T. timopheevi Zhuk.	3	3	—
T. durum Desf.	65	—	14
T. zhukowskyi Men. et Eriz.	1	1	—
T. aestivum L.	1081	—	83

dorf 1960, Sharma und Knott 1966, Sharma und Singh 1966, Wienhues 1967) und *Secale cereale* L. (Driscoll und Jensen 1969, Zeller und Fischbeck 1971, Zeller 1972). Die Resistenz aus Roggen ist bereits in verschiedenen hochleistungsfähigen Zuchtsorten enthalten, beispielsweise in 'Avrora' und 'Kavkas' (in Krasnodar gezüchtet), in 'Orlando' und 'Saladin' (Halle-Hohenthurm), 'Winnetou' (Hadmersleben), 'Zorba' (Weihenstephan) und anscheinend auch in 'Mildress' (Hoofddorp).

Tabelle 4

Braunrost-teilresistente Weizen

Sortiments-nummer Gatersleben	Sorte, Herkunft	Morphologische Gruppe	Sommer-/ Winter-form	*Erysiphe graminis*	Bemerkungen
		Gruppe I: Resistent gegen die Rassen 15, 20/31, 41, 77, 84			
		Triticum aestivum L.			
TRI 7209[1]	'Exchange' C. I. 12635, USA	var. *lutescens* (Alef.) Mansf.	So	a	Rasse 1: a; R-Gene: *Lr 12*, *Lr 16*
TRI 8018	'Riebesel' 47/51', BRD	var. *erythrospermum* (Körn.) Mansf.	Wi	a	Rassen „20/31 W × R" und „77 W × R": a
TRI 7421	'Weique', BRD	var. *lutescenscompactoides* (Kob.) Mansf.	Wi.	a	Rassen „20/31 W × R" und „77 W × R": a
		Gruppe II: Resistent gegen die Rassen 15, 20/31, 41, 77			
		Triticum aestivum L.			
TRI 6749[1]	'Bel'ckaja 32', UdSSR (VIR, Leningrad, Kat. VIR: 43735)	var. *ferrugineum* (Alef.) Mansf.	Wi	a	
TRI 7510	'Buck Pampero', Argentinien	var. *erythrospermum* (Körn.) Mansf.	So	a	Rasse 84: ± a
TRI 8257	'Kenya 184 P', Kenya	var. *erythrospermum* (Körn.) Mansf.	So	a	
		Gruppe III: Resistent gegen die Rassen 15, 20/31, 41, 84			
		Triticum aestivum L.			
TRI 7513[1]	'Buenos Aires', Argentinien	var. *erythrospermum* (Körn.) Mansf.	So	a	
TRI 7522	'Klein Impacto', Argentinien	var. *erythrospermum* (Körn.) Mansf.	So	(r)	
TRI 7524	'Klein Puntal', Argentinien	var. *erythrospermum* (Körn.) Mansf.	So	(r)	
		Gruppe IV: Resistent gegen die Rassen 15, 20/31, 77, 84			
		Triticum aestivum L.			
TRI 7509	'Buck Manantial', Argentinien	var. *ferrugineum* (Alef.) Mansf.	So	a	
TRI 7530	'Rafaela M. A. G.', Argentinien	var. *ferrugineum* (Alef.) Mansf.	So	a	

		Gruppe V: Resistent gegen die Rassen 15, 41, 77, 84			
		Triticum aestivum L.			
TRI 7907	'Selection 101' C. I. 13438, USA	var. *graecum* (Körn.) Mansf.	Wi	a	Rasse „77 W × R": a
TRI 6945	'Westar' C. I. 12110, USA	var. *erythrospermum* (Körn.) Mansf.	Wi	a	
		Gruppe VI: Resistent gegen die Rassen 20/31, 41, 77, 84			
		Triticum durum Desf.			
TRI 7533	'Taganrog Sel. Buck', Argentinien	var. *leucomelan* Alef.	So	a	
TRI 7534	'Taganrog Vilela Fideos', Argentinien	var. *leucurum* Alef.	So	a	
		Gruppe VII: Resistent gegen die Rassen 20/31, 41, 77			
		Triticum durum Desf.			
TRI 7125	'B. D. 931 Chili', (Sort. Ariana)	var. *reichenbachii* Körn.	So	a	
TRI 8199	'Capelli', Italien (Sort. Njoro)	var. *reichenbachii* Körn.	So	a	
TRI 7630	'Char'kovskaja 46', UdSSR (VIR, Leningrad, Kat. VIR: 41604)	var. *hordeiforme* (Host) Körn.	So	a	
TRI 6333	'Garigliano', Italien	var. *leucomelan* Alef.	So	a	
TRI 7641	'Mičurinka', UdSSR (VIR, Leningrad, Kat. VIR: 43287	var. *leucomelan* Alef.	Wi	a	
TRI 5330	'Mindum' C. I. 5296, USA (Sort. Braunschweig, BBA: 1688)	var. *hordeiforme* (Host) Körn.	So	a	
TRI 8006	'Novomičurinka', UdSSR (VIR, Leningrad, Kat. VIR: 43903)	var. *leucurum* Alef.	Wi	a	
TRI 5336	'Puławska', Polen (Sort. Braunschweig, BBA: 1946)	var. *murciense* Körn.	So	a	
TRI 7283	'Ramsey' C. I. 13246, USA	var. *hordeiforme* (Host) Körn.	So	a	
TRI 7651	'Šark', UdSSR (VIR, Leningrad, Kat. VIR: 38270)	var. *leucurum* Alef.	Wi	r	
TRI 7532	'Taganrog Buck Balcarce', Argentinien	var. *leucurum* Alef.	So	a	
		Triticum aestivum L.			
TRI 6931	'Concho' C. I. 12517, USA	var. *ferrugineum* (Körn.) Mansf.	Wi	a	
TRI 7211	'Hope × Timstein Minn. 2776' C. I. 12488, USA	var. *erythrospermum* (Körn.) Mansf.	So	a	

Fortsetzung Tabelle 4

Sortiments-nummer Gatersleben	Sorte, Herkunft	Morphologische Gruppe	Sommer-/ Winter-form	*Erysiphe graminis*	Bemerkungen
TRI 7563	'Navarro 122', Spanien	var. *ferrugineum* (Körn.) Mansf.	So	a	
TRI 8234	'Romany', Mexiko (Sort. Njoro)	var. *ferrugineum* (Körn.) Mansf.	So	a	
TRI 8243	'Yaqui 53', Mexiko (Sort. Njoro)	var. *lutescens* (Alef.) Mansf.	So	a	
	Gruppe VIII: Resistent gegen die Rassen 15, 41, 77 *Triticum aestivum* L.				
TRI 7965	'Tascosa' C. I. 13023, USA	var. *ferrugineum* (Körn.) Mansf.	Wi	a	
	Gruppe IX: Resistent gegen die Rassen 15, 41, 84 *Triticum aestivum* L.				
TRI 7469	'Kentucky 4097-37' C. I. 12658, USA	var. *lutescens* (Alef.) Mansf.	Wi	(r)	
TRI 7521	'Klein Crédito', Argentinien	var. *ferrugineum* (Körn.) Mansf.	So	(r)	
TRI 7526	'Magnif Guarani M. A. G.', Argentinien	var. *ferrugineum* (Körn.) Mansf.	So	a	
TRI 5361 [1]	'Tandil', Argentinien (Sort. Braunschweig, BBA:7144)	var. *erythrospermum* (Körn.) Mansf.	So	(r)	
	Gruppe X: Resistent gegen die Rassen 15, 20/31, 84 *Triticum aestivum* L.				
TRI 7397	'Akasabi Shirazu 1', Japan	var. *milturum* (Alef.) Mansf.	Wi	a	
TRI 7359	'Austin' C. I. 12346, USA	var. *ferrugineum* (Alef.) Mansf.	Wi	(r)	
TRI 7512	'Buck Relén', Argentinien	var. *ferrugineum* (Alef.) Mansf.	So	a	
TRI 6929	'Chancellor' C. I. 12333, USA	var. *lutescens* (Alef.) Mansf.	Wi	a	
TRI 7516	'El Gaucho F. A.', Argentinien	var. *erythrospermum* (Körn.) Mansf.	So	a	
TRI 7519	'Klein Atlas', Argentinien	var. *erythrospermum* (Körn.) Mansf.	So	(r)	
TRI 5364	'Klein Lucero', Argentinien (Sort. Braunschweig, BBA: 7147)	var. *erythrospermum* (Körn.) Mansf.	So	a	R-Gen: *Lr17*
TRI 5362	'Klein Titan', Argentinien (Sort. Braunschweig, BBA: 7145)	var. *erythrospermum* (Körn.) Mansf.	So	a	
	Gruppe XI: Resistent gegen die Rassen 15 und 20/31 *Triticum aestivum* L.				
TRI 7603 [1]	'Talbot' C. I. 13781, Kanada	var. *alborubrum* (Körn.) Mansf.	Wi	(r)	

		Gruppe XII: Resistent gegen die Rassen 15 und 77			
		Triticum aestivum L.			
TRI 6922	'Bison' C. I. 12518, USA	var. *erythrospermum* (Körn.) Mansf.	Wi	a	
		Gruppe XIII: Resistent gegen die Rassen 15 und 84			
		Triticum aestivum L.			
TRI 7422[1]	'Karcagi 522', Ungarn	var. *erythrospermum* (Körn.) Mansf.	Wi	a	
TRI 7468	'Kentucky 4097-35' C. I. 12659, USA	var. *lutescens* (Alef.) Mansf.	Wi	a	
TRI 7545	'Sonora 64', Mexiko	var. *erythrospermum* (Körn.) Mansf.	So	a	
TRI 7546	'Sonora 64 A', Mexiko	var. *erythrospermum* (Körn.) Mansf.	So	a	
TRI 7970	'Warrior' C. I. 13190, USA	var. *graecum* (Körn.) Mansf.	Wi	a	
TRI 5356[1]	'Webster' C. I. 3780 (Sort. Braunschweig, BBA: 2023)	var. *erythrospermum* (Körn.) Mansf.	So	a	R-Gen: *Lr 2*; Testsorte
		Gruppe XIV: Resistent gegen die Rassen 20/31 und 77			
		Triticum aestivum L.			
TRI 8202	'Fury', Ecuador	var. *ferrugineum* (Alef.) Mansf.	So	a	
		Gruppe XV: Resistent gegen die Rassen 41 und 77			
		Triticum durum Desf.			
TRI 8002	'Choranka 46', UdSSR (VIR, Leningrad, Kat. VIR: 38353	var. *leucurum* Alef.	Wi	a	
		Triticum aestivum L.			
TRI 7286	'Conley', C. I. 13157, USA	var. *erythrospermum* (Körn.) Mansf.	So	a	
TRI 7572	'Glenwari', Australien	var. *lutescens* (Alef.) Mansf.	So	(r)	
TRI 7740	'Kenhi', Kanada	var. *aureum* (Link) Mansf.	So	a	
TRI 8259	'Kenya 341', Kenya	var. *lutescens* (Alef.) Mansf.	So	a	
TRI 8262	'Kenya 356 A', Kenya	var. *erythrospermum* (Körn.) Mansf.	So	a	
TRI 8264	'Kenya 356 B', Kenya	var. *lutescens* (Alef.) Mansf.	So	a	
TRI 8274	'Kenya 367 BR', Kenya	var. *lutescens* (Alef.) Mansf.	So	r + a	
TRI 7541	'Nadadores 63', Mexiko	var. *erythrospermum* (Körn.) Mansf.	So	(r)	
TRI 6790	'Surchak Jubilejnyj', UdSSR (VIR, Leningrad, Kat. VIR: 40706	var. *erythrospermum* (Körn.) Mansf.	Wi	a	

Fortsetzung Tabelle 4

Sortimentsnummer Gatersleben	Sorte, Herkunft	Morphologische Gruppe	Sommer-/ Winterform	*Erysiphe graminis*	Bemerkungen
		Gruppe XVI: Resistent gegen die Rasse 15			
		Triticum aestivum L.			
TRI 5301	'Carina' C. I. 3756 (Sort. Braunschweig, BBA: 2191)	var. *erythrospermum* (Körn.) Mansf.	So	a	Testsorte; R-Gen: *Lr 2 B*
TRI 7594	'Czin-Bah-Czuj', China (Sort. Tápiószele)	var. *alborubrum* (Körn.) Mansf.	Wi	(r)	
TRI 5366	'Frontana' C. I. 12470, Brasilien (Sort. Braunschweig, BBA: 7149)	var. *ferrugineum* (Alef.) Mansf.	So	a	R-Gen: *Lr 13*
TRI 7210	'Frontana-Thatcher' C. I. 13029, USA	var. *erythrospermum* (Körn.) Mansf.	So	a	
TRI 8205	'Gabrino', Mexiko (Sort. Njoro)	var. *graecum* (Körn.) Mansf.	So	a	
TRI 6766	'Irody 1006', UdSSR (VIR, Leningrad, Kat. VIR: 12593)	var. *erythroleucon* (Körn.) Mansf.	Wi	r + a	
TRI 8122	'Kecskeméti 311', Ungarn	var. *erythrospermum* (Körn.) Mansf.	Wi	a	
TRI 8276	'Kenya 374', Kenya	var. *lutescens* (Alef.) Mansf.	So	a	
TRI 7584	'Kenya Plume', Kenya	var. *ferrugineum* (Alef.) Mansf.	So	(r)	
TRI 7536	'Klein Rendidor', Argentinien	var. *erythrospermum* (Körn.) Mansf.	So	a	
TRI 5367	'Lin Calel', Argentinien (Sort. Braunschweig, BBA: 7150)	var. *erythrospermum* (Körn.) Mansf.	So	a	
TRI 5327	'Loros' C. I. 3779 (Sort. Braunschweig, BBA: 2193)	var. *ferrugineum* (Alef.) Mansf.	So	a	Testsorte; R-Gen: *Lr 2 D*
TRI 5333	'Pelajo' (Sort. Braunschweig, BBA: 1640)	var. *ferrugineum* (Alef.) Mansf.	So	a	
TRI 5337	'Purple Straw Tuscan' (Sort. Braunschweig, BBA: 7062)	var. *aureum* (Link) Mansf.	So	a	Rasse „77 W × R": r
TRI 5368	'Thew', Australien (Sort. Braunschweig, BBA: 7151)	var. *lutescens* (Alef.) Mansf.	So	(r)	Rasse „77 W × R": r
TRI 1942	Argentinien (Sort. Schladen)	var. *erythrospermum* (Körn.) Mansf.	So	a	
TRI 4562	China (Sort. Bernburg)	var. *ferrugineum* (Alef.) Mansf.	So	a	

	Gruppe XVII: Resistent gegen die Rasse 20/31				
		Triticum aestivum L.			
TRI 5172	'Belocerkovskaja 198', UdSSR (VIR, Leningrad, Kat. VIR: 41 153)	var. *erythrospermum* (Körn.) Mansf.	Wi	a	
TRI 6747	'Bezostaja 1', UdSSR (VIR, Leningrad, Kat. VIR: 42 790)	var. *lutescens* (Alef.) Mansf.	Wi	a	
TRI 4238	'Democrat' C. I. 3384 (Sort. Voldagsen)	var. *graecum* (Körn.) Mansf.	Wi	a	Testsorte; R-Gen: *Lr 3*
TRI 6813	'Fertödi 293', Ungarn	var. *erythrospermum* (Körn.) Mansf.	Wi	a	
TRI 7250	'Mengavi', Australien	var. *aureum* (Link) Mansf.	So	± r	
TRI 6798	'Mironovskaja 264', UdSSR	var. *melanopogon* (Chiov.) Mansf.	Wi	a	
TRI 6799	'Mironovskaja 808', UdSSR	var. *lutescens* (Alef.) Mansf.	Wi	a	R-Gen: *Lr 3*
TRI 7528	'Pergamino Gaboto M. A. G.', Argentinien	var. *ferrugineum* (Körn.) Mansf.	So	a	
TRI 5360	'Sinvalocho', Argentinien (Sort. Braunschweig, BBA: 7143)	var. *erythrospermum* (Körn.) Mansf.	So	a	
TRI 5438	'Thatcher × Surpriza II-39-8', USA (Sort. Braunschweig, BBA: 7005)	var. *erythrospermum* (Körn.) Mansf.	So	a	
TRI 7368	'Vigo' C. I. 12 220, USA	var. *lutescens* (Alef.) Mansf.	Wi	a	
	Gruppe XVIII: Resistent gegen die Rasse 41				
		Triticum aestivum L.			
TRI 7113	'Autonomia', Italien	var. *lutescens* (Alef.) Mansf.	So	a	
TRI 7570	'Emblem', Australien	var. *lutescens* (Alef.) Mansf.	So	a	
TRI 8208	'Goblet', Mexiko (Sort. Njoro)	var. *erythroleucon* (Körn.) Mansf.	So	a	
TRI 6936	'Knox' C. I. 12 798, USA	var. *lutescens* (Alef.) Mansf.	So	a	
	Gruppe XIX: Resistent gegen die Rasse 77				
		Triticum aestivum L.			
TRI 7244	'Gabo', Australien	var. *aureum* (Link) Mansf.	So	a	R-Gen: *Lr 10*
TRI 7215	'Timstein' C. I. 12 347, USA		So	a	R-Gen: *Lr 10*

Zeichenerklärung:

[1] Beimischung anfälliger Pflanzen

r: resistent; (r): teilresistent; ± r: mäßig resistent; a: anfällig; ± a: mäßig anfällig

In dem Zusammenhang haben wir früher auf 'Salzmünde 14/44' mehrfach hingewiesen (Nover 1962, Nover und Lehmann 1967). Der Stamm wurde von G. Riebesel nach dem Index zu schließen bereits im Jahr 1944 gezüchtet und war als 'Salzmünder Bartweizen' von 1957–1961 in der DDR im Anbau. Wegen seiner hervorragenden Resistenz, die sich auf alle Rost- und Mehltaurassen zu erstrecken schien, stand er bald in den Sortimenten vieler europäischer Zuchtstätten. Doch wurden schon 1950, vor allem in der weiteren Umgebung von Salzmünde, Rassen von *Erysiphe graminis* DC. festgestellt, die diese Resistenz durchbrachen (Nover 1956). Seit dem Jahr 1964 läßt sich bei Braunrost eine ähnliche Entwicklung beobachten (Nover, Klinkowski und Simon 1964, Bartoš und Šebesta 1967, 1971, Šopina 1971). Im gleichen Jahr isolierten wir auch die in unserer jetzigen Prüfung zusätzlich verwendeten Rassen „20/31 W × R" und „77 W × R". Vom Gelbrost sind uns noch keine Rassen mit derartiger Virulenz bekannt.

Die genannten Weizensorten mit der aus Roggen überführten Resistenz verhalten sich alle gleich: sie sind gegenüber Gelbrost vollresistent und gegenüber Braunrost und Mehltau nur für die sogenannten „W × R"-Rassen anfällig. Bei der Betrachtung der hier vorgelegten Ergebnisse ist das von besonderem Interesse, weil die beiden Winterweizen der Gruppe I in Tabelle 4, 'Riebesel 47/51' und 'Weique', auch nur von den „W × R"-Rassen des Braunrostes befallen werden. Letzterer stammt aber angeblich nicht aus einer Kreuzung mit Roggen, sondern mit *Agropyron intermedium.*

Allerdings ließen zytologische Untersuchungen diese Abstammung fraglich erscheinen. Sie konnten zunächst nicht eindeutig klären, ob ein *Agropyron* oder ein *Secale* in der Ausgangskreuzung verwendet worden ist. (Wienhues 1965, Bartoš und Bareš 1971). Zeller (1972 b) schließt aus seinen neuen Ergebnissen, daß die Sorte 'Weique' aus zwei zytogenetisch verschiedenen Linien besteht. In der einen ist an Stelle des Weizenchromosoms 1B das Roggenchromosom 1R (=Chromosom V) eingelagert, in der anderen Linie hat eine Translokation 1B/1R stattgefunden.

Es sei hier noch darauf aufmerksam gemacht, daß 'Riebesel 47/51' und 'Weique' zwar in ihrer Resistenz gegen Braunrost, Gelbrost und anscheinend auch gegen Schwarzrost (Bartoš et al. 1967, 1970) den oben angeführten Weizensorten gleichen, jedoch im Unterschied zu diesen sich für alle Mehltaurassen als anfällig erwiesen (Tab. 4).

Zwischen den zwei Züchtungen von G. Riebesel und dem Sommerweizen 'Exchange' besteht in der Abstammung kein Zusammenhang. Diese ältere amerikanische Sorte aus der Kombination 'Warden' × 'Hybrid English' hat von dem ersten Elter die Resistenz gegenüber einem breiten Rassenspektrum (Levine, Ausemus und Stakman 1951, Samborski 1965, 1967, Schafer et al. 1963, Zitelli und Vallega 1970). In unseren Prüfungen war sie widerstandsfähig gegen 13 Rassen aus den Gruppen UN 2, 3, 9, 10, 11, 12, 13, 15, 16 und 17 einschließlich der „W × R"-Isolate, wurde aber von der Rasse 1 (UN 1) befallen. In 'Exchange' sind die Gene *Lr 10* und *Lr 16* für Keimlingsresistenz und *Lr 12* für die Resistenz der erwachsenen Pflanze nachgewiesen (Anderson 1961, Dyck, Samborski und Anderson 1966, Bartoš, Samborski und Dyck 1969, Dyck und Samborski 1970). Unsere Beobachtung von entsprechender Virulenz bei dem Erreger wird durch Angaben von Young und Browder (1965) bestätigt, die 'Exchange' im zusätzlichen Braunrost-Testsortiment für Nordamerika („NA 65") als Differentialsorte benutzten.

Die Gruppen II bis IV (Tab. 4) enthalten Sorten, die nur von einer der fünf verwendeten Rassen befallen werden. Ob die Resistenz gegen bestimmte Rassen auf ein gemeinsames Ausgangsmaterial zurückgeht, konnten wir nicht klären. Für 'Bel'ckaja 32' ist ein Zusammenhang mit argentinischen Sorten nicht auszuschließen, denn 'Klein 33' und 'Vencedor' sind für die Weizenzüchtung in der Sowjet-Union als Träger von Braunrostresistenz seit Jahrzehnten von besonderer Bedeutung (vgl. Luk'janenko 1968). Die Sorten 'Klein Impacto' und 'Klein Puntal' in der dritten Gruppe sind ohne Zweifel eng miteinander verwandt und nach ihrem Verhalten gegen Mehltau auf den Stamm 'Klein 157' aus 'Hope' × 'Lin Calel' zurückzuführen (Klein 1961, Nover und Lehmann 1969).

Bei den zwei amerikanischen Winterweizen in der Gruppe V ist auf den Unterschied in ihrer Reaktion gegenüber Rasse „77 W × R" aufmerksam zu machen. Die Sorte 'Selection 101' ist nur gegen die gewöhnliche Rasse 77 widerstandsfähig, für die "W × R"-Isolate aber anfällig.

Bei *T. durum*, das in den folgenden Gruppen VI und VII hauptsächlich erscheint, ist die Resistenz gegen die Rassen 20/31, 41 und 77 relativ oft zu finden (s. a. Nover und Lehmann 1967). Die Rasse 15 befällt in der Regel die Hartweizen. Gegenüber Rasse 84 reagieren sie mäßig widerstandsfähig bis anfällig. Als erwachsene Pflanze zeigen sie häufig generelle Feldresistenz, selbst bei voller Anfälligkeit als Keimling im Gewächshaus. Nach ihrem rassenspezifischen Verhalten gehören auch fünf Vertreter von *T. aestivum* in die „*Durum*-Gruppe" VII. Das legte den Gedanken nahe, in ihrer Abstammung nach einem Hartweizen zu suchen. In einigen Fällen war es erfolgreich: 'Hope' × 'Timstein' (TRI 7211) geht durch 'Timstein' auf 'Gaza' zurück (Watson und Stewart 1956); 'Yaqui 53' und 'Romany', Nachkomme einer Kreuzung mit 'Yaqui', sind über 'Newthatch' von 'Jumillo' abzuleiten.

Die Sorte 'Tascosa', einziges Beispiel in Gruppe VIII, ist aus der Kombination zahlreicher Sorten hervorgegangen, an der als uns bekannte Resistenzträger 'Kanred' (Clark und Bayles 1942, Nover, Klinkowski und Simon 1964), 'Hope' (Scheibe 1929, Law und Johnson 1967, McIntosh, Luig und Baker 1967) und die Testsorte 'Mediterranean' beteiligt sind.

In der Gruppe IX stehen Sorten mit Resistenz gegen die Rassen 15, 41 und 84. Sie enthält neben einem Winterweizen aus USA drei argentinische Sommersorten. Nach Angabe des Züchters entstand 'Klein Credito' aus der Kreuzung 'Klein 157' × 'Aniversario' (Klein 1961). Der Stamm 'Klein 157' und seine typische Resistenz gegen *Erysiphe graminis* wurde bereits bei 'Impacto' und 'Puntal' (in Gruppe III) erwähnt. Das gleiche Verhalten gegen Mehltau zeigten in der Gruppe IX außer 'Klein Credito' auch 'Tandil' und der Winterweizen 'Kentucky 4097–37'. Diese Übereinstimmung in der Reaktion gegenüber bestimmten Rassen beider Krankheitserreger läßt gemeinsame Vorfahren, darunter 'Hope', vermuten. Die Sorte 'Magnif Guarani' ist mehltauanfällig und bietet insofern keine Anhaltspunkte. Nach Untersuchungen anderer Autoren verhielt sich diese Sorte wie 'Klein Crédito' (Bartoš und Šebesta 1967) bzw. wie 'Tandil' (Zitelli und Vallega 1970), was unsere Ergebnisse bestätigt und auf andere Braunrostrassen erweitert.

Zu der folgenden Sortengruppe (X) gehören ebenfalls mehrere argentinische Weizen. Sie gleichen den vorher besprochenen in ihrer Widerstandsfähigkeit gegen die Rassen 15 und 84, im Unterschied sind sie aber nicht gegen Rasse 41, sondern gegen Rasse 20/31 resistent. Aus der Kreuzung 'Barleta' × 'Americano 44d' ist 'Klein Titan' hervorgegangen. Derselben Kreuzung entstammt auch ein Elter von 'Klein Lucero' (Klein 1953, 1961). Die Resistenz beider Sorten ist breiter als aus Tabelle 4 ersichtlich. Nach Angaben anderer Autoren und eigenen Beobachtungen ist sie wirksam gegen Rassen der Gruppen UN 1, 2, 3, 9, 10, 11, 12, 17 und 19 (Bartoš und Šebesta 1970, 1971a). Dyck und Samborski (1969) bestimmten *Lr* 17 als eines der Resistenzgene in 'Klein Lucero'. Bei 'Klein Atlas' und dem nordamerikanischen Winterweizen 'Austin' haben wir wieder die typische Mehltauresistenz, die von 'Hope', gekoppelt mit dem Gen *Lr 14* für Braunrostresistenz, vererbt wird (Mc Intosh, Luig und Baker 1967). Der andere Elter von 'Austin' ist 'Mediterranean', eine Testsorte mit dem Gen *Lr 3* (Soliman et al. 1964). Die Resistenz des Winterweizens 'Chancellor' geht ebenfalls auf 'Mediterranean', außerdem auf die Testsorte 'Carina' (Gen *Lr 2B*) zurück (Dyck und Samborski 1968, Heyne 1958, Heyne und Johnston 1963). Die Testsorte 'Hussar' mit dem Gen *Lr 11* (Soliman et al. 1964) und 'Hope' sind die Resistenzquellen von 'Talbot' in der Gruppe XI.

Sechs Sorten in der Gruppe XIII erwiesen sich als widerstandsfähig gegen die Rassen 15 und 84. Eine von ihnen ist die Testsorte 'Webster', deren Gen *Lr 2* auf dem Chromosom 2D lokalisiert wurde (Dyck und Samborski 1968, Luig und Mc Intosh 1968).

Resistenz gegen die für *Triticum aestivum* aggressive Rasse 77 kennzeichnet die Sorten in den Gruppen XIV, XV und XIX. Diese Eigenschaft wurde meist aus *T. durum* in den Saatweizen eingelagert (vgl. die Gruppen VI und VII). Die Sorte 'Fury' in der Gruppe XIV stammt über 'Yaqui' und 'Newthatch' von 'Jumillo' (*T. durum*) ab.

Die amerikanische Sorte 'Newthatch' ist neben 'Frontana' und 'Yaqui 54' auch an der Kombination beteiligt, aus der 'Nadadores 63' ausgelesen wurde. In derselben Gruppe (XV) findet man den Hartweizen 'Choranka 46', ferner die Sorte 'Conley', die auf 'Lee' und damit auf 'Gaza' als *T. durum* zurückgeht

(Jakubziner 1969). Die Sorten 'Gabo' und 'Timstein' in der Gruppe XIX entstammen ebenfalls einer Kreuzung mit 'Gaza' (Watson und Stewart 1956). Ihre Resistenz gegen Rasse 77 (UN 13) bestätigen Bartoš und Šebesta (1967) und Momčilović (1967), außerdem erwiesen sich diese Sorten als widerstandsfähig gegen die Rassen 14, 26 und 95, drei Vertreter der Rassengruppe UN 10. Sonst aber wurde in Prüfungen, die hauptsächlich 'Gabo' betrafen, Anfälligkeit für die Rassengruppen UN 1, 2, 3, 4, 6, 9, 11, 12, 14, 15, 17, 19 und für die Rasse 122 aus der Gruppe UN 13 festgestellt (Watson, Matheson und Bond 1960, Bartoš und Šebesta 1967, 1971a, Freitas 1967, Momčilović 1967). Anderson (1961) wies in beiden Sorten dasselbe Gen für Braunrostresistenz nach; es wurde später *Lr 10* benannt (Dyck und Samborski 1970).

Die Weizen in der Sortengruppe XVI stimmen darin überein, daß sie nur gegen Rasse 15 resistent, für die vier anderen Testrassen aber anfällig sind. Im übrigen zeigen sie in ihrem Verhalten erhebliche Unterschiede. Die Testsorten 'Carina' und 'Loros' mit dem Gen *Lr 2B* bzw. *Lr 2D* für Braunrostresistenz (Heyne und Johnston 1963, Dyck und Samborski 1968) reagieren gegenüber anderen Rassen des Erregers verschieden. 'Thew' ist in Australien ein wichtiger Differentialwirt. Nach Watson und Luig (1966) liegt in dieser Sorte das Gen *Sr 15* für Resistenz gegen *Puccinia graminis* vor, gekoppelt mit Teilresistenz gegen *P. triticina* und *Erysiphe graminis*. Die Mehltauresistenz ist durch das Gen *Ml-t* bedingt (Pugsley und Carter 1953). Für die Braunrostresistenz sind zusätzlich von dem Locus *Sr 15* unabhängige Gene anzunehmen. Im Gegensatz zu 'Loros' ist beispielsweise 'Thew' resistent gegen die Rassen 61 (UN 3), 163 (UN 4), 14, 38, 95, 223 (UN 10) und 66/68 (UN 12) (Calniceanu 1933, Watson und Baker 1943, Zitelli und Vallega 1970, Nover und Simon unveröffentlicht). In unseren Prüfungen zeichnete sie sich noch durch Widerstandsfähigkeit gegen die Rasse „77 W × R" aus, was für 'Purple Straw Tuscan' ebenfalls zutrifft. Als letztes Beispiel aus der Gruppe XVI sei noch auf die in Brasilien gezüchtete Sorte 'Frontana' eingegangen. In der Literatur wird hauptsächlich ihre gute Feldresistenz betont (Johnson und Newton 1946, Jakubziner 1954, Dončev 1967, Samborski 1967, Bartoš et al. 1968, Sirokov 1968). In Kreuzungen mit anfälligen indischen Sorten bedingten zwei dominante Gene dieses Merkmal (Dhillon et al. 1969). Dyck, Samborski und Anderson hatten bereits 1966 in 'Frontana' *Lr 13* als ein Gen für die Resistenz der erwachsenen Pflanze bestimmt. Außerdem erwähnen einige Autoren die Keimlingsresistenz und beurteilen sie manchmal besser, d. h. gegen mehr Rassen wirksam, als aus unseren Angaben hervorgeht (Schafer et al. 1963, Dončev 1967, Bartoš und Šebesta 1967, 1971a). Die Braunrostreaktion der Sorte ist sehr umweltabhängig. Es tritt häufig der Befallstyp „x" auf, bei dem auf demselben Blatt neben Resistenzflecken auch Uredosporenlager verschiedener Größe vorkommen. Wir bewerten diesen Typ als anfällige Reaktion.

Der Testsorte 'Democrat', den vier Winterweizen aus der Sowjetunion und 'Fertödi 293' aus Ungarn (Gruppe XVII) ist das Resistenzgen *Lr 3* gemeinsam, wie die Ergebnisse von Bartoš, Samborski und Dyck (1969) zeigen bzw. mit hoher Wahrscheinlichkeit annehmen lassen. Das Gen bedingt nicht nur die Resistenz gegen die Rassen der Gruppe 13/20/31 (UN 9), sondern dient zur Unterscheidung der Rassengruppe UN1 von UN 2. Da die argentinischen Sommerweizen 'Pergamino Gaboto' und 'Sinvalocho' ebenso wie 'Democrat' und die anderen *Lr 3*-Träger gegen Rasse 1 (UN1) resistent, für Rasse 15 (UN 2) aber anfällig sind, ist in diesen Sorten das Gen *Lr 3* ebenfalls zu vermuten. In der Abstammung von 'Mengavi' erscheinen 'Gabo', 'Mentana' und *T. timopheevi* als potentielle Resistenzspender (Athwal und Watson 1957, Watson et al. 1960). Die Widerstandsfähigkeit des Winterweizens 'Vigo' wird auf 'Fultz sel. C. I. 11512' zurückgeführt (Johnston 1959, Briggle und Reitz 1963); er hat außer der rassenspezifischen Keimpflanzenresistenz gute Feldresistenz (Kovács 1952, Caldwell et al. 1970). Das trifft nach Manninger (1969) und eigenen Beobachtungen auch für die beiden argentinischen Sommerweizen in der Gruppe XVII zu.

Zusammenfassung

Es wurden 597 Sommer- und 614 Winterweizen des Sortiments Gatersleben (Tab. 1) mit folgenden fünf Rassen von *Puccinia recondita* geprüft: Rasse (15 (Rassengruppe UN 2), 20/31 (UN 9), 41 (UN 15), 77 (UN 13) und 84 UN 3). Auch andere Rassen, hauptsächlich zwei Isolate von 'Salzmünde 14/44', dienten gelegentlich zur Infektion. – Resistenz gegen alle Braunrostrassen zeigten 13 Sommerweizen: neun Sippen von *Triticum monococum*, drei Sippen von *T. timopheevi* und *T. zhukowskyi* (Tab. 2). Gegen einzelne Rassen waren 66 Sommer- und 31 Wintersorten oder 8% aller geprüften Weizen resistent (Tab. 4). Gemische von resistenten und anfälligen Pflanzen lagen in 34 Hart- und Saatweizensippen vor. Als anfällig wurden mehr als 88% der geprüften Weizen bewertet.

Summary

Resistance characters in the barley and wheat collection Gatersleben

16. Testing of new entries of wheat for their reaction to leaf rust (*Puccinia recondita* Rob. ex Desm., syn. *P. triticina* Erikss.)

A total of 1211 entries into the Gatersleben collection, 597 of spring and 614 of winter wheat (table 1), was tested with the following five races of leaf rust: races 15 (UN 2), 20/31 (UN 9), 41 (UN 15), 77 (UN 13) and 84 (UN 3).

Additional races were sometimes used, mainly two isolates from 'Salzmünde 14/44'. – Thirteen entries of spring wheat – nine of *Triticum moncoccum*, three of *T. timopheevi* and the *T. zhukowskyi* – proved to be resistant to all races (table 2). Resistance to some of the races was shown by 66 spring and 31 winter wheat varieties or by eight per cent of the total (table 4). Seed stocks of 34 samples of *T. durum* and *T. aestivum* were heterogeneous for rust reaction. More than 88 per cent of these wheats was classified as susceptible.

Краткое содержание

Устойчивость гатерслебенской коллекции ячменя и пшеницы.
16. Испытание новопоступивших образцов пшеницы на их восприимчивость к бурой ржавчине (*Puccinia recondita* Rob. ex Desm., syn. *P. triticina* Erikss.)

597 образцов яровых и 614 озимых пшениц гатерслебенской коллекции (табл. 1) заражались следующими пятью расами *Puccinia recondita:* раса 15 (группа рас UN 2), 20/31 (UN 9), 41 (UN 15), 77 (UN 13) и 84 (UN 3). В некоторых случаях инфекция производилась и другими расами, главным образом двумя изолятами из 'зальцмюнде 14/44'. – Устойчивыми ко всем расам бурой ржавчины оказались 13 яровых пшениц: 9 образцов *Triticum monococcum*, 3 образца *T. timopheevi* и 1 образец *T. zhukowskyi* (табл. 2). Устойчивость к отдельным расам проявили 66 яровых и 31 озимых или 8% всех испытанных образцов пшеницы (табл. 4). Смесью устойчивых и неустойчивых растений оказались 34 образца твердых и мягких пшениц. 88% образцов всей коллекции легко заражались бурой ржавчиной.

Literatur

Anderson, R. G., 1961: The inheritance of leaf rust resistance in seven varieties of common wheat. – Canad. J. Pl. Sci. *41*, 342–359.
Athwal, D. S., and I. A. Watson, 1957: Inheritance of resistance to wheat leaf rust in Mentana, a variety of *Triticum vulgare*. – Proc. Linn. Soc. N. S. W. *82*, 245–251.
Bakshi, J. S., and A. M. Schlehuber, 1959: Identification of a substituted chromosome pair in a *Triticum-Agropyron* line. – Proc. Oklahoma Acad. Sci. *39*, 16–21.
Bartoš, P., and I. Bareš, 1971: Leaf and stem rust resistance of hexaploid wheat cultivars Salzmünder Bartweizen and Weique. – Euphytica *20*, 435–440.
Bartoš, P., G. J. Green, and P. L. Dyck, 1970: Reactions to stem rust and genetics of stem rust resistance in European wheat varieties. – Canad. J. Bot. *48*, 1439–1443.
Bartoš, P., D. J. Samborski and P. L. Dyck, 1969: Leaf rust resistance of some European varieties of wheat. – Canad. J. Bot. *47*, 543–546.
Bartoš, P. und J. Šebesta, 1967: Odrůdová odolnost sortimentu pšenic ve fázi 1–3 listů ke rzi pšeničné (*Puccinia recondita* Rob. ex Des.). – Ochr. rost. *3* (*40*), 169–176.
– –, 1971: Fysiologická specializace *Puccinia recondita* Rob. ex Desm. f. sp. *tritici* (Erikss.) v Československu v letech 1966 až 1969. – Genet. šlecht. *7* (*44*), 23–28.

– –, 1971a: Odrůdová odolnost pšenice ve fázi 1–3 listů k *Puccinia recondita* Rob. ex Desm. – Ochr. rost. *7* (*44*), 87–92.

Bartoš, P., J. Šebesta und I. Bareš, 1967: Polní odolnost světového sortimentu pšenic ke rzi travní, formě pšenicné (*Puccinia graminis* Pers. f. sp. *tritici* Erikss. et Henn.). – Genet. šlecht. *3* (*40*), 213–220.

– –, 1968: Polní odolnost světového sortimentu pšenic ke rzi pšeničné (*Puccinia recondita* Rob. ex Desm.). – Genet. šlecht. *4* (*41*), 133–138.

Briggle, L. W., and L. T. Reitz, 1963: Classification of *Triticum* species and of wheat varieties grown in the United States. – U. S. D. A., Techn. Bull., No. 1278.

Caldwell, R. M., J. J. Roberts and Z. Eyal, 1970: General resistance („slow rusting") to *Puccinia recondita* f. sp. *tritici* in winter and spring wheats. – Phytopathology *60*, 1287.

Calniceanu, C., 1933: Beiträge zur Resistenzzüchtung gegen *Puccinia triticina* Erikss. – Kühn-Archiv *37*, 59–90.

Clark, A. J., and B. B. Bayles, 1942: Classification of wheat varieties grown in the United States in 1939. – U. S. D. A., Techn. Bull. No. *795*.

Dhillon, P. S., A. S. Minhas and G. D. Bhullar, 1969: Study of field reaction to leaf rust in intervarietal crosses of *Triticum aestivum*. – J. Res., Ludhiana *6*, 4–7. Ref.: Plant Path. *49* (1970), Nr. 2040.

Dodoff, D. N., 1931: Ustojčivost' na nkoi naši i čuždi pšenici sprjamo sedem' fiziologički rasi na *Puccinia triticina* Erikss. (Resistenz einiger unserer und ausländischer Weizensorten gegen sieben physiologische Rassen von *P. triticina*). – Svedenija zemled., Sofia *12* (11–12), 1–64.

Dončev, N., 1967: Proušvane vrchu ustojčivostta na njakoi naši i čuždi sortove meka pšenica sprjamo kafjava (*Pucc. recondita* Rob. ex Desm. f. sp. *tritici* Erikss.) i černa (*Pucc. graminis tritici* Erikss. et Henn.) ržda pri laboratorni i polski uslovija. (Laboratorium- und Felduntersuchungen über die Resistenz einiger unserer und ausländischer Weichweizensorten gegen Braunrost (*Puccinia recondita* Rob. ex Desm. f. sp. *tritici* Erikss.) und Schwarzrost (*P. graminis tritici* Erikss. et Henn.). – Rasten. nauki, Sofia *4* (6) 35–44.

Driscoll, C. J., and N. F. Jensen, 1969: Registration of Transec wheat germplasm. – Crop Sci. *9*, 682.

Dyck, P. L., and D. J. Samborski, 1968: Genetics of resistance to leaf rust in the common wheat varieties Webster, Loros, Brevit, Carina, Malakof, and Centenario. – Canad. J. Genet. Cytol. *10*, 7–17.

– –, 1969: Host-parasite interactions involving two genes for leaf rust resistance in wheat. – Proc. 3rd Intern. Wheat Genetics Symp., London 245–250.

– –, 1970: The genetics of two alleles for leaf rust resistance at the *Lr 14* locus in wheat. – Canad. J. Genet. Cytol. *12*, 689–694.

Dyck, P. L., D. J. Samborski and R. G. Anderson, 1966: Inheritance of adult – plant leaf rust resistance derived from the common wheat varieties Exchange and Frontana. – Canad. J. Genet. Cytol. *8*, 665–671.

Freitas, A. P. Carmoe, 1967: *Puccinia recondita* Rob. – Selecção de fontes de resistência em trigo. – Agron. Lusitana *29*, 165–202.

Heyne, E. G., 1958: Registration of improved wheat varieties XXI. – Agron. J. *50*, 396–399.

Heyne, E. G., and C. O. Johnston, 1963: Wichita wheat backcross lines for use as differential varieties in separating physiological races of *Puccinia recondita*. – Ann. Meet. Am. Soc. Agron. 1963. Ref.: Pl. Breed. Abstr. *34* (1964), Nr. 3582

Jakubziner, M. M., 1934: Pšenica ustojčivaja protiv gribnych zabolevanij (*Triticum timopheevi* Zhuk.). (Ein gegen Pilzkrankheiten resistenter Weizen (*T. timopheevi* Zhuk.). – Trudy prikl. bot. genet. selekc., Ser. A., No. *11*, 121–130.

– –, 1964: Novye bolezneustojčivye sorta pšenicy iz stran Ameriki. (Neue krankheitsresistente Sorten aus Amerika). – Sborn. trud. vsesoj. inst. rasten., Leningrad No. *1*, 13–17.
– –, 1969: Immunitet vidov pšenicy v svete sistematiki i selekčii. (Resistenz der Weizensorten im Hinblick auf Systematik und Züchtung). – Sel'skochoz. Biol. *4*, 837–847.
Johnson, T., and M. Newton, 1946: The occurrence of new strains of *Puccinia triticina* in Canada and their bearing on varietal reaction. – Sci. Agric., Ottawa *26*, 468–478.
Johnston, C. O., 1959: Principal commercial varieties of wheat grown in the United States, their reaction to rusts, and source of rust reaction shown. – Robigo, Castelar *7*, 10–13.
Kerber, E. R., and P. L. Dyck, 1969: Inheritance in hexaploid wheat of leaf rust resistance and other characters derived from *Aegilops squarrosa*. – Canad. J. Genet. Cytol. *11*, 639–647.
Klein, E., 1953: 35 años de trabajos de cruzamientos de combinacion en trigo. – Arch. fitotécn. Uruguay *5*, 345–372.
– –, 1961: Beiträge zur argentinischen Weizenzüchtung von Professor Dr. W. Rudorf. – Z. Pflanzenz. *45*, 389–392.
Kovács, A., 1952: (Beiträge zur Krankheitsresistenz unseres Weizensortimentes.) – Növénytermelés *1*, 179–188 (ung.).
Law, C. N., and R. Johnson, 1967: A genetic study of leaf rust resistance in wheat. – Canad. J. Genet. Cytol. *9*, 805–822.
Levine, M. N., E. R. Ausemus and E. C. Stakman, 1951: Wheat leaf rust studies at Saint Paul, Minnesota. – Plant Dis. Reptr. Suppl. 199, 17 S.
Luig, N. H., and R. A. Mc Intosh, 1968: Location and linkage of genes on wheat chromosome 2 D. – Canad. J. Genet. Cytol. *10*, 99–105.
Luk'janenko, P. P., 1968: Selekcija ustojčivych k ržavčine sortov ozimoj pšenicy. (Züchtung rostresistenter Winterweizen-Sorten). Selekc. semenovodstvo *33* (4), 10–18.
Manninger, M., 1969: Resistenzuntersuchungen an Winter- und Sommerweizen in Martonvásár, 1960–1967. – Z. Pflanzenz. *61*, 216–224.
McIntosh, R. A., N. H. Luig and E. P. Baker, 1967: Genetic and cytogenetic studies of stem rust, leaf rust, and powdery mildew resistances in Hope and related wheat cultivars. – Austral. J. biol. Sci. *20*, 1181–1192.
Momčilovič, V., 1967: Studies in sources of resistance with the aim donor selection for the program of breeding for resistance to *Puccinia recondita* f. sp. *tritici*. – Savrem. Poljoprivr. *15* (11), 59–67.
Nover, I., 1956: Sechsjährige Beobachtungen über die physiologische Spezialisierung des Echten Mehltaus (*Erysiphe graminis* DC.) von Weizen und Gerste in Deutschland. – Phytopath. Z. *31*, 85–107.
– , 1962: Resistenzeigenschaften im Gersten- und Weizensortiment Gatersleben. 4. Prüfung von Winterweizen auf ihr Verhalten gegen *Erysiphe graminis* DC. f. sp. *tritici* Marchal. – Kulturpflanze, Beiheft *3*, 86–92.
Nover, I., M. Klinkowski und I. Simon, 1964: Ergebnisse der in Halle seit 1945 durchgeführten Arbeiten über den Weizenbraunrost (*Puccinia triticina* Erikss. = *P. recondita* Rob. ex Desm.). – Z. Pflanzenkrankh. *71*, 74–89.
Nover, I., und Chr. O. Lehmann, 1967: Resistenzeigenschaften im Gersten- und Weizensortiment Gatersleben. 8. Prüfung von Weizen auf ihr Verhalten gegen *Puccinia triticina* Erikss. (*P. recondita* Rob. ex Desm.). – Kulturpflanze *15*, 181–198.
– –, 1969: – 12. Prüfung von Weizen-Neuzugängen auf ihr Verhalten gegen Mehltau (*Erysiphe graminis* DC. f. sp. *tritici* Marchal). – Kulturpflanze *17*, 241–251.
Pugsley, A. T., and M. V. Carter, 1953: The resistance of twelve varieties of *Triticum vulgare* to *Erysiphe graminis tritici*. – Austral. J. biol. Sci. *6*, 335–346.

Samborski, D. J., 1965: Leaf rust of wheat in Canada in 1964. – Canad. Pl. Dis. Surv. *45*, 30–32.
– , 1967: Leaf rust of wheat in Canada in 1966. – Canad. Pl. Dis. Surv. *47*, 3–4.
Schafer, J. F., R. M. Caldwell, F. L. Patterson and L. E. Compton, 1963: Wheat leaf rust resistance combinations. – Phytopathology *53*, 569–573.
Scheibe, A., 1929: Studien zum Weizenbraunrost, *Puccinia triticina* Erikss. – I. Methoden und Ergebnisse bei der Bestimmung seiner physiologischen Formen (Biotypen). – Arb. Biol. Reichsanst. Land- u. Forstwirtsch. *16*, 575–608.
Schlehuber, A. M., and E. E. Sebesta, 1959: Progress in wheat-grass breeding. – Proc. Oklahoma Acad. Sci. *39*, 6–16.
Sears, E. R., 1956: The transfer of leaf-rust resistance from *Aegilops umbellulata* to wheat. – Brookhaven Symp. in Biol. *9*, 1–22.
– , 1969: Wheat cytogenetics. – Ann. Rev. Genet. *3*, 451–468.
Sharma, D., and D. R. Knott, 1966: Transfer of leaf-rust resistance from *Agropyrum elongatum* to common wheat through irradiation. – Canad. J. Genet. Cytol. *8*, 137–143.
Sharma, D., and K. B. Singh, 1966: Sources of resistance to leaf-rust of wheat in alien genera and their utilization. – Indian J. Genet. *26*, 350–355.
Širokov, A. J., 1968: Ustojčivost pšenicy k buroj ržavčine i pyl'noj golovne. (Widerstandsfähigkeit von Weizen gegen Braunrost und Flugbrand). – Zašč. Rast., Moskau *13* (11), 17–18.
Soliman, A. S., E. G. Heyne, and C. O. Johnston, 1964: Genetic analysis for leaf rust resistance in the eight differential varieties of wheat. – Crop Sci. *4*, 246–248.
Šopina, V. V., 1971: Immunologičeskaja charakteristika sortov pšenic po poražaemosti buroj ržavčinoj. (Resistenzeigenschaften von Weizensorten gegenüber Braunrostbefall). – Vestn. sel'skochoz. nauki, Moskau *16* (8), 63–64.
Watson, I. A., and E. P. Baker, 1943: Linkage of resistance in certain varieties of *Triticum vulgare*. Proc. Linn. Soc. N. S. W. *68*, 150–152.
Watson, I. A., and N. H. Luig, 1966: *SR 15*, a new gene for use in classification of *Puccinia graminis* var. *tritici*. – Euphytica *15*, 239–247.
Watson, I. A., E. M. Matheson and E. E. Bond, 1960: Gamenya and Mengavi: Two new wheat varieties for northern N. S. W. – New South Wales Dept. Agr., Div. Plant Ind. Leafl.
Watson, I. A., and D. M. Stewart, 1956: A comparison of the rust reaction of wheat varieties Gabo, Timstein, and Lee. – Agron. J. *48*, 514–516.
Wienhues, – Ohlendorf, A., 1960: Die Ertragsleistung rostresistenter 44- oder 42-chromosomiger Weizenquecken -- Bastarde. – Züchter *30*, 194–202.
Wienhues, A., 1965: Cytogenetische Untersuchungen über die chromosomale Grundlage der Rostresistenz der Weizensorte Weique. – Züchter *35*, 352–354.
– –, 1967: Die Übertragung der Rostresistenz aus *Agropyrum intermedium* in den Weizen durch Translokation. – Züchter *37*, 345–352.
Young, H. C., and L. E. Browder, 1965: The North American 1965 set of supplemental differential wheat varieties for identification of races of *Puccinia recondita tritici*. – Plant Dis. Reptr. *49*, 308–311.
Zeller, F. J., 1972a: Cytologischer Nachweis einer Cromosomensubstitution in dem Weizenstamm Salzmünde 14/44 (*T. aestivum* L.), – Z. Pflanzenz. *67*, 90–94.
– 1972b: Cytogenetics of some rust-resistant wheat cultivars.– Proc. Europ. and Medit. Cereal Rusts Conf., Prag, *1*, 297–301.
Zeller, F. J., und G. Fischbeck, 1971: Cytologische Untersuchungen zur Identifizierung des Fremdchromosoms in der Weizensorte Zorba (W 565). – Z. Pflanzenz. *66*, 260–265.
Zitelli, G., and J. Vallega, 1970: Fonti di resistenza alla rugine bruna presenti in alcune frumenti teneri. – Genet. Agr. *24*, 246–257.

Literatur über archäologische Kulturpflanzenreste (1970/1971)

von Jürgen Schultze-Motel

(Eingegangen am 31. Januar 1972)

Die vorliegende Bibliographie versucht, die Literatur über archäologische Kulturpflanzenreste der Jahre 1970 und 1971 zusammenzustellen. Sie schließt an einige entsprechende Übersichten an (Schultze-Motel 1968, 1971a, 1972). Wiederum sind übersehene Veröffentlichungen der Vorjahre mit aufgenommen worden. Herrn Direktor Dr. H. Behrens, Herrn W. Matthias und der Bibliothekarin Frau V. Schneider vom Landesmuseum für Vorgeschichte Halle/S. möchte ich für die Unterstützung bei der Auffindung der Literatur meinen besten Dank sagen. Mein Dank gilt auch den Kollegen, die mich durch Zusendung von Sonderdrucken sowie durch Hinweise auf versteckte Literaturstellen bei meiner Arbeit unterstützten.

Während des III. Internationalen Kongresses der Landwirtschaftlichen Museen, der im April 1971 in Budapest stattfand, wurde innerhalb der Sektion Archäobotanik eine Diskussion über die fortlaufende Herausgabe einer Bibliographie der Literatur über archäologische Kulturpflanzenreste geführt. Der Verfasser der vorliegenden Literaturzusammenstellung erhielt von der Internationalen Arbeitsgemeinschaft für Paläoethnobotanik den Auftrag, diese Bibliographie herauszugeben, da die bestehende Form den angestrebten Vorstellungen hinreichend entspricht.

Es folgen nun zunächst die Einzelangaben zu den alphabetisch angeordneten Arten.

Allium sativum L., Knoblauch

In einer römerzeitlichen Fundstelle von Neuß/Rh. konnte Knörzer (1970) 12 fast vollständige, verkohlte Teilzwiebeln (Zehen) sowie mehr als 220 Bruchstücke von etwa 22 weiteren Teilzwiebeln feststellen. Dies ist der erste archäologische Nachweis dieser Art in Europa.

Amaranthus caudatus L., Garten-Fuchsschwanz

In einem etwa 2000 Jahre alten Körnerfund von *Chenopodium quinoa*, den Hunziker und Planchuelo (1971) aus Argentinien beschrieben haben, ließen sich auch 28 Samen von *Amaranthus caudatus* nachweisen. *Amaranthus*-Samen fanden sich in Koprolithen von Süd-Utah (Callen und Martin 1969).

Amaranthus lividus L., Fuchsschwanz

In römerzeitlichen Pflanzenfunden von Neuß/Rh. hat Knörzer (1970) über 1600 Früchte dieser Fuchsschwanz-Art nachweisen können. Der Autor kommt zu dem Schluß, daß die Pflanze damals als Blattgemüse angebaut wurde, da die Körner mit Resten weiterer Gemüsepflanzen auftraten.

Anethum graveolens L., Dill

Aus römerzeitlichen Fundstellen von Neuß/Rh. hat Knörzer (1970) verkohlte Teilfrüchte des Dill beschrieben.

Apium graveolens L., Sellerie

Siebzig verkohlte Teilfrüchte des Sellerie aus zwei römerzeitlichen Fundstellen von Neuß/Rh. dürften auf Grund der Lagerungsverhältnisse zu kultivierten Formen gehören (Knörzer 1970).

Avena sativa L., Hafer

Römerzeitliche Haferfunde aus Neuß/Rh. beschreibt Knörzer (1970). Die Hafer-Funde in den Niederlanden stellte van Zeist (1970b) zusammen. Eine Übersicht der ur- und frühgeschichtlichen Funde des Saathafers und des Flughafers (*Avena fatua* L.) in Mitteleuropa hat Willerding (1970) gegeben.

Beta vulgaris L., Runkelrübe

In römerzeitlichen Fundstellen von Neuß/Rh. konnte Knörzer (1970) einen unverkohlten Fruchtkelch und 5 verkohlte Fruchtknäuel der Runkelrübe feststellen.

Camelina sativa (L.) Crantz, Saat-Leindotter

Von dieser Ölpflanze fanden sich in der ältereisenzeitlichen Siedlung Boomborg/Hatzum (Ems-Mündung) Stengel, Schötchen und vereinzelt Samen. An derselben Stelle kam diese Art auch in Proben der römischen Kaiserzeit vor (Behre 1970a).

In mehreren niederländischen Fundstellen hat van Zeist (1970b) Samen des Leindotters, an zwei Stellen auch die charakteristischen Schötchenklappen nachgewiesen (vgl. auch van Zeist 1970e). Der Autor kommt zu dem Schluß, daß der Leindotter in den Niederlanden seit etwa 500 v. u. Z. in Kultur ist.

In den römerzeitlichen Pflanzenfunden aus Neuß/Rh. konnten 1141 verkohlte Samen des Leindotters festgestellt werden, die sich auf 19 Fundstellen verteilen (Knörzer 1970). Derselbe Autor (Knörzer 1971d) erwähnt einen eisenzeitlichen Fund aus Nettesheim/Butzheim, Kr. Grevenbroich. Der Leindotter wurde auch in der Bronzezeit Ungarns (Valkó 1971) und im späten Neolithikum der Schweiz (Neuenburger See) aufgefunden (Villaret-von Rochow 1971). Der letzte Fund ist der älteste Nachweis der Art überhaupt.

Eine Fundkarte des Leindotters hat Willerding (1970) zusammengestellt, die Anbaugeschichte dieser Art behandelte Schultze-Motel (1971b).

Cannabis sativa L., Hanf

Unter den römerzeitlichen Pflanzenfunden von Neuß/Rh. fand sich eine einzelne unverkohlte Frucht des Hanfes (Knörzer 1970). Die vor- und frühgeschichtlichen Funde des Hanfes in Mitteleuropa hat Willerding (1970) zusammengestellt.

Chenopodium quinoa Willd., Reismelde

Reste dieser alten Kulturpflanze aus präkolumbianischer Zeit (Alter etwa 2000 Jahre) sind in Argentinien nachgewiesen worden. Der Fund bestand zu etwa gleichen Teilen aus den Varietäten *quinoa* und *melanospermum* A. T. Hunziker (Hunziker und Planchuelo 1971).

Cicer arietinum L., Kichererbse

Die Hauptmasse einer früheisenzeitlichen Kulturpflanzenprobe von Kāmid el-Lōz (Libanon) bestand aus Samen der Kichererbse (Behre 1970b). In Salamis (Zypern) fanden sich in Schichten des 6. bis 5. Jh. v. u. Z. ebenfalls Kichererbsen (Renfrew 1970). Auch unter den römerzeitlichen Pflanzenfunden von Neuß/Rh. konnte diese Art mit 764 verkohlten Samen nachgewiesen werden (Knörzer 1970). Ob die Kichererbsen an Ort und Stelle in Kultur waren, ließ sich nicht feststellen, doch ist es wahrscheinlicher, daß sie importiert wurden.

Coriandrum sativum L., Koriander

In mehreren römerzeitlichen Fundstellen von Neuß/Rh. hat Knörzer (1970) verkohlte Samen des Korianders nachweisen können.

Cucurbita L., Kürbis

Etwa 180 Reste von Kürbis-Arten (Schalenteile, Fruchtstiele, Samen) fanden sich in der Guila Naquitz-Höhle im Oaxaca-Tal in Mexico (Whitaker und Cutler 1971). Fast 60% der Reste gehören zu Wildarten. Ein einzelner Samen stammt vielleicht von *Cucurbita ficifolia* Bouché (Feigenblattkürbis). Die Masse der kultivierten Formen gehört zu *Cucurbita pepo* L., Gartenkürbis. Samen- und Fruchtteile von *Cucurbita* wurden in einigen Koprolithen von Süd-Utah nachgewiesen (Callen und Martin 1969).

Daucus carota L., Möhre

In mehreren römerzeitlichen Fundstellen von Neuß/Rh. hat Knörzer (1970) Teilfrüchte der Möhre festgestellt.

Ficus carica L., Feige

Eine vollständige „Frucht" der Feige fand sich in Schichten des 6. bis 5. Jh. v. u. Z. in Salamis, Zypern (Renfrew 1970). In römerzeitlichen Pflanzenfunden aus Neuß/Rh. hat Knörzer (1970) unverkohlte und verkohlte Nüßchen der Feige nachweisen können.

Gossypium arboreum L., Baumwolle

Einige 4500 Jahre alte Samen von *Gossypium arboreum* var. *soudanense* oder *Gossypium herbaceum* var. *africanum*, die in Afyeh, Nubien, gefunden wurden, lassen erkennen, daß die Baumwolle in Nubien einheimisch ist (Buth 1970, Chowdhury und Buth 1970a).

Gossypium hirsutum L., Baumwolle

Reste von Samenkapseln dieser Baumwollart haben Smith und Stephens (1971) aus Höhlen bei Mitla (Oaxaca, Mexiko) beschrieben. Die Funde stammen aus der Zeit von 700 bis 1300 u. Z. Sämtliche bisher bekannten mexikanischen archäologischen Baumwollfunde gehören zu kultivierten Formen. Es gibt keine Hinweise auf die Stelle, an der die Baumwolle als Cultigen entstanden ist. Sie wurde als Kulturpflanze in das Tehuacán- und Oaxaca-Tal eingeführt.

Hordeum spontaneum Koch

Verkohlte Früchte dieser Wildgerste fanden sich in Tell Mureybıṭ, Nord-Syrien (van Zeist 1970c). Nach Radiokarbonmessungen stammen sie aus der Zeit 8050 bis 7550 v. u. Z.

Hordeum vulgare L. s. l., Gerste

Funde der Gerste sind in allen Zeiten zahlreich und sollen hier lediglich aufgezählt werden: Neolithikum: Spanien (Hopf 1971b), Nerja, Prov. Málaga, Spanien (Hopf und Catalán 1970), Frankreich (Hopf 1967), ca. 4000 v. u. Z., Apulien, Süditalien (Follieri 1971), Värby, Schweden (Hjelmqvist 1970), Auvernier, Neuenburger See, Schweiz (Villaret-von Rochow 1971), Wartberg in Hessen (Hopf in Schrickel 1969), Rössener Kultur, Langweiler, Kr. Jülich (Knörzer 1971b), Schnurkeramik, DDR (Matthias und Schultze-Motel 1971), Lengyelkultur, Kraków, Polen (Gluza 1971), Kykladen-Insel Saliagos (Renfrew 1968); 2600 bis 2400 v. u. Z., Afyeh, Nubien (Buth 1970); ca. 2500 bis 1700 v. u. Z., Tell Selenkahiye, 80 km östlich von Aleppo (van Zeist 1970a); 1200 bis 700 v. u. Z., Uttar Pradesh, Indien (Buth 1970); Bronzezeit, Aunjetitzer Kultur, DDR (Matthias und Schultze-Motel 1971); ausgehende Bronzezeit/frühe Eisenzeit, Kāmid el-Lōz, Libanon (Behre 1970b); ältere Eisenzeit: Boomborg/Hatzum, Emsmündung (Behre 1970a), Einbeck, BRD (Hopf in Plümer 1967); Eisenzeit: La Tène, Chassemy/Aisne, Frankreich (Hopf 1969), Rheinland (Knörzer 1971d); Römerzeit: Neuß/Rh. (Knörzer 1970), Friesheim, Kr. Euskirchen (Knörzer 1971g); Choga Mami, Irak (Field 1969); slawischer Burgwall, Kr. Wismar, DDR (Lange 1970).

Die Gerstenfunde in den Niederlanden hat van Zeist (1970b) zusammengestellt und Willerding (1970) gibt eine Übersicht der zahlreichen vor- und frühgeschichtlichen Nachweise der Art in Mitteleuropa. Die Frage nach der Entstehung der Gerste im Lichte von archäologischen Resten behandelte Bakhteyev (1971). Auch Harlan (1971) setzt sich bei der Besprechung des Ursprungs dieser Art mit neueren archäologischen Funden auseinander.

Juglans regia L., Walnuß

Einzelne verkohlte Schalenbruchstücke konnte Knörzer (1970) in römerzeitlichen Fundstellen von Neuß/Rh. feststellen. Derselbe Autor (Knörzer 1971g) beschreibt Schalenbruchstücke der Walnuß aus einer ebenfalls römerzeitlichen Fundstelle von Friesheim, Kr. Euskirchen.

Lagenaria siceraria (Mol.) Standl., Flaschenkürbis

Unter Kürbis-Resten, die in der Guila Naquitz-Höhle im Oaxaca-Tal in Mexiko geborgen werden konnten, fanden sich vereinzelt auch Überbleibsel von Flaschenkürbissen (Whitaker und Cutler 1971).

Lathyrus sativus L., Saat-Platterbse

Unter den in Kāmid el-Lōz (Libanon) gefundenen Kulturpflanzenresten kamen Samen der Saat-Platterbse in geringer Menge vor (Behre 1970b). Auch in Schichten des 6. bis 5. Jh. v. u. Z. in Salamis, Zypern, ließen sich Samen dieser Art nachweisen (Renfrew 1970).

Lens culinaris Medik., Linse

Unter den Kulturpflanzenresten, die in Kāmid el-Lōz (Libanon) gefunden wurden, waren auch zwei Samen der Linse (Behre 1970b). Linsensamen hat van Zeist (1970a) aus Tell Selenkahiye (80 km östl. von Aleppo) beschrieben. Die Siedlung stammt aus der Zeit ca. 2500 bis 1700 v. u. Z. In Salamis (Zypern) fanden sich in Schichten des 6. bis 5. Jh. v. u. Z. einige Linsensamen (Renfrew 1970). Römerzeitliche Linsen hat Knörzer aus Neuß/Rh. (1970) und aus Friesheim, Kr. Euskirchen (1971g) beschrieben. Die vor- und frühgeschichtlichen Funde der Linse in Mitteleuropa hat Willerding (1970) zusammengestellt.

Lens nigricans Gods.

In Tell Mureybiṭ (Nord-Syrien) gefundene Samen der Linse werden von van Zeist (1970c) als Wild-Linsen angesehen. Die Funde stammen aus der Zeit 8050 bis 7550 v. u. Z.

Linum usitatissimum L., Lein, Flachs

In der spätneolithischen Grabung Auvernier (Neuenburger See, Schweiz) tritt der Lein besonders häufig auf (Villaret-von Rochow 1971). In der ältereisenzeitlichen Siedlung Boomborg/Hatzum (Emsmündung) fanden sich Samen, Kapsel- und Stengelreste des Leins (Behre 1970a). Einzelne eisenzeitliche Samen aus Glehn, Kr. Grevenbroich, erwähnt Knörzer 1971d). Verkohlte Samen hat Knörzer (1970) in römerzeitlichen Fundstellen von Neuß/Rh. festgestellt. Die Lein-Funde in den Niederlanden hat van Zeist (1970b) zusammengestellt. Eine Übersicht über die vor- und frühgeschichtlichen Funde des Leins in Mitteleuropa hat Willerding (1970) gegeben.

Malus sylvestris Mill., Apfel

Apfelkerne aus einer mittelalterlichen Fundstelle in Olomouc (ČSSR) haben Burian und Opravil (1970) beschrieben (vgl. auch Opravil 1971).

Mucuna elliptica (Ruiz et Pav.) DC.

Von dieser Leguminose wurden Samen in einem präkolumbianischen Grab in Arica (Provincia de Tarapaca, Chile) aufgefunden (Gunckel 1967). Die Art wird heute nicht kultiviert, doch da sich eine Reihe anderer Arten dieser Gattung in Kultur befindet, muß möglicherweise mit einem Anbau dieser Art in früherer Zeit gerechnet werden.

Olea europaea L., Ölbaum

Olivensteine fanden sich in Schichten des 6. bis 5. Jh. v. u. Z. in Salamis, Zypern (Renfrew 1970). In römerzeitlichen Fundstellen von Neuß/Rh. hat Knörzer (1970) neun verkohlte Steinkerne des Ölbaums feststellen können.

Oryza sativa L., Reis

Bespelzte und unbespelzte Reis-Karyopsen aus Uttar Pradesh, Indien, hat Buth (1970) untersucht. Der Fund stammt aus der Zeit 1200 bis 700 v. u. Z. Römerzeitliche Reisfunde aus Neuß/Rh. hat Knörzer (1970) beschrieben.

Mit dem Ursprung des Reis setzt sich Ho (1969) auseinander. Auf Grund von archäologischen, botanischen, historischen und philologischen Fakten kommt er zu dem Schluß, daß die südliche Hälfte Chinas eines der Entstehungszentren des Reis ist und daß die Reiskultur in China mindestens ein Jahrtausend früher begann als in Indien.

Panicum miliaceum L., Rispenhirse

Aus dem Rheinland liegen 7 Funde der Eisenzeit vor (Knörzer 1971d). Römerzeitliche Funde der Rispenhirse beschreibt Knörzer (1970) aus Neuß/Rh. Einen mittelalterlichen Fund aus Olomouc (ČSSR) untersuchten Burian und Opravil (1970). Die Funde der Niederlande hat van Zeist (1970b) zusammengestellt. Eine Übersicht vor- und frühgeschichtlicher Nachweise der Rispenhirse in Mitteleuropa hat Willerding (1970) gegeben.

Papaver setigerum DC.

Prähistorische Samenfunde dieser Mohnart im Rheinland hat Knörzer (1971c) beschrieben. Die Art steht dem Schlafmohn, *Papaver somniferum* L., sehr nahe und wird oft als dessen Stammpflanze betrachtet.

Papaver somniferum L., Schlafmohn

Einzelne Körner des Schlafmohns aus der Eisenzeit des Rheinlandes erwähnt Knörzer (1971d). Römerzeitliche Schlafmohn-Funde aus Neuß/Rh. hat Knörzer (1970) beschrieben. Auch in zwei ebenfalls römerzeitlichen Fundstellen der Niederlande war diese Art nachweisbar (van Zeist 1970b). Die vor- und frühgeschichtlichen Funde in Mitteleuropa hat Willerding (1970) zusammengestellt.

Petroselinum crispum (Mill.) Nym., Petersilie

Fruchtreste der Petersilie fanden sich unter frühmittelalterlichen Pflanzenresten in Dorestad (Niederlande). Da diese Art in West-Europa nicht wildwachsend auftritt, darf angenommen werden, daß sie hier als Kulturpflanze angebaut wurde (van Zeist 1970d).

Pisum sativum L., Erbse

Aus römerzeitlichen Fundstellen von Neuß/Rh. hat Knörzer (1970) zahlreiche Erbsen beschrieben. Derselbe Autor (Knörzer 1971g) konnte ebenfalls römerzeitliche Erbsen auch in Friesheim, Kr. Euskirchen, feststellen. Mittelalterliche Erbsenfunde der Niederlande erwähnt van Zeist (1970b) und Willerding (1970) hat die vor- und frühgeschichtlichen Funde der Erbse in Mitteleuropa zusammengestellt.

Portulaca oleracea L., Portulak

In römerzeitlichen Pflanzenfunden von Neuß/Rh. hat Knörzer (1970) sieben Samen des Portulaks nachweisen können.

Prunus amygdalus Batsch, Mandelbaum

Reste von Mandelsteinen fanden sich in Schichten des 6. bis 5. Jh. v. u. Z. in Salamis, Zypern (Renfrew 1970).

Prunus avium L., Süßkirsche

Zahlreiche Steine der Süßkirsche fanden sich in mittelalterlichen Abfallgruben in Olomouc, ČSSR (Burian und Opravil 1970). Knörzer (1970) beschreibt Fruchtsteine aus römerzeitlichen Fundstellen von Neuß/Rh.

Prunus cerasifera Ehrh., Kirschpflaume

Zwei Steine der Kirschpflaume kamen in einem mittelalterlichen Fund in Olomouc, ČSSR, zutage (Burian und Opravil 1970).

Prunus domestica L., Pflaume

Steine mehrerer Formen der Pflaume haben Burian und Opravil (1970) aus einer mittelalterlichen Fundstelle von Olomouc (ČSSR) beschrieben. Knörzer (1970) erwähnt Fruchtsteinreste aus römerzeitlichen Funden von Neuß/Rh.

Prunus persica (L.) Batsch, Pfirsich

Aus römerzeitlichen Funden von Neuß/Rh. beschreibt Knörzer (1970) einen ganzen Steinkern und mehrere Bruchstücke.

Pyrus communis L., Birne

Samen der Birne gehören zu den häufigsten Obstresten im Mittelalter der ČSSR (Opravil 1971).

Secale cereale L., Roggen

Roggen wurde in einem bronzezeitlichen Fund am Kyffhäuser (Matthias und Schultze-Motel 1971), in römerzeitlichen Funden von Neuß/Rh.

(Knörzer 1970) und in einem slawischen Burgwall im Kreis Wismar (Lange 1970) nachgewiesen. Die Roggenfunde Österreichs sind bei Werneck (1970) aufgeführt. Die ältesten Nachweise des Roggens in den Niederlanden stammen aus römerzeitlichen Plätzen (van Zeist 1970b). Aber erst in frühmittelalterlichen Funden erscheint die Art als wichtiges Getreide (van Zeist 1970b, d).

Helbaek (1971b) beschreibt die Ankunft des Roggens in Dänemark. Danach ist dieses Getreide im ersten Jahrhundert u. Z. nach Jütland gekommen und zwar als ein unbemerktes Unkraut in der Gerste. Erst im 10. Jahrhundert kommt der Roggen in solchen Mengen vor, daß auf seine Verwendung als Brotkorn geschlossen werden darf. Die Geschichte der Entstehung und Wanderung des Roggens hat ebenfalls Helbaek (1971a) dargestellt.

Eine Übersicht über die vor- und frühgeschichtlichen Roggenfunde in Mitteleuropa hat Willerding (1970) gegeben.

Setaria italica (L.) Beauv., Kolbenhirse

Aus dem Rheinland liegen zwei eisenzeitliche Funde vor (Knörzer 1971d). Römerzeitliche Funde der Kolbenhirse aus Neuß/Rh. beschreibt Knörzer (1970). Die vor- und frühgeschichtlichen Funde der Art in Mitteleuropa hat Willerding (1970) zusammengestellt.

Sorghum bicolor (L.) Moench

Den Ursprung und die Domestikation dieser Hirseart behandeln de Wet und Harlan (1971).

Trigonella foenum-graecum L., Bockshornklee

In römerzeitlichen Funden von Neuß/Rh. konnte Knörzer (1970) Samen des Bockshornklees nachweisen. Er sieht in diesen Samen, die zusammen mit anderen Heilpflanzen auftraten, Reste eines Heilmittels.

Triticum aestivum L., Saatweizen

(einschließlich der Untergr. *aestivo-compactum* Schiem., Zwergweizen)

Vom Saatweizen sind eine ganze Reihe von Funden zu verzeichnen, die lediglich aufgezählt werden sollen: Neolithikum: Spanien (Hopf 1971b), Frankreich (Hopf 1967), Rössener Kultur, Langweiler, Kr. Jülich (Knörzer 1971b), Trichterbecherkultur, Polen (Klichowska 1970); 2600 bis 2400 v. u. Z., Afyeh, Nubien (Buth 1970); 2500 bis 1700 v. u. Z., Tell Selenkahiye, 80 km östl. von Aleppo (van Zeist 1970a); 1200 bis 700 v. u. Z., Uttar Pradesh, Indien (Buth 1970); Kāmid el-Lōz, Libanon (Behre 1970b); Eisenzeit, La Tène, Chassemy/Aisne, Frankreich (Hopf 1969); Römerzeit, Neuß/Rh. (Knörzer 1970).

Eine Übersicht der Funde in den Niederlanden hat van Zeist (1970b) gegeben. Die vor- und frühgeschichtlichen Funde des Saatweizens und des Zwergweizens in Mitteleuropa stellte Willerding (1970) zusammen. Gunda (1971) macht eine kurze Bemerkung zu der Frage, ob der Archäologie beim Studium der Weizen-Evolution eine Rolle zukommt. Neolithische Getreidefunde in der Höhle von Nerja (Prov. Málaga, Spanien) enthielten auch Weizenkörner, die jedoch keine einheitlichen und eindeutigen Merkmale zeigten, so daß eine sichere Artbestimmung nicht möglich war (Hopf und Catalán 1970). Einige archäologische Weizen aus Mittel-Frankreich bespricht Erroux (1971).

Triticum boeoticum Boiss., Wildeinkorn

Verkohlte Früchte des Wildeinkorns von Tell Mureybiṭ (Nord-Syrien) gehören zur zweikörnigen Varietät *thaoudar* (van Zeist 1970c). Nach Radiokarbonmessungen stammen sie aus der Zeit 8050 bis 7550 v. u. Z.

Triticum dicoccon Schrank, Emmer

Auch von dieser Weizenart seien die Funde nur aufgezählt: Neolithikum: Värby, Schweden (Hjelmqvist 1970), Frankreich (Hopf 1967), Spanien (Hopf 1971b), Lengyelkultur, Kraków, Polen (Gluza 1971), Bylany bei Kutná Hora, ČSSR (Tempír 1971a), Rössener Kultur, Langweiler, Kr. Jülich (Knörzer 1971b), Trichterbecherkultur, Polen (Klichowska 1970), Schnurkeramik, DDR (Matthias und Schultze-Motel 1971), Kykladen-Insel Saliagos (Renfrew 1968); spätes Neolithikum, Auvenier, Neuenburger See (Villaret-von Rochow 1971); 2600 bis 2400 v. u. Z., Afyeh, Nubien (Buth 1970); 2500 bis 1700 v. u. Z., Tell Selenkahiye, 80 km östl. von Aleppo (van Zeist 1970a); Bronzezeit (Aunjetitzer Kultur), DDR (Matthias und Schultze-Motel 1971); frühe Eisenzeit, Kāmid el-Lōz, Libanon (Behre 1970b); ältere Eisenzeit, Boomborg/Hatzum, Emsmündung (Behre 1970a); Eisenzeit: La Tène, Chassemy/Aisne, Frankreich (Hopf 1969), Rheinland (Knörzer 1971d); Römerzeit: Neuß/Rh. (Knörzer 1970), Friesheim, Kr. Euskirchen (Knörzer 1971g); Choga Mami, Irak (Field 1969); ČSSR (Tempír 1971b). Eine Übersicht über die Funde in den Niederlanden gibt van Zeist (1970b). Die zahlreichen vor- und frühgeschichtlichen Nachweise des Emmers in Mitteleuropa hat Willerding (1970) zusammengestellt (mit Fundkarte). Das Ausklingen der Emmerkultur in der ČSSR behandelte Kühn (1970).

Triticum monococcum L., Einkorn

Funde dieser Weizenart kommen seit dem Neolithikum an vielen Orten vor, die hier nur aufgezählt werden sollen: Neolithikum: Värby, Schweden (Hjelmqvist 1970), Kykladen-Insel Saliagos (Renfrew 1968), Spanien (Hopf 1971b), Lengyelkultur, Kraków, Polen (Gluza 1971), Bylany bei Kutná Hora ČSSR (Tempír 1971a), Rössener Kultur, Langweiler, Kr. Jülich (Knörzer 1971b), Schnurkeramik, DDR (Matthias und Schultze-Motel 1971), Trichterbecherkultur, Polen (Klichowska 1970); Bronzezeit, Aunjetitzer Kultur, DDR (Matthias und Schultze-Motel 1971); Eisenzeit, Rheinland (Knörzer 1971d); Römerzeit: Neuß/Rh. (Knörzer 1970) und Friesheim, Kr. Euskirchen (Knörzer 1971g); Choga Mami, Irak (Field 1969); ČSSR (Tempír 1971b). Die Einkorn-Funde in den Niederlanden hat van Zeist

(1970b) zusammengestellt und Willerding (1970) bringt eine Übersicht der vor- und frühgeschichtlichen Nachweise dieser Art in Mitteleuropa.

Triticum spelta L., Spelz oder Dinkel

Aus der Eisenzeit des Rheinlandes liegen mehrere Funde vor (Knörzer 1971d). Knörzer hat römerzeitliche Funde aus Neuß/Rh. (1970) und solche aus Friesheim, Kr. Euskirchen (1971g) beschrieben. Die Spelz-Nachweise in den Niederlanden hat van Zeist (1970b), die vor- und frühgeschichtlichen Reste in Mitteleuropa hat Willerding (1970) zusammengestellt.

Vicia ervilia (L.) Willd., Erve, Linsenwicke

In früheisenzeitlichen Proben von Kāmid el-Lōz (Libanon) konnte diese Leguminosen-Art nachgewiesen werden (Behre 1970b). Auch unter den Pflanzenresten von Tell Mureybiṭ (Nord-Syrien) fanden sich einige Samen der Linsenwicke (van Zeist 1970c). In Schichten des 6. bis 5. Jh. v. u. Z. von Salamis, Zypern, konnte Renfrew (1970) zwei Samen nachweisen. Knörzer (1970) stellte in einer römerzeitlichen Fundstelle von Neuß/Rh. neun verkohlte Samen der Linsenwicke fest.

Vicia faba L., Ackerbohne

Stengel, Hülsen und Samen der Ackerbohne fanden sich in größerer Anzahl in der ältereisenzeitlichen Siedlung Boomborg/Hatzum, Emsmündung (Behre 1970a). In Schichten des 6. bis 5. Jh. v. u. Z. von Salamis, Zypern, konnte Renfrew (1970) Ackerbohnen nachweisen. In römerzeitlichen Pflanzenfunden aus Neuß/Rh. hat Knörzer (1970) mehr als 50000 Samen der Ackerbohne festgestellt. Die Funde in den Niederlanden sind von van Zeist (1970b) zusammengestellt worden. Eine Übersicht über die vor- und frühgeschichtlichen Ackerbohnenfunde in Mitteleuropa gibt Willerding (1970).

Vicia sativa L., Saatwicke

Samen der Saatwicke beschrieb van Zeist (1970b) aus zwei Fundstellen der Niederlande. Auch in römerzeitlichen Funden von Neuß/Rh. konnte Knörzer (1970) verkohlte Samen dieser Art nachweisen.

Vitis vinifera L., Weinrebe

Einzelne Kerne der Weinrebe fanden sich unter den Kulturpflanzenresten von Kāmid el-Lōz, Libanon (Behre 1970b). Kerne sowie ganze verkohlte Beeren hat Renfrew (1970) in Schichten des 6. bis 5. Jh. v. u. Z. von Salamis, Zypern, nachweisen können. Mittelalterliche Reste haben Burian und Opravil (1970) aus Olomouc (ČSSR) beschrieben. Fascar und Patay (1971) beschäftigten sich mit methodischen Fragen der Bestimmung von Samenkernen. Die Entstehung des Weines und der Weinkultur in Griechenland auf Grund von archäologischen Funden stellte Logothetis (1970) dar.

Zea mays L., Mais

Ein verkohlter, zehnreihiger Maiskolben fand sich in einem Grab in Athens, Athens County (Ohio, USA). Nach Radiokarbondatierung stammt der Fund aus der Zeit um 280 ± 140 v. u. Z. (Murphy 1971). Achtreihiger Mais wurde im mittleren Rio Grande-Tal in New Mexico nachgewiesen. Seine Zeitstellung ist 18 ± 138 v. u. Z. (Galinat, Reinhart und Frisbie 1970). In einigen Koprolithen aus der Glen Canyon-Region von Süd-Utah (USA) konnte Mais in Form von Fruchtschalen festgestellt werden (Callen und Martin 1969).

Nach dieser Aufzählung von Einzelfunden sollen einige größere Arbeiten bzw. solche allgemeinen Inhaltes besprochen werden. Mit dem Vorspiel und den Anfängen der Pflanzenzüchtung im Nahen Osten setzt sich van Zeist (1971) auseinander. Mándy (1971) bringt eine neue Erklärung zur Ausbildung der Genzentren. Eine Übersicht über die Entstehung des Ackerbaus in Europa gibt Saint-Blanquat (1966).

Hier seien auch einige der auf dem III. Internationalen Kongreß der Landwirtschaftlichen Museen in der Sektion Archäobotanik gehaltenen Vorträge aufgeführt, sofern sie nicht schon in anderem Zusammenhang genannt sind: Beginn des neolithischen Pflanzenbaus in Südost-Ungarn (Hartyányi und Nováki 1971), 6000jährige Geschichte des Ackerbaus in der Umgebung des Balaton-Sees (Zólyomi 1971), Bronzezeitliche Pflanzenfunde aus Ungarn (Valkó 1971), Ur- und frühgeschichtliche Getreidefunde in der DDR (Jäger und Lange 1971), Hallstattzeitlicher Speicher oder Getreidedarre (Gall 1971), Beiträge zur Frühgeschichte des Obstes im Rheinland (Knörzer 1971f), Moderne Entwicklungen in der Isozym-Forschung in Verbindung mit der Archäobotanik (Pozsár 1971), Methoden beim Studium von paläobotanischen Materialien (Dembińska 1971).

Neben Kulturpflanzen finden sich in archäologischen Materialien bisweilen auch Unkräuter. Eine Übersicht derartiger Reste gibt Giżbert (1971). Kühn (1971) beschäftigt sich mit der Frage der Bestimmung von Unkrautsamen in urgeschichtlichem Material. In seiner ausführlichen Darstellung der ur- und frühgeschichtlichen Kulturpflanzen der Niederlande behandelt van Zeist (1970b) auch einige Unkraut-Arten. Knörzer (1970, 1971e, 1971g) hat den Unkräutern in archäologischen Funden des Rheinlandes besondere Aufmerksamkeit gewidmet. Dabei sind einige Arten erstmalig subfossil in Mitteleuropa nachgewiesen worden, z. B. *Orlaya grandiflora* (L.) Hoffm., *Nigella arvensis* L. und *Torilis arvensis* (Huds.) Lk.

Mit den genutzten Wildpflanzen in vorgeschichtlicher Zeit setzte sich Knörzer (1971a) auseinander.

Die Veränderungen, denen Körner unterworfen sind, die in Töpferton geraten und nach dem Brennen Hohlräume hinterlassen, hat Hopf (1971a) untersucht. Sie führte eine Reihe von Versuchen durch, aus denen hervorgeht, daß Abdrücke von Getreidekörnern in Keramik kein unbedingt naturgetreues Abbild des ursprünglichen Kornes bieten können.

Die Samenschalenstruktur kultivierter indischer Leguminosen (14 Arten aus 10 Gattungen) haben Chowdhury und Buth (1970b) morphologisch und anatomisch untersucht (vgl. auch Buth 1970), um für die Bestimmung entsprechender archäologischer Reste eine sichere Grundlage zu liefern.

Eine ausführliche Zusammenstellung der vor- und frühgeschichtlichen Kulturpflanzenfunde in Mitteleuropa legt Willerding (1970) vor. Neben der Aufzählung der Funde enthält die Arbeit u. a. eine Reihe von Fundkarten, deren Signaturen von allen Fachkollegen übernommen werden sollten. Besonders sei auch noch auf die allgemeinen und methodischen Betrachtungen hingewiesen.

Derselbe Autor (Willerding 1971) bringt eine Übersicht der Fundstellen prähistorischer Pflanzenreste aus Siedlungen im südlichen Niedersachsen.

Lange (1971) hat die Beiträge der Paläoethnobotanik zur Siedlungsgeschichte in frühgeschichtlicher Zeit zusammengestellt und weiterhin die Zusammenarbeit von Botanik und Archäologie dargestellt. Werneck (1970) hat eine Übersichtsdarstellung ur- und frühgeschichtlicher Kulturpflanzenfunde im Ostalpenraum gegeben.

Die ur- und frühgeschichtlichen Kulturpflanzen in den Niederlanden stellte van Zeist (1970b) zusammen. Die Arbeit, die mit ausgezeichneten Zeichnungen und Fotos ausgestattet ist, kann als nachahmenswertes Beispiel für andere Länderübersichten gelten.

Den römerzeitlichen Pflanzenfunden aus Neuß/Rh. hat Knörzer (1970) eine eingehende Darstellung gewidmet. Das Werk ist das Ergebnis vieljähriger intensiver Arbeit an einem Fundplatz; es zeigt in eindrucksvoller Weise die Erfolge, die sich durch beharrliche und genaue Arbeit an archäologischen Pflanzenresten erzielen lassen.

Einige Probleme der archäologischen Erforschung der frühmittelalterlichen Agrargeschichte der Nordwestslawen haben Herrmann und Lange (1970) behandelt.

Gorman (1971) erwähnt kurz die in der Spirit Cave im nordwestlichen Thailand gefundenen Pflanzenreste (z. T. mit Domestikationseigenschaften), deren genaue Bestimmung noch immer aussteht, so daß – wie schon in der vorigen Bibliographie (Schultze-Motel 1972) gesagt wurde – aus diesem Fund bisher keinerlei weitere Schlüsse gezogen werden können.

Mit dem Ursprung des chinesischen Ackerbaus setzt sich Ho (1969) auseinander. Dabei werden folgende Kulturpflanzengattungen bzw. Arten erwähnt: *Setaria, Panicum, Sorghum, Oryza, Triticum, Hordeum, Glycine, Cannabis* und *Morus*. Auf Grund ausführlicher Darlegungen kommt der Autor zu dem Schluß, daß es neben dem bekannten Ursprungsherd des Ackerbaus in Mesopotamien noch ein weit entferntes zweites Ursprungsgebiet gibt, nämlich die Löß-Gebiete von China. Auch Li (1970) und Chang (1970) behandelten die Entstehung der Kulturpflanzen in Südost-Asien bzw. Ost-Asien.

Zusammenfassung

In Fortsetzung von Bibliographien über archäologische Kulturpflanzenreste wurde die einschlägige Literatur der Jahre 1970 und 1971 zusammengestellt und der Inhalt der erfaßten 81 Arbeiten kurz kommentiert.

Summary

Literature on archaeological remains of cultivated plants (1970/1971)

The publications of 1970 and 1971 on archaeological remains of cultivated plants were put together and the contents of the 81 references briefly discussed.

Краткое содержание

Литература об археологических находках остатков культурных растений (1970/1971 гг.)

Продолжение библиографии работ об археологических находках остатков культурных растений. Дается список соответствующей литературы за 1970 и 1971 годы. Кратко коментируется содержание 81 работы.

Literatur

Bakhteyev, F. Kh., 1971: Proischoždenie jačmenja v svete archeologičeskich dannych. IIIème Congrès International des Musées d'Agriculture Budapest 1971, Résumés des Communications Présentées, Magyar Mezögazdasági Múzeum Budapest, 198.

Behre, K.-E., 1970a: Die Entwicklungsgeschichte der natürlichen Vegetation im Gebiet der unteren Ems und ihre Abhängigkeit von den Bewegungen des Meeresspiegels. – Probleme der Küstenforschung im südlichen Nordseegebiet *9*, 13–47, 6 Taf., 4 Klapptafeln, Tabellen 3–7 in Lasche.

– 1970b: Kulturpflanzenreste aus Kāmid el-Lōz (pp. 59–69). In: R. Hachmann, Bericht über die Ergebnisse der Ausgrabungen in Kāmid el-Lōz (Libanon) in den Jahren 1966 und 1967 (Saarbrücker Beiträge zur Altertumskunde Band *4*).

Burian, V., a E. Opravil, 1970: Středověké nálezy v Olomouci. – Archeologické Rozhledy *22*, 148–158, 253–256 (= Tab. I–IV).

Buth, G. M., 1970: Investigation of plant remains recovered from archaeological excavation. – Thesis Submitted to the Aligarh Muslim University, Aligarh for the Degree of Doctor of Philosophy in Botany. VIII + 139 pp., 92 fig., map 1–5, Table 14.

Callen, E. O., and P. S. Martin, 1969: Plant remains in some coprolites from Utah. – American Antiquity *34*, 329–331.

Chang, K.-C., 1970: The beginnings of agriculture in the Far East. – Antiquity *44*, No. 175, 175–185, 1 Klapptafel.

Chowdhury, K. A., and G. M. Buth, 1970a: 4,500 year old seeds suggest that true cotton is indigenous to Nubia. – Nature *227*, No. 5253, 85–86.

– 1970b: Seed coat structure and anatomy of Indian pulses (pp. 169–179). In: New Research in Plant Anatomy edited by N. K. B. Robson, D. F. Cutler, and M. Gregory, Supplement 1 to the Bot. J. Linnean Soc. *63*, XII + 250 pp., 41 plates.

Dembińska, M., 1971: Au sujet des méthodes appliquées à l'étude des matériaux paléobotaniques. – IIIème Congrès International des Musées d'Agriculture Budapest 1971, Résumés des Communications Présentées, Magyar Mezögazdasági Múzeum Budapest, 213–216.

de Wet, J. M. J., and J. R. Harlan, 1971: The origin and domestication of *Sorghum bicolor*. – Economic Botany *25*, 128–135.

Erroux, J., 1971: Quelques blés archéologiques du Midi de la France (1965–1970). – IIIème Congrès International des Musées d'Agriculture Budapest 1971, Résumés des Communications Présentées, Magyar Mezögazdasági Múzeum Budapest, 199–200.

Facsar, G., und Á. Patay, 1971: Possibilities of examining the composition of grape varieties on the basis of archaeological finds of seeds. – IIIème Congrès International des Musées d'Agriculture Budapest 1971, Résumés des Communications Présentées, Magyar Mezögazdasági Múzeum Budapest, 218–219.

Field, B. S.: 1969: Preliminary report on botanical remains at Choga Mami 1967–1968. – Sumer *25*, 138–139.

Follieri, M., 1971: Recherches d'agriculture préhistorique. – IIIème Congrès International des Musées d'Agriculture Budapest 1971, Résumés des Communications Présentées, Magyar Mezögazdasági Múzeum Budapest, 199.

Galinat, W. C., T. R. Reinhart, and T. R. Frisbie, 1970: Early eight-rowed maize from the Middle Rio Grande Valley, New Mexico. – Botanical Museum Leaflets, Harvard University *22*, 313–331.

Gall, W., 1971: Speicher oder Getreidedarre in einer hallstattzeitlichen Siedlung. – IIIème Congrès International des Musées d'Agriculture Budapest 1971, Résumés des Communications Présentees, Magyar Mezögazdasági Múzeum Budapest, 212.

Giżbert, W., 1971: Problem chwastów w znaleziskach archeologicznych. Le problème des mauvaises herbes dans les trouvailles archéologiques. – Przegląd Archeologiczny *19/20*, 17–35.

Gluza, I., 1971: Neolithic plant remains from Kraków, southern Poland. – IIIème Congrès International des Musées d'Agriculture Budapest 1971, Résumées des Communications Présentées, Magyar Mezögazdasági Múzeum Budapest, 201.

Gorman, C., 1971: The Hoabinhian and after: subsistence patterns in Southeast Asia during the late Pleistocene and early Recent periods. – World Archaeology *2*, 300–320, 2 plates.

Gunckel, L. H., 1967: Hallazgo de semillas de *Mucuna elliptica* (Ruiz & Pavon) De Candolle (Leguminosae) en una tumba precolombina, en Playa Miller, Arica, Provincia de Tarapaca, Chile. – Revista Universitaria Año LII, Anales de la Academia Chilena de Ciencias Naturales No *30*, 101–104.

Gunda, B., 1971: Has archeology any role in the study of wheat-evolution? – Acta Agronomica Acad. Sci. Hung. *20*, 224.

Harlan, J. R., 1971: On the origin of barley: A second look (pp. 45–50). In: Barley Genetics II. Proceedings of Second International Barley Genetics Symposium, Edited by R. A. Nilan, Washington State University Press, 622 pp.

Hartyányi, B. P., und G. Nováki, 1971: Angaben zum Beginn des neolithischen Pflanzenbaus im südostungarischen Raum. – IIIème Congrès International des Musées d'Agriculture Budapest 1971, Résumés des Communications Présentées, Magyar Mezögazdasági Múzeum Budapest, 210–211.

Helbaek, H., 1971a: The origin and migration of rye, *Secale cereale* L.; a palaeoethnobotanical study (pp. 265–280). In: P. H. Davis, P. C. Harper & I. C. Hedge (eds.), Plant Life of South-West Asia.

– 1971b: Da rugen kom til Danmark. The arrival of rye in Denmark. – Kuml, Årbog for Jysk Arkaeologisk Selskab *1970*, 279–296.

Herrmann, J., und E. Lange, 1970: Einige Probleme der archäologischen Erforschung der frühmittelalterlichen Agrargeschichte der Nordwestslawen. – Slovenská Archeologia *18*, 79–86.

Hjelmqvist, H., 1970: Getreideabdrücke in der frühneolithischen Keramik von Värby. – Acta Archaeologica *41*, 96–98.

Ho, P.-T., 1969: The loess and the origin of Chinese agriculture. – Amer. historical Rev. 75, 1–36.

Hopf, M., 1967: Analyse de céréales du niveau III (Chasséen) pp. 70–73. In: A. Galan, La station néolithique de la Perte du Cros à Saillac (Lot). – Gallia préhistoire *10*.

– 1969: Carbonized plant remains from Chassemy (Aisne). pp. 130–133, In: R. M. and E. S.-J. Rowlett, and M. Boureux, A rectangular Early La Tène Marnian house at Chassemy (Aisne). – World Archaeology *1*, 106–135.

– 1971a: Beobachtungen an Getreidekörnern in Töpferton. – Jahrbuch des Römisch-Germanischen Zentralmuseums Mainz *16*. Jg. *1969*, 169–173.

– 1971b: Weizen im Neolithikum Spaniens und seine Beziehungen zum ostmediterranen Raum. – Actes du VIIe Congrès International des Sciences Préhistoriques et Protohistoriques, Prague, 21–27 août 1966, *2*, 1324–1325.

Hopf, M., und M. P. Catalán, 1970: Neolithische Getreidefunde in der Höhle von Nerja (Prov. Málaga). – Madrider Mitteilungen *11*, 18–34, Taf. 3 u. 4.

Hunziker, A. T. y A. M. Planchuelo, 1971: Sobre un nuevo hallazgo de *Amaranthus caudatus* en tumbas indigenas de Argentina. – Kurtziana *6*, 63–67.

Jäger, K.-D., und E. Lange, 1971: Ur- und frühgeschichtliche Funde von Getreide und anderen Diasporen aus dem Territorium der DDR. – IIIème Congrès International des Musées d'Agriculture Budapest 1971, Résumés des Communications Présentées, Magyar Mezögazdasági Múzeum Budapest, 200–201.

Klichowska, M., 1970: Neolityczne szczątki roślinne z Radziejowa Kujawskiego. Neolithic plant remains from Radziejów Kujawski. – Prace i Materiały Muzeum Archeologicznego i Etnograficznego w Łodzi, Seria Archeologiczna nr. *17*, 165–174 1 Falttafel.

Knörzer, K.-H., 1970: Römerzeitliche Pflanzenfunde aus Neuss. – Novaesium IV, Limesforschungen, Studien zur Organisation der Römischen Reichsgrenze an Rhein und Donau, Band *10*, 162 Seiten, 23 Tafeln, Tabelle 2 auf 5 Klapptafeln.

– 1971a: Genutzte Wildpflanzen in vorgeschichtlicher Zeit. – Bonner Jahrbücher *171*, 1–8.

– 1971b: Pflanzliche Großreste aus der rössenerzeitlichen Siedlung bei Langweiler, Kreis Jülich. – Bonner Jahrbücher *171*, 9–33.

– 1971c: Prähistorische Mohnsamen im Rheinland. – Bonner Jahrbücher *171*, 34–39.

– 1971d: Eisenzeitliche Pflanzenfunde im Rheinland. – Bonner Jahrbücher *171*, 40–58.

– 1971e: Urgeschichtliche Unkräuter im Rheinland. Ein Beitrag zur Entstehungsgeschichte der Segetalgesellschaften. – Vegetatio *23*, 89–111.

– 1971f: Beiträge zur Frühgeschichte des Obstes im Rheinland. – IIIème Congrès International des Musées d'Agriculture Budapest 1971, Résumés des Communications Présentées, Magyar Mezögazdasági Múzeum Budapest, 201–202.

– 1971g: Römerzeitliche Getreideunkräuter von kalkreichen Böden. – Rheinische Ausgrabungen *10*, Beiträge zur Archäologie des römischen Rheinlands II, 467–481, Taf. 27–29.

Kühn, F., 1970: Das Ausklingen der Emmerkultur in der Tschechoslowakei. – Acta Universitatis Agriculturae, Sborník Vysoké školy zemědělské v Brně (řada A) Ročník *18*, 587–594.

– 1971: Identifikation von Weizenarten und Unkrautsamen im prähistorischen Material. – IIIème Congrès International des Musées d'Agriculture Budapest 1971, Résumés des Communications Présentées, Magyar Mezögazdasági Múzeum Budapest, 217–218.

Lange, E., 1970: Ein Getreidefund aus dem slawischen Burgwall bei Mecklenburg/Dorf Kr. Wismar. – Ausgrabungen u. Funde *15*, 220–221, Taf. 31 u. 32.

– 1971: Botanische Beiträge zur mitteleuropäischen Siedlungsgeschichte. Ergebnisse zur Wirtschaft und Kulturlandschaft in frühgeschichtlicher Zeit. – Schriften zur Ur- und Frühgeschichte *27* (Deutsche Akademie der Wissenschaften zu Berlin, Zentralinstitut für Alte Geschichte und Archäologie), 142 S., 40 Karten.

Li, H.-L., 1970: The origin of cultivated plants in Southeast Asia. – Economic Botany *24*, 3–19.

Logothetis, B., 1970: The development of the vine and of viticulture in Greece based on archaeological findings in the area. – Aristoteleion Panepistemion Thessalonikes. Thessalonike, 83 pp.

Mándy, G., 1971: Neue Erklärung zur Ausbildung der Genzentren. – IIIème Congrès International des Musées d'Agriculture Budapest 1971, Résumées des Communications Présentées, Magyar Mezögazdasági Múzeum Budapest, 193–194.

Matthias, W., und J. Schultze-Motel, 1971: Kulturpflanzenabdrücke an Gefäßen der Schnurkeramik und der Aunjetitzer Kultur aus Mitteldeutschland. – Jahresschrift für mitteldeutsche Vorgeschichte *55*, 113–134.

Murphy, J. L., 1971: Maize from an Adena Mound in Athens County, Ohio. – Science *171*, No. 3974, 897–898.

Opravil, E., 1971: Großmährische und mittelalterliche Obst- und Gemüsepflanzen aus den böhmischen Ländern. – Actes du VIIe Congrès International des Sciences Préhistoriques et Protohistoriques, Prague, 21–27 août 1966, *2*, 1329–1333.

Plümer, E., 1967: Urgeschichtliche Siedlungsfunde in Einbeck. – Nachrichten aus Niedersachsens Urgeschichte 36, 126–131.

Pozsár, B., 1971: Modern trends in the isozyme research, with relation to archaeobotany. – IIIème Congrès International des Musées d'Agriculture Budapest 1971, Résumés des Communications Présentées, Magyar Mezögazdasági Múzeum Budapest, 196–197.

Renfrew, J. M., 1968: The cereal remains. Appendix X (pp. 139–141, pl. LVII d–e). In: J. D. Evans and C. Renfrew, Excavations at Saliagos near Antiparos. – The British School of Archaeology at Athens, Supplementary Volume No. *5*, XI + 226 pp., Pl. I–LIX.

– 1970: (I) Carbonized seeds and fruits from the Necropolis of Salamis. Appendix IX (pp. 318–328). In: Salamis Vol. *4*, Excavations in the Necropolis of Salamis II (Text) by Vassos Karageorghis. – Nicosia.

Saint-Blanquat, H. de, 1966: Les premiers paysans d'Europe. – Sciences et Avenir No *232*, 378–383, 433–434.

Schrickel, W., 1969: Die Funde vom Wartberg in Hessen. – Kasseler Beiträge zur Vor- und Frühgeschichte Band 1.

Schultze-Motel, J., 1968: Literatur über archäologische Kulturpflanzenreste (1965 bis 1967). – Kulturpflanze *16*, 215–230.

– 1971a: Literatur über archäologische Kulturpflanzenreste (1968). – Jahresschrift für mitteldeutsche Vorgeschichte *55*, 55–63.

– 1971b: Zur Anbaugeschichte des Leindotters, *Camelina sativa* (L.) Crantz. – IIIème Congrès International des Musées d'Agriculture Budapest 1971, Résumés des Communications Présentées, Magyar Mezögazdasági Múzeum Budapest, 209–210.

Schultze-Motel, J., 1972: Literatur über archäologische Kulturpflanzenreste (1969). – Kulturpflanze *19*, 265–282.

Smith, C. E., Jr. and S. G. Stephens, 1971: Critical Identification of Mexican Archaeological Cotton Remains. – Economic Botany *25*, 160–168.

Tempír, Z., 1971a: Neolithische Kulturpflanzenfunde in Bylany bei Kutná Hora. – IIIème Congrès International des Musées d'Agriculture Budapest 1971, Résumés des Communications Présentées, Magyar Mezögazdasági Múzeum Budapest, 209.

– 1971b: Einige Ergebnisse der archäoagrobotanischen Untersuchungen des Anbaus von Kulturpflanzen auf dem Gebiet der ČSSR. – Actes du VIIe Congrès International des Sciences Préhistoriques et Protohistoriques, Prague, 21–27 août 1966, *2*, 1326 bis 1329.

Valkó, E., 1971: Botanische Angaben aus der Bronzezeit im Gebiet Ungarns. – IIIème Congrès International des Musées d'Agriculture Budapest 1971, Résumés des Communications Présentées, Magyar Mezögazdasági Múzeum Budapest, 203–206.

Villaret-von Rochow, M., 1971: Samenanalysen aus der spätneolithischen Grabung Auvernier (Neuenburger See). – IIIème Congrès International des Musées d'Agriculture Budapest 1971, Résumés des Communications Présentées, Magyar Mezögazdasági Múzeum Budapest, 206–208.

Werneck, W. L., 1970: Versuch einer Übersichtsdarstellung ur- und frühgeschichtlicher Kulturpflanzenfunde im Ostalpenraum (Beitrag zur Ausbreitungsgeschichte der wichtigsten Kulturpflanzen). – Jahrbuch des Oberösterreichischen Musealvereines *115*, Band, I. Abhandlungen, 239–250.

Whitaker, T. W., and H. C. Cutler, 1971: Pre-historic cucurbits from the Valley of Oaxaca. – Economic Botany *25*, 123–127.

Willerding, U., 1970: Vor- und frühgeschichtliche Kulturpflanzenfunde in Mitteleuropa. – Neue Ausgrabungen u. Forschungen in Niedersachsen *5*, 287–375.

– 1971: Ergebnisse vegetationsgeschichtlicher und paläo-ethnobotanischer Untersuchungen im südlichen Niedersachsen. – Göttinger Jahrbuch *19*, 5–20.

Zeist, W. van, 1970a: A first impression of the plant remains from Selenkahiye. – Annales Archéologiques Arabes Syriennes *18*, *1968*, 35–36.

– 1970b: Prehistoric and early historic food plants in the Netherlands. – Palaeohistoria *14*, *1968*, 41–173, 1 Falttafel.

– 1970c: The Oriental Institute excavations at Mureybiṭ, Syria: Preliminary report on the 1965 Campaign. Part III: The Paleobotany. – Journal of Near Eastern Studies *29*, 167–176, Pl. 13.

– 1970d: Agriculture in Early-Medieval Dorestad; A preliminary report. – Berichten van de Rijksdienst voor het Oudheidkundig Bodemonderzoek. Proceedings of the State Service for Archeological Investigations in the Netherlands. Jaargang *19*, *1969*, 209–212, pls. XXI–XXIV.

– 1970e: The palaeobotanical investigation of Paddepoel. – Palaeohistoria *14*, *1968*, 282–283.

– 1971: Plant cultivation in the Near East: Prelude and beginning. – IIIème Congrès International des Musées d'Agriculture Budapest 1971, Résumés des Communications Présentées, Magyar Mezögazdasági Múzeum Budapest, 191–193.

Zólyomi, B., 1971: 6000jährige Geschichte der Agrikultur in der Umgebung des Balaton-Sees aufgrund von pollenstatistischen Untersuchungen der Seesedimenten. – IIIème Congrès International des Musées d'Agriculture Budapest 1971, Résumés des Communications Présentées, Magyar Mezögazdasági Múzeum Budapest, 194–195.

Zur Geschichte des Anbaues von *Vicia faba* L. und ihrer verschiedenen Formen

von Peter Hanelt

(Eingegangen am 31. Januar 1972)

In der klassischen Literatur des griechischen und römischen Altertums, aber auch in der anderer Kulturkreise, finden sich zahlreiche Belege für einen landwirtschaftlichen Anbau von *Vicia faba,* die die prähistorischen Funde mit den Angaben aus dem Mittelalter und der Renaissance und schließlich der Gegenwart verbinden, so daß die Existenz dieser Art in der Kultur vom späten Neolithikum bis heute nahezu lückenlos nachweisbar ist. Schon früher, vor allem von Muratova (1931, 1937) sind die einschlägigen literarischen Quellen zusammengefaßt und eingehend besprochen worden. Die folgenden Angaben sollen sich deshalb auf die Frage konzentrieren, inwieweit sich in der klassischen und späteren Literatur Angaben über die jeweils kultivierten Formen der Art und ihre Variabilität vorfinden und ob sich aus der Literatur das Auftreten der großsamigen Formen (ssp. *faba*) belegen läßt, die nach den substantiellen Funden erst in der historischen Epoche nachweisbar sind (Schultze-Motel 1972).

Im folgenden werden die Bemerkungen nach Literaturen und Autoren geordnet abgehandelt.

Griechenland: Die Kenntnis von der Ackerbohne und ihr Anbau haben im griechischen Kulturkreis eine lange Tradition. Das geht nicht zuletzt aus der Bedeutung hervor, die die Pflanze in Volksbräuchen und religiösen Riten hatte. Es existierte ein Bohnengott, Kyamitos, in dessen Tempeln Bohnensamen geopfert wurden. Vermutlich wegen des schwarzen Flügelflecks der Blüten galt die Pflanze als Todessymbol; Bohnen wurden daher bei Totenfesten aufgetragen. Die Kombination in der Verwendung der Ackerbohne – Speise für die Lebenden, Opfer für die Toten – dürfte einer alten, für alle indoeuropäischen Völker zutreffenden Sitte zugrunde liegen. Als Totenspeise ist sie auch bei Germanen und Slawen sowie im alten Italien bekannt (vgl. Reinhardt 1911). Den Anhängern der Orphik, der Geheimlehre des Orpheuskultes, war der Genuß von Bohnen verboten; diese Vorschrift wurde auch vom Geheimbund des Pythagoras (6. Jh. v. Zt.) übernommen (Löwe u. Stoll 1966), dessen Tod übrigens später in eine legendäre Verbindung mit der Ackerbohne gebracht wurde.

Reiche Angaben über *Vicia faba* sind in der ersten wissenschaftlichen Gesamtdarstellung der Botanik, in der „Naturgeschichte der Gewächse", des

Theophrastos von Lesbos (ca. 372–287 v. Zt.) enthalten. In mehr als 10 Kapiteln des 8. Buches dieses Werks wird auf diese Art Bezug genommen und eine Reihe morphologischer Details (Blättchenform, hohler Stengel, aufrechter, unverzweigter Wuchs im Gegensatz zu anderen Leguminosen, lange Keimdauer) sowie phänologische und ackerbauliche Daten vermerkt. Auch die bodenverbessernde Wirkung der Ackerbohnen (und anderer Leguminosen) war bereits bekannt, in Mazedonien und Thessalien wurden sie zur Gründüngung untergepflügt. Der Bemerkung, daß bei den Hülsenfrüchtlern u. a. bei *Vicia faba*, im allgemeinen die weißsamigen Formen schmackhafter seien als die dunkelsamigen, ist zu entnehmen, daß damals in Griechenland verschiedene Samenfarbtypen im Anbau waren. Nach der Balkan-Kollektion dieser Art im Gaterslebener Sortiment ist noch in der Gegenwart hier eine Kultur hellsamiger und violett- bis schwarzsamiger Formen vorhanden. Das Auftreten verschiedener Farbtypen wird ferner durch die Verwendung hell- und dunkelfarbiger *V. faba*-Samen als Abstimmungsvoten in Athen dokumentiert (s. Reinhardt); von schwarzen Ackerbohnen-Samen ist auch bereits in der Ilias des Homer (8. Jh. v. Zt.) die Rede.

Über die Form der Samen ist dem Werk von Theophrast und anderer griechischer Autoren nichts zu entnehmen. Durch sie sind wir aber über den Anbau und die Verwendung von *V. faba* auch außerhalb Griechenlands informiert. Plutarch (46–125 n. Zt.) und Diodoros Siculus (um die Zt.) (nach Muratova 1931) berichten von einem Anbau in Ägypten, den früher Herodot (5. Jh. v. Zt.) vermutlich deswegen irrtümlich in Abrede gestellt hatte, weil den ägyptischen Priestern nicht nur der Verzehr der Bohnen, sondern selbst der Anblick der Pflanzen untersagt war. Daß auch im griechischen Einflußbereich Kleinasiens *V. faba* bekannt war, zeigt die ausführliche Behandlung, die P. Dioskurides aus Anazarbos (1. Jh. n. Zt.) dieser Art und ihrer Verwendung in der Heilkunde angedeihen läßt.

Italien: Auch im römischen Reich hatte *Vicia faba* einen festen Platz in den religiösen Vorstellungen und Riten sowie im profanen Brauchtum. Die römischen Totengeister, die Lemuren, versöhnte man am Ende eines zu ihren Ehren im Mai gefeierten Festes mit einer Gabe schwarzer Bohnensamen. Auch für die römischen Priester galt die Bohne als unrein und Jupiter war nicht nur der Verzehr von Bohnenspeisen sondern selbst das Aussprechen des Namens der Bohne verboten. Von Ceres, der Göttin des Pflanzenwuchses, wird berichtet, daß sie sich weigerte, die Ackerbohnen in die dem Menschen zugedachten Geschenke aufzunehmen. Andererseits verhieß es Glück, wenn der Kandidat eines öffentlichen Amtes vor der Wahl Bohnensamen großzügig unter das Volk verteilte. – Ein altes römisches Patriziergeschlecht (Fabius), das schon mehrere Jahrhunderte vor der Zeitenwende bekannt ist, hat seinen Namen nach dieser Art, ebenso wie anderen Geschlechternamen (Cicero, Piso, Lentulus) die Bezeichnungen wirtschaftlich wichtiger Leguminosen zugrunde lagen (Löwe u. Stoll 1966, Reinhardt 1911, Moldenke u. Moldenke 1952, Muratova 1931).

Die Römer haben ein reiches landwirtschaftliches Schrifttum hervorgebracht, in dem vielfach sehr eingehende Angaben vor allem über ackerbauliche Fragen von *Vicia faba* zu finden sind; aber auch in der Dichtkunst (so bei Virgil und Horaz, beide 1. Jh. v. Zt.) ist die Art als Sujet anzutreffen.

Der älteste Traktat über landwirtschaftliche Fragen („De agricultura") stammt von Marcus Porcius Cato (234–149 v. Zt.). Aus ihm erfahren wir u. a. Einzelheiten über die Verwendung der Bohnensamen als Futter für Ochsen und Tauben sowie über die Benutzung der Pflanzen zur Gründüngung. Auch in dem umfangreichen Buch „De re rustica" des Marcus Terentius Varro (116–27 v. Zt.) sind keine Angaben zu den damals kultivierten Formen der Art gemacht; hier wie im „De re rustica" des Junius Moderatus Columella (1. Jh. n. Zt.) sind in erster Linie ackerbauliche Probleme und Anweisungen enthalten, so z. B. zur Saatzeit (die Art wurde dem Klima entsprechend im Herbst bis spätestens Anfang Dezember gesät), Saatgutaufbewahrungen, Saatgutmenge, zum Pflegen der Bestände usw. Aus der Bemerkung (2. Buch, 10. Kap.), daß unter allen Leguminosen sich *Vicia faba* am leichtesten ausdreschen lasse, kann man wohl schließen, daß damals in erster Linie die leicht platzenden Formen der Art im Anbau waren. Bei einem bloßen „Über-die-Tenne-schleppen und Ausschlagen" wäre ein Drusch der platzfesten Formen kaum denkbar.

Umfangreiche literarische Belege sind in der Zusammenfassung des damaligen naturwissenschaftlichen Kenntnisstandes „Naturalis historia" von Cajus Plinius Secundus d. Ä. (23–79 u. Zt.) zu erwarten. Das bestätigt sich: Im 18. Buch ist *Vicia faba* das gesamte 12. Kapitel gewidmet und an zahlreichen anderen Stellen des Werkes wird auf die Art Bezug genommen. Es geht klar hervor, daß zur damaligen Zeit die Ackerbohne die wichtigste Hülsenfrucht der römischen Landwirtschaft war, die für die menschliche Ernährung große Bedeutung hatte. Die Samen wurden vor allem in Form eines Breies, aber auch als Mehl (Zusatz zu Brotmehl) verwertet, die norditalienische Bevölkerung schien *V. faba* als eines der Grundnahrungsmittel zu nutzen.

Es werden genaue Angaben über das Gewicht und die Aussaatmengen der Samen gemacht, woraus versucht wurde, die Frage zu entscheiden, ob die seinerzeit angebauten Ackerbohnen zu den kleinkörnigen oder den großkörnigen Formen der Art gehörten. Von Plinius wird das Gewicht eines Modius (8,7 l) Ackerbohnen-Samen mit 22 libra (327 g) angegeben (18. Buch, 11. Kap.). Das entspricht einem Litergewicht von 0,827 kg. Stichproben jeweils verschiedener Herkünfte der kleinkörnigen (var. *minor*) sowie der mittel- und großkörnigen Formen der Art (var. *equina* und var. *faba*) aus dem Gaterslebener Sortiment ergaben jedoch nahezu übereinstimmende Litergewichte von 0,820 kg bis 0,910 kg, wobei der Durchschnitt bei allen drei Varietäten um 0,850 kg lag. Für die angegebene Fragestellung scheiden daher diese Meßwerte bei Plinius aus. Dafür lassen sich die überlieferten Aussaatmengen aber besser benutzen. Im 24. Kapitel des 18. Buches wird für mittlere Bodenverhältnisse eine Menge von 6 Modius pro Jugerum (0,26 ha) vermerkt. Das entspricht einem Wert von 172,8 kg pro Hektar. Diese Menge liegt an der unteren Grenze der heute für notwendig erachteten Aussaatmenge bei kleinkörnigen Ackerbohnen (180–200 kg/ha), während für die großkörnigen Formen Werte von (250) 300–400 kg/ha angegeben werden (vgl. Fruwirth 1921). Daraus ist mit hoher Wahrscheinlichkeit zu schließen, daß es sich bei den zu Plinius Zeiten kultivierten Ackerbohnen um die kleinsamigen Formen (var. *minor*) gehandelt haben muß. Um abzusichern, daß die bei diesem Autor verzeichneten Aussaatwerte auch mit den rezenten Daten vergleichbar sind, wurden die bei Plinius vorhandenen Saatmengen für Gerste und Weizen (6 bzw. 5 Modius/Jugerum) ebenfalls umgerechnet und mit den heute verwendeten Mengen verglichen. Dabei ergibt sich bei Plinius ein Verhältnis der Aussaatmengen von Ackerbohnen : Weizen : Gerste wie 10 : 8,3 : 6,7, was mit dem rezenten Verhältnis von 10 : 8 : 7 sehr gut übereinstimmt und was uns die Berechtigung für die oben angeführte Verwertung der Plinius-schen Angaben in die Hand gibt.

Von großem Interesse sind für unsere Betrachtungen auch die Bemerkungen im 12. Kapitel über Wildvorkommen der Ackerbohnen. Darin heißt es, daß sie sich in Mauretania (das römisch beherrschte Nordwestafrika) vereinzelt wild vorfinde, ihre Samen aber derart hart wären, daß sie nicht weich zu kochen seien. Dieser Hinweis war für Trabut die Veranlassung, in Algerien gefundene und als spontan vorkommend angesehene Formen von der Ackerbohne als *Faba vulgaris Pliniana* zu beschreiben (1911). Über diese problematische Sippe wird an anderer Stelle ausführlicher gesprochen werden. Hier sei nur bemerkt, daß diese knappe Erwähnung bei Plinius nur mit großen Vorbehalten zu betrachten ist. Im Satz vorher schreibt nämlich der Autor, daß *V. faba* auch auf den Inseln des nördlichen Ozeans wild anzutreffen sei und im Anschluß an das afrikanische Vorkommen wird auf ein Auftreten in Ägypten verwiesen. Mit Sicherheit ist heute klar, daß es sich bei der ersten Angabe um *Lathyrus maritimus* (I.) Bigel. und bei der letzten um *Nelumbo nucifera* Gaertn. handelt, die in der alten Literatur regelmäßig als Ägyptische Bohne bezeichnet wurde (bereits bei Theophrast). Es ist deshalb sehr unwahrscheinlich, daß die Angabe für Mauretania als zwingendes Argument für ein Plinius bekanntes Wildvorkommen von *V. faba* anzusehen ist (sie könnte sich z. B. ebenso gut auf eine der in Nordafrika vorkommenden Formen der verwandten *V. narbonensis* L. beziehen).

Auch in der römischen Literatur der ersten nachchristlichen Jahrhunderte sind Belege für den Anbau von *V. faba* zu finden, z. B. in dem im Mittelalter vielfach als Quelle benutzten Werk „De re rustica" des Rutilius Taurus Palladius (4. Jh. n. Zt.), ohne daß daraus für unsere Fragestellung wesentliche Daten entnommen werden können. Die Rolle, die *V. faba* in der römischen

Küche spielte, geht aus der Vielzahl von Rezepten mit Samen, jungen Sprossen und Hülsen der Ackerbohne hervor, die in einem zu dieser Zeit unter dem Namen von Gavius Apicius (eines berühmten Feinschmeckers aus der Ära um die Zeitenwende) zusammengestellten Kochbuchs enthalten sind (Dierbach 1831).

Jüdisches Schrifttum: Auch im Raum des früheren Palästina ist seit langer Zeit der Ackerbohnen-Anbau literarisch belegt. In der Bibel ist die Art im Buch Samuel und Esekiel erwähnt und im jüdischen Altertum wird sie in der Mischna (2. Jh. n. Zt.) und der späteren talmudischen Literatur als häufigste Hülsenfrucht bezeichnet. Die Samen wurden nicht nur zu Brei oder geschrotet, sondern – wie im Orient auch andere Leguminosen – vermahlen als Brotmehl benutzt. Das entspricht den rezenten Verwendungsarten. Priestern war der Genuß von Bohnen am Versöhnungsfest verboten. In den europäischen jüdischen Gemeinden diente *V. faba* bis in die Gegenwart als Sabbatspeise (Löw 1924, Dalmann 1933, Moldenke u. Moldenke 1952). Manche alten palästinensischen Ortsnamen (z. B. tell-el-ful) sind von dem arabischen Namen der Ackerbohne (ful) abgeleitet.

West- und Mitteleuropa: Die Kenntnis von der Ackerbohne ist nicht wie die vieler Gemüse-, Obst- und Heilpflanzen durch die Vermittlung der Römer in den außer-mediterranen Raum Europas gelangt; wie prähistorische Funde (Schultze-Motel 1972) und linguistische Daten (s. u.) zeigen, besaß die Art hier seit langem bereits Heimatrecht. Auch die Verknüpfung mit alten Sitten ist ein Indiz eines sehr alten Anbaues. Sie fand Verwendung zu den traditionellen Gerichten beim Julfest, an dessen Ende außerdem jedem Teilnehmer eine gekochte Bohne gereicht wurde. Es sei noch darauf verwiesen, daß auch in Norddeutschland alte Ortsnamen mit der Bohne verknüpft sind und daß andererseits im Südwesten des behandelten Gebiets bei den Basken ein Monatsname (der Juni = baguilla) seine Bezeichnung nach dem einheimischen Namen von *V. faba* trägt (Krause 1891).

Es ist verständlich, daß auf Grund der später einsetzenden kulturellen Entwicklung im angegebenene Gebiet auch literarische Quellen erst aus späteren Zeiten für einen Ackerbohnen-Anbau verfügbar sind. Darunter befinden sich außerordentlich wichtige, die uns erstmals Aufschluß über die Existenz der großsamigen Formen der Art geben: Im „Capitulare de villis", der Landgüterordnung aus der Karolingerzeit, die jetzt nicht mehr wie früher in die Regierungszeit Karls des Großen datiert, sondern als eine Verfügung seines Sohnes, Ludwigs des Frommen, vom Ende des 8. Jahrhunderts für seine südwestfranzösischen Güter angesehen wird, sind umfangreiche Festlegungen über den Wirtschaftsbetrieb, Gerichtsbarkeit usw. für die Besitzungen gemacht. Im 70. Kapitel, das vom Gartenbau handelt, sind die in den Gärten zu kultivierenden Arten aufgeführt (jeweils ohne weitere Erläuterungen); als Nr. 67

werden *Fabas majores* geführt. In Übereinstimmung mit v. Fischer-Benzon (1894) (vgl. auch Fischer 1929) beziehen wir diese Bezeichnung auf großkörnige Typen der Art (ssp. *faba*). Dafür gibt es im wesentlichen zwei Gründe: 1. Die für sich selbst sprechende, durch dieses Dokument erstmals zeitlich genau datierbare Benennung; 2. Der Charakter als Pflanze des Gartenbaues; im Gegensatz zu den kleinkörnigen sind die großsamigen Formen Pflanzen einer gärtnerischen, nicht ackerbaulichen Kultur. In diesem Zusammenhang ist es von Bedeutung, daß in Dokumenten der Zeit Karls des Großen und der salischen Kaiser unter den ackerbaulichen Feldfrüchten nur *Faba* (ohne Zusatz, und daher wohl die kleinsamigen Typen) erwähnt werden (v. Fischer-Benzon l. c., Fischer l. c.).

Die Bezeichnung des „Capitulare des villis" findet sich auch in einigen uns erhaltenen Glossarien des frühen Mittelalters. In der „Hermeneumata codicis vaticani reginae Christinae" und im „Codex Vaticanus", die vom Herausgeber (Goetz 1893) aus dem 10.–11. Jahrhundert datiert werden, sind folgende Angaben enthalten: „Ciamos – i. [idest] – faba maior" bzw. „Ciamas idest faba majore". Von v. Fischer-Benzon werden diese Glossarien für wesentlich älter (3.–5. Jahrhundert) gehalten.

In denselben und anderen Glossarien, die von Goetz als aus dem 9.–10. Jahrhundert stammend angesehen wurden, ist die einfache Bezeichnung „*faba*" dagegen viel häufiger und stets unter den ackerbaulichen Vokabeln, nie unter „de oliberus" (Über Gemüse) enthalten, worunter von den Leguminosen mit Regelmäßigkeit nur „fasioli" oder ähnliche Verballhornungen von *Phaseolus* aufgeführt ist. Darunter sind die Kuhbohnen, *Vigna unguiculata* Walp. s. l. zu verstehen. Bei den Vokabeln, die sich auf Speisen usw. beziehen, sind oft Formen wie faba fracta, faba pilata (geschrotete Bohnen), faba solida (ganze Bohnen), faba acetata (in Essig eingelegte Bohnen) vorzufinden, die auf die Verwendung der Ackerbohne hinweisen.

Man muß also vorerst das ausgehende 8. Jahrhundert als den Zeitpunkt des literarischen Nachweises der großkörnigen *V. faba*-Formen ansehen und wird eine geraume Zeit währende Existenz vor dieser Erwähnung einkalkulieren müssen, so daß grob geschätzt die zweite Hälfte des 1. nachchristlichen Jahrtausends als Entstehungszeit der ssp. *faba* angenommen werden kann. Damit stimmt der zum Ende dieser Epoche gemachte erste substantielle Nachweis dieser Formen (Schultze-Motel 1972) und die Einfuhrgeschichte der Art nach China gut überein, worauf später noch genauer eingegangen wird.

Leider sind aus dem monumentalen naturwissenschaftlichen Werk des Albertus Magnus (1193–1280) trotz ausführlicher Beschreibungen von *Vicia faba* keinerlei Aufschlüsse über eine Zugehörigkeit zu den Samentypen zu erhalten. Im Teil „De vegetabilibus" seiner Naturgeschichte wird im 7. Kapitel des 6. Buches die Ackerbohne eingehend geschildert und eine Fülle detaillierter Beobachtungen über den Sproß, die Blättchen, die Blüten und selbst die Schwammschicht der Hülsen angeführt. Allenfalls aus dem Hinweis, daß sich zum Gebrauch die dicken Bohnen besser als die kleinen eignen, könnte man auf die Kenntnis der verschiedenen Samentypen der Art schließen. An anderer Stelle wird das Auftreten unterschiedlicher, auch schwarzer Farbvarianten unter den Samen vermerkt. Unter den Gartenpflanzen wird *V. faba* bei Albertus Magnus nicht registriert.

Aus Frankreich liegen aus dem 13. Jahrhundert mehrfach literarische Belege des Ackerbohnenanbaues vor (s. Muratova 1931), der hier große wirtschaftliche Bedeutung gehabt haben muß. Um dieselbe Zeit erfolgte auch die Einfuhr der Art nach Skandinavien.

In deutschen Abgabeordnungen oder ähnlichen amtlichen Schriftstücken wird in dieser Zeit die Art nur selten erwähnt, was offensichtlich mit der überwiegend kleinflächig gärtnerisch betriebenen Kultur der Art zusammenhängt (Krause 1891).

Sehr genaue Darstellungen sind dann naturgemäß nach Entwicklung der Buchdruckerkunst in den botanischen Werken und Kräuterbüchern des ausgehenden Mittelalters und der Renaissance zu finden, in denen sehr deutlich zwischen den klein- und großkörnigen Formen der Art unterschieden wird. Es kann hier nur auf die Zusammenfassung der einschlägigen Zitate bei Bauhin (1623) hingewiesen werden und als Beispiel einer detaillierten Beschreibung seien die „Historiae frumentorum, leguminum, ...“ von Dodonaeus (1569) angeführt, in der die großsamigen Pflanzen als *bona sive faselo majore* und die kleinsamigen als *bona sive faselo minori* eindeutig geschildert werden.

Mit der Existenz dieser beiden Typen stimmt die Tatsache überein, daß *V. faba* damals sowohl als Acker- wie als Gartenpflanze gezogen wurde (Wein 1914). Aus der Kräuterbuch-Literatur, aber auch aus späteren gärtnerischen Werken (vgl. Miller 1772)[1] und selbst aus der Behandlung der kleinsamigen Formen als bloße Abart von *Vicia faba* durch Linné (1753) geht hervor, daß im mittleren und westlichen Europa in dieser Epoche vorwiegend die großsamigen Formen angebaut wurden, die die kleinen Formen der Art in einen einige Jahrhunderte währenden Prozeß zurückgedrängt hatten, eine Entwicklung, die im vergangenen Jahrhundert sich wieder in rückläufiger Richtung veränderte.

Im 17. Jahrhundert wurde *V. faba* auch in die Neue Welt eingeführt (Muratova 1931).

Indien: Das Fehlen eines Sanskrit-Namens für diese Art ist früher, z. B. von DeCandolle, als Indiz für ein relativ junges Alter der Ackerbohnen-Kultur in Indien betrachtet worden. Wie bereits Watt (1893) ausführte, dürfte das sicher nur für die indischen Ebenengebiete gelten, denn in den Bergländern des

[1] Danach waren bereits verschiedene Sorten bzw. Sortengruppen von *V. faba* bekannt, u. a. die noch heute kultivierten Mazagan- und Windsorbohnen (ssp. *faba*).

Westens und Nordwestens, in Kashmir, im Pandjab usw., gibt es eine Reihe alter lokaler Bezeichnungen dieser Art. Ebenso deutet die Kultur der endemischen „*paucijuga*"-Primitivformen von *V. faba* auf eine sehr lange Anbaugeschichte in diesen Gebieten hin. Durch das Fehlen jeglichen prähistorischen Materials und literarischer Belege (die alte indische Literatur ist in botanischer Hinsicht noch so gut wie überhaupt nicht ausgewertet) sind wir zur Zeit nicht in der Lage, definitive Angaben über die Geschichte dieser Art auf dem indischen Subkontinent zu machen.

China: Besser sind wir über die Einfuhrgeschichte von *V. faba* nach Ostasien informiert. Im Gegensatz zu älteren Angaben steht auf Grund der eingehenden Analyse der leider vielfach übersehenen Arbeit von Laufer (1919) fest, daß vor der mongolischen Yüan-Dynastie (1260–1367) in der einschlägigen chinesischen Literatur kein Nachweis für *V. faba* vorhanden ist. Erst zu dieser Zeit und zu Beginn der folgenden Ming-Dynastie wird in landwirtschaftlichen und botanischen Werken *V. faba* (chines. tsan tou = Seidenraupen-Bohne) erstmals erwähnt und in der frühen Ming-Zeit als häufig kultiviert angegeben. Im Kräuterbuch des Li Shi-Chen und in anderen Büchern des 16. Jahrhunderts sind große Anbauflächen der Art besonders aus Süd- und Südwestchina (Yünnan, Szechuan) aufgeführt. Aus dem Holzschnitt der Pflanze bei Li Shi-Chen (vgl. Wong 1970) ist deutlich die Zugehörigkeit zu der mittelsamigen Gruppe (var. *equina*) der Art zu erkennen. Das entspricht den Angaben von Muratova (1931, 1937), die für Ostasien nur groß- und mittelsamige Varietäten von *V. faba* angibt. Die 1956 in China gesammelten Proben von *V. faba* des Gaterslebener Sortimentes gehören ebenfalls sämtlich zur var. *equina*. Es ist daher verständlich, daß die Einfuhr der Art nach Ostasien (vermutlich durch den Handelsverkehr auf den Seidenstraßen) erst relativ spät zu datieren ist, da die hier kultivierten Formen – wie oben ausgeführt – offensichtlich erst nach 500 n. Zt. entstanden sind.

Die relativ kurze Zeit des Anbaues in Japan und China hat aber ausgereicht, um einige für diese Gebiete endemische Formen (durch niederliegenden Wuchstyp bzw. abweichende Samenfarben gekennzeichnet) zu entwickeln (vgl. die Beschreibungen bei Muratova 1931).

Linguistik

Linguistische Daten sind schon von DeCandolle zur Interpretierung von Herkunfts- und Abstammungsbeziehungen bei Kulturpflanzen herangezogen worden. Durch ihre Überbetonung und unkritische Verwertung bei Hehn (1870) sind sie später als Kriterien für die genannten Fragestellungen etwas in Mißkredit geraten; in Zusammenhang mit naturwissenschaftlichen Befunden können sie aber durchaus zur Aufklärung der Entstehung und Geschichte von Kulturpflanzen beitragen.

Im folgenden werden deshalb einige Bemerkungen zu den verschiedenen Volksnamen von *Vicia faba* gemacht.

Tabelle 1

Volksnamen von *Vicia faba* L.

1. Germanische Sprachen			
got.	baun, baunô	niederdt.	bône
altnord.	bon, baun	holl., fläm.	boon
althochdt.	bôna	dän., norweg.	bønne
mittelhochdt.	bone	schwed.	böna
neuhochdt.	Bohne	engl.	bean
2. Romanische Sprachbezeichnungen und ihre Ableitungen			
lat.	faba	franz.	féve
altlat., sabin.	haba	armorik.	fav
ital.	fava	kambr.	ffa
span.	haba	(alt)ir.	seib
portug.	fava	berber.	ibiu, ibiaune, ibawen, ivawen, vawun
3. Slawische Sprachbezeichnungen und ihre Ableitungen			
altslaw.	bobu	lit., lett.	pupa
russ.	boby (бобы)	finn.	papu
poln.	boba	estn.	ubba
slowak., tschech.	bob	ungar.	lobab
serbokroat.	bob (боб)	rumän.	bob
bulgar.	bob' (боб') (bakla)	bask.	baba
altpreuß.	bobu, babo		
4. Semitische Sprachen			
hebr.	po(u)l(a)	arab.	ful
aram.	po(u)l(a)		
5. Indoiranische Sprachbezeichnungen und ihre Ableitungen			
pers., kurd.	bakila, bagli, bogli	türk.	bakla, bakli
afghan.	boklja, bogli	neusyr.	buklita, bukli
tadžik.	boklja	Hindi	bakla
azerbaidž.	pachla	Pandjab, Kumaon	bakla
armen.	baklay, bogly	amhar.	baquila, bakelja
6. Isolierte Sprachbezeichnungen			
griech.	kyamos	abchas.	agurkud
alban.	bathe		
chines.	tsan-tou	svanet.	rog
japan.	otafuku mame	dagest.	čeer cholo
grusin., gur., imeret.	cerevi	Kashmir	kaioun
mingrel.	chadži	Ladakh	nakhtan, nahkshan
		Pandjab	chastang, sein, matta-rewari, bakla (s. o.)

Zum besseren Verständnis muß einleitend betont werden, daß sich unsere Bezeichnung Bohne ursprünglich nur auf die Ackerbohne, *V. faba*, bezog und daß erst mit der Einfuhr neuweltlicher *Phaseolus*-Arten, die zunehmend an wirtschaftlicher Bedeutung gewannen und vielerorts die heimische *V. faba* verdrängten oder wenigstens stark im Anbau zurückdrängten, eine Übertragung der Bezeichnung auf die amerikanischen *Phaseolus*-Arten (insbesondere *Ph. vulgaris*) erfolgte, die heute als die „Bohnen" schlechthin gelten. Das trifft für die meisten europäischen Sprachen zu, in denen jetzt die Kennzeichnung von *Vicia faba* mit Hilfe erklärender Zusätze erfolgen muß (Acker-Bohne, broad bean, konskie boby usw.).

Wie aus der Tabelle 1 zu ersehen ist, existieren 5 Gruppen sprachlicher Bezeichnungen für *V. faba*, die jeweils für größere geographische Gebiete gültig sind und die einen historischen Zusammenhang der Bohnenkultur in ihnen dokumentieren.

Germanische Sprachen: Die Namensgebung der Art in diesen Sprachen, die in keiner direkten Beziehung zu den Bezeichnungen in den Sprachen des klassischen Altertums steht, ist ein weiteres Indiz für eine von diesen mediterranen Kulturkreisen unabhängige Geschichte des Anbaus im mittel- und westeuropäischen Raum. Mit relativ geringen Abwandlungen lassen sich die Namen vom Altnordischen und Gotischen bis in die der rezenten Sprachen verfolgen.

Auf Bezeichnungen romanischer Sprachen zurückzuführende Namen: Die Benennungen der Art in den romanischen und einiger mit ihnen in Kontakt stehenden keltischen Sprachen leiten sich ausnahmslos von dem lateinischen Namen *faba* ab, wobei sich im einzelnen gewisse Lautverschiebungen ergeben haben. Problematisch ist noch die Einbeziehung des Namens der algerischen Berber in dieser Gruppe. DeCandolle hatte die nach seiner Meinung eigenständige Benennung von *V. faba* als *ibiu* für einen Beweis einer sehr alten Kultur der Art durch die Berber angesehen, ein Argument, das durch die Interpretierung der algerischen *Vicia pliniana* als Wildsippe der Art naturgemäß besondere Bedeutung erhielt. Durch die bei Löw (1924) mitgeteilten sprachlichen Varianten *ibiaune, ibawen, ivawen, vawun* im Berberischen ist unseres Ermessens aber eine Ableitung von der lateinischen Wurzel faba ebenso diskutierbar.

Auf Bezeichnungen slawischer Sprachen zurückgehende Namen: Diese Namensgruppe steht mit den romanischen Bezeichnungen in engem sprachlichen Zusammenhang. Abgesehen von der üblichen unterschiedlichen Vertretung des indoeuropäischen bh (s. u., im Slawischen als b, im Lateinischen f) beziehen sich die Differenzen nur auf die unterschiedliche Vokalquantität und das verschiedene Geschlecht (*faba* f., *bob* m.). Die Existenz von Benennungen in Form slawischer Lehnwörter in Sprachen, die nicht der slawischen Sprachgruppe angehören (Ungarisch, Finnisch, Estnisch, Rumänisch), läßt auf eine Übernahme der Kenntnis und der Kultur der Art bei diesen Völkern von ihren slawischen Nachbarn schließen.

Hebräische Sprache: Einen vollkommen anderen Stamm finden wir in semitischen Sprachen vor, wobei sich der arabische Name zwanglos von der alten hebräischen und aramäischen Bezeichnung ableitet.

Orientalische Sprachen: Auffallend ist die Einheitlichkeit der Benennung im gesamten westasiatischen Anbaugebiet der Art. Die auf einen gemeinsamen Stamm *bakl* zurückzuführenden Namen finden sich vom Türkischen (Turk-Sprache) bis zum Afghanischen und den Sprachen des nordwestlichen Indiens sowie bis zu denen Mittelasiens (indoeuropäische Sprachen). Interessant ist auch das Vorhandensein desselben Stamms im Amharischen (semitische Sprache), was die Übertragung der *V. faba*-Kultur aus dem westasiatischen Raum nach Äthiopien nahelegt. Das steht übrigens in guter Übereinstimmung mit den botanischen Befunden: Nach Muratova (1931) haben die endemischen äthiopischen Formen der Art (es sind nur kleinsamige Typen) sehr enge verwandtschaftliche Beziehungen zu afghanischen Herkünften von *V. faba*.

Von den genannten Sprachgruppen unabhängige Bezeichnungen: Es verwundert nicht, daß in Ostasien Namen der Art existieren, die keinerlei Beziehung zu den oben genannten Namen haben. Sowohl in China wie in Japan wird die Art durch Zusätze zu den einheimischen Namen der Sojabohne (*tou* bzw. *mame*), die hier die Bohne schlechthin darstellt, gekennzeichnet. Auffallend ist dagegen die isolierte Bezeichnung im Griechischen, die ohne irgendwelchen Einfluß auf andere Sprachen geblieben ist, obwohl die Kultur von *V. faba* in diesem Gebiet ein sehr hohes Alter besitzt. Für die bei Muratova (1931) zitierte Ansicht DeCandolles, daß sich die griechische Benennung von einem Sanskrit-Namen für *Phaseolus*-Bohnen ableiten ließe, waren keinerlei Anhaltspunkte zu ermitteln. Von dem griechischen Wort *phakos*, Linse, als einer Verkleinerungsform des ursprünglichen Wortstamms (s. u.) läßt sich auch die albanische Bezeichung *bathe* (über *bhakā*) für die Ackerbohne ableiten. – Auffallend ist ferner der Reichtum an eigenständigen Namen von *V. faba* in den Sprachen der kaukasischen Völker sowie eine Reihe von Namen in Nordwestindien, deren Alter oder Originalität wir aber nicht einzuschätzen in der Lage sind.

Von Sprachwissenschaftlern ist eine Ableitung der ältesten uns überlieferten Namen versucht worden. Von Kluge (1963, vgl. auch Walde 1927) wird dabei als germanische Ausgangsform *baunā* angegeben, was durch die Übereinstimmung mit der gotischen und altnordischen Bezeichnung gerechtfertigt sein dürfte. Diese Form sollte durch eine Dissimilation aus *bābnā* entstanden sein und auf eine indoeuropäische Ausgangsform *bhabhā* zurückweisen. Von dieser reduplizierten Stammform ist dann leicht eine Ableitung auch des lateinischen Namens *faba* und der in den slawischen Sprachen auftretenden Form *bob* (s. o.) möglich. Ähnliche Gedankengänge finden wir bereits bei den Brüdern Grimm (1860), die die germanischen Namen auf Formen wie *babuno*, *bagbuno* zurückführen wollen. Möglich erscheint dann auch ein Anschluß der im indoiranischen Sprachzweig auftretenden Fassung *bak(g)li*, so daß für die Bezeichnung der Art in allen indoeuropäischen Sprachen ein urverwandtschaftlicher Zusammenhang angenommen werden kann. Das würde bedeuten, daß den Indoeuropäern *Vicia faba* bereits vor Auflösung ihres ursprünglich einheitlichen Sprachverbands (auf 3000 v. Zt. geschätzt) geläufig war; erst später erfolgte eine Differenzierung innerhalb der verschiedenen Sprachgruppen durch besondere Suffixe usw.

Nach Kluge (l. c.) soll der indoeuropäischen Ausgangsform *bhabhā* die Lautvorstellung *bha* zugrundeliegen, die aufgeblasene Backen symbolisiere, was auf die angeschwollenen Hülsen der Ackerbohne übertragen worden sei. Auch wenn diese hypothetische Ableitung vorerst zu weit hergeholt erscheint, ist an dem hohen Alter der verschiedenen Bezeichnungen der Art und an ihrer Rückführung auf eine spätindogermanische Ausgangsform nicht zu zweifeln.

Die uns aus dem slawischen Sprachraum überlieferten substantiellen und literarischen Belege von der zweiten Hälfte bzw. dem Ende des 1. nachchristlichen Jahrtausends (Muratova 1931) sind daher keinesfalls als der Beginn der Kenntnis und des Anbaues der Art in diesen Ländern anzusehen, da ihr Name altslawischen Ursprungs ist. Ähnliches gilt für Transkaukasien, wo die von derselben Autorin zitierten literarischen Quellen für einen Ackerbohnen-Anbau in Grusinien aus dem 17. Jahrhundert ebenfalls nicht den Beginn dieser Kultur markieren können, da es hier und bei den Nachbarvölkern ein halbes Dutzend eigenständiger Namen für *V. faba* gibt. Auch liegen aus diesem geographischen Gebiet prähistorische Funde der Art vor (Schultze-Motel 1972).

Herrn Dr. habil. D. Freydank von dem Lehrbereich Slawistik der hallischen Universität habe ich für freundliche Unterstützung und wertvolle Hinweise hinsichtlich linguistischer Probleme herzlich zu danken.

Zusammenfassung

Es werden die literarischen Belege des Anbaues der Ackerbohne, *Vicia faba*, unter den Gesichtspunkten des Alters der Kultur und ihrer Ausbreitung besprochen und es wird versucht, die Quellen auf Angaben über den morphologischen Typ der seinerzeit kultivierten Formen der Art hin auszuwerten. Für die letzte Fragestellung bieten die schriftlichen Dokumente leider nur wenig Anhaltspunkte. Zahlreiche Belege für *V. faba* sind in der griechischen, römischen und jüdischen klassischen Literatur zu finden, während in China sich der Anbau (nur mittel- und großkörnige Formen) nur bis zur Yüan-Dynastie zurückverfolgen läßt. Auf Grund verschiedener Daten wird die Entstehung der großkörnigen Typen der Art in die zweite Hälfte des 1. nachchristlichen Jahrtausends verlegt, in West- und Zentraleuropa haben diese dann in den späteren Jahrhunderten die älteren kleinkörnigen Formen zurückgedrängt. – Die Namen für *V. faba* in den verschiedenen Sprachen lassen eine urverwandtschaftliche Beziehung der in den indoeuropäischen Sprachen üblichen Bezeichnungen erkennen, auf jeden Fall deuten sie auf ein hohes Alter des Anbaues sowohl im Orient, im Mittelmeergebiet als auch im zentralen Europa hin. Die slawischen Bezeichnungen haben dabei eine engere Verwandtschaft mit der lateinischen sowie mit den aus ihr hervorgegangenen Namen in den romanischen Sprachen. Nach der Entdeckung Amerikas sind die Namen der Art in den europäischen Sprachen auf die neuweltlichen *Phaseolus*-Arten übertragen worden und heute kann in ihnen *V. faba* nur mit besonderen Zusätzen von diesen amerikanischen Kulturarten unterschieden werden.

Summary

On the history of cultivation of *Vicia faba* L. and its different variants

Informations about the cultivation of *Vicia faba* discovered in the classic and the following literature have been discussed and it has been tried to evaluate these historical sources for a determination of the variants of the species which had been cultivated in former times. To the last mentioned problem the written documents contribute only few evidences. Many data concerning *V. faba* may be found in the classical Greek, Roman and Jewish literature; in China the cultivation of the species has been proved only since the Yuan-dynasty (no small seeded types). Several facts enable us to date the origin of the large-seeded forms (ssp. *faba*) into the second half of the first millenium of our era, these plant group has been becoming in the following centuries the dominant one of the species in Western and Central Europe meanwhile the acreage of the small-seeded types was diminishing.

The names of *V. faba* in the different languages point to close relations between the words used in the Indoeuropean languages for this species; at all events they mark a long age of the cultivation as well in the Orient, Mediterranean region as in Central Europe. The Slavic names agree more closely with the Latin *faba* and with those ones derived from it in other Romanic languages. After the discovery of America in the European languages the names of *V. faba* have been transferred to the New world *Phaseolus* species;

thus to-day *V. faba* may be distinguished only by special prefixes from the American cultivated bean species.

Краткое содержание

К истории возделывания конских бобов *Vicia faba* L. и их разновидностей

Литературные данные о возделывании конских бобов рассматриваются с точки зрения древности культуры и ее распространения. В этих источниках автор пытался найти указания на морфологический тип, культивированных в разное время форм. Письменные документы дают, к сожалению, в этом отношении мало данных. В классической литературе древних греков, римлян и евреев можно найти много указаний на культуру *V. faba*, в то время как для Китая возделывание бобов (только формы со средними и крупными семенами) удается проследить лишь до династии Юань. Возникновение крупносемянных типов, на основании различных данных, можно отнести ко второй половине первого тысячелетия нашей эры. В течение следующих столетий эти типы вытеснили в западной и центральной Европе более древние мелкосемянные формы бобов.

Сравнение названий конских бобов в различных языках приводит к мысли о существовании исходной индо-европейской формы. Во всяком случае можно сделать заключение об очень древнем возникновении культуры конских бобов, как на Востоке и в Средиземноморье, так и в центральной Европе. Славянские названия имеют тесную связь и с названиями романских языков, происшедших от латинского. После открытия Америки название вида в европейских языках перешло на виды *Phaseolus* из Нового Света и, в настоящее время, в этих языках можно отличить названия *V. faba* только по особым прибавлениям к названиям американских культурных видов.

Literatur

Bauhin, C., 1623: Pinax Theatri Botanici. – Basel.

Cato, M. P., 1787: Buch von der Landwirtschaft. Übers. u. m. Anmerkungen versehen durch G. Grosse, – Halle.

Columella, L. J. M., 1769: Zwölf Bücher von der Landwirtschaft. Übers. u. m. d. nötigen Anmerkungen versehen v. M. C. Curtius. – Hamburg-Bremen.

Dalman, G., 1933: Arbeit und Sitte in Palästina, Bd. *III*. – Gütersloh.

DeCandolle, A., 1967: Origin of cultivated plants. – New York – London.

Dierbach, J. H., 1831: Flora Apiciana. – Heidelberg – Leipzig.

Dioskurides, P., 1902: Arzneimittellehre. Übers. u. m. Erklärungen versehen v. J. Berendes. – Stuttgart.

Dodonaeus, R., 1569: Historiae frumentorum, leguminum, . . . – Antverpiae.
Fischer, H., 1929: Mittelalterliche Pflanzenkunde. – München.
Fischer-Benzon, R. v., 1894: Altdeutsche Gartenflora. – Kiel – Leipzig.
Fruwirth, C., 1921: Handbuch des Hülsenfruchterbaues, 3. Aufl. – Berlin.
Gesnerus, J. M., 1735: Scriptores rei rusticae, tom. alter: Palladii Rutilii T. M. De re rustica libri XIV. – Leipzig.
Goetz, G. (edit.), 1893: Corpus Glossariorum Latinorum, vol. *III*: Hermeneumata Pseudodositheana. – Lipsiae.
Grimm, J., u. W. Grimm, 1860: Deutsches Wörterbuch, *2*. Bd. – Leipzig.
Hehn, V., 1870: Kulturpflanzen und Hausthiere in ihrem Übergang aus Asien nach Griechenland und Italien. – Berlin.
Herodotos, v. Halikarnassos, 1956: Das Geschichtswerk. Übertragen v. Th. Braun. – Leipzig.
Jessen, C. (edit.), 1867: Alberti Magni ex ordine praedicatorum De Vegetabilibus Libri VII – Historiae Naturalis pars XVIII. – Berolini.
Kluge, P., 1963: Etymologisches Wörterbuch der deutschen Sprache, 19. Aufl. v. W. Mitzka, – Berlin.
Krause, K. E. H., 1891: Die Bohne und die Vietzebohne. – Jb. Verein nddt. Sprachforsch. *16*, 53–65. – Norden-Leipzig.
Laufer, B., 1919: Sino-Iranica. – Field Mus. Natur. Hist., anthrop. ser., *15* (3), 185–630.
Linné, C., 1753: Species Plantarum. – Holmiae.
Löw, I., 1924: Die Flora der Juden, Bd. *2*. – Wien-Leipzig.
Löwe, G., und H. A. Stoll, 1966: Die Antike in Stichworten. – Leipzig.
Miller, Ph., 1772: Allgemeines Gaertner-Lexicon, Bd. *2*. – Nürnberg.
Moldenke, H. N., and A. L. Moldenke, 1952: Plants of the bible. – Chronica bot. *28*. – New York.
Muratova, V. S., 1931: Boby (*Vicia faba* L.). – Trudy prikl. bot., genet., selekc., prilož. *50*, 1–298.
– 1937: *Vicia* L. – Vika. In: Kulturn. Flora SSSR, t. *4*, 75–124. – Moskva-Leningrad.
Plinius, C. Sec., 1853–55: Naturgeschichte. Übers. v. Chr. Fr. L. Strack. – Bremen.
Reinhardt, S., 1911: Kulturgeschichte der Nutzpflanzen, Bd. *1*. – München.
Schultze-Motel, J., 1972: Die archäologischen Reste der Ackerbohne, *Vicia faba* L., und die Genese der Art. – Kulturpflanze *19*, 321–358.
Theophrast, 1822: Naturgeschichte der Gewächse. Übers. u. erläutert v. K. Sprengel, Bd. *1–2*. – Altona.
Trabut, L., 1911: L'indigénat de la Fève en Algérie. – Bull. Soc. Hist. Natur. Afr. Nord *3* (7), 116–122.
Varro, M., 1788: Buch von der Landwirthschaft. Übers. u. m. Anmerkungen versehen durch G. Grosse. – Halle.
Walde, A., 1927: Vergleichendes Wörterbuch der indogermanischen Sprachen, *II*. – Berlin-Leipzig.
Watt, G., 1893: A dictionary of the economic products of India, vol. *VI*, part *IV*. – London-Calcutta.
Wein, K., 1914: Deutschlands Gartenpflanzen um die Mitte des 16. Jahrhunderts. – Beih. bot. Centrbl. *31* B, 463–555.
Wong, M., 1970: Contribution a l'histoire de la matière médicale végétale chinoise. – J. agr. trop. bot. appl. *17* (1–4), 92–140.

Für die Zusammenstellung der Volksnamen von *Vicia faba* wurden einschlägige Wörterbücher und Florenwerke benutzt, außerdem konnten entsprechende Angaben den oben zitierten Arbeiten von Muratova, Kluge, Grimm und Löw entnommen werden.

Über Nutzungsmöglichkeiten von induzierten Chromosomenmutationen bei Kulturpflanzen

von Gottfried Künzel und Friedrich Scholz

(Eingegangen am 31. Januar 1972)

Mit der Entwicklung von wirksamen Methoden zur Induktion von Mutationen wurde in den letzten Jahrzehnten die Voraussetzung geschaffen, den Wert induzierter Genmutationen umfassend zu untersuchen und geeignete Mutanten zu nutzen. Die angewandte Mutationsforschung hat seitdem bei zahlreichen Kulturpflanzen eine Fülle von Ergebnissen geliefert, die zeigen, daß die experimentelle Induktion von Genmutationen in vielen Fällen ein außerordentlich wertvolles Hilfsmittel der Züchtung sein kann. Eine ganze Reihe von Handelssorten bei Getreide und anderen Kulturpflanzen, die direkt oder indirekt auf induzierte Genmutationen zurückgehen, belegt dies eindrucksvoll.

Demgegenüber sind die bisherigen Möglichkeiten zur Nutzung von Chromosomenmutationen, obwohl sie ebenso leicht induziert werden können, differenzierter zu beurteilen. Die durch sie bewirkten, viel gröberen Eingriffe in den Karyotyp haben meist cytologische und genetische Konsequenzen, die eine direkte züchterische Nutzung verhindern. In der Züchtungsforschung bahnen sich jedoch bei einigen Kulturpflanzen Entwicklungen an, die zeigen, daß bestimmten Chromosomenmutationen als indirekten Hilfsmitteln auch für praktische Züchtungsvorhaben steigende Bedeutung zukommt.

Eingehende cytogenetische Untersuchungen zur umfassenden Charakterisierung der verschiedenen Chromosomenmutationen – insbesondere detaillierte Meiose-Analysen – haben dafür die grundlegenden Voraussetzungen geliefert. Burnham konnte so bereits 1956 in einer ausführlichen Übersicht zahlreiche verschiedenartige Problemstellungen nennen, die allein mit Hilfe von Translokationen gelöst werden können, auch wenn für viele dieser Lösungsvorschläge der unmittelbare experimentelle Beweis noch ausstand. Besonders aus den Untersuchungen am Mais – einer der wenigen wichtigeren Kulturpflanzen mit besonderer Eignung für cytogenetische Arbeiten – ergab sich schon bald eine Reihe angewandter Aspekte aus dem Bereich der Züchtungsforschung. Ferner zeigte sich, daß viele der diffizilen cytogenetischen Techniken auch bei solchen Arten erfolgversprechend sind, deren meiotische Prophase-Stadien cytologischen Analysen bisher weitgehend unzugänglich sind, wie z. B. bei der Gerste. Bestimmte neue Möglichkeiten eröffneten sich auch bei polyploiden Kulturpflanzen, die auf Grund ihrer besonderen karyologischen Verhältnisse

Manipulationen des Karyotyps im allgemeinen weit besser tolerieren als diploide Pflanzen.

Diese Arbeit ist der Versuch eines Überblicks über einige bereits praktizierte oder mögliche cytogenetische Techniken zur Nutzung von Chromosomenmutationen, mit deren Hilfe bestimmte Aufgaben der Züchtungsforschung und Züchtung bei diploiden Kulturpflanzen besser bzw. überhaupt erst gelöst werden können. Der relativ hohe Grad an Objektspezifität erfordert dabei häufig eine getrennte Darstellung der Probleme für die verschiedenen Pflanzen. – Auf die gut bekannten Arbeiten zum interspezifischen Gentransfer mit Hilfe von Translokationen beim allopolyploiden Weizen (vgl. u. a. Sears 1956, 1967, Elliott 1957, Wienhues 1967, Driscoll 1965) wird in dieser Arbeit nicht eingegangen.

CYTOLOGISCHE UND GENETISCHE AUSWIRKUNGEN, IDENTIFIKATION UND ANALYSE

Von den vier Kategorien struktureller Chromosomenumbauten – Translokationen, Inversionen, Duplikationen und Deletionen bzw. Defizienzen – bieten die reziproken Translokationen die vielfältigsten Möglichkeiten zur mittel- oder unmittelbaren Lösung spezieller angewandter Problemstellungen. Translokationen können einfach induziert und im Gegensatz zu Inversionen auch sicherer erkannt und isoliert werden, und von einigen Kulturpflanzen stehen daher bereits größere Serien zur Verfügung. Von den Duplikationen, weniger von den Deletionen und Defizienzen, sind insbesondere jene Typen von Interesse, die gezielt als „sekundäre Chromosomenumbauten" bezüglich speziell interessierender Chromosomensegmente erzeugt werden können, wenn zwei Individuen mit ganz bestimmten Translokationen, oder auch Inversionen, miteinander gekreuzt werden (vgl. Burnham 1962, 1966).

Translokationen liegen bekanntlich dann vor, wenn Chromosomensegmente ihre ursprüngliche Position im Chromosomenbestand verändert haben. Von den im einzelnen zu unterscheidenden Typen (vgl. Burnham 1962, Rieger und Michaelis 1967) sind in unserem Zusammenhang ausschließlich symmetrische reziproke Translokationen zwischen inhomologen Chromosomen von Interesse; also jener Typ, bei dem im einfachsten Fall zwei inhomologe Chromosomen je ein Endsegment wechselseitig ausgetauscht haben, so daß die beiden translozierten Chromosomen nach wie vor monozentrisch sind. Da die weiteren Ausführungen stets diesen Typ betreffen, wird im folgenden hierfür der einfache Terminus Translokation verwendet.

Inversionen sind intrachromosomale Strukturumbauten, bei denen ein interkalares Chromosomensegment um 180° gedreht, d. h. mit der umgekehrten Gensequenz wieder eingebaut ist. Unterschieden werden parazentrische und perizentrische Inversionen, je nachdem, ob der Umbau nur einen der beiden

Chromosomenarme betrifft, oder ob das invertierte Segment den Centromerbereich mit einschließt.

Bei diploiden höheren Pflanzen reagieren die zwischen Meiose und Zygotenbildung liegenden haploiden Entwicklungsstadien auf Anomalien im Chromosomenbestand besonders empfindlich. Da ein Verlust an genetischer Information in der Regel nicht kompensiert werden kann, führen insbesondere Deletionen und Defizienzen meist zur Funktionsunfähigkeit der Gameten, wobei Pollen empfindlicher als Eizellen reagieren. Ähnlich, wenn auch nicht so drastisch, können die Folgen bei Duplikationen sein, obwohl hier kein Informationsverlust vorliegt. Im Einzelfall ist der Effekt jedoch stark abhängig von der Größe der betroffenen Chromosomenteile bzw. von der entwicklungsphysiologischen Bedeutung der auf den verlorenen oder duplizierten Chromosomensegmenten gelegenen Gene (Burnham 1962, Rieger und Michaelis 1967).

Je nachdem, ob die Strukturumbauten nur eines der beiden oder beide homologen Chromosomen betreffen, können Chromosomenmutationen heterozygot oder homozygot vorliegen. In beiden Fällen werden die mitotischen Teilungsvorgänge nicht gestört.

Zum Teil weitreichende Unterschiede bestehen dagegen im Meioseverhalten. Während bei homozygoten Strukturveränderungen – sofern nicht Letalität gegeben ist – die Meiose ebenfalls normal verläuft, gibt es bei Strukturheterozygotie wegen der veränderten Homologiebeziehungen zwischen umgebauten und normalen Chromosomen Komplikationen. Das betrifft insbesondere die Translokationen, da hier zwei Chromosomenpaare beteiligt sind. Die vier partiell homologen Chromosomen bilden in der meiotischen Prophase I die bekannte quadrivalente Kreuzkonfiguration. Aus ihr entsteht in der Metaphase I in Abhängigkeit von der Häufigkeit und den Orten der angelegten Chiasmen ein Ring oder eine Kette, wobei normale und translozierte Chromosomen alternieren. Die Verteilung der vier Chromosomen in der Anaphase I wird durch die Orientierung der Centromere auf die Spindelpole bestimmt. Bei alternativer Verteilung – wenn die Centromere benachbarter Chromosomen sich auf entgegengesetzte Pole orientierten und damit z. B. ein Ring in Form einer ∞ vorlag – gelangen zwei komplette Genome an die Spindelpole, d. h. zu dem einen gelangen die beiden unveränderten, zum anderen die beiden translozierten Chromosomen, und alle entstehenden Gameten sind dann voll funktionsfähig. Bei adjazenter Verteilung – wenn die Centromere je zwei benachbarter Chromosomen sich auf den gleichen Pol orientierten und damit z. B. ein offener Ring vorlag – gelangen je ein unverändertes und ein transloziertes Chromosom an die Spindelpole. Damit haben beide Genome je eine Defizienz und eine Duplikation, und es entstehen ausschließlich genetisch unbalancierte, nicht funktionsfähige Gameten.

Beide Verteilungsmodi, abgesehen von seltenen anderen Verteilungen, erfolgen theoretisch mit gleicher Wahrscheinlichkeit, so daß im Durchschnitt mit 50 Prozent unbalancierten Gameten zu rechnen wäre. Tatsächlich aber wird diese Relation im konkreten Fall von vielen Faktoren beeinflußt und zeigt für bestimmte Species charakteristische Durchschnittswerte. Man kann in dieser Hinsicht insbesondere zwei Gruppen unterscheiden: eine mit durchschnittlich etwa 50% und eine andere mit nur um 20 bis 30% unbalancierten Gameten. Mais, Reis, Erbse, Ackerbohne und Sojabohne gehören z. B. zur erstgenannten, dagegen Gerste, Weizen, Roggen und Tomate zur zweiten Gruppe. Bei Burnham (1956) sind hierzu weitere Angaben zu finden.

Bei translokationsheterozygoten Pflanzen sind nicht nur genetisch unbalancierte Pollen, sondern auch unbalancierte Eizellen funktionsunfähig. Daher ist ein in gewissen Grenzen variierender Prozentsatz von Sterilität zu beobachten, der in der Regel mit der Häufigkeit letaler Pollen übereinstimmt. Die bei Mais, Reis usw. auftretende Semisterilität bzw. die geringere partielle Sterilität bei Gerste, Roggen usw. dient als wichtiges phänotypisches Kennzeichen translokationsheterozygoter Pflanzen.

Heterozygot vorliegende Inversionen führen zu Störungen im Meioseablauf, die ebenfalls zu einer erhöhten Abortionsrate der Gameten führen können. Das Ausmaß der Fertilitätsminderung im Einzelfall ist abhängig vom untersuchten Objekt, vom Typ der Inversion und von der Anzahl und den Orten der Chiasmen. Bei Pflanzen, bei denen Chiasmen bevorzugt in den distalen Chromosomensegmenten angelegt werden, ist die Fertilitätsminderung allerdings oft so gering, daß sie das Erkennen inversionsheterozygoter Individuen nicht erlaubt. Für eine umfassendere Information über die cytologischen und genetischen Auswirkungen heterozygot vorliegender Chromosomenmutationen sei auf einige der guten Übersichten verwiesen (Burnham 1956, 1962, Lewis und John 1963, Rieger und Michaelis 1967).

Der erste Schritt für den Einsatz cytogenetischer Techniken für angewandte Aufgaben ist in der Regel die Entwicklung größerer Serien von definierten Chromosomenmutationen. Insbesondere von Translokationen gibt es solche Serien bereits bei Mais, Gerste, Tomate und *Vicia faba*. Die weitaus meisten der bisher isolierten Translokationslinien gehen auf Behandlungen mit ionisierenden Strahlen zurück; in geringerem Umfang wurden auch mutagene Chemikalien zur Induktion benutzt. Strahlen und Chemikalien werden hierfür in etwa den gleichen Dosierungen appliziert wie in Mutationsversuchen zur Induktion von Genmutationen. Im Vergleich zu ionisierenden Strahlen können mutagene Chemikalien, insbesondere bestimmte monofunktionell alkylierende Substanzen, zwar zu mehrfach erhöhten Genmutationsfrequenzen führen, sie induzieren jedoch selbst in sehr hohen Konzentrationen nur relativ geringe Frequenzen von Chromosomenbrüchen. Günstiger sind dagegen Behandlungen z. B. mit bestimmten polyfunktionellen alkylierenden Agenzien, die zu höheren Frequenzen von Chromosomenmutationen führen.

Translokationen können, je nach den cytologischen Besonderheiten der betreffenden Kulturpflanze, in verschiedener Weise isoliert und identifiziert werden (vgl. Burnham 1962, 1966). Im folgenden sollen die erprobten Möglichkeiten bei der Gerste (Hagberg 1960, 1967a, Hagberg und Hagberg 1971, Ramage et al. 1961), deren meiotische Prophasestadien für cytologische Untersuchungen kaum geeignet sind, dargestellt werden.

Der für Gerste charakteristische Prozentsatz partieller Sterilität beträgt nach Burnham et al. (1954) im Durchschnitt etwa 29%, wenn einzelne reziproke Translokationen heterozygot vorliegen. Die durch mutagene Behandlungen induzierten Translokationen verursachen daher partiell sterile Sektoren in den M_1-Pflanzen. Da die mutierten Sektoren häufig nicht ganze Ähren einschließen oder sich überlagern können, sowie um andere Sterilitätsursachen möglichst auszuschließen, ist es zweckmäßig, die Selektion mit der Ernte partiell steriler Pflanzen in der M_2-Generation zu beginnen. Liegt der partiellen Sterilität einer selektierten M_2-Pflanze eine Translokation zu Grunde, womit in weit mehr als der Hälfte der Fälle gerechnet werden kann, so ist in ihrer Nachkommenschaft (in M_3) die Aufspaltung 1 : 1 für fertile und partiell sterile Pflanzen zu erwarten. Von den fertilen Pflanzen ist die eine Hälfte homozygot für die translozierten Chromosomen und die andere Hälfte für die normalen Chromosomen. Beide Typen können nach Kreuzung mit der Ausgangssorte und cytologischer Prüfung der Meiose der entsprechenden F_1-Generation getrennt werden: Werden in der Metaphase I ein Quadrivalent und fünf Bivalente gefunden, war die gekreuzte fertile M_3-Pflanze homozygot für die Translokation; im anderen Fall treten sieben Bivalente auf.

Liegt die homozygote Translokationslinie durch Rückgriff auf Saatgut dieser M_3-Pflanze vor, besteht der nächste Schritt in der Bestimmung der beteiligten Chromosomen. Hierzu werden heute meist Kreuzungen mit Tester-Sätzen durchgeführt, die bei Gerste in der Regel aus fünf definierten Translokationslinien bestehen. Die Tester-Sätze sind so zusammengestellt, daß jedes der sieben Chromosomen mindestens einmal beteiligt ist. Der erste derartige Satz wurde auf der Grundlage der amerikanischen Sorte 'Mars' entwickelt (Burnham et al. 1954). Ähnliche Sätze wurden später auch in Schweden aufgebaut und angewendet (Hagberg 1966, Hagberg und Hagberg 1968, 1971, Persson 1969b). Zur Bestimmung der beteiligten Chromosomen wird die Meiose der F_1-Pflanzen der jeweils fünf Kreuzungskombinationen untersucht. In der Diakinese bis Metaphase I können in Abhängigkeit von den beteiligten Chromosomen vier verschiedene Konfigurationen beobachtet werden: 2 IV + 3 II (zwei Quadrivalente und drei Bivalente) – unbekannte und Test-Translokation betreffen verschiedene Chromosomen; 1 VI + 4 II – unbekannte und Test-Translokation haben ein Chromosom gemeinsam; 1 IV + 5 II oder 7 II – die beteiligten Chromosomen sind bei der unbekannten und der Test-Translokation identisch. Nach diesem Verfahren können die beteiligten Chromosomen zuverlässig bestimmt werden. Ähnliche Translokations-Testersätze sind auch für *Zea mays* (Burnham 1962), *Pisum sativum* (Lamm und Miravalle 1959) und *Vicia faba* (Sjödin 1971) entwickelt worden.

Die erforderliche Zuordnung der Translokationsbruchpunkte zu bestimmten Chromosomenarmen ist nach folgender Methode möglich. Werden Translokationslinien mit den gleichen beteiligten Chromosomen gekreuzt, so kann aus der Meiose der F_1-Pflanzen geschlossen werden, in welchen Chromosomenarmen die Bruchstellen liegen (Hagberg 1958, 1960, Hagberg und Hagberg 1968, 1969, Shi und Shebeski 1961, Kasha und Burnham 1963, 1965). Bivalente werden vorzugsweise dann gebildet, wenn die Brüche bei beiden translozierten Chromosomen entweder in den gleichen oder aber in den entgegengesetzten Armen liegen. Dagegen wird ein Quadrivalent gebildet, wenn die Brüche bei einem der beteiligten Chromosomen im gleichen Arm und bei dem anderen Chromosom in den entgegengesetzten Armen liegen (Abb. 1). Die vorzugsweise bivalent-bildenden Typen können durch das zusätzliche Kriterium der Pollenletalität unterschieden werden. Sie ist gewöhnlich geringer, wenn die Brüche in den gleichen Chromosomenarmen lokalisiert sind, da in diesem Fall die Homologiebeziehungen in den mittleren Teilen der die Bivalente bildenden Chromosomen in geringerem Ausmaß gestört sind. Die Ergebnisse sind verhältnismäßig zuverlässig, da die Chromosomen der Gerste eine strenge Tendenz zeigen, die meiotische Paarung terminal zu beginnen. Gewöhnlich werden daher – unabhängig von den Homologiebeziehungen der mittleren Segmente – Bivalente gebildet, wenn die Chromosomenenden homolog sind. Werden diese Untersuchungen mit einer genügend großen Anzahl von Translokationen durchgeführt, so daß jede der 21 möglichen Kreuzungsserien zwischen Translokationen mit jeweils gleichen beteiligten Chromosomen möglichst viele Translokationen mit unterschiedlicher Bruchpunktverteilung umfaßt, ist zu erwarten, daß an jeder der 21 Gruppen auch einige Translokationen mit deutlich verschieden großen ausgetauschten Segmenten beteiligt sind. Bei diesen Translokationen kann die definitive Lage der Bruchpunkte auf den Chromosomenarmen relativ sicher durch vergleichende Messungen der Mitose-Chromosomen direkt bestimmt werden (Hagberg und Tjio 1950, Tjio und Hagberg 1951, Hagberg 1954, Burnham und Hagberg 1956). Ist die Lage der Bruchpunkte bei einigen Translokationen aus jeder der 21 Gruppen bekannt, kann mit Hilfe der vorher beschriebenen Meiose-Ergebnisse die Lage der Bruchpunkte auch bei jenen Translokationen ermittelt werden, deren ausgetauschte Segmente annähernd gleich groß sind.

Die später beschriebenen cytogenetischen Techniken mit Hilfe von Translokationen erfordern meist viele Einzelanalysen. Wie Tuleen (1971) zeigte, könnte dieser Aufwand in manchen Fällen eingeschränkt werden, wenn die translozierten Chromosomen in der Mitose eindeutig identifizierbar wären. Besonders vorteilhaft wäre daher die Entwicklung von Tester-Sätzen aus Linien mit derartig leicht identifizierbaren Translokationen. Daß dies durchaus möglich sein dürfte, zeigt u. a. auch die Entwicklung neuer Karyotypen von *Vicia faba*, bei denen alle sechs Chromosomen in der Mitose identifizierbar

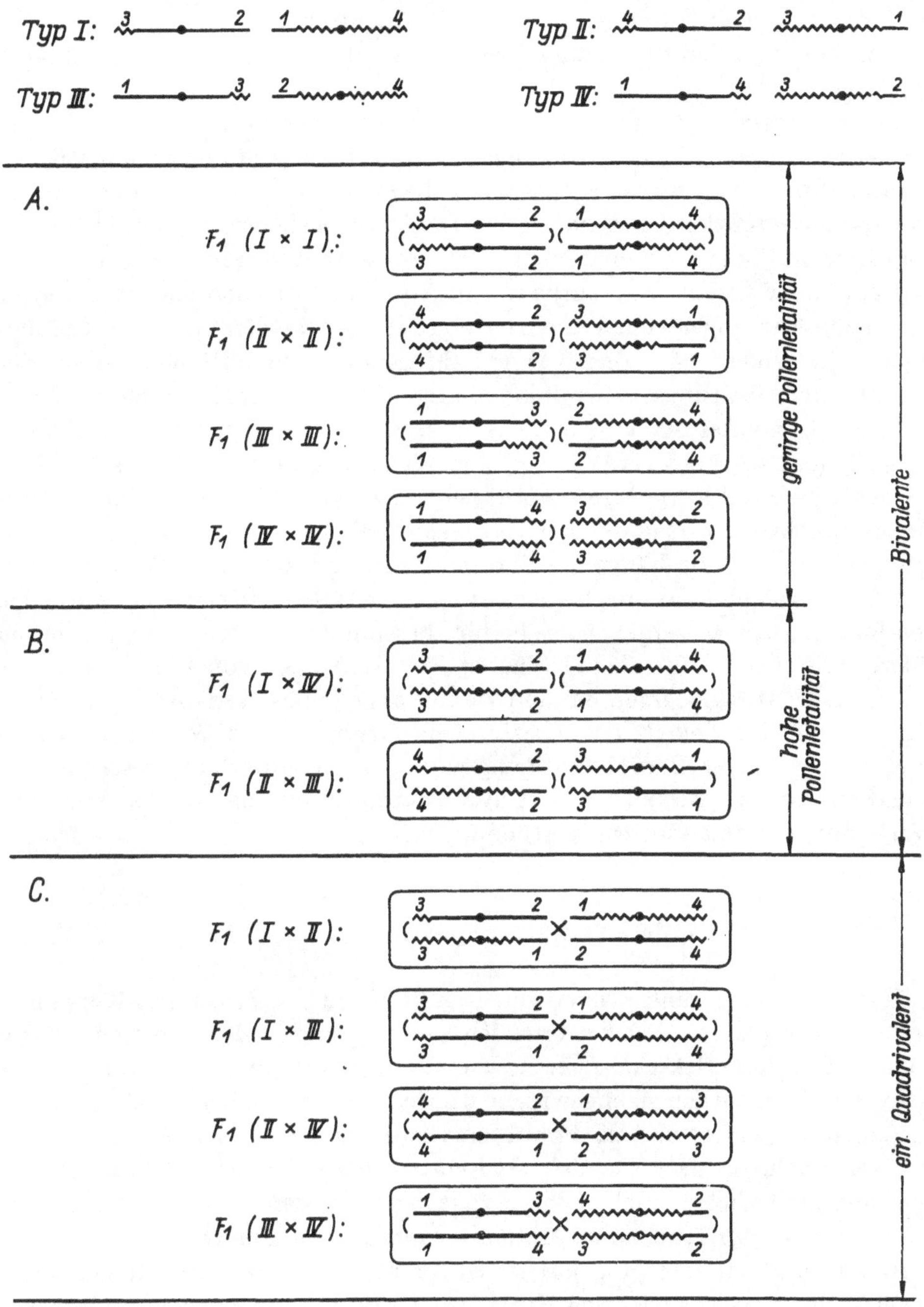

Abb. 1. Die meiotische Konstitution der F_1-Pflanzen nach Kreuzungen von Translokationslinien mit gleichen beteiligten Chromosomen. A: Brüche bei beiden Chromosomen in den gleichen Armen. B: Brüche bei beiden Chromosomen in den jeweils entgegengesetzten Armen. C: Brüche bei einem Chromosom im gleichen Arm und bei dem anderen Chromosom in entgegengesetzten Armen.

sind, obwohl beim Ausgangskaryotyp die Identifikation von fünf der sechs Chromosomen außerordentlich schwierig ist (Michaelis und Rieger 1959, 1971).

Eine interessante Möglichkeit, die Länge der translozierten Segmente auf der Grundlage von Chiasmenfrequenz und -verteilung in den Quadrivalenten abzuschätzen, hat Sybenga (1970a) beim Roggen angewendet. In den meiotischen Kreuzkonfigurationen bei translokationsheterozygoten Individuen können sechs Chromosomensegmente definiert werden – vier Endsegmentpaare und zwei interstitielle Segmentpaare. In Abhängigkeit von den Orten und der Häufigkeit der angelegten Chiasmen ergeben sich in den späteren Teilungsstadien (Diakinese, Metaphase I) verschiedene Konfigurationen der an dem polyvalenten Paarungsverband beteiligten Chromosomen. So hat z. B. die Anlage von mindestens einem Chiasma je Endsegmentpaar ein ringförmiges Quadrivalent zur Folge, während der Bindungsausfall in einem der vier Endsegmente zu einer Kette führt. Auf diese Weise lassen sich die in den mittleren Meiosestadien zu beobachtenden verschiedenen Chromosomenkonfigurationen interpretieren. Da die Länge der Chromosomensegmente in den kreuzförmigen Paarungsverbänden je nach der Größe der translozierten Chromosomenabschnitte variiert, ergeben sich für bestimmte Translokationen jeweils charakteristische Wahrscheinlichkeiten für die Anlage von Chiasmen in den einzelnen Paarungssegmenten und damit auch charakteristische Werte für die relative Häufigkeit der spezifischen Gruppen von Metaphase-I-Konfigurationen. Unter Berücksichtigung von Chiasma-Interferenzerscheinungen (vgl. Sybenga 1970b) bilden diese durch cytologische Analysen bestimmbaren Werte die Grundlage für die Berechnungen.

HOMOZYGOTE TRANSLOKATIONEN

Translokationen und Inversionen führen zu veränderten Kopplungsverhältnissen der auf den betreffenden Chromosomen gelegenen Gene. Damit können Positionseffekte auftreten, wie sie z. B. bei *Drosophila* (vgl. Lewis 1950) verschiedentlich nachgewiesen wurden. Die bei höheren Pflanzen diesbezüglich untersuchten Fälle erlaubten allerdings in den meisten Fällen keine sicheren Schlüsse, da z. B. nicht zwischen echten Positionseffekten und der Wirkung zusätzlicher, mehr oder weniger eng mit dem Translokationsbruchpunkt gekoppelter Mutationen unterschieden werden konnte.

In engem Zusammenhang mit dieser Problematik steht die für bestimmte angewandte Aspekte wichtige Frage nach der Vitalität und der Leistungsfähigkeit von homozygoten Translokations- und Inversionslinien. Sofern man Positionseffekte mehr oder weniger als Ausnahmeerscheinungen ansehen darf, sollte man erwarten, daß Translokationen, ebenso wie Inversionen, im allgemeinen nicht zu phänotypischen Änderungen führen, weder bezüglich morphologischer noch physiologischer Merkmale. Das haben die bisherigen Erfahrungen im großen und ganzen auch bestätigt.

Vergleichende Untersuchungen an Translokationslinien und ihren Ausgangsformen haben allerdings in einer Reihe von Fällen gezeigt, daß insbesondere quantitative Merkmale statistisch signifikant, wenn auch meist nur geringfügig, differieren können. Dabei sind Abweichungen der Translokationslinien von den Ausgangsformen nicht nur in negativer, sondern auch in positiver Richtung möglich. Beim Mais (Roberts 1942) und bei *Vicia faba* (Sjödin 1971) lagen jedoch die Durchschnittswerte der untersuchten Translokationslinien für Wachstums- und Entwicklungsraten sowie andere vegetative Merkmale meist etwas ungünstiger als die der Ausgangs-Inzuchtlinien bzw. -Sorten.

Untersuchungen über den Kornertrag wurden für Gerste und *Vicia faba* publiziert. Nybom (1954) fand für 19 geprüfte Translokationslinien bei Gerste einen zweijährigen Ertragsdurchschnitt von 97,5 % gegenüber der Ausgangssorte, wobei zwei oder drei Linien sogar einen signifikanten Mehrertrag aufwiesen. Gustafsson et al. (1966) berichteten über Ergebnisse vorwiegend einjähriger Leistungsprüfungen an 108 Translokationslinien aus sechs verschiedenen Gerstensorten. Der durchschnittliche relative Ertrag betrug annähernd 98 %, und die Autoren kamen zu dem Schluß, daß bei Gerste etwa jede zweite Translokationslinie ihrer Ausgangssorte im Kornertrag gleichwertig ist oder sie sogar übertrifft. Hagberg und Hagberg (1971) geben nach ihren neuesten Erfahrungen an, daß etwa 30 Prozent der Translokationslinien bei Gerste ihren Ausgangssorten in Vitalität und Leistung unterlegen sind. Nicht so günstig erscheinen dagegen die bisherigen Befunde an *Vicia faba* (Sjödin 1971). Hier zeigten 65 Translokationslinien in Kleinversuchen (je 25 Pflanzen) einen durchschnittlich um 25 % verminderten Ertrag (Anzahl der Hülsen bzw. Körner je Pflanze) gegenüber der Kontrolle. Möglicherweise deuten diese Befunde auf spezifische Besonderheiten bei *Vicia faba*, die mit den Gegebenheiten bei Gerste nicht ohne weiteres vergleichbar sind.

Insgesamt ist aus diesen und anderen Untersuchungen (vgl. Hagberg 1960, Gustafsson et al. 1971) zu schließen, daß Translokationen – Inversionen dürften sich ganz ähnlich verhalten – in der Regel nicht zu drastischen phänotypischen Änderungen führen. Trotzdem ist auch bei Gerste, bei der größere Erfahrungen vorliegen, nicht zu übersehen, daß die Leistungsfähigkeit und andere Merkmale doch eine gewisse Variabilität zeigen. Ob die Ursachen dafür den Translokationen bzw. damit verbundenen Positionseffekten zuzuschreiben sind, kann nicht eindeutig beantwortet werden. Es ist jedoch zu vermuten, daß in der Mehrzahl der Fälle, in denen sich signifikante Abweichungen überhaupt nachweisen lassen, vor allem zwei andere Ursachen in Frage kommen: Erstens können bei der mutagenen Behandlung zusätzlich Genmutationen, und zwar Kleinmutationen oder sog. background mutations, oder auch kleine Deletionen induziert worden sein. Zweitens kann es sich einfach um einen Selektionseffekt handeln, denn auch die Sorten vorwiegend autogamer Kulturpflanzen sind bekanntlich nicht völlig homogen. Das bedeutet andererseits auch, daß der gelegentlich geäußerte Optimismus, mit induzierten Translokationen ließen sich bedeutsame Ertragsverbesserungen erzielen, unbegründet sein dürfte.

Ein interessanter, noch nicht abgeschlossener Versuch, der zur Erschließung einer direkten Nutzungsmöglichkeit induzierter Translokationen in der Gerstenzüchtung führen kann, wurde in Schweden begonnen (Hagberg 1966, 1967, Hagberg und Hagberg 1969). Insbesondere Untersuchungen an heterozygoten parazentrischen Inversionen hatten klare Hinweise ergeben, daß bei Gerste die durch Crossing-over bedingten Rekombinationsprozesse überwiegend auf die distalen Chromosomenabschnitte begrenzt sind (Holm 1960, Nilan et al. 1968, Kreft 1969). Genauere Daten sind z. B. für den langen Arm von Chromosom 1 bekannt, der u. a. den Locus *ert-d* trägt. Da dieser Locus absolute Kopplung mit einem Translokationsbruchpunkt zeigt, dessen Lage bekannt ist, konnte er cytologisch auf dem subterminalen Teil lokalisiert werden (Hagberg und Tjio 1950, Tjio und Hagberg 1951, Hagberg 1958). Im genetischen Experiment beträgt der Abstand zwischen Centromer und *ert-d* aber nur 15 Crossing-over-Einheiten (Persson 1969c). Der proximale Teil mit mehr als drei Viertel der tatsächlichen Armlänge entspricht damit lediglich etwa einem Fünftel der Armlänge auf der genetischen Chromosomenkarte (Hagberg und Hagberg 1969). Es muß daher angenommen werden, daß bei Gerste in den mittleren Chromosomenabschnitten große Genblöcke bestehen, die normalerweise weitgehend unverändert auf die Folgegenerationen übertragen werden.

Durch Induktion von Translokationen sollte es möglich sein, solche Genblöcke zu „sprengen". Zur Prüfung dieser Hypothese wurden nach Bestrahlung weitgehend heterozygoter Populationen in der M_2-Generation partiell sterile (translokationsheterozygote) Pflanzen ausgelesen und weiter angebaut. In einer späteren Generation, hier der M_4, wurden dann voll fertile Pflanzen selektiert, von denen ein großer Teil homozygot für Translokationen ist (Hagberg 1966). Die Nachkommenschaften dieser fertilen Pflanzen werden in der üblichen Weise züchterisch bearbeitet, und abschließend wird die chromosomale Konstitution der Stämme geprüft. Da die Versuche noch nicht abgeschlossen sind, bleibt abzuwarten, ob die auf diese Weise experimentell herbeigeführte Rekombination in züchterischer Hinsicht vorteilhaft ist. Da relativ ungezielt, d. h. ohne Beziehung auf bestimmte Merkmale oder Gene, gearbeitet wird, sind die praktischen Erfolgschancen dieses Experiments vielleicht nicht groß. Dieser Weg kann jedoch, unter gewissen Voraussetzungen, dann sehr aussichtsreich sein, wenn gezielt ganz bestimmte Genblöcke „gesprengt" werden sollen.

TERTIÄRE TRISOMIE UND BEEINFLUSSUNG DER REKOMBINATION

Heterozygote Translokationen und Inversionen bewirken in der Regel eine drastische Verminderung der genetischen Rekombination in bestimmten Abschnitten der translozierten Chromosomen bzw. in den invertierten Segmenten. Die Ursache dafür liegt sowohl in einer echten Reduktion der Austauschvorgänge als auch darin, daß Austausch-Chromatiden oft Deletionen und Duplikationen tragen und damit zur Gametenletalität führen (vgl. Burnham 1962, Rieger und Michaelis 1967). Bei Translokationen betrifft dies die interstitiellen, d. h. zwischen Centromer und Translokationsbruchpunkt gelegenen Chromosomensegmente (vgl. Abb. 4). Crossing-over in einem der beiden interstitiellen Segmente führt auch bei alternativer Verteilung der Chromosomen des Metaphase-I-Quadrivalents zu unbalancierten Gameten, und ein großer Teil der Austausch-Chromatiden geht deshalb verloren (vgl. Hanson 1952). Damit zeigen die auf den interstitiellen Segmenten liegenden Gene eine (scheinbar) enge Kopplung. Nach theoretischen Kalkulationen von Kramer und Blander (1961) kann z. B. bei Gerste zwischen einem Gen auf dem interstitiellen Segment und dem Translokationsbruchpunkt der genetisch nachweisbare maximale Rekombinationswert 10% nicht übersteigen; die bisher tatsächlich gefundenen Werte lagen jedoch stets sogar unter 4% (Persson 1969b, c). Besonders dieser Effekt wird für verschiedene angewandt-züchterische Arbeiten genutzt.

Ramage und Tuleen berichteten 1964 über zwei Systeme balancierter tertiärer Trisomie (BTT) bei Gerste, an denen als rezessiver Letalfaktor ein *albina*-Gen beteiligt war. Im gleichen Jahr (Ramage 1964) wurde vorgeschlagen, ähnliche Systeme mit Genen für männliche Sterilität (*ms*) zu entwickeln. Damit war ein gangbarer Weg gewiesen, in größerem Umfang Hybridsaatgut zu erzeugen. Inzwischen kam 1969 in Arizona/USA die Hybridgerstensorte 'Hembar' in den Handel, die mit Hilfe eines BTT-Systems erzeugt wird (Ramage und Wiebe 1969).

Cytoplasmatisch-genisch bedingte männliche Sterilität, einschließlich der zugehörigen Restorer-Gene, wie sie z. B. bei Mais, Weizen und vielen anderen Kulturpflanzen bekannt ist (vgl. Edwardson 1970), steht bisher bei Gerste nicht zur Verfügung. Dagegen sind bisher 20 verschiedene Loci für genisch bedingte männliche Sterilität bekannt, von denen 10 bereits bestimmten Chromosomen zugeordnet oder genauer lokalisiert sind (Hockett und Eslick 1968, 1971, Hockett et al. 1968). Die Schwierigkeit für die Nutzung der *ms*-Gene für die Hybridsaatguterzeugung besteht darin, daß sich die notwendigen einheitlich männlich-sterilen Bestände nicht ohne weiteres herstellen lassen. Wie Ramage (1964, 1965) zeigte, ist diese Schwierigkeit mit Hilfe geeigneter BTT-Systeme zu überwinden. Die hierfür benötigten tertiär trisomen Formen

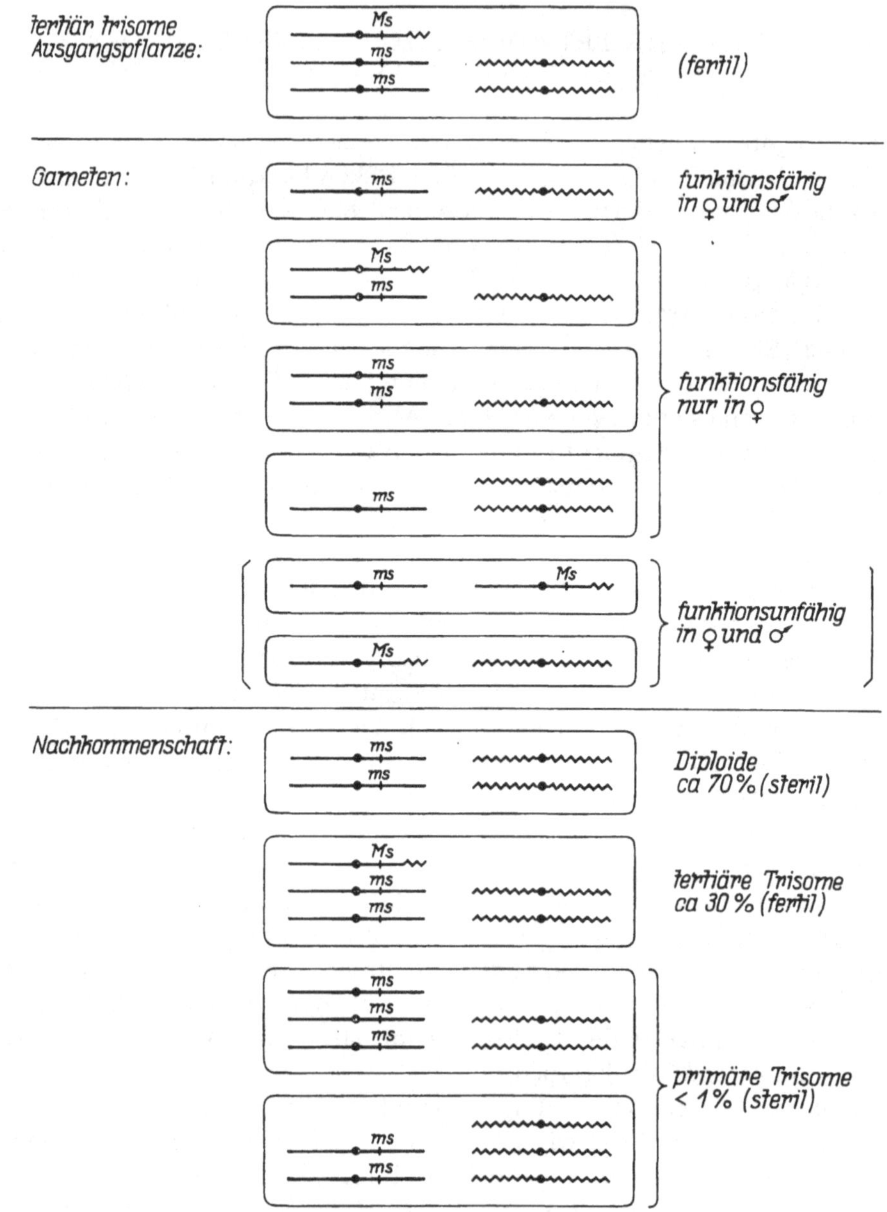

Abb. 2. System tertiärer Trisomie, balanciert durch ein Gen für männliche Sterilität.

tragen in den somatischen Zellen neben dem normalen Chromosomenbestand ein zusätzliches Chromosom, das infolge einer Translokation aus Teilen zweier verschiedener Chromosomen besteht (Abb. 2). Solche Formen finden sich in geringer Frequenz in den Nachkommenschaften translokationsheterozygoter Pflanzen (Ramage 1960, Ramage und Day 1960) infolge unregelmäßiger

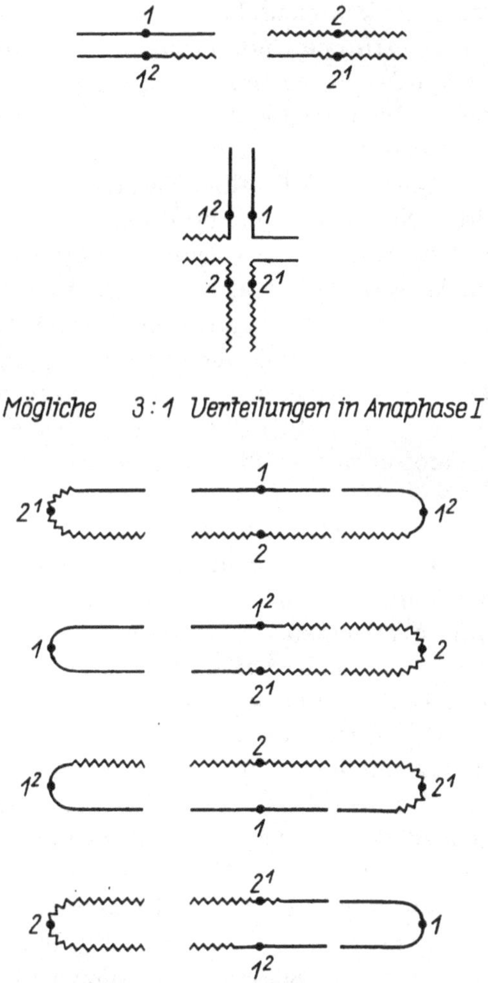

Abb. 3. Translokationsheterozygotie als Quelle für tertiäre Trisomie.

Verteilung der Chromosomen des Translokationsquadrivalents (Abb. 3). Zwei der vier bei 3:1 Fehlverteilung möglichen Gametentypen (n + 1) führen über die Eizellen nach Befruchtung mit normalen Pollen (n) zu den tertiär trisomen Pflanzen.

Das System muß nun so aufgebaut sein, daß auf dem Zusatzchromosom das dominante Allel (*Ms*) eines Gens für männliche Sterilität mit dem Translokationsbruchpunkt eng gekoppelt vorliegt, während die beiden normalen Chromosomen rezessive Allele (*ms ms*) tragen (vgl. Abb. 2). Die benötigte enge Kopplung ist relativ einfach zu erreichen; sie ist in der Regel dann gegeben, wenn der *ms*-Locus auf dem interstitiellen Segment des translozierten Chromosoms liegt. Da das Zusatzchromosom in der Regel nicht über den Pollen übertragen wird, sollten die Nachkommenschaften dieser Trisomen theoretisch eine Aufspaltung von 1 : 1 für trisome und normal diploide Individuen ergeben. Erfahrungsgemäß beträgt das Verhältnis aber etwa 3 : 7. Als Ursache für diese Abweichung ist sowohl die bei tertiären Trisomen in gewissem Ausmaß gestörte Verteilung der Chromosomen aus den meiotischen Paarungsverbänden, als auch die verminderte Vitalität der $n + 1$ Eizellen bzw. der $2n + 1$ Zygoten zu sehen. Die etwa 70% diploiden Nachkommen sind doppelt rezessiv, *ms ms*, also einheitlich männlich-steril, die restlichen etwa 30% tertiären Trisomen entsprechen dem männlich-fertilen Ausgangstyp, d. h. sie tragen auf dem Zusatzchromosom das dominante und auf den beiden normalen Chromosomen die rezessiven Allele, *Ms ms ms*. Die seltenen (männlich-sterilen) primär trisomen Nachkommen (s. Abb. 2) stören praktisch nicht; sie treten in so geringen Frequenzen ($< 1\%$) auf, weil bei der meiotischen Chromosomenverteilung die voll homologen normalen Chromosomen an die entgegengesetzten Spindelpole gelangen.

In günstigen Fällen können bei Gerste die Körner mit trisomen Embryonen, da sie wegen mangelhafter Endospermausbildung etwas kleiner und leichter sind, durch Sieb- oder Windsortierung von den normalen Diploiden getrennt werden. Die abgetrennten Trisomen werden dann für die weitere Vermehrung verwendet, während die männlich-sterilen Diploiden als weiblicher Hybridpartner dienen können. Praktisch ermöglicht diese Sortierung nach der Korngröße, wie sie bei der BTT-Linie für die erste Hybridgerstensorte 'Hembar' praktiziert wird, aber nur eine sehr grobe, unzureichende Trennung, die durch aufwendige Handselektion in den Vermehrungsbeständen ergänzt werden muß. Inzwischen gibt es jedoch verschiedene Vorschläge und zum Teil auch erste Ergebnisse, die zeigen, wie durch den Einbau geeigneter Markierungs- oder Letalgene in das System, aber auch durch den Ersatz des translozierten Zusatzchromosoms durch ein zentrisches Fragment, die Wirksamkeit der BTT-Systeme für die Hybridsaatguterzeugung wesentlich verbessert werden kann (Ramage 1965, Ramage und Wiebe 1969, Wiebe und Ramage 1971, Persson 1970, Gustafsson et al. 1971). Burnham (1966) machte Vorschläge, wie durch geringfügige Modifikationen ähnliche Systeme auch für die Hybridsaatgutproduktion beim Mais aufgebaut werden könnten. Im Prinzip ist es möglich, analoge BTT-Systeme auch bei anderen diploiden Pflanzenarten zu entwickeln.

Für manche Aufgaben ist es erforderlich, eng gekoppelte Gene für zwei bestimmte Merkmale zur Verfügung zu haben. Selbst bei genetisch gut untersuchten Arten sind solche Fälle mit der brauchbaren engen Kopplung (Rekombination 1% und weniger) jedoch selten. Sind gekoppelte Gene für die benötigten Merkmale überhaupt bekannt, so ist die Kopplung in der Regel nicht eng genug. Translokationen und im Prinzip auch Inversionen bieten dann eine Möglichkeit, die Kopplung zweier bestimmter Gene zu verstärken. Ein Beispiel hierfür stammt wiederum aus der Gerstengenetik.

Hayes (1959) fand bei Gerste unterschiedliche Resistenzreaktionen gegenüber dem Insektizid Dichlordiphenyltrichloräthan (DDT). Wie die weiteren Untersuchungen zeigten, handelt es sich um einen monogenen Merkmalsunterschied, und erhöhte Resistenz ist durch das rezessive Allel (*ddt*) bedingt (Wiebe und Hayes 1960). Das Gen liegt auf dem kurzen Arm von Chromosom 7 (Hayes und Rana 1966a). Wiebe (1960) schlug bereits vor, mittels der DDT-Resistenz und der männlichen Sterilität ein System aufzubauen, das für die Erzeugung von Hybridsaatgut Verwendung finden könnte. Erforderlich wäre eine sehr enge Kopplung zwischen dem rezessiven Allel *ddt* und dem rezessiven Allel eines der relativ zahlreichen *ms*-Gene. In den Nachkommenschaften der Kreuzung *ddt ddt ms ms* × *Ddt Ddt Ms Ms* wären damit alle bzw. fast alle männlich-fertilen Pflanzen gegenüber DDT anfällig, d. h. sie könnten einfach entfernt werden. Der verbleibende einheitlich männlich-sterile Bestand könnte dann als weiblicher Hybridpartner dienen. Hayes und Rana (1966b) fanden für *ddt* und *ms 16* auf Chromosom 7 mit etwa 7% Rekombination eine relativ enge Kopplung, die jedoch zur Realisierung des beschriebenen Systems nicht ausreicht. Bereits in seinem ursprünglichen Vorschlag hatte Wiebe (1960) die

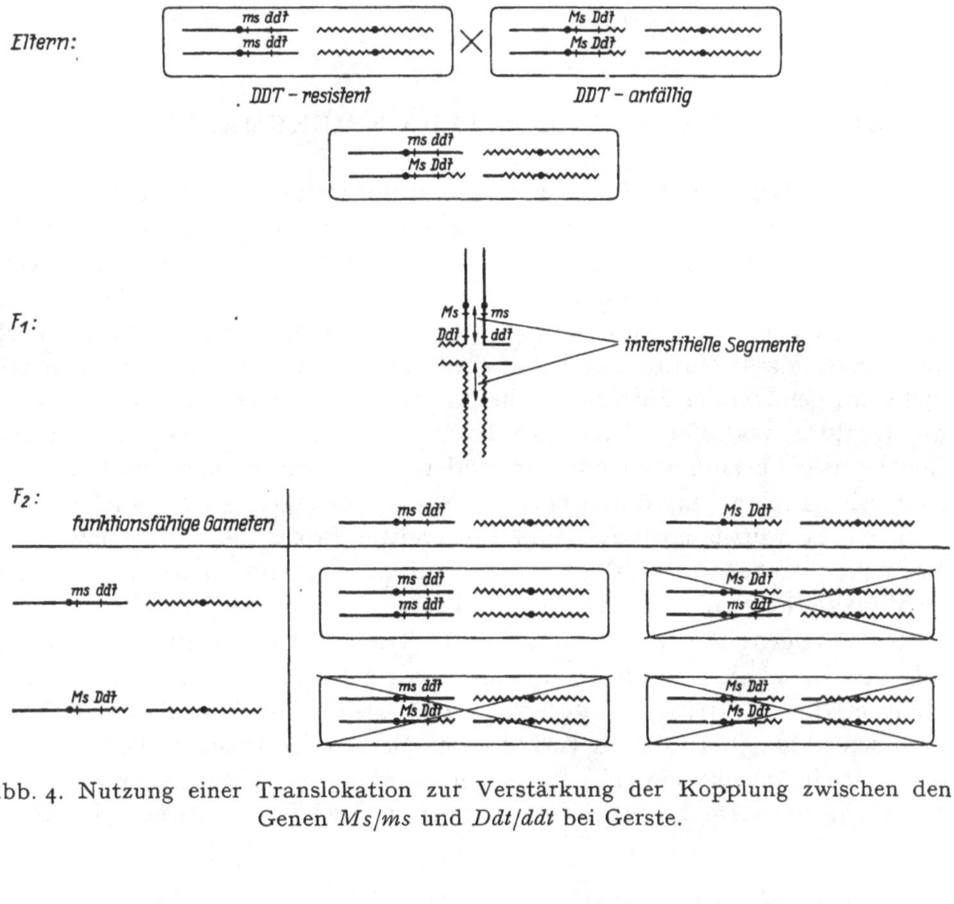

Abb. 4. Nutzung einer Translokation zur Verstärkung der Kopplung zwischen den Genen *Ms/ms* und *Ddt/ddt* bei Gerste.

Möglichkeit erwogen, zur Herbeiführung der benötigten engen Kopplung geeignete Inversionen oder Translokationen zu nutzen (vgl. hierzu auch Hagberg 1966, 1967a, b). Dazu wäre für die Vermehrung des männlich-sterilen Hybridpartners z. B. eine homozygote Translokationslinie erforderlich, die auf dem austauschgeschützten interstitiellen Segment die beiden dominanten Allele trägt (*Ddt Ms*) (Abb. 4). Diese Translokationslinie müßte eine Analoglinie zu dem weiblichen Hybridpartner sein, der die rezessiven Allele der beiden ungenügend gekoppelten Gene trägt (*ddt ms*). Nach Kreuzung der beiden Formen werden in der F_2-Generation alle Nachkommen mit translozierten Chromosomen (die gleichzeitig DDT-anfällig und männlich-fertil sind) entfernt, so daß lediglich die männlich-sterilen, normalchromosomigen Pflanzen überleben und als weiblicher Hybridpartner verwendet werden können. An der Verwirklichung dieses Systems wurde aber offenbar nicht besonders intensiv weitergearbeitet. Ein Grund sind die weltweiten Bestrebungen in den letzten Jahren zur Verminderung des DDT-Einsatzes in der Landwirtschaft, ein anderer ist der relativ geringe und damit praktisch nur sehr schwierig zu beherrschende Reaktionsunterschied zwischen DDT-resistenten und -anfälligen Formen. Inzwischen wird jedoch an der Entwicklung aussichtsreicherer ähnlicher Systeme unter Einbeziehung anderer Markierungsgene gearbeitet (z. B. Eslick 1971).

GENTRANSFER UND GENETISCHE MERKMALSANALYSE

Von praktischer Bedeutung können Translokationen und Inversionen auch für den Transfer von Genen sein (Anderson 1956). Wenn die Notwendigkeit besteht, in Hochleistungssorten oder wertvollen Inzuchtlinien einzelne Gene einzulagern, geschieht dies normalerweise über entsprechende Rückkreuzungsserien. Das wird jedoch dann schwierig, wenn es sich um Gene mit stark umweltabhängiger Manifestation handelt, so daß die einzelnen Individuen nicht oder nicht mit genügender Sicherheit klassifizierbar sind. Hierzu gehören Gene, die die Qualität und den Gehalt an bestimmten Inhaltsstoffen, wie Protein, Zucker usw., beeinflussen oder an anderen komplexen Merkmalen beteiligt sind. Eine Einlagerung durch normale Rückkreuzungen ist in manchen dieser Fälle ein überaus langwieriger und aufwendiger Prozeß, da z. B. auch die zur Verfügung stehenden Methoden zur Prüfung auf Inhaltsstoffe bzw. deren Qualität teilweise noch kompliziert und teuer sind.

In derartigen Fällen können geeignete Translokationen als sicher zu verfolgende Signalfaktoren für das umzulagernde Merkmal dienen. Als Markierung dient hierbei die partielle Sterilität der translokationsheterozygoten Nachkommen (Abb. 5). In die zu verbessernde Sorte oder Inzuchtlinie muß allerdings eine Translokation (TT) eingelagert werden, bei der ein Bruchpunkt enge Kopplung mit dem Locus des zu transferierenden Gens aufweist. In Abb. 5

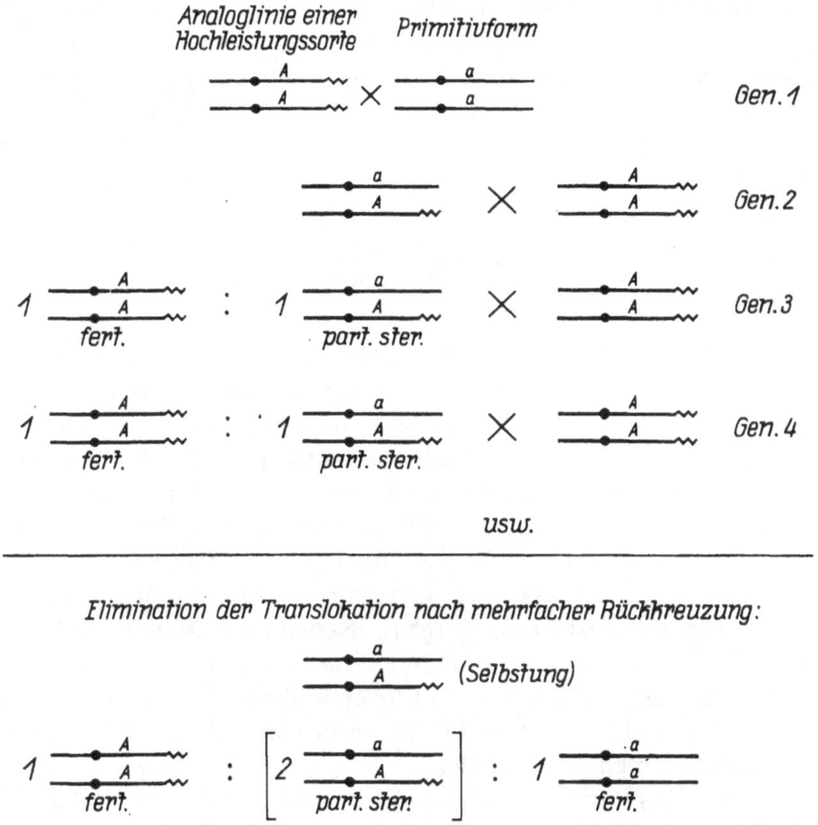

Abb. 5. Nutzung einer Translokation zum Transfer eines eng gekoppelten Gens.

wurde angenommen, daß in eine Sorte mit den dominanten Allelen *AA* die rezessiven Allele *aa* einer Primitivform eingelagert werden sollen. Wenn für die Rückkreuzungen mit der Analoglinie der Sorte stets partiell sterile Pflanzen verwendet werden, kann das auf dem normalen Chromosom gelegene rezessive Allel nicht verlorengehen. Nach einer ausreichenden Anzahl von Rückkreuzungen wird im letzten Schritt die Translokation nach Selbstung partiell steriler Pflanzen eliminiert. Die Selbstungs-Nachkommenschaft besteht aus 50% partiell sterilen und 50% fertilen Pflanzen. Von letzteren ist die eine Hälfte homozygot für die translozierten Chromosomen, die andere Hälfte für die normalen Chromosomen sowie für das transferierte Allel *a*. Schwierigkeiten sind bei diesem Verfahren dann zu erwarten, wenn die verwendete Translokation auch mit ungünstigen Genen gekoppelt ist, da alle mit der Translokation gekoppelten Gene gemeinsam übertragen werden.

Eine besondere Variante dieses Verfahrens wurde beim Mais angewendet. Hier übertrug M. T. Jenkins (zit. nach Burnham 1962) zwei Gene für

Resistenz gegenüber *Helminthosporium turcicum* gleichzeitig; eines der beiden Gene liegt auf Chromosom 5, das andere auf Chromosom 7. Bei Mais standen etwa 1000 im Pachytän vermessene Translokationen zur Verfügung (Burnham 1962). Obwohl die cytologischen Daten nicht immer ganz korrekt sind (durch Inhomologenpaarung), wurde nach Anderson (1956) bei den Translokationen, deren Bruchpunkte auch mittels genetischer Kopplungsanalysen bestimmt waren, eine bemerkenswert gute Übereinstimmung mit den cytologischen Positionen gefunden. Es war deshalb möglich, eine Translokation zwischen den Chromosomen 5 und 7 zu finden, die Kopplung mit beiden Resistenzgenen aufwies.

Neben ersten Versuchen bei Gerste (Gale und Rees 1971) wurden speziell bei Mais verschiedene cytologische Techniken vorgeschlagen, die auch die Substitution einzelner Chromosomensegmente (Dobzhansky und Rhoades 1938, Sprague 1941, Chao 1959, Robertson 1964, 1967) oder ganzer Chromosomen (Inman 1957 zit. nach Burnham 1966, Burnham 1966) ermöglichen. Diese komplizierten und teilweise nicht unumstrittenen Verfahren bieten bei geeigneter Versuchsanlage z. B. die Möglichkeit, den spezifischen Anteil bestimmter Chromosomensegmente oder ganzer Chromosomen am Heterosiseffekt abzuschätzen (Robertson 1964). Neben Inversionen und multiplen Translokationen sind dafür insbesondere Translokationen zwischen normalen (A-) und B-Chromosomen nutzbar. B-Chromosomen, die neben dem diploiden Chromosomenbestand (A-Chromosomen) vorliegen und u. a. bei einigen Maisherkünften vorkommen, sind in der Regel genisch wenig wirksam und verhalten sich in Mitose und Meiose spezifisch (vgl. Battaglia 1964). Bei den A-B-Translokationstechniken zur Substitution von Chromosomensegmenten werden die spezifischen Verteilungsmuster dieser Chromosomen (vgl. Randolph 1941) ausgenutzt (Robertson 1964, Burnham 1966).

Wie aus den bisherigen Beispielen ersichtlich, ist die gründliche Kenntnis der genetischen und cytologischen Besonderheiten der bearbeiteten Kulturpflanze eine wichtige Voraussetzung für die planmäßige Nutzung cytogenetischer Techniken. Je genauer der genetische Gehalt einzelner Chromosomen oder Chromosomenteile bekannt ist, um so „gezielter“ sind Eingriffe in den Karyotyp möglich. Eine sehr wertvolle Hilfe ist die Ergänzung der genetischen Chromosomenkarten – die für verschiedene diploide Kulturpflanzen vorliegen – durch cytologische Markierungen. Für diese Aufgabe haben sich Chromosomenmutationen, darunter wieder insbesondere Translokationen, als die wichtigsten Hilfsmittel erwiesen. Obwohl sehr verschiedene, spezifische Varianten angewendet wurden, besteht das gemeinsame Grundprinzip vieler Verfahren darin, daß Translokationen bei Rückkreuzungen die gleichen Aufspaltungsergebnisse liefern wie dominante Markierungsgene für partielle Sterilität, die auf der Position eines der beiden Translokationsbruchpunkte lokalisiert sind (Ramage 1964, Burnham 1966). Durch Kopplungsanalysen können damit die für das „chromosome engineering“ benötigten Chromosomenkarten erarbeitet werden, in denen neben den Genloci auch die Translokationsbruchpunkte verzeichnet sind. Ihre Brauchbarkeit wird umso größer sein, je mehr möglichst gleichmäßig verteilte cytologische Markierungen für die einzelnen Chromosomen zur Verfügung stehen.

Chromosomenmutationen haben sich als sehr wirksame Hilfe für genetische Merkmalsanalysen und Kopplungsuntersuchungen erwiesen. Die relative Wirksamkeit verschiedener Methoden für Kopplungsanalysen ist nach Schätzungen von Burnham (1966) in Abb. 6 dargestellt. Von allen Chromosomenmutationen haben auch hier die methodisch relativ einfach zu handhabenden Translokationen bisher die meisten Ergebnisse geliefert. Spezifische Varianten der entsprechenden Translokationstechniken (Burnham und Cartledge 1939, Anderson 1956, Burnham 1968, Holm 1969, Persson 1969b, c, Phillips et al. 1971, Ramage 1971, Tuleen 1971 u. a.) wurden u. a. verwendet für die Prüfung der Unabhängigkeit verschiedener Kopplungsgruppen, für die Zuordnung der genetischen Chromosomenkarten zu den Chromosomen, für die Ermittlung der Zugehörigkeit neuer Gene zu bestimmten Kopplungsgruppen und für die Bestimmung von Genpositionen relativ zu den Translokationsbruchpunkten (Burnham 1962). Weiterhin war mit Hilfe von Translokationen auch die Bestimmung von Centromerregionen und anderen cytologischen Chromosomenmarkierungen in Beziehung zu den bereits bekannten Markierungsgenen (Anderson und Randolph 1945) sowie die Ermittlung der exakten Genfolge in Kopplungsgruppen möglich (Persson 1969b, c).

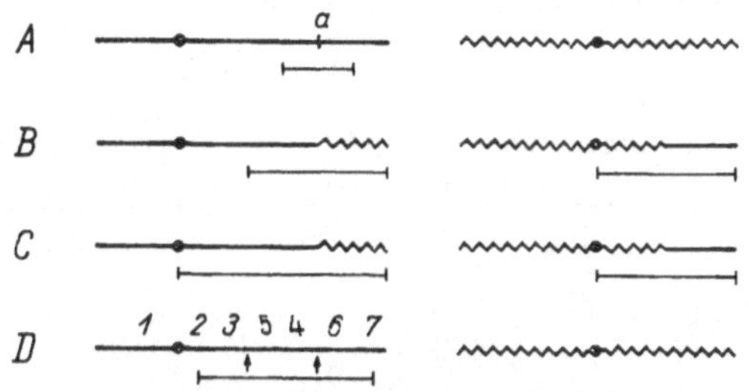

Abb. 6. Die relative Wirksamkeit verschiedener Methoden für Kopplungsanalysen, modifiziert nach Burnham (1966). A: mittels Markierungsgen. B: mittels Translokation (Typ Mais). C: mittels Translokation (Typ Gerste). D: mittels Inversion (parazentrisch.) Die Markierungen geben die Bereiche an, in denen Kopplung nachweisbar ist.

Züchterisch wichtige quantitative Merkmale werden häufig von vielen Genen beeinflußt, deren Einzelanteil an der Ausprägung des Gesamtmerkmals gering ist. Neben solchen komplexen Merkmalen wie z. B. Ertrag, Lebensfähigkeit usw. gibt es andere quantitative Merkmale, für die oft wenige Hauptgene nachgewiesen werden können, die deutlich meßbare Unterschiede bewirken. Dazu können z. B. einzelne Ertragskomponenten, Standfestigkeit, Resistenz gegenüber Trockenheit, Dürre, Kälte, Salzgehalt usw. gehören. In solchen Fällen, aber auch bei qualitativen, monogen bedingten, aber stark modifikativ beeinflußbaren Merkmalen sind ebenfalls insbesondere Translokationen wertvolle potentielle Hilfsmittel für genetische Analysen, insbesondere dann, wenn große Serien von Translokationen auf einheitliche Sorten zurückgehen und damit praktisch in identischem genotypischem Milieu vorliegen. In manchen Fällen ist die exakte Lokalisierung der Gene auf den Chromosomen gar nicht erforderlich, und es genügt, z. B. für den Gentransfer mittels Translokationen, bereits der Nachweis der Kopplung mit einer Translokation. Im folgenden sollen einige Beispiele genetischer Analysen, die mit Hilfe verschiedener Translokationstechniken durchgeführt wurden, erläutert werden.

Zur genetischen Analyse der Brauqualität bei Gerste kreuzte Johnson (1964, zit. nach Burnham 1966) eine Sorte von hoher α-Amylase-Aktivität mit einer Serie verschiedener Translokationslinien aus der Sorte 'Mars' mit geringer Aktivität. In den F_2-Generationen wurden die fertilen Pflanzen ausgelesen, die je zur Hälfte homozygot für die normalen bzw. die translozierten Chromosomen sind. Beide fertilen Typen wurden durch Testkreuzungen mit dem normalchromosomigen Elter und cytologische Prüfung bzw. Prüfung auf partielle Sterilität der Test-F_1-Generation getrennt. (Werden für den Test Translokationen verwendet, die cytologisch in der Mitose identifizierbar sind, ist die Trennung der beiden Typen auch durch Karyotyp-Analysen in Quetsch-

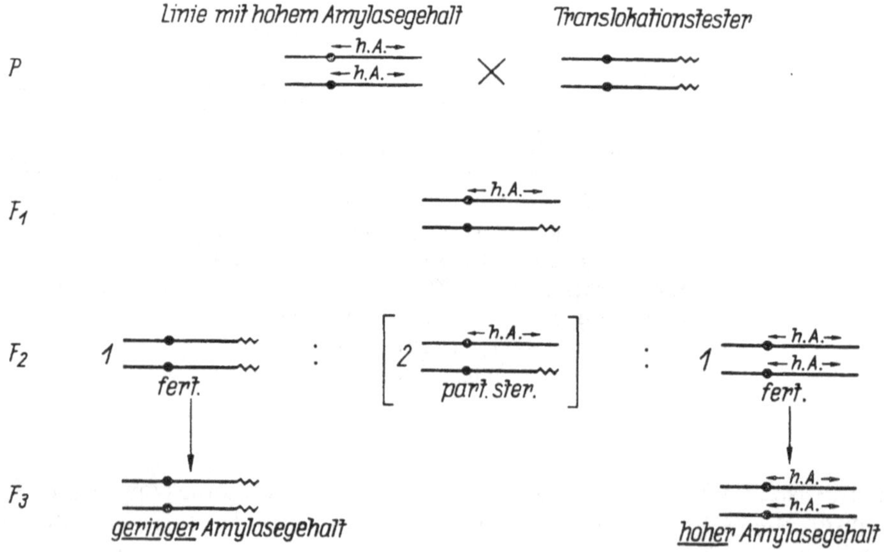

Abb. 7. Genetische Analyse der α-Amylase-Aktivität bei Gerste. (Beschrieben bei Burnham 1966 nach Johnson 1964).

präparaten von Wurzelspitzen möglich, s. Tuleen 1971). Signifikante Unterschiede in der Amylase-Aktivität zwischen den homozygot normalen und homozygot translozierten Typen in der F_3-Generation der ursprünglichen Kreuzung weisen auf Kopplung hin (Abb. 7). Im Falle freier Spaltung ergeben beide, durch Testkreuzung ermittelten Typen von fertilen F_2-Pflanzen in der F_3 eine Aufspaltung der Allele für Amylase-Aktivität; die Nachkommenschaften beider Typen von F_2-Pflanzen weisen daher eine mittlere Aktivität auf. Im Falle der Kopplung gibt es deutliche Unterschiede zwischen beiden Gruppen von Nachkommenschaften.

Wird Kopplung mit einer der verwendeten Translokationen gefunden, bestehen drei Möglichkeiten. Die Kopplung kann sowohl mit dem einen als auch mit dem anderen der beiden an der Translokation beteiligten Bruchpunkte bestehen, falls nur ein Gen für das untersuchte Merkmal vorliegt. Sind mehrere Gene beteiligt, können gleichzeitig Kopplungen verschiedener Gene zu beiden Bruchpunkten bestehen. Zwischen diesen drei Möglichkeiten kann unterschieden werden, wenn zusätzlich zwei weitere Translokationen auf Kopplung geprüft werden; an jeder von ihnen muß das eine bzw. das andere der beiden in Frage stehenden sowie ein beliebiges anderes Chromosom beteiligt sein. Da Johnson (1964) in der F_3-Generation signifikante Unterschiede in der Amylase-Aktivität zwischen den normalchromosomigen und translozierten Typen nur nach Kreuzung mit der Translokation T 1–6a fand, nicht aber nach den Kreuzungen mit T 1–5b und T 1–2a, liegt in diesem Fall ein Gen – vielleicht auch mehrere – auf Chromosom 6. Weiterhin konnte aus den Ergebnissen geschlossen werden, daß der oder die Loci für hohe Amylase-Aktivität auf dem kurzen Arm liegen wie der betreffende Translokationsbruchpunkt in T 1–6a. Gleichzeitig mit der Amylase-Aktivität wurden an diesem Material weitere Merkmale untersucht, da das beschriebene Verfahren die Möglichkeit bietet, alle Merkmale, in denen sich die für die Kreuzungen verwendeten Eltern unterscheiden, in die Untersuchungen einzubeziehen. Ein entscheidender Vorteil dieses Verfahrens besteht u. a. darin, daß hier genetische Analysen solcher Merkmale möglich sind, die nicht mit Sicherheit an Einzelindividuen erkannt werden können.

Eine von Burnham und Cartledge (1939) vorgeschlagene und seitdem verschiedentlich angewendete Variante der Translokationstechnik soll am Beispiel genetischer Analysen des Resistenzverhaltens von Mais gegenüber dem Maiszünsler (*Pyrausta nubilalis*) dargestellt werden. Durch einfache Kreuzungsanalysen zwischen resistenten und anfälligen Inzuchtlinien war bekannt, daß an der Resistenzreaktion mehrere Gene beteiligt sind (vgl. Ibrahim 1954). Als Kriterium für die Resistenz dienten Bonituren über den Grad des Blattfraßschadens an Einzelpflanzen, nachdem die Pflanzen einige Wochen zuvor mit Ei-Gelegen des Schädlings behaftet worden waren. Im Prinzip wurde bei diesen Untersuchungen wie folgt verfahren: Nach Kreuzungen zwischen einer Serie von (anfälligen) Translokationslinien mit einer (resistenten) Inzuchtlinie wurden die partiell sterilen F_1-Pflanzen mit dem rezessiven Elter rückgekreuzt. Hinweise auf Kopplung ergeben sich dann, wenn in den Nachkommenschaften dieser Rückkreuzungen die fertilen Pflanzen gegenüber den partiell sterilen Pflanzen signifikante Unterschiede im Resistenzverhalten zeigen. Bei freier Spaltung mit der Translokation ergibt sich dagegen sowohl innerhalb der Gruppe der fertilen als auch in der Gruppe der partiell sterilen Pflanzen die Aufspaltung 1 : 1 für Anfälligkeit und Resistenz (Abb. 8). Bei Kopplung mit einer Translokation muß auch hier, in ähnlicher Weise wie bei dem bereits bei Gerste dargestellten Verfahren, zwischen den drei verschiedenen Möglichkeiten unterschieden werden. Bei den Untersuchungen von Ibrahim (1954) an einer gegenüber *Pyrausta nubilalis* resistenten Inzuchtlinie ergaben sich Hinweise auf die Beteiligung von drei verschiedenen Genen, die auf die langen Arme der Chromosomen 3, 4 und 5 lokalisiert sind. In ähnlichen Untersuchungen mit zwei anderen resistenten Inzuchtlinien fanden Scott et al. (1966) Resistenzgene in den kurzen Armen der Chromosomen 1, 2 und 4, sowie in den langen Armen der Chromosomen 4 und 6. In einer der beiden untersuchten Linien wurde zusätzlich eine Kopplung mit dem langen Arm von Chromosom 8 gefunden.

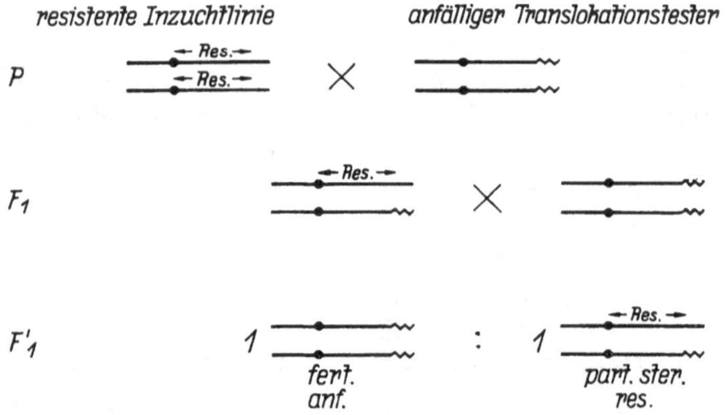

Abb. 8. Genetische Analyse der Resistenz gegenüber *Pyrausta nubilalis* bei Mais. (Beschrieben bei Ibrahim 1954 und Scott et al. 1966).

Dieses Verfahren, bei dem die partielle Sterilität als phänotypische Markierung für die Translokation dient, kann in allen Fällen verwendet werden, in denen das untersuchte Merkmal durch die partielle Sterilität nicht beeinflußt wird und eine Klassifikation von Einzelpflanzen möglich ist.

WEITERE SPEZIELLE NUTZUNGSMÖGLICHKEITEN

In der Hybridzüchtung bei Fremdbefruchtern sind stets Inzuchtlinien in großer Anzahl und möglichst rasch zu entwickeln. Methoden, mit denen in wenigen Generationen ein hoher Grad an Homozygotie erreicht werden könnte, wären daher von großem praktischem Interesse.

Ein cytogenetisches Verfahren zur Gametenselektion, mit dessen Hilfe theoretisch in vier Generationen eine große Anzahl von weitgehend homozygoten Linien erzeugt werden könnte, geht auf einen Vorschlag von Burnham (1946) zurück. Erforderlich ist ein multipler Translokationskomplex, an dem sämtliche Chromosomen beteiligt sind. Für einen solchen Komplex homozygote Individuen sind voll vital und fertil. Nach Kreuzung mit einem normalchromosomigen Partner wird jedoch in der Meiose der F_1-Pflanzen ein Translokationsmultivalent gebildet, an dem alle Chromosomen – also z. B. beim Mais 20 – beteiligt sind. Entscheidend für die Anwendbarkeit dieser Methode wäre es allerdings, daß diese extrem strukturheterozygoten Bastarde nicht völlig steril sind. Würde eine derartige homozygote multiple Translokationslinie durch eine Mais-Population mit normalen Chromosomen bestäubt, so gingen die entstehenden F_1-Pflanzen auf verschiedene männliche Gameten mit u. U. sehr unterschiedlichen Genkombinationen zurück. Da die strukturheterozygoten F_1-Pflanzen nur solche funktionsfähigen Gameten produzieren könnten, die beiden Eltern-Gametentypen entsprechen – alle anderen wären bezüglich ihres Chromosomenbestandes unbalanciert –, gäbe es bei Selbstung einer F_1-Pflanze nur zwei fertile Typen von F_2-Nachkommen. Einer wäre homozygot für die normalen Chromosomen und gleichzeitig weitgehend homozygot für die Genkombination des Gameten aus der Population, auf den die betreffende F_1-Pflanze zurückging, und der andere Typ wäre homozygot für die multiple Translokation. Beide Typen könnten durch Testkreuzung und Prüfung der F_1-Generation auf Fertilität unterschieden werden. Würden mehrere normalchromosomige Nachkommen einer F_1-Pflanze erzielt, so wären sie alle praktisch identisch bezüglich der weitgehend homozygoten Genkombination. Nachkommen mehrerer verschiedener F_1-Pflanzen wären aber homozygot für ebenso viele verschiedene Genkombinationen. Man erhält also theoretisch so viele verschiedene Inzuchtlinien, wie F_1-Pflanzen vorhanden waren. Da diese Methode zur Gametenselektion auf die Nutzung der durch die Komplexheterozygotie bedingten Spaltungsverhältnisse abzielt, wie sie bei bestimmten Arten von *Oenothera* natürlicherweise vorliegen, wurde sie auch unter dem Namen „Oenothera-Methode“ bekannt.

Der praktischen Nutzung dieses eleganten Verfahrens stehen jedoch insbesondere zwei Schwierigkeiten entgegen. Die Homozygotie der erhaltenen Linien ist nicht vollständig, da in den Endsegmentpaaren des Translokationsmultivalents genetischer Austausch erfolgen kann. Der Austausch könnte eingeschränkt werden, wenn die Endsegmentpaare kurz sind, d. h. wenn die Translokationsbruchpunkte in den distalen Teilen der Chromosomenarme liegen. Obwohl nach bisherigen Erfahrungen die strahleninduzierten Bruchstellen etwa zufällig über die Chromosomen verteilt sind, wurden sowohl beim Mais (Anderson 1956) als auch bei Gerste (Hagberg und Hagberg 1971)

Translokationen mit extrem distalen Bruchpunkten nur selten gefunden. Da diese Formen im heterozygoten Zustand nur eine geringe partielle Sterilität verursachen, werden sie wahrscheinlich mit den bisher verwendeten Selektionstechniken – die als Kriterium die partielle Sterilität benutzen – nicht erfaßt. Die andere Schwierigkeit besteht darin, daß die für den Translokationskomplex heterozygoten Individuen praktisch völlig steril sind (Burnham 1966). Das trifft insbesondere für den Mais mit 2 n = 20 Chromosomen zu, bei dem bereits eine einfache Translokation zu 50-prozentiger Sterilität führt. Nach einem von Inman (1957, zit. bei Burnham 1966) vorgeschlagenen Schema ist es möglich, die benötigten Translokationskomplexe schrittweise durch eine Reihe von Kreuzungen mit einfacheren Translokationen – die sich in bestimmter Weise ergänzen müssen – herzustellen, ohne daß bei den einzelnen Kombinationsschritten eine zu starke Sterilität eintritt. Damit ist zwar die Synthese des Translokationskomplexes im homozygoten Zustand erreichbar; die Schwierigkeiten haben sich aber lediglich verschoben, da die für die praktische Nutzung des Verfahrens benötigte Heterozygotie des gesamten Translokationskomplexes wiederum zu völliger Sterilität führt (Burnham 1966). Auch die ursprünglichen Hoffnungen, die sich auf die Nutzung der „Oenothera-Methode" bei günstigeren Objekten – z. B. Gerste – bezogen, haben sich bisher nicht bestätigt. Obwohl Gerste mit n = 7 Chromosomen und geringerer Translokationssterilität günstigere Voraussetzungen als Mais bietet, führte ein von Sisodia und Shebeski (1964, 1965) entwickelter kompletter Translokationskomplex im heterozygoten Zustand ebenfalls zu vollständiger Sterilität.

Aussichtsreicher für die Entwicklung von völlig homozygoten Linien erscheint gegenwärtig die Nutzung von Haploiden, die bei verschiedenen Kulturpflanzen auf verschiedene Weise erzeugt oder aufgefunden werden können (Symko 1969, Melchers und Labib 1970, Kao 1970, Kao und Kasha 1971, Kochhar et al. 1971, Lange 1971). Speziell bei Mais stehen geeignete genetisch markierte Linien zur Verfügung, die es gestatten, die in geringer Frequenz (0,1%) spontan auftretenden haploiden Pflanzen zu selektieren. Colchicin-Behandlungen, aber auch häufig spontan auftretende Verdopplungen der Chromosomensätze führen zu den erforderlichen homozygoten diploiden Linien. Nach Angaben von S. S. Chase (Diskussion bei Burnham 1966) waren in den Hybridmais-Leistungsprüfungen von 1964 etwa ein Viertel der beteiligten, von der amerikanischen Firma DeKalb entwickelten Mais-Inzuchtlinien nach diesem Verfahren hergestellt worden, und an einigen der von der gleichen Firma kommerziell vertriebenen Doppelhybriden sind bis zu drei Linien beteiligt, die Abkömmlinge haploider Pflanzen sind.

Die Möglichkeit, mit Hilfe von Translokationen (Muller 1930) und Inversionen (Sturtevant und Beadle 1936) Duplikationen und/oder Deletionen bestimmter Chromosomenabschnitte zu erzeugen, wurde zuerst von *Drosophila*-Genetikern erkannt und angewendet. Inzwischen sind Untersuchungen zu dieser Problematik auch bei Pflanzen durchgeführt worden (vgl. Gopinath und Burnham 1956, Burnham 1962, Hagberg 1965). Für den Mais leiteten Gopinath und Burnham (1956) die verschiedenen Möglichkeiten ab, die sich ergeben, wenn Kreuzungen zwischen Partnern durchgeführt werden, die jeweils in den gleichen beiden Chromosomen transloziert sind. Je nach der Lage der Translokationsbruchpunkte können in zwei der sechs angegebenen Fälle Gameten entstehen, die in der F_2-Generation u. a. zu Formen führen, die für

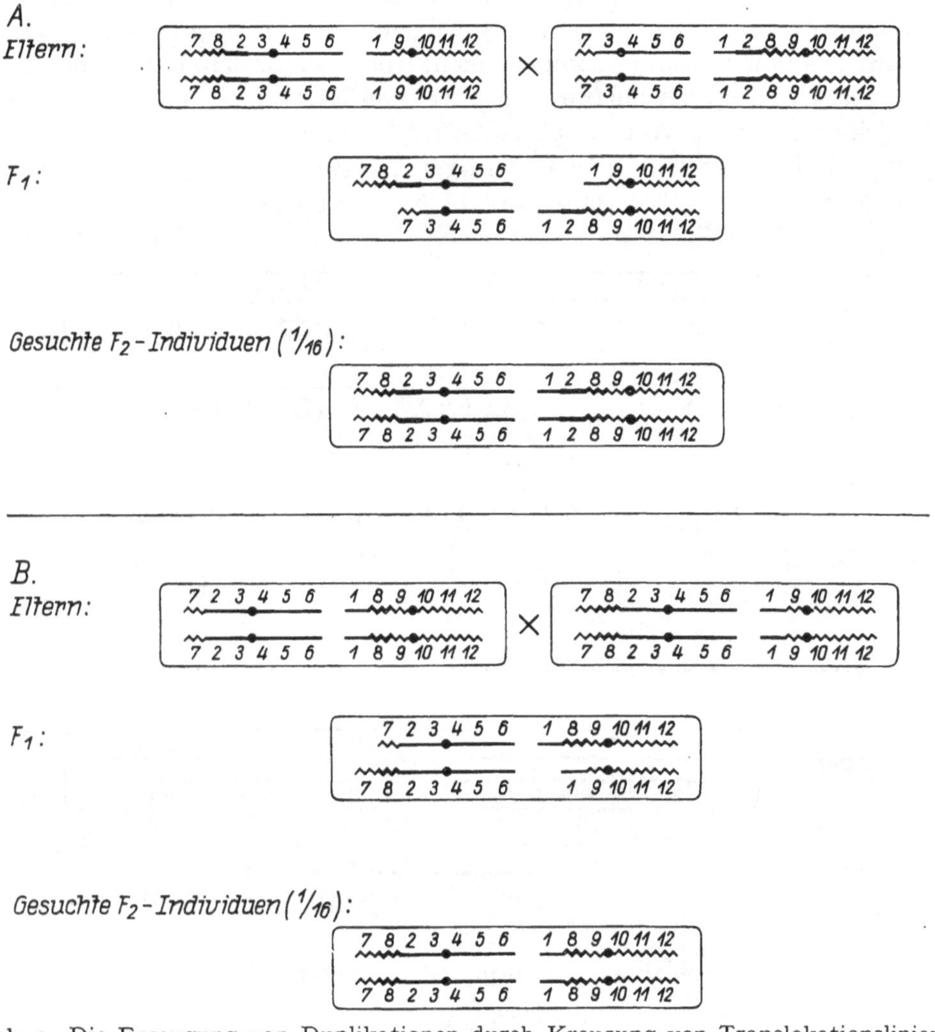

Abb. 9. Die Erzeugung von Duplikationen durch Kreuzung von Translokationslinien mit gleichen beteiligten Chromosomen. A: Brüche jeweils in den gleichen Armen, jedoch in beiden Chromosomen an verschiedenen Orten (1–2 und 8–9 bzw. 2–3 und 7–8). Die gesuchten F_2-Individuen sind homozygot dupliziert für die Chromosomensegmente 2 und 8. B: Brüche jeweils in den gleichen Armen; in einem Chromosom an verschiedenen Orten und im anderen Chromosomen an nahezu gleichen Orten (1–2 und 7–8 bzw. 1–2 und 8–9). Die gesuchten F_2-Individuen sind homozygot dupliziert für das Chromosomensegment 8.

bestimmte Chromosomensegmente homozygot dupliziert sind, ohne gleichzeitig für andere Abschnitte defizient zu sein: In den gleichen Nachkommenschaften sind daneben auch Formen mit Defizienzen zu erwarten, die jedoch in der Regel nicht vital sind bzw. gar nicht entstehen, wenn die betroffenen Chromosomensegmente relativ groß sind. Die beiden von Gopinath und Burnham (1956) angegebenen Möglichkeiten zur Erzeugung von Duplikationen sind in Abb. 9 dargestellt. In ähnlicher Weise wie mit Translokationen, können auch Kreuzungen zwischen Inversionslinien zu Nachkommen führen, die für bestimmte Chromosomensegmente homozygot dupliziert sind, ohne gleichzeitig Defizienzen aufzuweisen. Zwei von Burnham (1962) angegebene Möglichkeiten sind in Abb. 10 dargestellt.

Duplikationen sind sicher ein wichtiger, an der Evolution der Organismen beteiligter Faktor. Ihre mögliche züchterische Nutzung wird verstärkt

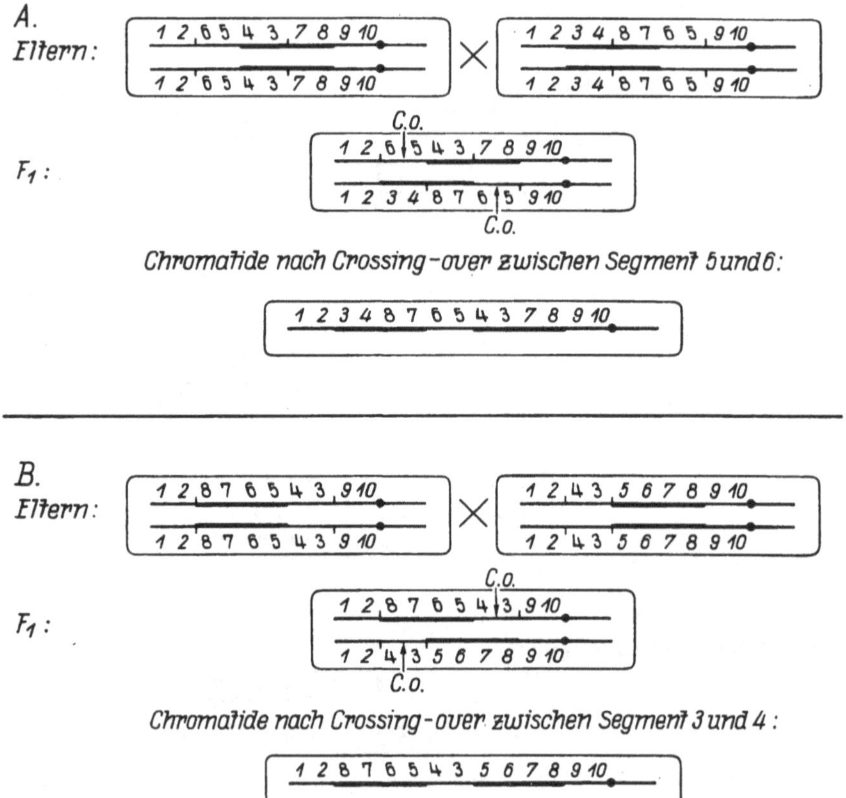

Abb. 10. Erzeugung von Duplikationen durch Kreuzung von Inversionslinien, die das gleiche Chromosom betreffen. A: Brüche zwischen den Segmenten 2–3 und 6–7 bzw. 4–5 und 8–9. Die gesuchten F_2-Individuen sind homozygot dupliziert für die Chromosomensegmente 3–4 und 7–8. B: Brüche zwischen den Segmenten 2–3 und 8–9 bzw. 2–3 und 4–5. Die gesuchten F_2-Individuen sind homozygot dupliziert für das Chromosomensegment 5–6–7–8.

diskutiert, seit es Hagberg (1962) gelang, bei Gerste mittels der Translokationstechnik vitale und hoch-fertile (Hagberg 1965) Formen zu erzeugen, die homozygot für eine Duplikation des größten Teils des kurzen Armes von Chromosom 6 sind. Der von Hagberg realisierte Fall entspricht dem in Abb. 9B dargestellten Schema. Da das zu duplizierende Segment ausschließlich durch die Lage der Bruchpunkte in den Chromosomen der in die Kreuzungen eingehenden Translokationen bestimmt wird, kann relativ gezielt gearbeitet werden, sofern cytogenetisch definiertes Translokationsmaterial in genügender Breite zur Verfügung steht. Im wesentlichen sind es zwei Aspekte, die von züchterischer Bedeutung sein könnten: einmal der verstärkte Dosiseffekt einzelner Gene – z. B. für bestimmte Inhaltsstoffe – und zum anderen die Möglichkeit, die homozygote Duplikation so aufzubauen, daß sie „heterozygot" für die Gene des duplizierten Segmentes ist. Mit der letztgenannten Möglichkeit wäre eine stabile Kombination zweier Allele eines Gens und damit eventuell auch die Fixierung monogen bedingter Heterosis möglich. Aber auch eine stabile Kombination der Allelenpaare zweier, eng gekoppelter Gene wäre in bestimmten Fällen von Interesse, nämlich dann, wenn eine in der Natur bisher nicht realisierte Kombination der dominanten Allele zweier eng gekoppelter Gene erforderlich ist und die konventionellen Methoden wegen der zu engen Kopplung versagen (z. B. Mehltauresistenz der Gerste, s. nächster Absatz).

Speziell für Gerste wurden bisher drei konkrete Möglichkeiten erwogen (Hagberg 1962, 1965, 1967a, 1967b, Hagberg et al. 1963, Hagberg und Hagberg 1969). Die erste Möglichkeit bezieht sich auf den kurzen Arm von Chromosom 6, der ein oder mehrere Gene für α-Amylase-Aktivität trägt (Johnson 1964, zit. nach Burnham 1966). Geprüft werden soll, ob die Verdopplung dieses Chromosomenabschnitts zu einer praktisch nutzbaren Erhöhung der Amylase-Aktivität führt. Weiterhin ist der isophäne Abschnitt des Chromosoms 5 von besonderem Interesse, der fast alle bekannten Mehltauresistenz-Gene trägt. Hier wäre eine in der Natur meist nicht realisierte Kombination der dominanten, Resistenz bedingenden Allele zweier eng gekoppelter Gene (s. letzter Absatz) und damit die gezielte Erweiterung des Resistenzspektrums (gegenüber den zahlreichen Mehltaurassen) möglich. Schließlich wurde erwogen, mit Hilfe einer geeigneten Duplikation auf Chromosom 2 eine permanente Heterozygotie des Locus für die Zeiligkeit (*Vv*) zu erzeugen, da hier gewisse Hinweise für eine monogen bedingte Heterosis bestehen.

Die Möglichkeiten für ähnliche Arbeiten, die andere Chromosomensegmente betreffen, erweitern sich, wenn entsprechend gut analysiertes Translokationsmaterial zur Verfügung steht. Eine weitere Verbesserung der Möglichkeiten ergäbe sich durch geeignete Methoden zur sicheren Identifikation von Duplikationen auch kleinerer Chromosomensegmente. Bei Gerste – deren Pachytän praktisch nicht analysierbar ist – kann hier allerdings ein entscheidendes Hindernis für derartige Arbeiten liegen (vgl. Hagberg 1965).

BEEINFLUSSUNG DER CHROMOSOMENPAARUNG BEI AUTOPOLYPLOIDEN

Neben den bisher dargestellten vielfältigen Möglichkeiten, Chromosomenmutationen für die Lösung spezieller Teilprobleme bei diploiden Kulturpflanzen einzusetzen, soll noch auf einen speziellen Aspekt ihrer Nutzung im Zusammenhang mit der Autopolyploidie eingegangen werden. Neue Autopolyploide haben neben den züchterisch interessanten, erwünschten Merkmalen in der Regel auch verschiedene ungünstige Eigenschaften. Sie sind die Ursache dafür, daß trotz intensiver züchterischer Bemühungen von den vielen experimentell induzierten Polyploiden bisher nur relativ wenige Formen praktisch genutzt werden (vgl. Stebbins 1956). Einer der größten Nachteile von induzierten Autopolyploiden ist ihre verminderte Fertilität, deren Ursache zu einem großen Teil auf die unregelmäßige Verteilung der Chromosomen in der Meiose zurückgeführt werden muß. Bei Autopolyploidie sind in der Meiose von jedem Chromosom vier exakt homologe Paarungspartner vorhanden. Obwohl ein Chromosom an einem Ort sich stets nur mit einem anderen homologen Chromosom paaren kann (Darlington 1931), können an anderen Orten Paarungen mit dem dritten bzw. vierten homologen Chromosom erfolgen. Damit entstehen Multivalente mit maximal vier Chromosomen. Eine Verminderung der unter genetischer Kontrolle stehenden Chiasmenfrequenz (Rees 1955, 1961, Sybenga 1965a, 1967, Hazarika und Rees 1967) bewirkt den Zerfall der Quadrivalente in Tri-, Bi- und Univalente, die naturgemäß zu Störungen der Chromosomenverteilung in der Meiose führen müssen. Daneben entscheidet auch die von verschiedenen Faktoren beeinflußte Koorientierung der Centromere der an den multivalenten Paarungsverbänden beteiligten Chromosomen darüber, ob regelmäßige 2 : 2 Verteilungen oder zu Aneuploidie führende 3 : 1 Verteilungen erfolgen. In den Nachkommenschaften Autopolyploider befinden sich deshalb in relativ hohen Prozentsätzen Aneuploide, die oft wenig vital und partiell steril sind.

Bei autotetraploidem Getreide wurden bisher vielfältige Untersuchungen mit dem Ziel der Überwindung dieser Schwierigkeiten durchgeführt (z. B. Müntzing 1951, Bremer und Bremer-Reinders 1954, Plarre 1954, Reinbergs 1964, Bender und Gaul 1966, Mettin und Tschawdaroff 1966, Hazarika und Rees 1967, Ellerström 1970, Kao et al. 1970). Die bei verschiedenen Kulturpflanzen zum Teil recht unterschiedlichen Befunde lassen aber gemeinsam erkennen, daß züchterische Fortschritte mit konventionellen Methoden (Kombination und Selektion) außerordentlich langwierig sind und bisher lediglich bei Fremdbefruchtern gewisse Fortschritte brachten.

Die Bemühungen um die Beseitigung der Ursachen für die hohen Anteile aneuploider Nachkommen sollten daher zunächst darauf gerichtet sein, eine normale Verteilung der Chromosomen in der Meiose zu erreichen, und zwar durch Verhinderung oder Einschränkung der Bildung von Multi- und Univalenten. Damit würden die meiotischen Verhältnisse der Polyploiden an die der Diploiden angeglichen werden. Da die natürlichen Autopolyploiden im Verlaufe der Evolution Mechanismen entwickelt haben, die einen weitgehend regelmäßigen Meioseablauf sicherstellen (Shaver 1962, Müntzing und Prakken 1940), sollten derartige Vorhaben zur „Diploidisierung" experimentell erzeugter Autopolyploider nicht aussichtslos sein. Bei strenger Bivalentbildung der Polyploiden sind jedoch zwei grundsätzlich verschiedene Situationen zu unterscheiden. In dem einen Fall sind alle homologen Chromosomen zufällig an der Bivalentbildung beteiligt. Der andere Fall ist durch Vorzugspaarung zwischen je zwei Chromosomen charakterisiert, wie insbesondere bei natürlichen Allopolyploiden, z. B. beim hexaploiden Weizen mit kompletter Vorzugspaarung. Da hier homo- und homöologe Chromosomen korrekt getrennt bleiben und nicht zufällig verteilt werden, können bei Allopolyploiden bestimmte Heterosiseffekte und sonstige günstige Genkombinationen fixiert sein (Sybenga 1965d, 1966d, 1969, Bender und Gaul 1966). Möglicherweise ist diese Fixierung der Heterosis und anderer bei Diploiden nicht realisierbarer Genkombinationen einer der wichtigsten Mechanismen der Evolution, der den natürlichen Polyploiden zum Erfolg verhalf.

Nach allen bisherigen Erkenntnissen, z. B. am Weizen (Riley 1960), ist an der „Diploidisierung" natürlicher Polyploider sowohl eine strukturelle als auch eine genische Differenzierung der ursprünglich voll homologen Chromosomen beteiligt. Es ist daher naheliegend, Untersuchungen darüber anzustellen, inwieweit induzierte Chromosomenmutationen bei Polyploiden zu einer Vorzugspaarung der Chromosomen beitragen können. Zur Prüfung dieser Frage wurden für bestimmte Chromosomenmutationen strukturheterozygote diploide Bastarde tetraploidisiert und untersucht. Im Rahmen dieser und ähnlicher Untersuchungen konnte in einigen Fällen insbesondere für Inversionen nachgewiesen werden, daß sie Vorzugspaarung bedingen können (Grell 1961, Shaver 1963, Doyle 1963, Tsuchiya 1969). Der Effekt war im allgemeinen bei reinen Autopolyploiden geringer als bei anderen Formen, bei denen zusätzlich eine gewisse genische Differenzierung der Chromosomen bereits vorlag. Andererseits konnten dagegen bei den wenigen bisher untersuchten Translokationen kaum Beeinflussungen in Richtung einer Vorzugspaarung nachgewiesen werden (Ahloowalia 1963, Sybenga 1965d, 1966e, Reimann-Philipp und Eichhorn-Rohde 1970). Wie Sybenga (1966c, e, 1969) ausführte, ist die Ursache für diese negativen Befunde sicherlich darin zu sehen, daß die Bruchpunkte der untersuchten Translokationen außerhalb der für die Einleitung der meiotischen Paarung verantwortlichen Chromosomenabschnitte (Zygomere) lagen. Liegen dagegen die Translokationsbruchpunkte in den die Paarung einleitenden Chromosomenabschnitten, können auch Translokationen für die Induktion von Vorzugspaarung sehr wirkungsvoll sein (Sybenga 1969). Die sich aus dem gegenwärtigen Wissensstand ergebenden Möglichkeiten für eine experimentell herbeigeführte „Diploidisierung" oder „Allopolyploidisierung" von Autotetraploiden wurden von Sybenga (1965d, 1966d, 1969) eingehend untersucht. Seine sorgfältigen Studien am Roggen (Sybenga 1965a, b, c, 1966a, b, c, 1967) haben die bisher sehr lückenhaften Kenntnisse über verschiedene Details der komplizierten Paarungsmechanismen der Chromosomen in der Meiose wesentlich erweitert.

Damit ergeben sich nunmehr Ansatzpunkte für Versuche, experimentell eine schrittweise „Allopolyploidisierung" von Autopolyploiden zu erreichen. Sie kann entweder auf tetraploider Stufe durch sinnvoll aufeinander abgestimmte mutagene Behandlungen, Kreuzungen zur Kombination sowie Selektion angestrebt werden (Bender und Gaul 1966) oder durch eine zunächst sehr gezielt durchzuführende strukturelle Differenzierung der Chromosomen auf diploider Stufe, bevor die Polyploidisierung erfolgt (Sybenga 1965d, 1969). Jeder dieser beiden Wege hat gewisse Vor- und Nachteile, die je nach dem angestrebten Ziel genau gegeneinander abzuwägen sind. Der letztgenannte Weg hat jedoch u. a. den besonderen Vorteil, daß sehr gezielt mit definierten Chromosomenmutationen gearbeitet werden könnte. Die benötigten Strukturumbauten können zunächst auf ihre Wirkung, Vorzugspaarung zu induzieren, einzeln geprüft werden, bevor die als geeignet befundenen Typen kombiniert werden.

Insgesamt gesehen, ist die experimentelle „Diploidisierung" ein außerordentlich komplexes Problem. Denn züchterisch wirklich brauchbare Formen müssen neben einer normal funktionierenden Meiose selbstverständlich eine ganze Reihe anderer Anforderungen erfüllen, und es ist gut bekannt, daß bei experimentell erzeugten Polyploiden in der Regel auch genisch bedingte Disharmonien zu verschiedenen negativen Eigenschaften führen können. Eine umfassende Darstellung dieser Problematik ist nicht beabsichtigt. Hier sollte lediglich auf eine der Möglichkeiten hingewiesen werden, Chromosomenmutationen auch für komplizierte Vorhaben einzusetzen, die gegenwärtig von einer praktischen Nutzung noch relativ weit entfernt sind, in der Zukunft aber große Bedeutung gewinnen können.

ALLGEMEINE SCHLUSSFOLGERUNGEN

In den letzten Jahrzehnten wurden für verschiedene Kulturpflanzen relativ umfassende genetische und cytogenetische Detailkenntnisse erarbeitet. In einigen Fällen wurden mehrere Hundert Gene analysiert, von denen viele bereits bestimmten Chromosomen zugeordnet oder auf ihnen genauer lokalisiert werden konnten, so daß bereits recht detaillierte genetische Chromosomenkarten vorliegen. Teilweise sind diese Karten mit Hilfe von Chromosomenmutationen durch cytologische Daten ergänzt, und der erste Anfang zur Aufstellung cytologischer Chromosomenkarten ist gemacht.

Diese Kenntnisse werden in der Züchtung bisher erst zu einem bescheidenen Teil genutzt. In den konventionellen Züchtungsverfahren können sie wohl auch nur bedingt genutzt werden. Der erreichte Stand der Forschung fordert daher geradezu zur Entwicklung und Anwendung cytogenetischer Verfahren und Techniken heraus, die relativ gezielte Eingriffe in den Karyotyp und damit eine bessere Ausnutzung der genetischen Erkenntnisse erlauben. In den vorangehenden Abschnitten wurde zu zeigen versucht, daß sich in der Züchtungsforschung tatsächlich bereits Entwicklungen anbahnen, die vor allem auf die Nutzung bestimmter Chromosomenmutationen für die Lösung konkreter Aufgaben im Rahmen von Züchtungsprogrammen abzielen, von Aufgaben, die mit anderen Mitteln nicht oder nur unzureichend gelöst werden können. Derartige cytogenetische Techniken können selbstverständlich die konventionellen bewährten Züchtungsmethoden und -verfahren nicht ersetzen, sie ergänzen sie aber und machen sie effektiver durch die beträchtliche Erweiterung des Spektrums unserer Möglichkeiten zur Manipulation des Idiotyps.

Allgemeingültige Richtlinien für die Anwendung der einen oder der anderen Technik lassen sich nicht aufstellen. Je nach den genetischen, cytologischen und sonstigen biologischen Besonderheiten der zu bearbeitenden Kulturpflanze ist zu prüfen, welche Möglichkeiten für die Lösung eines ganz bestimmten Problems sich anbieten. Es gibt keine Kulturpflanze, die in jeder Beziehung die optimalen Voraussetzungen erfüllt. Wie einige vorangehende Abschnitte zeigen, führten intensive Arbeiten an Gerste zu relativ erfolgreichen Ergebnissen, obwohl bei Gerste die im allgemeinen sehr wichtige Pachytän-Analyse nicht möglich ist. Viele der speziellen Techniken sind also durchaus auch dann anwendbar, wenn bestimmten Vorteilen einer Kulturpflanze bestimmte Nachteile für cytogenetische Arbeiten gegenüberstehen. Die in dieser Arbeit erläuterten Beispiele stammen zum größten Teil aus Untersuchungen an Mais und Gerste. Auch dies zeigt, daß Pflanzen mit sehr unterschiedlichen Voraussetzungen geeignet sind. Die bisherigen Arbeiten unterschiedlichen Umfangs an anderen diploiden Kulturpflanzen, z. B. an Roggen, Tomate, Erbse und *Vicia faba*, sowie am polyploiden Weizen, in geringem Umfang auch an Hafer, berechtigen zu der Annahme, daß das „chromosome engineering" sich künftig rasch weiterentwickeln dürfte.

Die Aussichten für züchterisch anwendbare Verfahren sind um so besser, je mehr genetische und cytologische Kenntnisse für die betreffende Kulturpflanze vorliegen und je umfangreichere Sortimente von gut analysierten Chromosomenmutanten als Grundlage für die Erprobung und Anwendung spezieller Techniken zur Verfügung stehen. Daher ist es notwendig, diese Grundlagen bei den verschiedensten Kulturpflanzen zu schaffen oder zu verbreitern und die Züchter dafür zu interessieren.

Zusammenfassung

Cytogenetische Techniken zur Nutzung von induzierten Chromosomenmutationen, insbesondere bei diploiden Kulturpflanzen, werden an Beispielen erläutert und diskutiert. Mit der Übersicht wird zu zeigen versucht, daß die vor allem mit Hilfe von Translokationen möglichen Eingriffe in den Karyotyp von großer potentieller Bedeutung für Züchtungsforschung und Züchtung sind.

Summary

On possibilities of utilizing of induced chromosome mutations in cultivated plants

Cytogenetical techniques for utilizing induced chromosome mutations especially in diploid cultivated plants are explained and discussed by examples. It is tried to show by the review that manipulations of the karyotype, especially those which are possible by means of translocations, are of great potential importance to breeding and research.

Краткое содержание

О возможностях использования индуцированных хромосомных мутаций в селекционных исследованиях

На примерах, главным образом, диплоидных культурных растений излагаются и объясняются цитогенетические приемы использования индуцированных хромосомных мутаций. В этом обзоре авторы хотели показать, что возможная манипуляция кариотипа, в особенности с помощью транслокаций, имеет важное потенциальное значение в селекционных исследованиях.

Literatur

Ahloowalia, B. S., 1963: Study of a translocation in diploid rye. – Genetica *33*, 128–144.

Anderson, E. G., 1956: The application of chromosomal techniques to maize improvement. – In: Genetics in Plant Breeding, Brookhaven Symp. Biol. *9*, 23–36.

Anderson, E. G., and L. F. Randolph, 1945: Location of the centromeres on the linkage maps of maize. – Genetics *30*, 518–526.

Battaglia, E., 1964: Cytogenetics of B-chromosomes. – Caryologia *17*, 245–299.

Bender, K., und H. Gaul, 1966: Zur Frage der Diploidisierung autotetraploider Gerste. – Z. Pflanzenzücht. *56*, 164–183.

Bremer, G., and D. E. Bremer-Reinders, 1954: Breeding of tetraploid rye in the Netherlands I. – Euphytica *3*, 49–63.

Burnham, C. R., 1946: An „Oenothera" or multiple translocation method of establishing homozygous lines. – J. Amer. Soc. Agron. *38*, 702–707.

Burnham, C. R., 1956: Chromosomal interchanges in plants. – Bot. Review *22*, 419–550.

Burnham, C. R., 1962: Discussions in Cytogenetics. – Minneapolis.

Burnham, C. R., 1966: Cytogenetics in plant improvement. – In: K. J. Frey (Edit.), Plant Breeding, Symp. at Iowa State University, S. 139–187. – Ames, Iowa.

Burnham, C. R., 1968: A new method of using interchanges as chromosome markers. – Crop Sci. *8*, 357–360.

Burnham, C. R., and J. L. Cartledge, 1939: Linkage relations between smut resistance and semi-sterility in maize. – J. Amer. Soc. Agron. *31*, 924–933.

Burnham, C. R., and A. Hagberg, 1956: Cytogenetic notes on chromosomal interchanges in barley. – Hereditas *42*, 467–482.

Burnham, C. R., F. H. White and R. Livers, 1954: Chromosomal interchanges in barley. – Cytologia *19*, 191–202.

Chao, C. Y., 1959: Heterotic effects of a chromosomal segment in maize. – Genetics *44*, 657–677.

Darlington, C. D., 1931: The cytological theory of inheritance in *Oenothera*. – J. Genet. *24*, 405–475.

Dobzhansky, T., and M. M. Rhoades, 1938: A possible method for locating favorable genes in maize. – J. Amer. Soc. Agron. *30*, 668–675.

Doyle, G. G., 1963: Preferential pairing in structural heterozygotes of *Zea mays*. – Genetics *48*, 1011–1027.

Driscoll, C. J., 1965: Induced intergeneric transfers of chromosome segments. – In: The Use of Induced Mutations in Plant Breeding, Rep. FAO/IAEA Tech. Meet. Rome 1964, S. 727–739. – Oxford.

Edwardson, J. R., 1970: Cytoplasmic male sterility. – Bot. Review *36*, 341–420.

Ellerström, S., 1970: Die Beziehungen zwischen Aneuploidie und Leistungsfaktoren in polyploiden Populationen. – Tag. Ber. Dt. Akad. Landwirtsch.-Wiss. Berlin, Nr. 101, 135–147.

Elliott, F. C., 1957: X-ray induced translocation of *Agropyron* stem rust resistance to common wheat. – J. Heredity *48*, 77–81.

Eslick, R. F., 1971: Balanced male steriles and dominant pre-flowering selective genes for use in hybrid seed production. – In: R. A. Nilan (Edit.), Barley Genetics II, Proc. Second Intern. Barley Genet. Symp. 1969, S. 292–297. – Pullman, Wash.

Gale, M. D., and H. Rees, 1971: The production and assay of segmental substitution lines in barley. – Genet. Res., Cambridge, *17*, 245–256.

Gopinath, D. M., and C. R. Burnham, 1956: A cytogenetic study in maize of deficiency-duplication produced by crossing interchanges involving the same chromosomes. – Genetics *41*, 382–395.

Grell, E. H., 1961: Variations in preferential segregation of chromosome two in triploid females of *Drosophila melanogaster*. – Genetics *46*, 1267–1271.

Gustafsson, Å., A. Hagberg, G. Persson and K. Wiklund. 1971: Induced mutations and barley improvement. – Theor. Appl. Genet. *41*, 239–248.

Gustafsson, Å., U. Lundqvist and I. Ekberg, 1966: The viability reaction of gene mutations and chromosome translocations in comparison. – In: Mutations in Plant Breeding, Proc. of a Panel Vienna 1966, S. 103–107. – IAEA, Vienna.

Hagberg, A., 1954: Karyomorphological studies in barley. – Hereditas *40*, 263–264.

Hagberg, A., 1958: Cytogenetik einiger Gerstenmutanten. – Züchter *28*, 32–36.

Hagberg, A., 1960: Cytogenetic analysis of induced mutations. – Genetica Agraria *12*, 319–336.

Hagberg, A., 1962: Production of duplications in barley breeding. – Hereditas *48* 243–246.

Hagberg, A., 1965: Use of induced translocations in directed production of duplications. – In: The Use of Induced Mutations in Plant Breeding, Rep. FAO/IAEA Tech. Meet. Rome 1964, S. 741–752. – Oxford.

Hagberg, A., 1966: Induced structural mutations in barley, especially translocation, and their use in further directed production of variation. – In: Mutations in Plant Breeding, Proc. of a Panel Vienna 1966, S. 109–116. – IAEA, Vienna.

Hagberg, A., 1967a: Die Bedeutung von Translokationen und Duplikationen für die Züchtung. – In: Vorträge für Pflanzenzüchter *11*, S. 43–66. – Frankfurt/Main.

Hagberg, A., 1967b: The use of induced mutations in practical barley breeding at Svalöf. – In: H. Stubbe (Edit.), Induzierte Mutationen und ihre Nutzung, Erwin-Baur-Gedächtnisvorlesungen IV/1966, Abh. Dt. Akad. Wiss. Berlin, S. 147–154.

Hagberg, A., and G. Hagberg, 1968: Induced translocations in barley. – In: Mutations in Plant Breeding II, Proc. of a Panel Vienna 1967, S. 129–137. – IAEA, Vienna.

Hagberg, A., and G. Hagberg, 1969: Use of induced structural rearrangements in plant breeding. – In: Induced Mutations in Plants, Proc. of a Symp. Pullman 1969, S. 647–653. – IAEA, Vienna.

Hagberg, A., and G. Hagberg, 1971: Chromosome aberrations and their utilization. – In: R. A. Nilan (Edit.), Barley Genetics II, Proc. Second Intern. Barley Genet. Symp. 1969, S. 292–297. – Pullman, Wash.

Hagberg, A., and G. Persson, 1968: Induced mutations in barley breeding. – Hereditas *59*, 396–412.

Hagberg, A., G. Persson and A. Wiberg, 1963: Induced mutations in the improvement of self-pollinated crops. – In: E. Åkerberg, A. Hagberg, G. Olsson and O. Tedin (Edit.), Recent Plant Breeding Research Svalöf 1946–1961, S. 105–124. – Uppsala.

Hagberg, A., and J. H. Tjio, 1950: Cytological localization of the translocation point for the barley mutant *erectoides 7*. – Hereditas *36*, 487–491.

Hagberg, A., and J. H. Tjio, 1952: Cytological studies on some homozygous translocations in barley. – An. Estac. Exp. Aula Dei *2*, 215–223.

Hanson, W. D., 1952: An interpretation of the observed amount of recombination in interchange heterozygotes in barley. – Genetics *37*, 90–100.

Hayes, J. D., 1959: Varietal resistance to spray damage in barley. – Nature, London, *183*, 551–552.

Hayes, J. D., and M. S. Rana, 1966a: Genetic resistance to DDT in *Hordeum*. I. Linkage studies in diploid barley. – Heredity *21*, 581–593.

Hayes, J. D., and M. S. Rana, 1966b: Investigations on genetic resistance to chemicals in spring barley. – In: Welsh Plant Breeding Station, Report for 1965, S. 47–48. – Aberystwyth.

Hazarika, M. H., and H. Rees, 1967: Genotypic control of chromosome behaviour in rye. X. Chromosome pairing and fertility in autotetraploids. – Heredity *22*, 317 bis 332.

Hockett, E. A., and R. F. Eslick, 1969: Genetic male sterility in barley. I. Nonallelic genes. – Crop Sci. *8*, 218–220.

Hockett, E. A., and R. F. Eslick, 1971: Genetic male-sterile genes in hybrid barley production. – In: R. A. Nilan (Edit.), Barley Genetics II, Proc. Second Intern. Barley Genet. Symp. 1969, S. 298–307. – Pullman, Wash.

Hockett, E. A., R. F. Eslick, D. A. Reid and G. A. Wiebe, 1968: Genetic male sterility in barley. II. Available spring and winter stocks. – Crop Sci. *8*, 754–755.

Holm, E., 1969: Locating genes by double translocations. – Hereditas *62*, 266–270.

Holm, G., 1960: An inversion in barley. – Hereditas *46*, 274–278.

Ibrahim, M. A., 1954: Association tests between chromosomal interchanges in maize and resistance to the European corn borer. – Agron. J. *46*, 293–298.

Inman, L. L., 1957: Studies on the methods of production and theoretical applications of large rings of chromosomes in maize. – Ph. D. Thesis, Univ. of Minn., Minneapolis, Minnesota. Zit. nach Burnham 1966.

Johnson, F., 1964: The use of chromosomal interchanges to locate genes for certain quality and agronomic characters in barley (*Hordeum vulgare* L.). – Ph. D. Thesis, Univ. of Minn., Minneapolis, Minnesota. Zit. nach Burnham 1966.

Kao, K. N., 1970: High frequency haploid production in barley (*Hordeum vulgare* L.). – Nature, London, *225*, 874–876.

Kao, K. N., and K. J. Kasha, 1971: Haploidy from interspecific crosses with tetraploid barley. – In: R. A. Nilan (Edit.), Barley Genetics II, Proc. Second Intern. Barley Genet. Symp. 1969, S. 82–88. – Pullman, Wash.

Kao, K. N., E. Reinbergs and B. L. Harvey, 1970: Selection for seed setting in hybrid populations of autotetraploid barley, *Hordeum vulgare* L. emend. Lam. – Crop. Sci. *10*, 491–492.

Kasha, K. J., and C. R. Burnham, 1963: The intercross method of locating interchange breakpoints. – Canad. J. Genet. Cytol. *5*, 102 (Abstr.).

Kasha, K. J., and C. R. Burnham, 1965: The location of interchange breakpoints in barley. II. Chromosome pairing and the intercross method. – Canad. J. Genet. Cytol. *7*, 620–632.

Kochhar, T., P. Sabharwal and J. Engelberg, 1971: Production of homozygous diploid plants by tissue culture technique. – J. Heredity *62*, 59–61.

Kramer, H. H., and B. A. S. Blander, 1961: Orienting linkage maps on the chromosomes of barley. – Crop Sci. *1*, 339–342.

Kreft, I., 1969: Cytological studies on an inversion in barley. – Hereditas *62*, 14–24.

Lamm, R., and R. J. Miravalle, 1959: A translocation tester set in *Pisum*. – Hereditas *45*, 417–440.

Lange, W., 1971: Crosses between *Hordeum vulgare* L. and *H. bulbosum* L. I. Production, morphology and meiosis of hybrids, haploids and dihaploids. – Euphytica *20*, 14–29.

Lewis, E. B., 1950: The phenomenon of position effect. – Advanc. Genet. *3*, 73–87.

Lewis, K. R., and B. John, 1963: Chromosome Marker. – J. and A. Churchill, Ltd., London.

Melchers, G., und G. Labib, 1970: Die Bedeutung haploider höherer Pflanzen für Pflanzenphysiologie und Pflanzenzüchtung. – Ber. Dt. Bot. Ges. *83*, 129–150.

Mettin, D., und G. A. Tschawdaroff, 1966: Untersuchungen über die Häufigkeit und Weitergabe aneuploider Typen bei autotetraploider Gerste. – Züchter *36*, 98 – 103.

Michaelis, A., und R. Rieger, 1959: Strukturheterozygotie bei *Vicia faba* L. – Züchter *29*, 354–361.

Michaelis, A., und R. Rieger, 1971: New karyotypes of *Vicia faba* L. – Chromosoma *35*, 1–8.

Muller, H. J., 1930: Types of visible variations induced by X-rays in *Drosophila*. – J. Genet. *22*, 299–334.

Müntzing, A., 1951: Cyto-genetic properties and practical value of tetraploid rye. – Hereditas *37*, 17–84.

Müntzing, A., and R. Prakken, 1940: The mode of chromosome pairing in *Phleum* twins with 63 chromosomes and its cytogenetic consequences. – Hereditas *26*, 463 bis 501.

Nilan, R. A., J. B. Powell, B. V. Conger and C. E. Muir, 1968: Induction and utilization of inversions and mutations in barley. – In: Mutations in Plant Breeding II, Proc. of a Panel Vienna 1967, S. 193–203. – IAEA, Vienna.

Nybom, N., 1954: Karyotype and viability in barley. – Acta Agric. Scand. *4*, 507–514.

Persson, G., 1969a: Possible position effect in barley. – Hereditas *63*, 29–38.

Persson, G., 1969b: An attempt to find suitable genetic markers for dense ear loci in barley I. – Hereditas *62*, 25–96.

Persson, G., 1969c: An attempt to find suitable genetic markers for dense ear loci in barley II. – Hereditas *63*, 1–28.

Persson, G., 1970: Hybridkornets utvecklingsmöjligheter i Sverige. – Sveriges Utsädesförening Tidskr. *80*, 217–222.

Phillips, R. L., C. R. Burnham and E. B. Patterson, 1971: Advantages of chromosomal interchanges that generate haplo-viable deficiency-duplications. – Crop Sci. *11*, 525–528.

Plarre, W., 1954: Vergleichende Untersuchungen an diploiden und tetraploiden Roggen (*Secale cereale* L.) unter besonderer Berücksichtigung von Inzuchterscheinungen und Fertilitätsstörungen. – Z. Pflanzenzücht. *33*, 303–353.

Ramage, R. T., 1960: Trisomics from interchange heterozygotes in barley. – Agron. J. *52*, 156–159.

Ramage, R. T., 1964: Chromosome aberrations and their use in genetics and breeding – translocations. – In: Barley Genetics I, Proc. First Intern. Barley Genet. Symp. 1963, S. 99–115. – Wageningen.

Ramage, R. T., 1965: Balanced tertiary trisomics for use in hybrid seed production. – Crop Sci. *5*, 177–178.

Ramage, R. T., 1971: Mapping chromosomes from the phenotypes of trisomics produced by interchange heterozygotes. – In: R. A. Nilan (Edit.), Barley Genetics II, Proc. Second Intern. Barley Genet. Symp. 1969, S. 89–92. – Pullman, Wash.

Ramage, R. T., C. R. Burnham and A. Hagberg, 1961: A summary of translocation studies in barley. – Crop. Sci. *1*, 277–279.

Ramage, R. T., and A. D. Day, 1960: A 10:3:3 ratio for leaf width in barley. – Agron. J. *52*, 241.

Ramage, R. T., and N. A. Tuleen, 1964: Balanced tertiary trisomics in barley serve as a pollen source homogeneous for a recessive lethal gene. – Crop. Sci. *4*, 81–82.

Ramage, R. T., and G. A. Wiebe, 1969: Use of chromosome aberrations in producing female parents of hybrids. – In: Induced Mutations in Plants, Proc. of a Symp. Pullman 1969, S. 655–659. – IAEA, Vienna.

Randolph, L. F., 1941: Genetic characteristics of the B chromosome in maize. – Genetics *26*, 608–631.

Rees, H., 1955: Genotypic control of chromosome behaviour in rye. I. Inbred lines. – Heredity *9*, 93–116.

Rees, H., 1961: Genotypic control of chromosome form and behaviour. – Bot. Review *27*, 288–318.

Reimann-Philipp, R., und H. Eichhorn-Rohde, 1970: Über die Beziehungen von Fertilität und Modus der Chromosomenpaarung bei tetraploiden, für drei Chromosomen strukturheterozygoten Bastarden aus der Kreuzung *Secale cereale* × *Secale montanum*. – Theor. Appl. Genet. *40*, 99–105.

Reinbergs, E., 1964: Autotetraploids in barley. – In: Barley Genetics I, Proc. First Intern. Barley Genet. Symp. 1963, S. 285–302. – Wageningen.

Rieger, R., und A. Michaelis, 1967: Chromosomenmutationen. Genetik – Grundlagen, Ergebnisse u. Probleme in Einzeldarstellungen, hg. v. H. Stubbe, Beitrag 6. – Jena.

Riley, R., 1960: The diploidization of polyploid wheat. – Heredity *15*, 407–429.

Roberts, L. M., 1942: The effects of translocations on growth in *Zea mays*. – Genetics *27*, 584–604.

Robertson, D. S., 1964: Transfer of intact segments of maize chromosomes. A possible method. – J. Heredity *55*, 107–114.

Robertson, D. S., 1967: The use of R^{scm}_{2} to facilitate the transfer of maize chromosomal segments. – J. Heredity *58*, 152 and 156.

Scott, G. E., F. F. Dicke and G. R. Pesho, 1966: Location of genes conditioning resistance in corn to leaf feeding of the European corn borer. – Crop Sci. *6*, 444–446.

Sears, E. R., 1956: The transfer of leaf rust resistance from *Aegilops umbellulata* to wheat. – In: Genetics in Plant Breeding, Brookhaven Symp. Biol. *9*, 1–22.

Sears, E. R., 1967: Induced transfer of hairy neck from rye to wheat. – Z. Pflanzenzücht. *57*, 4–25.

Shaver, D. L., 1962: The effect of structural heterozygosity on the degree of preferential segregation in allotetraploids of *Zea*. – Genetics *47*, 984.

Shaver, D. L., 1963: A study of meiosis in perennial teosinte, in tetraploid maize and in their tetraploid hybrid. – Caryologia *15*, 43–57.

Shih, C., and L. H. Shebeski, 1961: Chromosome pairing and sterility in the F_1 of interchange stocks involving the same chromosome in barley. – Canad. J. Genet. Cytol. *3*, 1–6.

Sisodia, N. S., and L. H. Shebeski, 1964: Synthesis of homozygous interchange stocks in barley (H. *vulgare* L.) involving twelve chromosomes in a single complex. – Canad. J. Genet. Cytol. *6*, 480–487.

Sisodia, N. S., and L. H. Shebeski, 1965: Synthesis of complete interchange stocks in barley (*H. vulgare* L.). – Canad. J. Genet. Cytol. *7*, 164–170.

Sjödin, J., 1971: Induced translocations in *Vicia faba*. – Hereditas *68*, 1–34.

Sprague, G. F., 1941: The location of dominant favorable genes in maize by means of an inversion. – Genetics *26*, 170 (Abstr.).

Stebbins, G. L., 1956: Artificial polyploidy as a tool in plant breeding. – In: Genetics in Plant Breeding, Brookhaven Symp. Biol. *9*, 37–52.

Sturtevant, A. H., and G. W. Beadle, 1936: The relations of inversions in the X-chromosome of *Drosophila melanogaster* to crossing over and disjunction. – Genetics *21*, 554–604.

Sybenga, J., 1965a: The quantitative analysis of chromosome pairing and chiasma formation based on the relative frequencies of M I configurations. I. Introduction: normal diploids. – Genetica *36*, 243–252.

Sybenga, J., 1965b: The quantitative analysis of chromosome pairing and chiasma formation based on the relative frequencies of M I configurations. II. Primary trisomics. – Genetica *36*, 339–350.

Sybenga, J., 1965c: The quantitative analysis of chromosome pairing and chiasma formation based on the relative frequencies of M I configurations. III. Telocentric trisomics. – Genetica *36*, 351–361.

Sybenga, J., 1965d: The use of chromosomal aberrations in the allopolyploidization of autotetraploids. – In: The Use of Induced Mutations in Plant Breeding, Rep. FAO/IAEA Tech. Meet. Rome 1964, S. 761–768. – Oxford.

Sybenga, J., 1966a: The quantitative analysis of chromosome pairing and chiasma formation based on the relative frequencies of M I configurations. IV. Interchange heterozygotes. – Genetica *37*, 199–206.

Sybenga, J., 1966b: The quantitative analysis of chromosome pairing and chiasma formation based on the relative frequencies of M I configurations. V. Interchange trisomics. – Genetica *37*, 481–510.

Sybenga, J., 1966c: The zygomere as hypothetical unit of chromosome pairing initiation. – Genetica *37*, 186–198.

Sybenga, J., 1966d: The role of meiotic chromosome pairing pattern in induced structural allopolyploidization of autopolyploids. – Acta Agric. Scand. *16*, Suppl. 43–45.

Sybenga, J., 1966e: Reciprocal translocation and preferential pairing in autotetraploid rye. – Chromosomes Today *1*, 66–70.

Sybenga, J., 1967: Interchromosome effects on chiasma frequencies in rye. – Genetica *38*, 171–183.

Sybenga, J., 1969: Allopolyploidization of autopolyploids. I. Possibilities and limitations. – Euphytica *18*, 355–371.

Sybenga, J., 1970a: The calculation of the map length of interchange segments from meiotic configuration frequencies. – Genetica *41*, 101–110.

Sybenga, J., 1970b: Simultaneous negative and positive chiasma interference across the break point in interchange heterozygotes. – Genetica *41*, 209–230.

Symko, S., 1969: Haploid barley from crosses of *Hordeum bulbosum* (2x) × *Hordeum vulgare* (2x). – Canad. J. Genet. Cytol. *11*, 602–608.

Tjio, J. H., and A. Hagberg, 1951: Cytological studies on some X-ray mutants of barley. – An. Estac. Exp. Aula Dei *2*, 149–167.

Tsuchiya, T., 1969: Cytogenetics of a new type of barley with 16 chromosomes. – Chromosoma *26*, 130–139.

Tuleen, N. A., 1971: Translocation-gene linkages from F_2 seedlings in barley. – In: R. A. Nilan (Edit.), Barley Genetics II, Proc. Second Intern. Barley Genet. Symp. 1969, S. 208–212. – Pullman, Wash.

Wiebe, G. A., 1960: A proposal for hybrid barley. – Agron. J. *52*, 181–182.

Wiebe, G. A., 1969: Use of genic male sterility in hybrid barley breeding. – Jap. J. Genet. *44*, Suppl. *1*, 362–366.

Wiebe, G. A., and D. J. Hayes, 1960: The role of genetics in the use of agricultural chemicals. – Agron. J. *52*, 685–686.

Wiebe, G. A., and R. T. Ramage, 1971: Hybrid barley. – In R. A. Nilan (Edit.), Barley Genetics II, Proc. Second Intern. Barley Genet. Symp. 1969, S. 287–291. – Pullman, Wash.

Wienhues, A., 1967: Die Übertragung der Rostresistenz aus *Agropyrum intermedium* in den Weizen durch Translokation. – Züchter *37*, 345–352.

Die Stellung von *Vicia faba* L. in der Gattung *Vicia* L. und Betrachtungen zur Entstehung dieser Kulturart

von Peter Hanelt, Helga Schäfer und Jürgen Schultze-Motel

(Eingegangen am 3. Februar 1972)

Die folgenden Ausführungen sind eine abschließende Auswertung der vorangegangenen Beiträge von Schultze-Motel (1972) und Hanelt (1972, 1972a) sowie von Abschnitten einer Dissertation von Schäfer (1972), soweit sie sich auf die systematische Stellung der Ackerbohne in ihrer Gattung und auf Abstammungsfragen dieser Art beziehen.

DIE STELLUNG VON *VICIA FABA* IN DER GATTUNG *VICIA*

Die Erörterung dieser Frage erscheint notwendig, da in manchen neueren Werken über Kulturpflanzen, z. B. bei Žukovskij (1964), wieder auf die alte Abtrennung dieser Art als selbständige Gattung *Faba* Adans. zurückgegriffen wird und sie dann – nomenklatorisch korrekt – als *Faba bona* Medik. geführt wird. Diese Abtrennung wird von Žukovskij folgendermaßen begründet:

1. *Bau der Gefäßbündel der Hauptwurzel; V. faba* soll sich von allen anderen Arten der Gattung durch abweichende Zahl der Gefäßprimanen unterscheiden (s. Hanelt 1972); sie besitzt 4–6 (7) Gefäßprimanen, während sonst in der Gattung *Vicia* triarche Primärwurzeln vorherrschen. Nach unseren Untersuchungen kommen jedoch bei *Vicia* auch tetrarche Wurzeln vor und zwar zeichnen sich durch dieses Merkmal folgende der insgesamt über 60 geprüften Sippen aus: *V. macrocarpa* (Moris) Bertol., *V. angustifolia* Grufb. ssp. *segetalis* (Thuill.) Gaud., *V. pisiformis* L., *V. venulosa* Boiss. et Hoh. und *V. semiglabra* Rupr. ex Boiss. ssp. *caucasia* (Ekvtim.) Radzhi. Auch bei einzelnen Pflanzen einer Sippe der *V. narbonensis*-Gruppe treten als Abweicher tetrarche Wurzeln auf. Die Grenze in der Ausprägung dieses Merkmals ist in der Gattung *Vicia* also keineswegs scharf und berechtigt nicht zu einer generischen Abgrenzung der in dieser Hinsicht einen Extremfall darstellenden Art *V. faba*.

2. *Bau des Sprosses; V. faba* hat ein außerordentlich lockeres Markgewebe im Stengel, das im Verlauf des Wachstums zerreißt und weitgehend schrumpft, so daß die Pflanzen sich durch hohle Stengel auszeichnen. Dasselbe Merkmal finden wir bei den Sippen der *V. narbonensis*-Gruppe vor, die in vielen anderen Merkmalen jedoch mit den übrigen Vertretern der Gattung *Vicia* eng verbunden ist.

3. *Form des Samen; V. faba* soll sich von den anderen *Vicia*-Arten durch flache, im Umriß längliche (nicht kugelige) Samen unterscheiden. Das trifft bekanntlich jedoch nur für die großkörnigen Formen der Art (ssp. *faba*) zu, die primitivere Gruppe (ssp. *minor*) zeichnet sich in vielen Herkünften und Sorten durch den Besitz kleiner, kugeliger Samen aus, wie sie für viele (aber nicht alle) *Vicia*-Sippen zutreffen. Manche Primitivformen von *V. faba* (Indien, Afghanistan) werden in der Samengröße sogar von Sippen der *V. narbonensis*-Verwandtschaft übertroffen (*V. narbonensis* L. var. *aegyptiaca* Koern.).

4. *Fasziation der Sprosse;* Žukovskij deutet die Dicke und rechteckige Querschnittsform der Sprosse, den Verlust des Marks (und die flache Form von Hülsen und Samen) als Resultat einer Verbänderung. Es wurde bereits darauf hingewiesen (Hanelt 1972), daß keinerlei entwicklungsgeschichtliche Bestätigungen dafür vorliegen; außerdem darf nicht übersehen werden, daß ein massiger Stengel bei vielen neuen eintriebigen Zuchtsorten von *V. faba* aber nicht bei primitiveren Formen oder Landsorten zu beobachten ist; diese sich meist durch stärkere Bestockung auszeichnenden Pflanzen besitzen eine Stengeldicke, die durchaus nicht außergewöhnlich für *Vicia* ist.

Es gibt noch einige weitere Merkmale, durch die *V. faba* deutlich auffällt. Das ist z. B. der Besitz wenig-paariger Blätter mit sehr großen Fiedern, die sie aber mit den meisten Sippen der *V. narbonensis*-Gruppe teilt; dasselbe gilt für die Ausbildung einer Schwammschicht in den Hülsen, die in extremer Form wieder nur bei den großkörnigen Vertretern der Ackerbohne (ssp. *faba*) ausgebildet ist. Gleichfalls habituell sehr bemerkenswert ist das Fehlen von Ranken, das jedoch bei einer Reihe von *Vicia*-Arten der verschiedensten Verwandtschaftskreise zu beobachten ist (Hanelt und Mettin 1970).

Wir sind der Meinung, daß diese Besprechung der Merkmalsunterschiede zeigt, daß eine generische Abtrennung von *V. faba* unberechtigt ist. Es lassen sich dagegen sehr enge Merkmalsübereinstimmungen mit den Sippen der *V. narbonensis*-Gruppe feststellen, die neben den bereits erwähnten auch durch den Besitz einer gemeinsamen Blattfolge (2 niederblattartige Primärblätter, dann 1-, später mehr-paarige Folgeblätter) und durch die auf dem Gehalt an DOPA basierenden Melaninverbindungen (die das Schwärzen der Pflanzen beim Trocknen verursachen, vgl. Tschiersch u. Hanelt 1967) dokumentiert werden. Eine Zusammenfassung von *V. faba* mit den verschiedenen Taxa der *V. narbonensis*-Gruppe als sect. *Faba* (Mill.) S. F. Gray halten wir deshalb für angebracht. So ist bereits verschiedentlich verfahren worden, kürzlich auch von Ball (1968) im 2. Band der „Flora Europaea". (Die dort vorgenommene Einbeziehung einer weiteren Art, *V. bithynica* L., ist allerdings nur als Verlegenheitslösung zu betrachten; außer der geringen Zahl der Fiedern pro Blatt hat diese Sippe mit den übrigen der Sektion kaum etwas gemein). Eine Abtrennung als Untergattung, wie sie von Fedčenko 1948 in der „Flora der UdSSR" vorgenommen wurde, ist unseres Ermessens ungünstig, da sie die

Übereinstimmung mit den anderen Arten des subgen. *Vicia* in so wesentlichen Merkmalen wie des Aufbaues der Infloreszenz, des Besitzes extrafloraler Nektarien auf den Stipeln und der Griffelbehaarung (unterhalb der Narbe auf der Außenseite) nicht zum Ausdruck bringt. Der sect. *Faba* in der angegebenen Beschränkung auf den *V. faba*- und *V. narbonensis*-Komplex würden daher als sect. *Vicia* die übrigen vorwiegend annuellen Taxa des subgen. *Vicia* gegenüberstehen. Als wichtigstes diagnostisches Merkmal zur Trennung der Sektionen muß die Ausbildung der Blätter herangezogen werden, die bei sect. *Faba* nur 3–4 Fiederpaare und Fiedern mit großen Spreiten aufweisen. Dazu kämen weitere oben bereits erwähnte Merkmale des Sprosses, der Hülsen usw.

ZUR HERKUNFT UND ABSTAMMUNG VON *V. FABA*

Die Frage nach der Entstehung einer Kulturpflanze kann man zerlegen, 1. in die Frage nach der geographischen Lokalisierung der Inkulturnahme, 2. in die Frage nach der zeitlichen Festlegung der Entstehung und 3. in die Frage nach der Phylogenie, der Abstammung von verwandten Sippen.

1. *Entstehungsgebiet:* Eine bedingungslose Gleichsetzung der Mannigfaltigkeitszentren von Kulturpflanzen mit ihren Entstehungsgebieten, wie sie ursprünglich von Vavilov postuliert wurde, wird heute nicht mehr akzeptiert. Jedoch können auch jetzt noch, wenn man zwischen primären und sekundären Formenzentren unterscheidet, enge Beziehungen zwischen primären Mannigfaltigkeitszentren und den Ursprungsgebieten von Kulturarten angenommen werden. Das primäre Formenzentrum von *V. faba*, das sich durch das Auftreten morphologisch sehr verschiedener Varianten und durch das Vorkommen primitiver, dominant vererbter Merkmalsausbildungen auszeichnet, liegt im afghanischen Raum, von wo aus es sich bis in das südliche Mittelasien (Tadžikistan) hin erstreckt (vgl. Hanelt 1972). Die primitivsten Formen der Art sind noch weiter östlich, in Nordindien in dem Vorland und den Tälern des Himalaya und der westlich anschließenden Gebirgsketten im Anbau. Ein primäres Formenzentrum der in phylogenetischer Hinsicht abgeleiteten großkörnigen Gruppe (ssp. *faba*) umfaßt das Mittelmeergebiet und das benachbarte Vorderasien. Leider existiert eine Diskrepanz zwischen den Daten des rezenten Formenreichtums, dem Auftreten von Primitivformen und den archäologischen Belegen von *V. faba*. Abgesehen von zwei relativ späten, eisenzeitlichen Funden aus Armenien existieren bisher keine prähistorischen Nachweise von *V. faba* östlich einer Linie, die von Israel entlang des mittelmeernahen Küstenstreifens der Türkei bis nach Griechenland verläuft (Schultze-Motel 1972). Trotz umfangreicher Ausgrabungsarbeiten innerhalb oder in der Nachbarschaft des rezenten Formenzentrums der Art sind von hier bisher keine Funde von *V. faba* gemacht worden. Man kann daher auf die Frage nach der Lokalisierung der Entstehung der Ackerbohne vorerst nur sehr grob das südwestasiatische

Gebiet zwischen Afghanistan und Kleinasien/Transkaukasus bzw. Palästina angeben.

Der mediterran beeinflußte Teil Westasiens (Israel-Syrien-Südtürkei) stellt übrigens gleichzeitig das Formenzentrum der mit *V. faba* verwandten *V. narbonensis*-Gruppe dar.

2. Entstehungszeit: Soweit die urgeschichtlichen Reste von *V. faba* aussagekräftig genug sind, lassen sie etwa folgendes erkennen. Neolithische Funde der kleinsamigen Form gibt es bisher vor allem von der Iberischen Halbinsel (4 spätneolithische, 2 nur allgemein als neolithisch zu bezeichnen). Die ein oder zwei Funde in Griechenland sind ebenfalls spätneolithisch. Im Orient sind je ein neolithischer Fund in Alt-Troja und in Jericho zu verzeichnen. Ein weiterer neolithischer Fund aus Ägypten ist in seiner botanischen Bestimmung nicht ganz sicher. Alle diese Funde liegen im Mittelmeergebiet in nicht allzu großer Entfernung vom Meer, während an den zahlreichen Ausgrabungsstätten im Vorderen Orient keine Ackerbohnenreste zutage traten. Die bislang geringe Zahl von neolithischen Funden und das Fehlen von absoluten Datierungen machen sich bei der Lösung der Frage nach der Entstehungszeit von *V. faba* sehr störend bemerkbar. In Mittel-Europa treten Reste der Ackerbohne erst seit der Bronzezeit auf (vgl. Schultze-Motel 1972).

Aus einer spätneolithischen Schicht in der Provinz Chekiang (China) sollen Reste von *V. faba* zutage gekommen sein (Chang 1970). Doch ist diese Angabe ebenso unglaubwürdig wie der Fund von „*Phaseolus*" oder „*Vicia*" in Nord-Thailand, dessen Alter auf 7000 v. u. Zr. angesetzt wird (Gorman 1969).

Für die Entstehungszeit der kleinsamigen Form von *V. faba* muß aufgrund der vorliegenden Funde daher angenommen werden, daß die Art nicht zu den ersten in Kultur genommenen Pflanzen gehört, sondern erst zum Ende des Neolithikums zunehmend Bedeutung erlangte. Ihre Entstehung fällt somit etwa in die Zeit zwischen 7000 bis 4000 v. u. Z. Linguistische Indizien ergeben eine zeitlich etwa übereinstimmende Datierung (Hanelt 1972a).

Über die Entstehungszeit der großsamigen Form läßt sich noch weniger aussagen. Der bisher einzige zweifelsfreie Fund, der aus Tell Bazmosian im Dokan-Tal im östlichen Iraqi Kurdistan stammt (Helbaek 1963), gehört der frühen Islamischen Zeit an (etwa 1000 u. Z.). Unter der Annahme, daß die großsamigen Ackerbohnen genauso erhaltungsfähig sind wie die kleinsamigen Formen, darf mit einiger Vorsicht geschlossen werden, daß die großsamige Form erst in geschichtlicher Zeit entstanden ist; zur gleichen Schlußfolgerung gelangt man bei der Betrachtung der geschichtlichen Entwicklung des Anbaues von *V. faba*, so wie sie aus literarischen Dokumenten erschlossen werden kann (Hanelt 1972a).

3. Abstammung: Bei der Frage nach der Phylogenie von *V. faba* muß die Möglichkeit einer diphyletischen Entstehung, die sich aus getrennten Abstammungslinien der beiden heutigen Unterarten ssp. *minor* und ssp. *faba*

zusammensetzt, einkalkuliert werden. Gegen diese bereits diskutierte Möglichkeit sprechen aber: 1. Weitgehende Übereinstimmung in allen wesentlichen morphologisch-anatomischen Merkmalen bis auf diejenigen der Hülse und der Samen, die eine Unterscheidung beider Taxa ermöglichen; 2. Vorkommen parallel gerichteter Entwicklungstendenzen innerhalb beider Sippen (Wuchstyp, Beblätterung, Samenfarbe usw., vgl. Hanelt 1972); Übereinstimmung in quantitativen Merkmalen bei den Unterarten (z. B. durchschnittliche Zahl der Gefäßprimanen der Wurzeln, durchschnittlicher Eiweißgehalt der Samen, vgl. Zusammenstellungen bei Hanelt 1972), die bei der Annahme getrennter Entwicklungslinien kaum zu erklären wären; 4. Auftreten eines übereinstimmenden Karyotyps (vgl. die Darstellungen bei Michaelis und Rieger 1959, Brauer 1949, die sich auf Sorten der ssp. *minor*, und diejenigen bei Ockey 1957, Evans 1961, die sich auf Sorten von ssp. *faba* beziehen); 5. Vorhandensein einer – wenn auch gegenüber intrasubspezifischen Kreuzungen etwas herabgesetzten – Kreuzungskompatibilität bei Bastardierungen zwischen den Subspezies (vgl. u. a. Sirks 1931).

Ein monophyletischer Ursprung der Kulturart erscheint uns aus den angeführten Tatsachen deshalb erwiesen. Daraus ergibt sich die Frage nach dem phylogenetischen Anschluß von *V. faba* an verwandte Wildsippen.

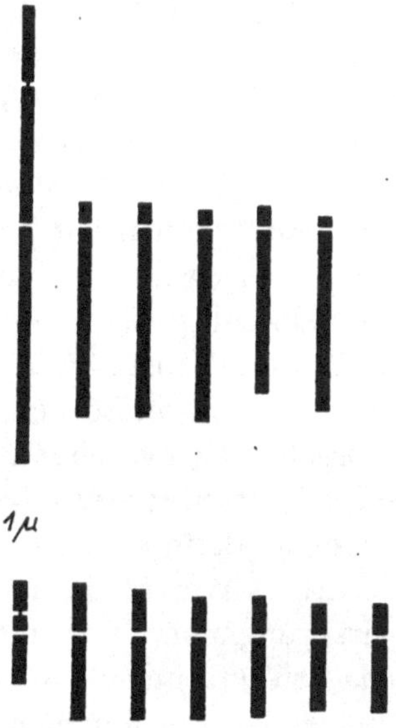

Abb. 1. Karyogramme haploider Chromosomensätze von *V. faba*, n = 6 (oben, nach Rieger und Michaelis 1957, umgezeichnet) und von *V. narbonensis*, n = 7 (unten).

Wie oben besprochen, besitzt von allen Vertretern der Gattung *Vicia* der *V. narbonensis*-Komplex die größte phänetische Übereinstimmung mit *V. faba*.

Vicia narbonensis s. l. ist deshalb mehrfach als Ausgangssippe von *V. faba* postuliert worden. Für direkte abstammungsgeschichtliche Beziehungen zwischen beiden Sippen hat sich als erster und sehr nachdrücklich Mattei (1889) eingesetzt und erst unlängst (1968) ist von Ball diese Ableitung wieder diskutiert worden. Den großen Gemeinsamkeiten in morphologisch-anatomischen Merkmalen stehen aber starke Differenzen gegenüber. Abgesehen von solchen in morphologischer Hinsicht, wie sie oben behandelt wurden, betreffen diese besonders die Karyologie. Wie Abb. 1 zeigt, drücken sich die karyologischen Unterschiede nicht nur in den Chromosomenzahlen aus (*V. faba:* $2n = 12$; *V. narbonensis*-Gruppe: $2n = 14$), sondern beziehen sich auch auf die Größe und Morphologie der Chromosomen. (Bis auf geringe Differenzen sind dabei die Karyotypen aller untersuchten Sippen der *V. narbonensis*-Gruppe nahezu identisch). Gekoppelt mit diesen unterschiedlichen Karyogrammen sind außerordentlich starke Unterschiede im DNS-Gehalt der Genome. Dieser ist nach den Untersuchungen von Martin und Shanks (1966) und Chooi (1970) bei *V. faba* fast doppelt so hoch wie bei *V. narbonensis.* – Nach den ersten Ergebnissen der Analysen löslicher Stickstoff-Verbindungen in den Samen bestehen auch beträchtliche Differenzen hinsichtlich des Spektrums an freien Aminosäuren der Samen zwischen *V. faba* und den Arten der *V. narbonensis*-Gruppe (Rudolph, Gatersleben, mündl.).

Ähnlich große Diskrepanzen ergeben sich bei der Abschätzung des sogenannten Spezialisations-Index. Dieser Index (vgl. Heywood 1967, und die Besprechung bei Wagner jr., 1969) ergibt Schätzwerte des evolutionistischen Status einer Sippe, wie sie z. B. auch bei der Bewertung der Evolutionsstufen der Angiospermen-Familien benutzt wurden (Sporne 1956). Für unsere Zwecke wurden 20 Merkmale ausgewählt (s. Tabelle 1), bei denen man in unserem Verwandtschaftskreis eindeutig die Frage nach dem primitiven oder abgeleiteten Status einer Merkmalsausprägung entscheiden kann. Diesen Merkmalsausprägungen wurden dann willkürlich Werte von 0 (primitiv) bis 2 (stark abgeleitet) mit entsprechenden Zwischenwerten zugemessen. Summiert man diese Werte für eine Sippe (Herkunft usw.) und dividiert die Summe durch die Zahl der benutzten Merkmale, dann erhält man Zahlen, die als Maß eines durchschnittlichen Spezialisations-Wertes je Merkmal dienen können. Je niedriger der Wert umso ursprünglicher ist der evolutionistische Status der betreffenden Sippe einzuschätzen und umgekehrt. Die durch dieses Verfahren ermittelten Werte sind im folgenden zusammengestellt: (siehe S. 270).

Der Sprung zwischen den Werten für die *V. narbonensis*-Gruppe und denen für *V. faba* übersteigt deutlich die Abstände zwischen den Sippen innerhalb jeder Gruppe und ist größer als die Wertdifferenzen, die man bei anderen zusammengehörigen Kultur- und Wildpflanzen der Tribus Fabeen (Vicieen) kalkulieren kann (etwa bei *Pisum sativum* und *P. elatius*). Erwartungsgemäß nimmt *V. faba* einen stärker abgeleiteten Status ein, wobei auch das infraspezifische Gefälle deutlich zum Ausdruck kommt (vgl. Hanelt 1972). Auch

Tabelle 1

Bewertung von Merkmalsausprägungen zur Ermittlung des Spezialisations-Index[1]

1. Bau der Primärwurzel	0: triarch	1: tetrarch/pentarch	2: hexarch
2. Hauptsproß	0: kurzlebig	2: normal entwickelt, blühend	
3. Basale Verzweigung	0: stark bestockt	1: wenigtriebig	2: 1-2-triebig
4. Ausbildung der Endfieder	0: als Ranke	2: als Stachelspitze	
5. Fiederrand	0: ganzrandig	1: einzelne Zähnchen	2: gesägt oder gekerbt
6. Knospenlage der Fiedern	0: gefaltet	2: eingerollt	
7. Stomata-Verteilung	0: unterseits mehr	1: ± gleichmäßig verteilt	2: oberseits mehr
8. Blütenzahl/Traube	0: 1–2	1: 4–5	2: ab 6
9. Blütenfarbe	0: Fahne u. Flügel einheitlich gefärbt	0,7: mit abweichendem Flügelfleck	2: rein weiße Blüten vorhanden
10. Kelchnektarien	0: vorhanden	2: fehlend	
11. Hülsenbehaarung	0: langhaarig	1,5: sehr kurzhaarig	2: kahl
12. Hülsenöffnung	0: leicht platzend	1: schwer platzend	2: platzfest
13. Schwammschicht der Hülse	0: kaum vorhanden	1: etwas vorhanden	2: stark ausgebildet
14. Samenfarbe	0: stets dunkel	1: dunkle u. helle Formen	2: nur helle Varianten
15. Samengröße	0: sehr klein (5–9 mm)	1: mittelgroß (15–19 mm)	2: groß/sehr groß (ab 24 mm)
16. Samenform	0: kugelig	1: (länglich) ellipsoidisch (nicht abgeflacht)	2: deutlich abgeflacht, Umriß ± elliptisch (rundlich)
17. Hartschaligkeit	0: vorhanden	2: fehlend	
18. Arillusentwicklung	0: kaum verbreitert (1–1,3 mm)	1: mittelbreit (2–3 mm)	2: breit (4 mm)
19. Chromosomenzahl	0: $2n = 14$	2: $2n = 12$	
20. Karyotyp	0: ± symmetrische Chromosomen	2: überwiegend asymmetrische Chromosomen	

[1] Mitunter mußten zusätzliche Zwischenwerte eingesetzt werden.

V. narbonensis-Gruppe	*Vicia johannis*	0,16–0,19	
	Vicia galilaea	0,19	
	Vicia serratifolia	0,28	
	Vicia narbonensis var. *salmonea*	0,28	Wildformen von *V. narbonensis*
	Vicia narbonensis var. *jordanica*	0,28	
	Vicia narbonensis var. *narbonensis*	0,45	Kulturformen von *V. narbonensis*
	Vicia narbonensis var. *aegyptiaca*	0,55	
V. faba	*Vicia „pliniana“* [1]	1,00	
	Vicia faba ssp. *minor* (Indien)	1,10	
	Vicia faba ssp. *minor* (Afghanistan)	1,22	
	Vicia faba ssp. *minor* (Griechenland)	1,26	
	Vicia faba ssp. *minor* (deutsche Sorten)	1,39	
	Vicia faba ssp. *faba* var. *equina* (S-Balkan)	1,42	
	Vicia faba ssp. *faba* var. *equina* (europ. Sorten)	1,46	
	Vicia faba ssp. *faba* var. *faba* (Italien)	1,49	
	Vicia faba ssp. *faba* var. *faba* (Windsor-Sorten)	1,63	

[1] Bei dieser Sippe konnten mangels Lebendmaterial nicht alle der auf Tab. 1 verzeichneten Merkmale berücksichtigt werden, vgl. S. 271.

die Wild- und Kulturtypen von *V. narbonensis* lassen klare Wertunterschiede erkennen.

Die Frage möglicher genealogischer Beziehungen von *V. faba* und der *V. narbonensis*-Gruppe ist auch mit Hilfe umfangreicher Kreuzungsexperimente geprüft worden, die im Rahmen eines die verschiedenen Sippen der

V. narbonensis-Gruppe einschließenden Kreuzungsprogramms durchgeführt wurden. Es erfolgten:

135 Kreuzungen zwischen *V. narbonensis* und *V. faba* bzw. reziprok
40 Kreuzungen zwischen *V. johannis* und *V. faba* bzw. reziprok
37 Kreuzungen zwischen *V. serratifolia* und *V. faba* bzw. reziprok
24 Kreuzungen zwischen *V. galilaea* und *V. faba* bzw. reziprok.

Nach der künstlichen Bestäubung wachsen die meisten Hülsen noch bis zu einer Länge von 3–4 cm heran und auch die Samenentwicklung hält eine Zeitlang an, etwa bis zu einer Größe von 2–3 mm. Bei den daraufhin näher untersuchten Kreuzungsnummern waren z. B. 6 Wochen nach der Bestäubung noch 26% der Kreuzungshülsen vorhanden, die Samen in ihnen waren aber bereits abgestorben. Anschließend setzt dann ein rapider Abfall der verbliebenen Hülsen ein. Es wurde daher in keinem Fall aus den angegebenen Kreuzungen ein lebensfähiger Bastardsame erhalten, was mit anderen Versuchen (Chooi 1970) in Einklang steht. Zwischen *V. faba* und der *V. narbonensis*-Gruppe ist daher eine ausgeprägte Kreuzungsinkompatibilität ausgebildet. Das steht in deutlichem Gegensatz zu den Ergebnissen der Kreuzungsversuche zwischen Sippen innerhalb der *V. narbonensis*-Gruppe, wo in den meisten Fällen auch bei Artkreuzungen ein – wenn auch überwiegend geringer – Samenansatz zu verzeichnen war. (Die F_1-Pflanzen besaßen allerdings eine hohe Sterilität und/oder geringe Vitalität). In einem die gesamte Sektion *Faba* umschließenden Kreuzungspolygon nimmt *V. faba* daher eine völlig isolierte Stellung ein.

Die angeführten Tatsachen über die Merkmalsübereinstimmung zwischen *V. faba* und der *V. narbonensis*-Gruppe einerseits und den starken Differenzen zwischen ihnen (vor allem hinsichtlich der Karyologie, der Kreuzungsverträglichkeit und des Spezialisations-Index) lassen den Schluß zu, daß beide Sippengruppen in keinem unmittelbaren abstammungsgeschichtlichen Zusammenhang stehen, daß sie aber auf eine gemeinsame Abstammungslinie zurückgehen. Aus ihr entwickelten sich zwei stark divergierende Abzweigungen, deren Endpunkte die rezenten Formen von *V. faba* und die Sippen der *V. narbonensis*-Gruppe darstellen; zwischen ihnen ist heute keinerlei Genaustausch mehr möglich.

In diesem Zusammenhang muß auf eine Sippe hingewiesen werden, die bei den Diskussionen um die Abstammung von *V. faba* eine Rolle gespielt hat. Es handelt sich dabei um die algerische „*Vicia pliniana*", die von Trabut 1911 als spontane Varietät von *Faba vulgaris* beschrieben und später von Muratova (1931) in den Artrang erhoben wurde. Bereits von Trabut wurde diese neue Sippe als Ausgangsform von *V. faba* angesehen. Von uns konnte bisher kein lebendes Material dieser algerischen Form, die offensichtlich seit den zwanziger Jahren auch in den Sortimenten und Züchterkollektionen kaum noch kultiviert wird, untersucht werden; eine eingehende Darstellung von *V. „pliniana"* und ihrer Bedeutung bleibt einer späteren Betrachtung vorbehalten. Hier soll nur festgestellt werden, daß morphologische Befunde (der Unterschied gegenüber *V. faba* besteht in erster Linie in einer stark verbreiterten Ausbildung des trockenen Arillarfortsatzes, wie er in einer linealischen Form auch den anderen *Vicia*-Arten zukommt) und genetische Experimente (leichte Kreuzbarkeit mit *V. faba*, Erith 1930) gegen den Artcharakter dieser Sippe sprechen; die geographische Verbreitung paßt andererseits auch nicht zu dem Bild, das man sich von einer Ursprungsform der Ackerbohne zu machen hat. Nach den in der Literatur vorliegenden Angaben und den Beobachtungen an Herbarmaterial, das dankenswerterweise vom Institut de Botanique in Montpellier (MPU) und dem Museum National d'Histoire Naturelle in Paris (P) zur Verfügung gestellt wurde, neigen wir dazu, diese problematische Sippe in *V. faba* ssp. *minor* als möglicherweise extensiv kultivierte Form einzubeziehen.

Nach unseren jetzigen Kenntnissen müssen wir daher feststellen, daß keine rezente Pflanze als Ausgangsform der Ackerbohne in Frage kommen kann, eine Situation, die auch für andere Kulturpflanzen zutrifft. Wir sind daher gezwungen, als Vorläufer eine ausgestorbene Sippe zu postulieren, die die wesentlichen Merkmale der Arten von sect. *Faba* besaß, vermutlich auch wie *V. faba* einen mesophytischen Charakter hatte, eine gewisse Kälteresistenz aufwies und in cytologischer Hinsicht bereits zu den bei *V. faba* vorliegenden Merkmalen tendierte. Aus dieser hypothetischen Sippe müßte sich dann in dem oben angegebenen geographischen Gebiet und im Laufe des erwähnten Zeitraumes die Kulturart *V. faba* entwickelt haben. Diese Schlußfolgerung ist natürlich in gewisser Weise enttäuschend, da sie keine exakte Aussage beinhaltet. Es konnten aber einige bisherige Vorstellungen revidiert und die Ansichten über den mutmaßlichen Evolutionsablauf in verschiedener Hinsicht eingeengt werden. Dabei ist zu berücksichtigen, daß bei vielen Kulturpflanzenarten auch kleinere Fortschritte in der Erkenntnis über ihren Werdegang dringend erwünscht sind und daß wir erst für eine verschwindend geringe Zahl von Kulturpflanzen derart eindeutige, auf jahrelangen Studien vieler Forscher beruhende abstammungsgeschichtliche Kenntnisse wie etwa beim Weizen besitzen.

Zusammenfassung

Die Zusammenfassung von *Vicia faba* und der *Vicia narbonensis*-Gruppe als sect. *Faba* und deren Einordnung in die Untergattung *Vicia* neben den übrigen, ebenfalls meist annuellen, als sect. *Vicia* bezeichneten Vertretern wird unterstützt und begründet. Eine Abtrennung der Ackerbohne als selbständige Gattung *Faba* Adans. würde die engen Merkmalsbeziehungen zwischen ihr und den Sippen des *Vicia narbonensis*-Komplexes zerreißen.

Von *Vicia faba* sind keine eindeutigen Wildformen bekannt, auch die in ihrer Rangstufe und Bedeutung noch näherer Untersuchung bedürftige algerische *V. „pliniana"* wird als extensiv kultivierte Form von *V. faba* gedeutet. Die Taxa der verwandten *V. narbonensis*-Gruppe können nicht als Ausgangssippe der Kulturart angesehen werden, sondern *V. faba* und diese Gruppe stellen die Endpunkte zweier getrennter und divergierender phylogenetischer Abzweigungen dar, die allerdings auf eine gemeinsame Abstammungslinie zurückgehen. Als Ursprungsform von *V. faba* muß deshalb eine hypothetische ausgestorbene Sippe postuliert werden, die allgemein für sect. *Faba* zutreffende Merkmale mit denen der heutigen *V. faba* in sich vereinte.

Auf Grund der rezenten Formenmannigfaltigkeit und der prähistorischen Funde von *V. faba* muß die Inkulturnahme der Art im südwestlichen Asien zwischen Afghanistan und den Randgebieten des östlichen Mittelmeeres stattgefunden haben, der Zeitraum des Beginns des Anbaues wird auf 4000 bis 7000 v. u. Zr. geschätzt.

Summary

The taxonomic position of *Vicia faba* L. within the genus *Vicia* L. and considerations on the origin of this cultivated species

The subordination of *Vicia faba* and the *Vicia narbonensis*-group as sect. *Faba* into the sugbenus *Vicia* (besides the other, also mainly annual, sect. *Vicia* named representatives) has been proved and supported. A separation of the Broad Bean as an own genus *Faba* Adans. could not reflect the distinct character relationships between this species and the taxa of the *V. narbonensis* complex.

There are no spontaneous forms of *V. faba*, the Algerian *V. „pliniana"*, too, has been interpreted an as extensively cultivated form of *V. faba* although its taxonomic rank and its evolutionary importance should be investigated more thoroughly. It is not possible to consider the taxa of the related *V. narbonensis*-group as the ancestral types of *V. faba*; this species and the mentioned complex represent terminal points of two independent and divergent phylogenetic branches, but which may be traced back to a common evolutionary line. Thus it has been proposed as ancestor a hypothetical extinct taxon, which should have been characterized by a combination of characters common for the whole sect. *Faba* and those ones of the recent *V. faba*. By means of the data of the recent variability and of prehistorical remains of *Vicia faba* the origin of the cultivation should have happened in Southwestern Asia between Afghanistan and the marginal regions of the Eastern Mediterranean. The period of the beginning of cultivation of *V. faba* has been estimated for 4000–7000 B. C.

Краткое содержание

Таксономическое положение *Vicia faba* L. в роде *Vicia* L. и некоторые соображения о происхождении этого культурного вида

Поддерживается и обосновывается объединение *Vicia faba* и группы *Vicia narbonensis* в секцию *Faba* и ее место в подроде *Vicia* наряду с другими, в большинстве случаев тоже однолетними, формами, объединяемыми в секцию *Vicia*. Выделение конских бобов как самостоятельный род *Faba* Adans. разорвало бы тесную связь признаков между ними и формами комплекса *V. narbonensis*.

Достоверные дикорастущие формы *V. faba* неизвестны. Алжирская *V. „pliniana"*, чей таксономический ранг и значение еще не вполне выяснены, может рассматриваться как экстенсивно возделываемая форма *V. faba*. Таксоны родственной группы *V. narbonensis* не могут считаться исходными формами культурного вида: *V. faba* и эта группа являются конечными стадиями двух дивергирующих филогенетических ветвей, имеющих, правда, общую линию происхождения.

В качестве исходной формы для *V. faba* приходится, таким образом, постулировать некую гипотетическую форму, которая обладает как признаками, характерными для всей sect. *Faba*, так и для совеременной *V. faba*.

На основании современного многообразия и доисторических находок *V. faba* можно предположить, что вид был введен в культуру в юго-западной Азии, между Афганистаном и граничными областями восточного Средиземноморья и начал возделываться за 7–4 тысяч лет до нашей эры.

Literatur

Ball, P. W., 1968: *Vicia*. – In: Tutin, T. G., et al., Flora Europaea, *2*, 129–136. – Cambridge.

Brauer, I., 1949: Experimentelle Untersuchungen an Wurzelspitzen-Mitosen von *Vicia faba* I. Normalverhalten. – Planta *36*, 411–423.

Chang, K.-C., 1970: The beginnings of agriculture in the Far East. – Antiquity *44*, 175–185, Table I.

Chooi, W. Y., 1970: Variation in nuclear DNA content between species in the genus *Vicia*. – Adelaide (unveröff. Dissertation).

Erith, G., 1930: The inheritance of colour, size and form of seeds and of flower colour in *Vicia faba* L. – Genetica *12*, 477–510.

Evans, H. J., 1961: Chromatid aberration induced by gamma irradiation. I The structure and frequency of chromatid interchanges in diploid and tetraploid cells of *Vicia faba*. – Genetics *46*, 257–275.

Fedčenko, B. A., 1948: *Vicia*. – In: Komarov, V. L., Flora SSSR, *13*, 406–475. – Moskva-Leningrad.

Gorman, C. F., 1969: Hoabinhian: A pebble-tool complex with early plant associations in Southeast Asia. – Science *163* (no. 3868), 671–673.

Hanelt, P., 1972: Die infraspezifische Variabilität von *Vicia faba* L. und ihre Gliederung. – Kulturpflanze *20*, 76–128.

– 1972a: Zur Geschichte des Anbaues von *Vicia faba* L. und ihrer verschiedenen Formen. – Kulturpflanze *20*, 209–223.

Hanelt, P., und D. Mettin, 1970: Zur systematischen Stellung von *Vicia oroboides* Wulf. – Kulturpflanze *18*, 179–188.

Helbaek, H., 1963: Isin Larsan and Horian food remains at Tell Bazmosian in the Dokan Valley. – Sumer *19*, 27–35.

Heywood, V. H., 1967: Plant taxonomy. – London-Beccles.

Martin, P. G., and R. Shanks, 1966: Does *Vicia faba* have multi-stranded chromosomes? – Nature *211* (no. 5049), 650–651.

Mattei, G., 1889: Monografia della *Vicia faba*. – Bologna.

Michaelis, A., und R. Rieger, 1959: Strukturheterozygotie bei *Vicia faba*. – Züchter *29*, 354–361.

Muratova, V. S., 1931: Boby (*Vicia Faba* L.). – Trudy prikl. bot., genet., selekc., prilož. *50*, 298 pp.

Ockey, C. H., 1957: An interchange heterozygote in *Vicia faba*. – Nature *179* (no. 4562), 740–741.

Schäfer, H., 1972: Untersuchungen zur Sippenabgrenzung innerhalb der *Vicia narbonensis*-Gruppe. – Halle (unveröff. Dissertation).

Schultze-Motel, J., 1972: Die archäologischen Reste der Ackerbohne, *Vicia faba* L., und die Genese der Art. – Kulturpflanze *19*, 321–358.

Sirks, M. J., 1931: Beiträge zu einer genotypischen Analyse der Ackerbohne, *Vicia faba* L. – Genetica *13*, 209–631.

Sporne, K. R., 1956: The phylogenetic classification of the Angiosperms. – Biol. rev. *31*, 1–29.

Trabut, I., 1911: L'indigénat de la Fève en Algérie. – Bull. Soc. Hist. Natur. Afr. Nord *3* (7), 116–122.

Tschiersch, B., und P. Hanelt, 1967: Die freien Aminosäuren der Samen von *Vicia* und die systematische Gliederung der Gattung. – Flora Abt. A *157*, 389–406.

Wagner, W. H., jr., 1969: The construction of a classification. – In: Systematic Biology, 67–99. – Washington, D. C.

Žukovskij, P. M., 1964: Kulturnye rastenija i ich sorodiči. – Leningrad.

Proteine und Proteinbiosynthese in Samen von *Vicia faba* L.

von Klaus Müntz, Christian Horstmann und Günter Scholz

(Eingegangen am 10. Februar 1972)

INHALT

1. EINLEITUNG

Die Samenproteine der Körnerleguminosen sind sowohl wirtschaftlich als auch wissenschaftlich von großem Interesse. Sie decken von alters her einen erheblichen Teil des Proteinbedarfs der Nutztiere und des Menschen und stellen ein Potential dar, das in einer Periode der rasch anwachsenden Weltbevölkerung mit allen Mitteln der Pflanzenzüchtung, des Ackerbaus und der Verarbeitungstechnologie ausgeschöpft werden muß. Das wissenschaftliche Interesse gründet sich sowohl auf die wirtschaftliche Notwendigkeit als auch auf die Gunst des Objektes, das es gestattet, verschiedene chemisch einheitliche pflanzliche Proteine relativ einfach in größerer Menge zu isolieren und die Prozesse ihrer Synthese einschließlich der Steuerungs- und Regulationsvorgänge zu studieren.

Am Beispiel der Ackerbohne, *Vicia faba* L., einem in den vergangenen zehn Jahren häufig untersuchten Objekt, sollen in der folgenden Übersicht die gegenwärtigen wissenschaftlichen Kenntnisse über Samenproteine der Leguminosen und deren Biosynthese zusammenfassend dargestellt werden.

2. ALLGEMEINE BEMERKUNGEN

2.1. Wirtschaftliche Fragen

Die Ackerbohne zählt zu unseren ältesten Kulturpflanzen. Großkörnige Formen stammen aus Nordafrika, kleinkörnige aus Südwestasien. Ihr Anbau wurde im Mittelmeerraum bereits während der jüngeren Steinzeit betrieben, dehnte sich in der Bronzezeit nach Norden hin aus und erreichte in der jüngeren Eisenzeit Mittel- und Norddeutschland. In Ägypten ist sie seit der Zeit der 12. Dynastie (um das 18. Jahrhundert v. Chr.) nachweisbar, in China seit Ende des 13. Jahrhunderts n. Chr. Bis ins 17. Jahrhundert hinein war die Ackerbohne wichtige Nahrungspflanze in Mitteleuropa; später wurde sie nach und nach durch die Gartenbohne (*Phaseolus vulgaris*), die Kartoffel und teilweise auch durch den Mais aus dieser Position verdrängt. Immerhin ist die Ackerbohne in großen Teilen der Alten Welt sowie in Nordamerika weit verbreitet und wegen ihrer unter geeigneten Bedingungen hohen Ertragsfähigkeit ökonomisch von großer Bedeutung (96, 121). Nach Deschamps (48) erzeugte die Volksrepublik China 1956 etwa 3000000 t Ackerbohnen, Italien 285000 t (1955 waren es noch 464000 t), Ägypten 208000 t. Wichtige Erzeugerländer sind außerdem Großbritannien, Spanien und Frankreich. In Großbritannien ist die Produktion in den letzten Jahren erheblich gesteigert worden [37]. In der DDR liegt *Vicia faba* hinsichtlich ihres Körner- und Rohproteinertrages je Flächeneinheit an der Spitze aller Körnerleguminosen (Tab. 1).

Tabelle 1

Ertragsleistung verschiedener Körnerleguminosen im dreijährigen Mittel der Stationen Gatersleben, Groß-Lüsewitz, Leipzig und Noitzsch (zusammengestellt aus Banneick, 16)

Fruchtart	Kornertrag dt/ha	Rohproteinertrag dt/ha
Ackerbohnen	33,2	9,98
Buschbohnen	21,2	4,97
Speiseerbsen	19,9	4,88
Futtererbsen	18,7	4,74
Weißlupinen	22,3	8,18
Schmalbl. Lupinen	22,7	7,22
Gelblupinen	16,2	7,01
Sojabohnen	9,5	3,70

Die Ackerbohne dient teilweise unmittelbar der menschlichen Ernährung und ist in dieser Hinsicht vor allem in Ländern mit mangelhafter Proteinversorgung von erheblicher Bedeutung, zum anderen Teil werden die Samen als Viehfutter genutzt. Gelegentlich wird allerdings über schädigende Wirkungen z. B. bei der Kücken-Aufzucht sowie im Fütterungsversuch mit Ratten berichtet, vor allem dann, wenn Ackerbohnenmehl als ausschließliche Proteinquelle gegeben wird [129, 199]. Dem stehen positive Erfahrungen gegenüber, die Clarke [37] beim Schwein gemacht hat. Dem Einsatz als vollwertiges Eiweißfuttermittel ist außerdem abträglich, daß die Stickstoffverwertung von Ackerbohnenmehl sowie dessen Gehalt an essentiellen Aminosäuren, besonders an Methionin, erheblich geringer ist als z. B. bei der Sojabohne (Tab. 2). Der „essentielle Aminosäure-Index" nach Oser (zitiert nach Becker, 18) beträgt für *Vicia faba* 60, für *Glycine max* 75. Hier liegen offenbar Möglichkeiten für die Pflanzenzüchtung, deren Ausschöpfung unter anderem durch die An-

Tabelle 2

Gehalt essentieller Aminosäuren von Ackerbohnensamen im Vergleich zu Vollei (= 100) (Nach Becker, 18)

Methionin	10
Threonin	60
Phenylalanin	60
Tryptophan	60
Valin	70
Isoleucin	70
Lysin	80
Leucin	80
Histidin	110
Arginin	110

wendung moderner Analysenmethoden für umfangreiche Reihenuntersuchungen angesichts des steigenden Proteinbedarfs der Weltbevölkerung heute aber geboten erscheint (vgl. 90, 94). Ansätze zur züchterischen Beeinflussung des Proteingehaltes der Ackerbohne liegen bereits vor [165]. Die genetische Analyse der Ackerbohne geht vor allem auf die umfangreichen Untersuchungen von Sirks [164] zurück.

Über die Zusammensetzung des Samens gibt Tabelle 3 Auskunft. Danach sind Stärke und Proteine die Hauptbestandteile, während Fett im Gegensatz zur Sojabohne weit zurücktritt.

2.2. Samenproteine

Die Samenproteine der Ackerbohne sind seit den Anfängen der agrikulturchemischen Forschung wichtige Objekte wissenschaftlicher Untersuchungen. Ritthausen [151], Emmerling [53, 54, 55], Osborne und Campbell [136, 137, 138] sowie Schulze und Mitarbeiter [159, 160] legten mit ihren Arbeiten, die in der zusammenfassenden Darstellung von Osborne [134] ihren Höhepunkt und vorläufigen Abschluß fanden, den Grundstein für die Untersuchungen späterer Generationen. Die chemische Erforschung der Samen-

Tabelle 3

Zusammensetzung reifer Ackerbohnensamen (nach White, 193)

Trockenmasse des Samens: 90,03 % der Frischmasse

Massenanteil des Embryos und der Kotyledonen am Samen:	86,28 %
Massenanteil der Samenschale am Samen:	13,72 %

Weitere Bestandteile in Prozent der Trockenmasse:

Kohlenhydrate	56,67 %
Hexosen	0,16 %
Saccharose	4,02 %
Stärke	42,48 %
Pektin	1,69 %
Hemizellulose	6,66 %
Zellulose	1,66 %
Gesamt-N als Protein- und Aminosäure-Äquivalent	35,8 %
unlöslicher N	31,69 %
säurelöslicher N	4,11 %
Fett	2,03 %
Organische Säuren als Äpfelsäure-Äquivalent	1,00 %
Asche	4,29 %
K_2O	1,84 %
P_2O_5	1,95 %
MgO	0,23 %
CaO	0,07 %
nicht bestimmte Elemente	0,20 %

proteine ist lange Zeit über die mit großer Experimentierkunst gewonnenen Ergebnisse der um die Jahrhundertwende tätigen Forscher nicht hinausgekommen. Erst der Ausbau der makromolekularen Chemie schuf die theoretische Basis zur Weiterentwicklung dieser Forschungsrichtung. Gleichzeitig haben die verschiedenen Verfahren der Ultrazentrifugation, der Chromatographie, der Elektrophorese und der Serologie im Verein mit der Elektronenmikroskopie, der Aminosäure- und der Sequenzanalyse neben anderen Methoden zu raschen Fortschritten auf dem Gebiet der Samenproteine geführt. So läßt sich z. B. mit Hilfe der automatischen Aminosäureanalyse relativ rasch ein Überblick über die quantitative Zusammensetzung der Aminosäuren in den Samen gewinnen (Tab. 6), aus dem vor allem der geringe Anteil der schwefelhaltigen Aminosäuren Cystin und Methionin ersichtlich ist. In jüngster Zeit erweist sich die Theorie der genetischen Informationsübertragung als überaus fruchtbare Konzeption, mit deren Hilfe die vorwiegend deskriptive Erforschung der Samenproteine durch eine umfassende dynamische Betrachtungsweise ergänzt und vertieft werden kann.

2.3. Klassifizierung der Samenproteine

Die Klassifizierung der Samenproteine folgt im Prinzip noch heute einer von wissenschaftlichen Gesellschaften kurz nach der Jahrhundertwende getroffenen Konvention, die stark von Erfahrungen an tierischen Proteinen geprägt ist und die nicht zusammengesetzten Proteine allein nach ihrer Löslichkeit in verschiedenen Solventien differenziert [134].

In Anlehnung an Osborne [134] werden heute unterschieden:

1. Albumine – nach Extraktion mit Salzlösung und Dialyse gegen Wasser bei pH 7,0 lösliche Proteine,
2. Globuline – nach Extraktion mit Salzlösung und Dialyse gegen Wasser bei pH 7,0 unlösliche Proteine,
3. Prolamine – mit 70–80prozentigem Alkohol extrahierbare Proteine,
4. Gluteline – mit verdünnten Basen oder Säuren extrahierbare Proteine.

Diese empirische Einteilung ist insofern zweckmäßig, als der Arbeitsgang bei der Extraktion und Trennung der Samenproteine in den meisten Fällen auch heute nach dem Schema der Salzwasserextraktion und Dialyse folgt. Im einzelnen stößt diese Klassifizierung nach der Löslichkeit allerdings auf Schwierigkeiten; vor allem aber sagt sie weder über die Funktion noch über die chemische Konstitution der Proteine etwas aus. Bei den Samenproteinen der Leguminosen liegen allerdings insofern vereinfachte Verhältnisse vor, als Prolamine und Gluteline, die typischen Samenproteine der Cerealien, stark zurücktreten. Ebenso unscharf ist die funktionelle Klassifizierung in strukturelle, funktionelle und Reserve-Proteine. Im Prinzip können alle Proteine, soweit sie bei der Keimung abgebaut werden und zur Versorgung des Keimlings dienen, als Reserveproteine angesprochen werden. Im allgemeinen wendet man den Begriff der Reserveproteine auf die in den Aleuronkörnern (protein bodies) der Speichergewebe niedergelegten Globuline an, allerdings mit dem Vorbehalt, daß eine enzymatische Funktion dieser Proteine nicht mit Sicherheit ausgeschlossen werden kann. Altschul, Neucere, Woodham und Dechary [5] haben deshalb für die Proteine der Aleuronkörner den Begriff 'Aleurine' vorgeschlagen, der sich bisher aber nicht durchgesetzt hat und auch keinen entscheidenden nomenklatorischen Fortschritt bedeuten würde.

Wir werden in den weiteren Ausführungen die Begriffe Albumine und Globuline im Sinne der obengenannten Definition verwenden und auf terminologische Probleme im jeweiligen Zusammenhang eingehen.

3. ALBUMINE

3.1. Der Albuminbegriff

In Analogie zu den eher entdeckten Proteinen des Hühnereiweißes bezeichnet man die in reinem Wasser löslichen und durch Hitze fällbaren Proteine aus pflanzlichen Geweben als Albumine [134]. Pflanzenalbumine lassen sich meist durch Sättigung der Lösungen mit Neutralsalzen ausfällen, wovon bei der fraktionierenden Fällung und Lösung von Samenproteinen der Leguminosen häufig Gebrauch gemacht wird.

Die Problematik des Merkmals „Wasserlöslichkeit" wurde bereits früh festgestellt. Mit destilliertem Wasser konnten Osborne und Campbell [137] eine Globulinmenge aus dem Mehl entschalter Ackerbohnen extrahieren, die 16% der Trockenmasse (TM) entsprach. Neutralisierten die Autoren das destillierte Wasser mit einer geringen Menge $Ba(OH)_2$-Lösung, so erhöhte sich die extrahierte Globulinmenge sogar auf 18% der TM. Der Gehalt an Legumelin, einem Albuminprotein, im Ackerbohnensamen beträgt nach Angaben aus derselben Publikation 1,25% der TM. Mit der für die gemeinsame Extraktion von Albuminen und Globulinen üblichen 10%igen NaCl-Lösung extrahierten Osborne und Campbell [138] eine Globulinmenge von etwa 17% der TM. Beim Vergleich einer Reihe verschiedener Arten der Gattung *Vicia* stellten Solov'eva und Berezovikov [169] fest, daß die mit destilliertem Wasser extrahierbare Proteinmenge von Art zu Art schwankt und auch vom Entwicklungszustand der Samen abhängig ist. Samen im ‚Milchreifestadium' enthielten stets einen geringeren Anteil mit Wasser extrahierbarer Proteine als vollreife Samen (z. B. *Vicia sativa* Ernte 1964, vollreif, 51,1% des gesamten Protein-Stickstoffs, ‚milchreif' 19,8%). Den größten Anteil an mit destilliertem Wasser extrahierbaren Eiweißen besaßen vollreife Samen von *Vicia ervila* der Ernte 1964 mit 96,2% des Protein-Stickstoffs, den geringsten Wert der gleichjährigen Ernte zeigten vollreife Samen von *Vicia sativa* mit 51,1%. Im Rahmen unserer Untersuchungen variierten wir die Mengenverhältnisse zwischen destilliertem Wasser und entfettetem Mehl aus Kotyledonen von *Vicia faba* var. *minor*, bestimmten die jeweils extrahierte Rohproteinmenge (6,25 × N) und verglichen sie mit dem Rohprotein im Extrakt einer mit 0,1 M Phosphat bei pH 6,9 gepufferten 7,8%igen NaCl-Lösung (Abb. 1).

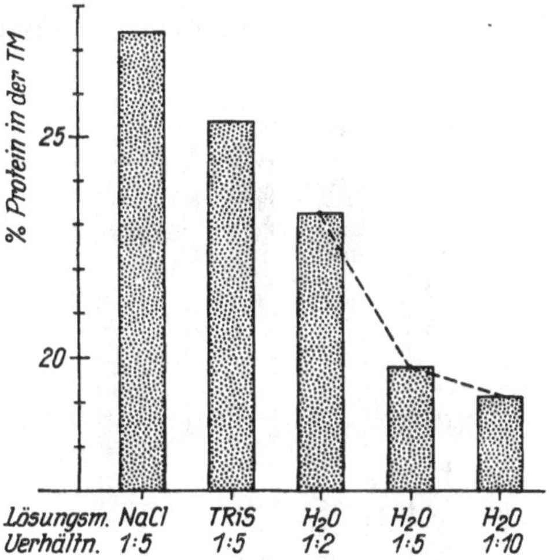

Abb. 1. Einfluß verschiedener Solventien und Mengenverhältnisse zwischen Samenmehl und Lösungsmittel auf die extrahierte Proteinmenge.
NaCl – 0,1 M Phosphatpuffer, pH 6,9, mit 7,8% NaCl
TRIS – 0,1 M Tris-HCl-Puffer
H_2O – destilliertes Wasser

Extrahierten wir das Kotyledonenmehl mit 0,1 M Tris-HCl-Puffer unter Zusatz von 0,001 M Na_2EDTA und 0,1% Cys-HCl, wie er allgemein für die Extraktion löslicher Proteine aus Pflanzenorganen verwendet wird, so erhielten wir in diesem Extrakt im trichloressigsauren Präzipitat 25,3% Protein bezogen auf die fettfreie Trockenmasse. – Diese Werte zeigen, daß nur ein relativ kleiner Teil der mit der Salzlösung extrahierten Proteine zur Extraktion einer hohen Salzkonzentration bedarf, und daß mit destilliertem Wasser extrahierte Proteine keinesfalls ausschließlich Albumine sind.

Das Überwiegen von Globulinen in wäßrigen Auszügen von entfettetem Mehl der Kotyledonen aus reifen Samen von *Vicia faba*, var. *minor*, cv. ‚Dornburger Ackerbohne', zeigten auch eigene Versuche zur gelelektrophoretischen Analyse der im Extrakt enthaltenen Proteine. Die im oberen Teil der Polyacrylamidgele

(Trenngel 7,5%ig – pH 8,9) liegenden, gegenüber den Albuminen höhermolekularen und nur aus wenigen sehr stark vorherrschenden Komponenten bestehenden Globuline ließen nur dann einzelne Banden erkennen, wenn nicht mehr als 100 µg Protein auf jedes Gel gebracht wurden (Abb. 2). Die Mehrzahl der Albuminbanden erschien erst, wenn wir mehrere hundert Mikrogramm Protein pro Gel applizierten. Dann jedoch war die Globulinmenge zu groß, um in der oberen Hälfte der Gele noch einzeln unterscheidbare Banden zu ergeben. Extrahiert man das entfettete Samenmehl mit 0,1 M Tris-HCl-Puffer, so erhält man das gleiche Bandenmuster, wie bei der Auftrennung der Proteine des wäßrigen Auszuges.

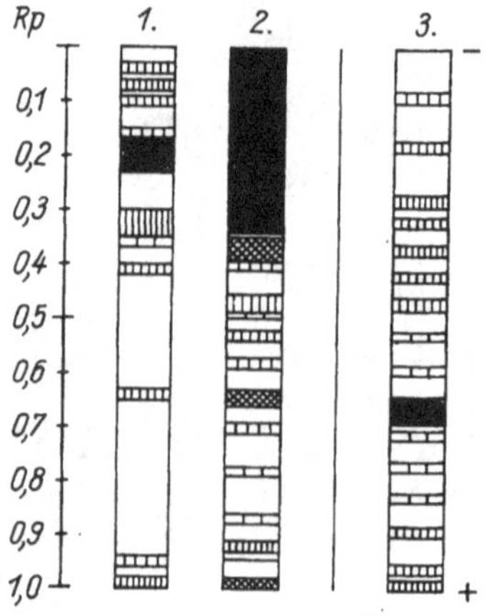

Abb. 2. Schematische Abbildung von Polyacrylamidgelen nach Trennung von 80 µg (1.) bzw. 400 µg Protein (2.) eines wäßrigen Auszuges aus Samenmehl von *Vicia faba*. Zum Vergleich (3.) die Trennung von 100 µg Albumin. Das Fehlen getrennter Proteinbanden im oberen Teil des 2. Gels zeigt das Vorherrschen von Globulinen im H_2O-Extrakt

Die Ursachen dafür, daß ein großer Teil der in isoliertem Zustand in reinem Wasser unlöslichen Proteine im wäßrigen Auszug erscheint, sind bisher unklar. Die Zunahme der gelösten Proteinmenge nach Neutralisation des destillierten Wassers mit wenig Bariumhydroxyd in den Versuchen von Osborne und Campbell [136] und die Abnahme der mit destilliertem Wasser extrahierten Proteinmenge bei Vergrößerung des Mengenverhältnisses von Extraktionsmittel zum Kotyledonenmehl in unseren Versuchen weisen auf die lösende Wirkung geringer, aus den Samen stammender Ionenmengen für einen Teil der Proteine hin. Da jedoch keine lineare Beziehung zwischen Lösungsmittel-Mehl-

Verhältnis und extrahierter Proteinmenge besteht (s. Abb. 1), muß angenommen werden, daß die geringe Beimengung von Ionen nicht alleinige Ursache für die große, mit reinem Wasser extrahierbare Menge an Nicht-Albumin-Proteinen sein kann. Ein weiterer Grund ist sicher die Veränderung der Proteine im Verlaufe der Isolierung gegenüber dem nativen Zustand im Gewebe.

Im Sinne der eingangs erwähnten Definition können nur diejenigen Proteine zu den Albuminen entsprechend dem Schema von Osborne [134] gerechnet werden, die sich nach Dialyse eines Extraktes mit verdünnter Neutralsalzlösung gegen destilliertes Wasser im Überstand des Dialysates befinden.

Soweit in den folgenden Abschnitten auf eigene Untersuchungen eingegangen wird, entsprechen unsere Methoden zur Darstellung von Albuminen grundsätzlich den von Osborne und Campbell [136] vorgeschlagenen und in vergleichbaren Untersuchungen von der Gruppe um Boulter [62] verwendeten Verfahren. Die Extraktion wurde mit 7,8%iger NaCl-Lösung in 0,1 M Phosphatpuffer, pH 6,9, bei 4 °C durchgeführt. Das Mehl isolierter Kotyledonen war vorher mit Hexan bei Zimmertemperatur entfettet und gut getrocknet worden. Die 1. Extraktion dauerte 15 Stunden, es folgten 2 weitere von je 2 Stunden Dauer. Das Verhältnis von Lösungsmittel zu Mehl betrug stets 5 : 1 (v/w). Die vereinigten Extrakte wurden nach 30 min Ultrazentrifugation bei 50000 g wenigstens 48 Stunden gegen fließendes destilliertes Wasser dialysiert. Die im Überstand der Dialyse gelösten Proteine werden als Albumine bezeichnet.

3.2. Albumingehalt der Samen

Davis [47] und Boulter und Davis [29] geben für reife Samen von *Vicia faba* L., cv. Sharpe's Conqueror, einen Albumingehalt von etwa 3% der Trockenmasse an. Eigene Bestimmungen für Mehl aus Kotyledonen von *Vicia faba*, var. *minor*, cv. 'Dornburger Ackerbohne', ergaben einen Albumingehalt von etwa 5% der TM. Rechnet man die Angaben von Kudriashowa und Lafitzkaya [112] auf die gleiche Basis um, so ergeben sich für *Vicia sativa* ebenfalls etwa 5% Albumin in der Trockenmasse. Kolobkova [102] fand für *Vicia faba* L., var. *minor*, annähernd 4% der Trockenmasse als Albumin. Solov'eva und Berezovikov [169] geben für verschiedene *Vicia*-Arten auf der Grundlage von Analysen an Samen des Erntejahres 1964 folgende Werte an: *V. narbonensis* 14,5%, *V. angularis* 5,0%, *V. sativa* 6,9%, *V. cordata* 7,0%, *V. ervila* 9,1%, *V. villosa* 7,6% des Gesamtstickstoffs der Samen. – Die Albuminanteile am Gesamtstickstoff können von Jahr zu Jahr erheblich schwanken. Dieselben Autoren analysierten Samen der genannten *Vicia*-Arten von Ernten verschiedener Jahre. Für *V. sativa* wurden dabei z. B. folgende Albuminanteile am Gesamtstickstoff gemessen: 1962: 11,6, 1963: 10,7 und 1964: 6,9%. Bei allen untersuchten Arten lag der Albumingehalt der Samen der Ernte 1964 beträchtlich unter dem der Ernte 1962. – Nilov, Utkin und Ostapenko [128] untersuchten die Samen von 20 der auf der Krim in der UdSSR vorkommenden *Vicia*-Arten, wobei sie gleichzeitig Samen derselben Arten von xerophilen und mesophilen Standorten verglichen. Der maximale Gehalt an wasserlöslichen Proteinen wurde in den Samen von *V. hybrida* mit 18,18%, das Minimum bei *V. cracca* mit 3,4% der Trockenmasse gefunden. Die xerophilen Ökotypen enthielten in der Mehrzahl der untersuchten Arten mehr Rohprotein und extrahierbare Proteine als die mesophilen.

Diese Ergebnisse machen die Schwankungsbreite sichtbar, denen der Albumingehalt von reifen Samen einer Art der Gattung *Vicia* in Abhängigkeit von den äußeren Bedingungen während Wachstum und Reifung der Früchte unterworfen ist. Entsprechendes gilt für die Anteile anderer Proteinfraktionen am Gesamteiweißgehalt der Samen.

Im Verlaufe der ontogenetischen Entwicklung an der Mutterpflanze treten ebenfalls regelmäßige Veränderungen im Albumingehalt der Samen von *Vicia faba* auf. Davis [47] und Boulter und Davis [29] fanden, daß sich entwickelnde Samen von *Vicia faba* 26 Tage nach dem Blühen etwa 1 mg Albumin-Stickstoff pro g TM enthalten. Die Albuminmenge nimmt dann bis zur Reife beinahe kontinuierlich zu und erreicht in reifen Samen annähernd 5 mg Albumin-Stickstoff pro g TM. Eine Zunahme des Anteils der Albumine an der Trockenmasse der Samen im Verlaufe der ontogenetischen Entwicklung weisen übereinstimmend auch andere Autoren nach, wenn den jeweiligen Ergebnissen auch unterschiedliche Extraktionsmethoden zugrunde liegen.

Klimenko und Berezovikov [97] zeigten, daß der mit Wasser extrahierbare Stickstoff in den Samen bei allen 3 untersuchten Varietäten von *Vicia faba* (Ernte 1958) von der „Milchreife" bis zur Vollreife zunimmt. Dabei erhöht sich auch der Anteil dieser stickstoffhaltigen Fraktionen am Gesamtstickstoffgehalt der Samen. Kolobkova [102] gliederte die Entwicklung der *Vicia faba*-Früchte nach dem Blühen in 6 Abschnitte und fand vom 1. Stadium mit 0,67 mg N/g TM bis zum 6. Stadium mit 6,05 mg N/g TM eine Zunahme des Albumin-Stickstoffs in den Samen. Allerdings stellte die Autorin zur Zeit des 3. Abschnittes mit 6,96 mg N/g TM ein erstes Maximum fest, dem im 5. Abschnitt, also kurz vor der Vollreife, mit 2,90 mg N/g TM ein Minimum folgte. Schwankungen dieses Ausmaßes sind von anderen Autoren für den Albumingehalt von sich entwickelnden Samen bei *Vicia faba* nicht berichtet worden. Auf die Abhängigkeit der mit Wasser aus den Samen verschiedener *Vicia*-Arten extrahierbaren Proteinmenge vom Reifezustand wurde bereits hingewiesen [169].

3.3. Elementar- und Aminosäurezusammensetzung

Osborne und Campbell [137, 138] führten an ihren Präparaten von Proteinen aus den Samen von *Vicia faba* sorgfältige und wiederholte Elementaranalysen aus, die für Legumelin, das ihrer Auffassung nach ein Albuminpräparat ist [138], folgende Zusammensetzung ergaben:

Art	Prozent				
	C	H	N	S	O
Vicia faba	53,03	6,97	16,22	1,33	22,48
Vicia sativa	53,31	6,97	16,24	1,11	22,37

Von Osborne und Harris [139] stammt die erste Fraktionierung des Stickstoffs der Legumelin-Fraktion. Sie fanden 0,96% als Ammonium-N, 3,42% als basischen Stickstoff, 11,10% als nichtbasischen Stickstoff und 0,44% Stickstoff im MgO-Präzipitat. Summiert man die Stickstoffmengen dieser Fraktionen, so ergeben sich 15,92% N, d. h. Osborne und Harris fanden in ihren Fraktionen 98% der in der Elementaranalyse von Osborne und Campbell [138] ermittelten Stickstoffmenge wieder.

Eine vollständige Analyse der Aminosäurezusammensetzung von *Vicia faba*-Albumin fehlt bisher.

3.4. Albumine als Komplex verschiedener Proteine

Danielsson [44] äußerte im Zusammenhang mit seinen Untersuchungen über die Samenproteine von *Pisum sativum* die Ansicht, daß es sich bei den Albuminen um einen Komplex von Proteinen mit Enzymaktivität handeln müsse. Einige der Enzyme aus der Albuminfraktion der Gartenerbse untersuchte Danielsson [43] selbst eingehender, insbesondere die Proteinasen. Mit der Entwicklung der Gelelektrophorese, speziell der Methoden der Polyacrylamidgel-Elektrophorese nach Ornstein und Davis [132], ergaben sich neue Möglichkeiten zur Untersuchung der Samenalbumine.

Fox, Thurman und Boulter [62] trennten die Albumine aus den Samen von 17 verschiedenen Leguminosenarten mit Hilfe der Dialyse gegen Wasser von den übrigen in gepufferter Neutralsalzlösung extrahierbaren Proteinen und verglichen die Muster der Proteinbanden nach elektrophoretischer Auftrennung des Albuminkomplexes in basischem Polyacrylamidgel-System. Unter den analysierten Formen befanden sich *Vicia sepium*, *V. sativa*, *V. pisiformis* und *V. dumetorum*. Die Autoren geben in der zitierten Publikation keine eingehende vergleichende Analyse der Bandenmuster, werten jedoch die Polyacrylamidgel-Elektrophorese als brauchbare Methode der Proteintrennung zu chemotaxonomischen Zwecken (s. auch 30, 32). In diesem Sinne sind später auch chemotaxonomische Vergleiche von Enzymmustern der Albumine aus verschiedenen *Vicia*-Arten, einschließlich *Vicia faba*, durchgeführt worden (s. S. 290). Bei einem Versuch, gelelektrophoretische Bandenmuster der Samenproteine von *Pisum sativum*, *Vicia faba* und *Phaseolus vulgaris* zur Charakterisierung verschiedener Kulturformen innerhalb dieser Arten zu verwenden, kamen Adriaanse und Robbers [1] zu der Auffassung, daß das Muster der Albuminbanden nur zur Unterscheidung der Arten benutzt werden kann, die

Globulinbanden, insbesondere die der Leguminfraktion, jedoch geeignet sind, verschiedene Formen innerhalb der Arten zu kennzeichen.

Davis [47] und Boulter und Davis [29] analysierten das Muster der Proteinbanden aus der Albuminfraktion von *Vicia faba* im Zusammenhang mit Untersuchungen über die Änderung der Proteinzusammensetzung in den Samen dieser Leguminose während der ontogenetischen Entwicklung und Reifung. Sie fanden am 25. Tag nach Öffnung der Blüten als geringste Anzahl 7 Proteinbanden und ein Maximum von 22 Banden am 49. Tag. Reife Samen ergaben 16 Proteinzonen im Gel. – Da die Speicherung der Reserveproteine bei *Vicia faba* in Aleuronkörnern (protein bodies) erfolgt [28, 124], war von Interesse, wie weit auch Albuminproteine in den Aleuronkörnern anzutreffen sind. Morris [124] entwickelte eine Methode zur Isolierung der Aleuronkörner und stellte die Albumine daraus nach demselben Verfahren dar, das von der Gruppe um Boulter für die Isolierung der Samenalbumine allgemein verwendet wird (s. S. 285). Morris [124] und Morris, Thurman und Boulter [125] fanden 12% Albumine unter den Eiweißen der Aleuronkörner und konnten mit der Polyacrylamidgel-Elektrophorese nach dem Verfahren nach Ornstein und Davis [132] 12 Albuminbanden nachweisen. Die Aleuronkörner verfügen demnach nicht über das vollständige Spektrum der in den Samen vorkommenden Albuminproteine. Untersuchungen über die Enzymaktivität einiger der Albuminbanden wiesen den Zusammenhang zwischen dem Enzymmuster und der Speicherung von Phytat in den Aleuronkörnern nach (s. S. 291).

In eigenen Untersuchungen fanden wir in Übereinstimmung mit den Ergebnissen von Davis [47] und Boulter und Davis [29] bei direkter elektrophoretischer Trennung von gefriergetrocknetem Albumin aus reifen Samen von

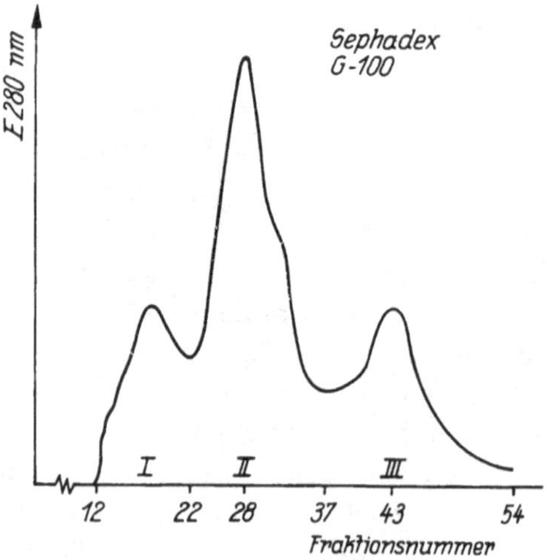

Abb. 3. Elutionsprofil der Gelfiltration von Albumin aus den Samen von *Vicia faba* an Sephadex G-100. Die römischen Ziffern kennzeichnen die peaks. Volumen einer Fraktion 3 ml

Vicia faba in 7,5%igem Polyacrylamidgel (Trenngel pH 8,9, Elektrodcnpuffer 0,005 M Tris-Glycin-Puffer pH 8,3) 16 Eiweißbanden. Eine Vortrennung der Albuminproteine mit Hilfe der Gelfiltration über eine 50 cm lange Säule von Sephadex G-100 mit 1,9 cm Durchmesser, wobei 0,01 M Phosphatpuffer, pH 6,9, als Standardlösungsmittel diente, ergab 3 Fraktionen I/G-100, II/G-100 und III/G-100 (Abb. 3), von denen sich die letzte, III/G-100, als proteinfrei erwies.

Durch Vortrennung mittels Gelfiltration und anschließende elektrophoretische Analyse der Fraktionen in basischem Puffer mit Polyacrylamid als Träger (Abb. 4) konnten 20 Albuminproteinbanden erhalten werden, die bei

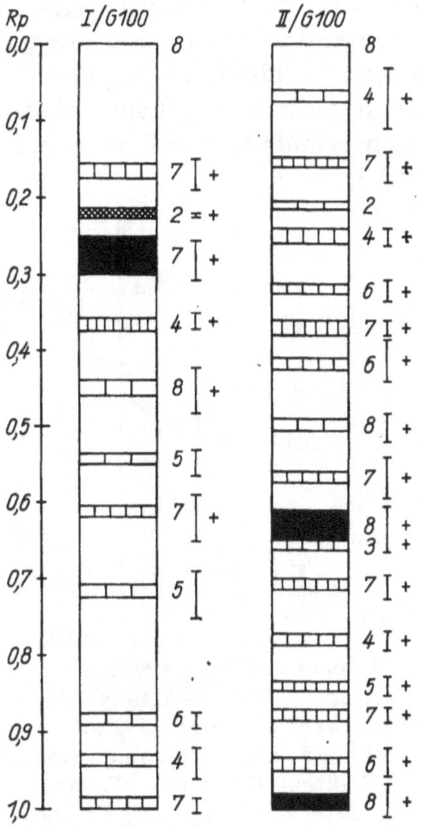

Abb. 4. Schematische Darstellung der Proteinmuster auf der Grundlage der mittleren Rp-Werte von 8 wiederholten gelelektrophoretischen Trennungen der Albuminfraktionen nach Vortrennung durch Gelfiltration. Die Rp-Werte beziehen sich auf die Laufstrecke des Indikatorfarbstoffes. Streuung der Rp-Werte und Häufigkeit des Auftretens der Banden sind neben den Schemata wiedergegeben. Die mit einem Kreuz gekennzeichneten Banden gehören in die betreffende Fraktion, alle anderen ergeben sich aus der Überlappung der Fraktionen I und II bei der Gelfiltration

8 Wiederholungen in wenigstens 50% der Fälle auftraten. 2 weitere Banden wurden in weniger als 50% der Analysen gefunden. Neben dem bei Maurer [122] unter Nr. 1 geführten basischen Gelsystem verwendeten wir auch das System 5 (Elektrodenpuffer pH 8,3, Trenngel pH 7,3, 7,5%ig), das speziell zur Trennung von stärker basischen Proteinen (kationischen Proteinen) geeignet ist, die im basischen System (Elektrodenpuffer pH 8,3, Trenngel pH 8,9) zur Kathode wandern und daher nicht erfaßt werden können. Während mit dem System 5 aus Fraktion I/G-100 der Gelfiltration keine weiteren Albuminproteine nachgewiesen werden konnten, fanden wir in Fraktion II/G-100 5 weitere Proteinbanden (Abb. 5). Damit gelang es, die Albumine aus reifen Samen von *Vicia faba* in insgesamt 27 Proteinbanden, die in Zukunft mit Hilfe enzymologischer Methoden identifiziert werden müssen, zu zerlegen.

Zur entsprechenden Testung (s. S. 295) konnte festgestellt werden, daß nur Fraktion II/G-100 Proteinaseinhibitoraktivität besitzt.

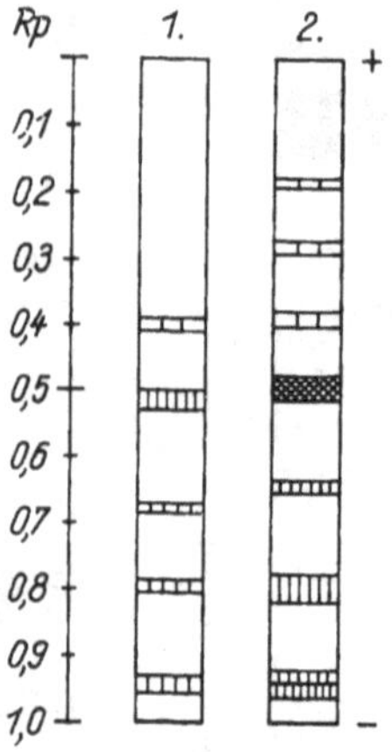

Abb. 5. Ergebnis der gelelektrophoretischen Trennung von Albumin mit System 5 nach Maurer (122): 1. Proteinmuster nach Trennung von Fraktion II/G 100, 2. Proteinmuster nach Trennung des Albumins ohne Vorfraktionierung durch Gelfiltration

3.5. Enzyme in der Albuminfraktion

Die Zuordnung der verschiedenen, an Ackerbohnensamen untersuchten und für dieses Objekt nachgewiesenen Enzyme zu den einzelnen Proteinfraktionen des Schemas von Osborne [134] wird dadurch erschwert, daß die Extraktionsmethoden für die entsprechenden Enzymuntersuchungen nur in wenigen Fällen diesem Schema folgen. Die bisherigen Enzymnachweise und Enzymuntersuchungen an Samen von *Vicia faba* erstreckten sich vorwiegend auf Enzyme des Kohlenhydratstoffwechsels und auf Nachweise an gelelektrophoretisch getrennten Albuminen.

3.5.1. Nachweise an Elektrophoresegelen

Im Zusammenhang mit ihren Untersuchungen über die Möglichkeit, durch Gelelektrophorese erhaltene Bandenmuster der Albuminproteine für chemotaxonomische Diagnosen zu verwenden, prüften Boulter, Thurman und Turner [32] die enzymatische Aktivität verschiedener Proteine im Pherogramm. Mit Hilfe der zymographischen Technik gelang es dabei, in den Albuminpräparaten aus Samen von *Vicia faba* *L*-Glutamatdehydrogenase, deren Isoenzymmuster, *L*-Lactatdehydrogenase, *L*-Malatdehydrogenase und Alkoholdehydrogenase nachzuweisen. Im Vergleich entsprechender Präparate von *Vicia faba*, *Pisum sativum* und *Phaseolus vulgaris* gaben die zymographischen Bandenmuster der Dehydrogenasen der näheren taxonomischen Verwandtschaft zwischen *Vicia* und *Pisum* Ausdruck. Die Ergebnisse dieser Untersuchungen und einer eingehenden vergleichenden Arbeit über *L*-Glutamatdehydrogenase und Formiatdehydrogenase der Albuminpräparate aus Samen von 103 verschiedenen Arten der *Fabaceae* [173] führten die Autoren zu der Erkenntnis, daß die Unterschiede in den gelelektrophoretischen Daten umso geringer sind, je einheitlicher das morphologische Merkmalsbild eines Taxon ist (zusammenfassende Darstellungen s. 30, 172).

Funktionsbezogene Analysen der Enzymaktivitäten von Proteinbanden nach gelelektrophoretischer Trennung der Albumine aus isolierten Aleuronkörnern der Samen von *Vicia faba* führten Morris [124] und Morris, Thurman und Boulter [125] aus. Unter den 12 Proteinbanden (s. S. 288) fanden sie saure Phosphatasen und Proteasen. Das Vorkommen dieser Enzyme wird von den Autoren mit dem Stoffwechsel der Proteine und des Phytates in den Aleuronkörnern in Zusammenhang gebracht. Dieselben Autoren wiesen gleichzeitig Proteasen in den Samenalbuminen von *Vicia faba* außerhalb der Aleuronkörner nach [124].

Gerbrandy und Verleur [68] untersuchten an verschiedenen stärkereichen Objekten, darunter auch Samen von *Vicia faba*, mit Hilfe gelelektrophoretischer Methoden die Beziehungen zwischen Isoenzymmuster der Phosphorylasen und Stoffwechsel der Stärke. Die Muster der phosphorolytisch aktiven Proteinbanden von Extrakten aus sich entwickelnden Samen und aus den Kotyledonen von Keimlingen unterschieden sich deutlich. In den Kotyledonen von Keimlingen wurden mehr aktive Banden als in den reifenden Samen gefunden. Die Vergleichbarkeit der Muster ist aber dadurch eingeschränkt, daß in einem Fall offensichtlich ganze Samen, im anderen jedoch isolierte Kotyledonen extrahiert wurden. – Neben den Phosphorylasen wiesen die Autoren auch Amylasen in den Extrakten durch Gelelektrophorese nach.

3.5.2. Enzyme des Kohlenhydratstoffwechsels

Über Isolierung und Eigenschaften von α-Galactosidase (EC 3.2.1.22) aus Samen von *Vicia faba* arbeiten Pridham und Mitarbeiter. Das Enzym α-Galactosidase katalysiert die hydrolytische Spaltung von α-D-Galactosylderivaten des Rohrzuckers, z. B. Raffinose, Stachyose. Die Bestimmung der Enzymcharakteristika geschah meist mit Raffinose als Substrat. Vorkommen von α-Galactosidase [149] und zwei Formen des Enzyms in ruhenden Samen konnten nachgeweisen werden [50].

Die Extraktion geschah mit McIlvaine-Puffer bei pH 4,8. Reinigung und physikochemische Untersuchung der beiden Enzyme (49, 51) ergaben:

α-Galactosidase I: 3660fache Reinigung, Molekularmasse 209000, Kohlenhydratgehalt 25%, pH-Optimum 3,5–5,5, K_m 1,14 · 10^{-3} M, V_{max} 42,1. Aktivierungsenergie 15,3 kcal/mol, bei 60 °C und pH 4,0 in 30 min Inaktivierung um 42%. – α-Galactosidase I ließ sich durch 6 M Harnstofflösung in 6 inaktive Untereinheiten zerlegen.

α-Galactosidase II: 337fache Reinigung, Molekularmasse 38000, Kohlenhydratgehalt 2,8%, pH-Optimum 4,0, K_m 6,9 · 10^{-4} M, V_{max} 2,8, Aktivierungsenergie 27,2 kcal/Mol, bei 60 °C und pH 4,0 in 30 min Inaktivierung um 80,6%.

Multiple Formen der α-Galactosidase konnten auch für *Vicia dumetorum, V. sativa, Pisum sativum* und *Phaseolus vulgaris* nachgewiesen und präpariert werden [17].

Tabelle 4

Vergleich der durch Gelfiltration bestimmten Molekularmassen der α-Galactosidasen aus den Samen verschiedener Leguminosen (17)

Enzym	*Vicia faba*	*Vicia dumetorum*	*Vicia sativa*	*Pisum sativum*	*Phaseolus vulgaris*	*Phaseolus aureus*
α-Galactosidase I	209000	195000	166000	121000	125000	109000
α-Galactosidase II	38000	57000	77000	32000	39800	38000

Saccharase-(EC 3.2.1.26) und Maltaseaktivität (EC 3.2.1.20) konnten von Pridham [149] nur bei keimenden Embryonen von *Vicia faba* nachgewiesen werden.

Hawker [76] wies eine Reihe von Enzymen der Rohrzucker-Biosynthese und -umwandlung in sich entwickelnden und in keimenden Samen von *Vicia faba* nach und untersuchte die Beziehungen zwischen den Aktivitäten dieser Enzyme und dem Stoffwechsel des Rohrzuckers auf verschiedenen Entwicklungsstufen der Kotyledonen. Analysiert wurden die Aktivitäten folgender

Enzyme: Saccharosesynthetase (EC 2.4.1.13), Invertase (EC 3.2.1.26), Saccharosephosphatase, Saccharosephosphatsynthetase (EC 2.4.1.14), saure Phosphatase (bei pH 5 mit Fruktose-6-phosphat), alkalische Phosphatase (bei pH 8,1 mit UDP sowie Fruktose-6-phosphat), Isocitratlyase (EC 4.1.3.1). In sich entwickelnden Kotyledonen herrscht die Umwandlung von Rohrzucker in Monosaccharide und Zuckernukleotide vor. Bei der Keimung überwiegt in den Kotyledonen die Rohrzuckersynthese gegenüber dem Abbau. Die hohe Aktivität der Saccharosesynthetase sowie Saccharosephosphatsynthetase in den Keimblättern während der Samenentwicklung stützen nach Meinung der genannten Autoren die Auffassung, daß Saccharosesynthetase den Rohrzuckerabbau katalysieren kann. Während der Keimung findet man hohe Aktivitäten von Saccharosephophatase und Saccharosephosphatsynthetase. Hawker verwendete Tris-HCl-Puffer (0,5 M, pH 8,7, mit Cys-HCl, EDTA und Na-DIECA) als Extraktionsmittel bei seinen enzymologischen Untersuchungen. – Das Vorkommen von Saccharosesynthetase und Saccharosephosphatsynthetase in den Samen von *Vicia faba* war bereits früher von Fekete [59, 60, 61] nachgewiesen und im Zusammenhang mit dem Stärkehaushalt der Samen untersucht worden. Bei der Isolierung und Reinigung (220fach) des Enzyms [59, 61] konnte ein Aktivator abgetrennt werden, ohne den fast keine Enzymaktivität nachweisbar ist. Der Aktivator wurde bisher nicht näher charakterisiert. Auch in den Arbeiten von Fekete [61] wird auf die Bildung von Fruktose und UDP-Glukose aus Saccharose und UDP in einer von Saccharosesynthetase katalysierten Reaktion hingewiesen, während die Saccharosesynthese vorwiegend über die Saccharosephosphatsynthetase verlaufen soll:

$$\text{UDP-Glukose} + \text{Fruktose-6-P} \rightarrow \text{Saccharose-6-P} + \text{UDP}.$$

Während in den unreifen Samen die Aktivität von Saccharosesynthetase um das 4fache höher liegt als bei Saccharosephosphatsynthetase, steigt die Aktivität des letzten Enzyms bei der Keimung in Kotyledonen stark an.

3.5.3. Proteinase

(EC 3.4.4): Die Proteinaseaktivität von Extrakten (1/15 M Phosphatpuffer) aus den Samen von 55 Leguminosenarten verglich Kudriashowa [111], wobei Casein als Substratprotein diente. Im Vergleich der Familien zeigten die 14 untersuchten Vertreter der *Vicieae* die geringsten Proteinaseaktivitäten. Aus der Gattung *Vicia* wurden analysiert: *V. villosa*, *V. tetrasperma*, *V. michauxii*, *V. artropurpurea*, *V. ludoviciana*. Alle Vertreter der Gattung *Vicia* zeigten Proteinaseaktivität. *Vicia faba* befand sich nicht unter den verglichenen Leguminosen; das Vorkommen von Proteinase unter den Albuminproteinen dieser *Vicia*-Art wiesen später Morris [124] und Morris, Thurman und Boulter [125] nach (s. S. 291).

3.5.4. Urease

(EC 3.5.1.5): Das Enzym Urease (Harnstoff-Amidohydrolase) ist zu den Globulinproteinen zu rechnen (Zusammenfassung s. 13). Sein Vorkommen in *Vicia faba* wurden von Jones [91] und Jones und Boulter [92] nachgewiesen. Der Nachweis in Samen von *Vicia sativa* gelang bereits Zemplen [200].

3.5.5. Arginase

(EC 3.5.3.1): Nachweis durch Jones und Boulter [92] in Samen von *Vicia faba.*

3.6 Andere biologisch aktive Albuminproteine

Unter den Samenalbuminen von *Vicia faba* kommen außer den Enzymproteinen zwei Gruppen von wasserlöslichen Proteinen mit besonderen biologischen Aktivitäten vor, die Proteinaseinhibitoren und die Phytohämagglutinine. Sie werden in den nächsten Abschnitten dieser Arbeit behandelt.

4. PROTEINASEINHIBITOREN

Proteinaseinhibitoren sind in Tieren und Pflanzen vorkommende Polypeptide, die die Aktivität proteolytischer Enzyme hemmen (Übersichten: 113, 117, 189). Auf dieser Eigenschaft beruhen Nachweis und Bestimmung dieser Verbindungen in biologischem Material: Die Aktivität der entsprechenden Enzyme wird ohne und mit Zusatz der zu untersuchenden Probe gemessen, der Abfall der Enzymaktivität bildet ein Maß für den Inhibitorgehalt, der sich entsprechend den inhibierten Enzymeinheiten in Inhibitoreinheiten ausdrücken läßt (66, zum Problem der Definition der Inhibitoreneinheiten vgl. auch 189).

Pflanzenmaterial wurde in erster Linie auf Trypsin- und Chymotrypsininhibitoren untersucht. Als besonders reich an solchen Inhibitoren erwiesen sich die Leguminosen, es wird sogar angenommen, daß alle Leguminosen-Arten Proteinaseinhibitoren enthalten; wo solche nicht gefunden wurden, könnte es sich um experimentelle Fehler handeln [189].

Daneben wurden bisher nur in wenigen anderen Familien Proteinaseinhibitoren nachgewiesen: bei den Gramineen in Gerste (95, 123), Weizen, Roggen (79), Reis (183) und einigen anderen Arten (119), bei den Solanaceen in Kartoffel (20, 80, 152, 153, 155), Tomate (153, 156) und Tabak (157), bei den Chenopodiaceen in *Beta vulgaris* (189) und bei den Cruciferen in einigen *Brassica* Arten und in *Raphanus sativus* (130).

Die Isolierung von Proteinaseinhibitoren wird durch „Affinitätschromatographie" erleichtert: Eine für den Inhibitor spezifische Proteinase wird kovalent an ein Trägermaterial gebunden, die den Inhibitor enthaltende Lösung wird bei einem pH-Wert, bei dem der Proteinase-Inhibitor-Komplex stabil ist, über den

Proteinaseträger filtriert, wobei der Inhibitor selektiv gebunden und – nach Elution der Begleitstoffe – z. B. durch Änderung des pH-Wertes eluiert wird [63, 64, 65; zur Darstellung unlöslicher Enzymharze vgl. auch 10, 38, 85].

Hierbei erhält man jedoch oft nicht den nativen Inhibitor. Für eine Reihe von Trypsininhibitoren wurde nachgewiesen, daß es bei der Bildung des Trypsin-Inhibitor-Komplexes zur Lösung einer Peptidbindung des Inhibitors kommt. Der resultierende, modifizierte Inhibitor, der aus zwei über Disulfidbrücken miteinander verbundenen Peptidketten besteht, wird unter physiologischen Bedingungen nicht vom Enzym abgelöst, wodurch es zur Hemmwirkung kommt [77, 78, 140].

Aus *Vicia faba* L. wurde ein Trypsininhibitor durch Extraktion des Samenmehls mit 2,5%iger Trichloressigsäure und fraktionierte Fällung der Proteine mit Ammoniumsulfat und Acton isoliert und kristallisiert [167, 168]. Das Molekulargewicht des Inhibitors liegt bei 23000, der isoelektrische Punkt wurde zu 8,6 bestimmt. Der Inhibitor ist stabil gegenüber 2,5%iger Trichloressigsäure, durch einstündiges Erhitzen bei pH 7,6 im siedenden Wasserbad wird seine Aktivität nur um 4% vermindert. Außer Trypsin hemmt er auch Acetyltrypsin, Chymotrypsin und in geringem Maße auch Papain, aber nicht Pepsin [168]. Hochstrasser und Werle [79] erwähnen die Reinigung von „höhermolekularen pflanzlichen Trypsininhibitoren" aus einer Reihe von Pflanzenarten, darunter auch *Vicia faba*, nähere Angaben über die Eigenschaften der erhaltenen Verbindung fehlen jedoch.

In ersten eigenen Untersuchungen wurde in der von uns bearbeiteten Varietät von *Vicia faba*, var. *minor*, cv. 'Dornburger Ackerbohne' – Trypsin- und Chymotrypsininhibitor-Aktivität nachgewiesen; die antitryptische Aktivität in 1 g Samenmehl liegt bei 2 IU (= Inhibitor-Einheiten, bestimmt mit N_α-Benzoyl-D, L-arginin-p-nitranilid als Substrat nach Fritz, Trautschold und Werle [66]). Beim Nacharbeiten der Isolierungsmethode von Sohonie und Ambe [167] sowie Sohonie, Huprikar und Joshi [168] wurde festgestellt, daß der Trypsininhibitor ebenfalls in 2,5%iger Trichloressigsäure löslich ist, daß aber bei der Dialyse gegen destilliertes Wasser bis zu 90% des Trypsininhibitors den Dialysierschlauch (Visking-Dialysierschlauch) passieren. Für die Visking-Dialysierschläuche wird die Ausschlußgrenze bei Molekulargewichten von 10000 bis 20000 angegeben (Katalog Serva, Feinbiochemica, 1. 9. 1971, S. 170), das Molekulargewicht des Inhibitors müßte nach unseren Befunden unterhalb dieser Werte liegen. Zu einem ähnlichen Ergebnis gelangte Grimm [72] an Trypsininhibitoren aus *Phaseolus coccineus*: Bei der Dialyse trat ein Aktivitätsverlust von 60% auf. Auf das Vorliegen unterschiedlicher Trypsininhibitoren in verschiedenen Varietäten von *Vicia faba* deuten auch Befunde von Belitz, Wagner und Weder [21] und Weder und Belitz [191] hin, die in zwei Varietäten erhebliche Unterschiede in der Thermostabilität der Trypsininhibitoren beobachteten. Gelelektrophoretisch wiesen Ortanderl und Belitz [133] in 2 Sorten von *Vicia faba* je 2 Trypsininhibitoren nach.

Ambe und Sohonie [8] fanden, daß die Trypsininhibitoraktivität bei der Keimung der Samen von *Vicia faba* und *Dolichos lablab* in allen Pflanzenteilen abnimmt. In verschiedenen Entwicklungsstadien von *Vicia faba* fällt die Trypsininhibitoraktivität in Stengeln und Blättern, in geringerem Maße auch in der Wurzel, mit zunehmendem Alter ab. In reifenden Samen dagegen steigt der Inhibitorgehalt stark an, was sich auch mit unseren Beobachtungen deckt.

Die physiologische Rolle der Proteinaseinhibitoren in der Pflanze könnte einmal in der Regulierung der proteolytischen Prozesse in der Pflanze selbst bestehen, zum anderen könnten die Proteinaseinhibitoren auch einen Schutz gegen von außen auf die Pflanze einwirkende Proteinasen (z. B. von Bakterien) bilden. Diese Ansicht wird gestützt durch die universelle Verbreitung der Proteinaseinhibitoren in den Leguminosen, die in Symbiose mit den Knöllchenbakterien leben: Die Annahme, daß das Vorkommen von Trypsininhibitoren in anderen Arten, z. B. *Solanum tuberosum, Beta vulgaris* und einigen Gramineen, im Zusammenhang mit Bakterienbesiedlung steht [189, vgl. auch 154], ist bisher unbegründet, zumal das in diesem Zusammenhang angeführte *Azotobacter* [189] zu den nichtsymbiotischen N-fixierenden Bakterien gehört.

Die Verwertung der Nahrungsproteine wird im tierischen Organismus durch Proteinaseinhibitoren gestört, da diese durch die Hemmung der Trypsin- und Chymotrypsinaktivität im Verdauungstrakt den Eiweißabbau beeinträchtigen. Versuchstiere zeigten nach Aufnahme von Trypsininhibitor-haltigem Futter Wachstumsverminderung, oft auch Pankreashypertrophie mit vermehrter Enzymsekretion [93, 115, 117, 189].

5. PHYTOHÄMAGGLUTININE

Phytohämagglutinine (PHA) sind Proteine pflanzlicher Herkunft, die Erythrocyten zu agglutinieren vermögen. Zusammenfassende Darstellungen über dieses Gebiet geben Krüpe [109], Mäkelä [120], Bird [24, 25], Tobiska [176, 177], Liener [116], Jaffé [89], Toms und Western [181]. Man unterscheidet ‚spezifische' Phytohämagglutinine, d. h. solche, die rote Blutkörperchen einer bestimmten Blutgruppe oder einer bestimmten Tierart bevorzugt agglutinieren, und ‚unspezifische', die alle roten Blutkörperchen, unabhängig von Blutgruppe oder Tierart, agglutinieren. Für die spezifischen Phytohämagglutinine wurde von Boyd und Shapleigh [34] die Bezeichnung ‚Lectine' (von lat. ‚legere' – auswählen) geprägt. Auf der Suche nach spezifischen, für die Blutgruppendiagnostik geeigneten Agglutininen wurde eine große Zahl von Pflanzenarten getestet. Von 147 untersuchten Familien gaben 79 PHA-positive Resultate, als besonders reich an phytohämagglutininhaltigen Arten erwiesen sich folgende Familien (vgl. 181):

Leguminosae, Malvaceae, Araceae und *Arecaceae*. Untersuchungen über den Ort des Vorkommens der PHA in verschiedenen Pflanzenarten stellten Krüpe und

Ensgraber [110] an: Keine der untersuchten Arten enthielt PHA in den Samenschalen und – soweit vorhanden – im Endosperm (z. B. *Sophora japonica*, *Euonymus europaea*, *E. latifolia*). Die PHA der meisten Leguminosen waren hauptsächlich in den Kotyledonen lokalisiert, bei *Phaseolus lunatus* und *Robinia pseudacacia* fanden sich die Agglutinine gleichmäßig auf Kotyledonen und Radicula verteilt, dagegen enthielt *Laburnum alpinum* PHA fast ausschließlich in der Radicula. Bei *Euonymus europaea* und *E. latifolia* erwies sich nur der Arillus als agglutininhaltig, bei *E. europaea* konnten im Gegensatz zu *E. latifolia* in Blättern und Rinde Agglutinine nachgewiesen werden, die Wurzeln beider Arten waren agglutininfrei. Bei *Laburnum alpinum*, *Cytisus praecox* und *C. supinus* fanden sich PHA in der Rinde, aber nicht in den Blättern. *Vicia cracca* enthielt Agglutinine in Samen, Wurzeln und Rinde, nicht in den Blättern. Euphorbiaceen führen Agglutinine im Milchsaft [175].

Die Agglutination der Erythrocyten wird wahrscheinlich durch Kombination der PHA mit den blutgruppenspezifischen Glykoproteinen der roten Blutzellen ausgelöst, wobei die Bindung der PHA an endständige Kohlenhydratreste, wie N-Acetyl-D-galaktosamin, D-Galaktose, L-Fucose erfolgen soll [vgl. 177]. Durch diese und ähnlich gebaute Zucker läßt sich auch die Wirkung der PHA auf Erythrocyten hemmen. Aus dieser besonderen Affinität der PHA zu Kohlenhydraten schließt Ensgraber [56], daß den PHA in der Pflanze eine besondere Rolle als Kohlenhydratspeicher- und -transportsubstanzen zukommen könnte.

Seit der Entdeckung des Ricins, eines giftigen Proteins aus *Ricinus communis* und dessen hämagglutinierenden Eigenschaften [170] werden den Phytohämagglutininen toxische Wirkungen zugeschrieben [115, 116], doch konnten Waldschmidt-Leitz und Keller [190] Ricin in eine toxische, nicht hämagglutinierende und in eine nichttoxische hämagglutinierende Fraktion trennen. Andererseits führte der Zusatz von gereinigten Phytohämagglutininen aus Sojabohne [114, 118] oder *Phaseolus vulgaris* [81, 88] zum Futter von Ratten zu einer Wachstumshemmung bei den Versuchstieren.

Ein wichtiges Anwendungsgebiet der Phytohämagglutinine, besonders aus Phaseolus-Arten, wurde von Hungerford, Donelly, Nowell und Beck [83] mit der Beobachtung erschlossen, daß PHA in der Lage sind, *in vitro* kultivierte menschliche und tierische Lymphocyten zum Wachstum und zur Teilung anzuregen. Diese mitogenetische Wirkung der PHA bietet die Möglichkeit, auf einfache und reproduzierbare Weise Zellteilungen für Chromosomenanalysen zu induzieren. Übersichten über die Anwendung von PHA zur Stimulierung menschlicher und tierischer Zellkulturen und die hierbei erhaltenen Ergebnisse finden sich bei Elves [52] und Naspitz und Richter [126].

Für die Isolierung von Phytohämagglutininen aus verschiedenen Leguminosen hat sich eine von Agrawal und Goldstein [3, 4] und Entlicher, Tichá, Koštiř und Kocourek [58] eingeführte Methode bewährt, die auf der reversiblen Bindung der PHA an Kohlenhydrate beruht. Die pflanzlichen Proteine werden durch fraktionierte Fällung mit Ammoniumsulfat vorgereinigt und die PHA-aktiven Fraktionen über eine Säule aus Sephadex G-50, G-75, G-100 oder G-200 filtriert. Die Sephadexe besitzen als vernetzte Dextran-Derivate die Eigenschaft – ähnlich wie niedermolekulare Zucker (s. o.!) – die PHA zu binden. Inerte Proteine lassen sich durch neutrale Salzlösungen aus der Säule eluieren. Durch Zusatz von Glukose zum Elutionsmittel [2, 3, 4] oder durch Erniedrigen des pH-Wertes während der Elution [58] werden die Phytohämagglutinine von Sephadex abgelöst und erscheinen in oft gelelektrophoretisch einheitlicher Form im Eluat, aus dem sie durch Dialyse und anschließende Gefriertrocknung gewonnen werden können.

Die höher vernetzten Dextrangele Sephadex G-10 und G-25 binden das Concanavalin A, das PHA aus *Canavalia ensiformis*, nicht, durch die Vernetzung sind offensichtlich die für die Bindung notwendigen OH-Gruppen blockiert worden [4]. Mit Hilfe dieser Methoden wurden PHA aus einer Reihe von Leguminosen-Arten isoliert [2, 3, 4, 9, 57, 58, 82, 174, 182, 198].

Die PHA stellen Proteine dar, in denen fast immer Kohlenhydrate gefunden wurden. Zur Natur der Kohlenhydrat-Proteinbindung gibt es unterschiedliche Meinungen. Howard, Sage, Stein, Young, Leon und Dyckes [82] schließen nicht aus, daß es sich bei dem im *Lens culinaris*-PHA gefundenen Kohlenhydratanteil von etwa 3% um bei der Aufarbeitung an das Protein gebundene Zucker handelt, die aber nicht durch kovalente Bindungen mit dem Protein verknüpft sind. Toyoshima, Osawa und Tonomura [182] beschreiben ihr ebenfalls aus *Lens culinaris* isoliertes PHA als „Glycoprotein“ mit 1,5% Glukose und 0,5% Glukosamin, nehmen also eine kovalente Bindung zwischen Protein und Kohlenhydraten an. Takahashi, Ramachandramurthy und Liener [171] fanden in einem *Phaseolus vulgaris*-PHA 10,4% kovalent gebundene Kohlenhydrate mit Mannose als Hauptkomponente und geringeren Mengen an Glukosamin, Galaktose, Arabinose, Xylose und Fucose. Dahlgren, Porath und Lindahl-Kiessling [39] wiesen in zwei aus *Phaseolus vulgaris* gewonnenen PHA N-Acetylglukosamin und Hexose als kovalent gebundene Kohlenhydrate nach. Auch Gould und Scheinberg [70] fanden in *Phaseolus lunatus*-PHA etwa 4% kovalent gebundenen Zucker. Galbraith und Goldstein (67] fanden in verschiedenen Phytohämagglutininen Mangan- und Calcium-Ionen. Durch Dialyse gegen Essigsäure/EDTA läßt sich Mn^{2+} leicht entfernen, womit auch die agglutinierende Aktivität der Präparate stark abnimmt, durch anschließende Zugabe von Mn^{2+} kann die Aktivität regeneriert werden.

In Samen von *Vicia faba* L. wurde PHA von verschiedenen Autoren nachgewiesen: Wienhaus [194], Boyd und Reguera [33], Krüpe [108], Bachrach, Gurevitch und Zaitschek [11], Mäkelä [120], Bird (24], Krasiejko [103, 104, 105, 106], vgl. auch Tobiska [177]. Der Titer aller untersuchten Extrakte von *Vicia faba* gegen Erythrocyten verschiedener Herkunft lag außerordentlich niedrig. Nach Bird [23] agglutinieren *V. faba*-Extrakte die Erythrocyten von Meerschweinchen, Kaninchen und der Blutgruppen A und O des

Menschen. Nach Perera und Frumin [145] läßt sich die agglutinierende Wirkung der *V. faba*-Extrakte durch *D*-Glukose, *D*-Fruktose und Maltose hemmen, während *D*-Galaktose und Laktose die Agglutination nicht beeinflussen. Über die mitogenetische Aktivität von *Vicia faba*-Extrakten auf Lymphocytenkulturen liegen einander widersprechende Angaben vor: Beckman, Fichtelius, Finley, Finley und Lindahl-Kiessling [19] fanden keine, Hashem und Kabartry [75] starke Aktivität.

In eigenen Untersuchungen wurde in Samen von *Vicia faba*, var. *minor*, cv. 'Dornburger Ackerbohne', Phytohämagglutinin-Aktivität gegen Erythrocyten von Kaninchen nachgewiesen, Rindererythrocyten wurden nicht agglutiniert. In Anlehnung an die oben beschriebenen Methoden konnte das Phytohämagglutinin selektiv an Sephadex G-150 gebunden, von inaktiven Proteinen abgetrennt und durch Elution mit 0,1 M Glukose in physiologischer Kochsalzlösung eluiert werden. Nach Dialyse gegen destilliertes Wasser und anschließender Gefriertrocknung erhält man ein farbloses Protein, das bei der Gelelektrophorese im alkalischen Gelsystem Nr. 1 nach Maurer und in sauren Gelen (Gelsystem Nr. 9) eine einzige verbreiterte Bande liefert. Die Ausbeute liegt bei 50–60 mg PHA aus 100 g *Vicia faba*-Samen. Nach der Dialyse liegt das PHA in wäßriger Lösung vor, während es nach der Gefriertrocknung in destilliertem Wasser und in Salzlösungen nahezu unlöslich ist; in 20%iger Saccharoselösung oder in 6 M Harnstoff ist es leicht löslich. Wahrscheinlich kommt es bei der Gefriertrocknung zur Bildung hochmolekularer Aggregate, die in Saccharose- oder Harnstofflösung wieder dissoziieren.

An Sephadex G-25 wird das *Vicia faba*-PHA in Übereinstimmung mit den an Concanavalin A erhobenen Befunden [4] nicht gebunden. Hierdurch bietet sich die Möglichkeit, die Dialyse durch Gelfiltration an Sephadex G-25 zu ersetzen.

6. GLOBULINE

6.1. Allgemeines

Die Globulin-Fraktion repräsentiert die eigentliche Speicherform der Samenproteine. Sie stellt gleichzeitig die quantitativ überwiegende Proteinform reifer Leguminosen dar. Nach unseren Untersuchungen entfallen auf die Globuline der Ackerbohne etwa 60% des mit 7,8% NaCl bei pH 6,9 extrahierbaren Stickstoffs, während die Albumine nur ca. 10% ausmachen. Wegen ihres hohen Mengenanteils haben die Globuline schon früher die Aufmerksamkeit der Forscher auf sich gezogen. Nach Osborne [134] geht die Kenntnis von salzlöslichen pflanzlichen Proteinen auf Denis 1859, Hoppe-Seyler 1866 und Weyl 1876, 1877 zurück. Bereits 1806 entdeckte Einhof in Samen der Bohnen und Linsen ein Protein, das 1827 von Braconnot den Namen ‚Legumin' erhielt und später vor allem von Ritthausen [151] und von Osborne und

Campbell [135, 136, 137, 138] untersucht worden ist, wobei allerdings die chemische Identität der Proteine problematisch erscheint. An Präparaten von Erbse, Linse, Ackerbohne und Wicke stellten Osborne und Campbell [136] fest, daß dem Legumin ein weiteres Protein beigemengt ist, das sich seiner Löslichkeit in Salzlösungen sowie seiner Elementarzusammensetzung nach vom Legumin unterscheidet und die Bezeichnung ‚Vicilin' erhielt, da es zuerst in *Vicia sativa* gefunden worden war (Tab. 5). Man machte außerdem die Erfahrung, daß aus verschiedenen Leguminosen gewonnene Präparate weitgehend identisch sind, daß aber zwischen Legumin und Vicilin chemische Unterschiede existieren, die sich vor allem im unterschiedlichen Schwefelgehalt zu erkennen geben.

Tabelle 5

Elementarzusammensetzung von Legumin und Vicilin aus verschiedenen Leguminosensamen (138)

	Legumin				Vicilin		
	Erbse	Linse	Ackerb.	Wicke	Erbse	Linse	Ackerb.
C	51,74	51,73	51,72	51,69	52,36	25,13	52,38
H	6,90	6,89	7,01	6,99	7,03	7,02	7,04
N	18,04	18,06	18,06	18,02	17,40	17,38	17,52
S	0,42	0,40	0,39	0,43	0,18	0,17	0,15
O	22,90	22,92	22,82	22,87	23,03	23,30	22,91

Neuere Erkenntnisse über die Globuline der Leguminosensamen wurden nach langer Stagnation erst gewonnen, nachdem von Sjörgen und Svedberg [166] und später von Danielsson [40, 41] die Ultrazentrifuge zur Untersuchung von Samenproteinen eingesetzt wurde. In der Folgezeit traten die Papierelektrophorese [69], die Gelfiltration [147], die Zelluloseionenaustauscher-Chromatographie [26], die Serologie [101] sowie die Polyacrylamidgel-Elektrophorese [31] hinzu (vgl. auch 192).

6.2. Isolierung der Globuline

Die präparative Darstellung der Globuline folgt im Prinzip noch heute dem von Osborne angewandten Verfahren: Entfettetes Samenmehl wird mit einer in der Regel auf den Neutralwert gepufferten NaCl- oder K_2SO_4-Lösung extrahiert, die Proteine werden mit $(NH_4)_2SO_4$ bei 70 bis 90% der Sättigung gefällt und nach Zentrifugation gegen destilliertes Wasser dialysiert, wobei die Albumine wieder in Lösung gehen, während die Globuline unlöslich bleiben, abzentrifugiert und weiter gereinigt werden können. Die Trennung der Globuline in Legumin und Vicilin erfolgt gewöhnlich durch Ausnutzung der verschiedenen isoelektrischen Punkte (Legumin: 4,8; Vicilin: 5,5) durch isoelektrische Fällung [40, 41, 42]. Dieses Verfahren bedarf mehrerer Umfällungen, um chemisch einheitliche Substanzen zu ergeben [12]. Wir haben das von Porath [148] vorgeschlagene und von Shutov und Vajntraub [161] erstmals zur Trennung der Globuline von Ackerbohnen herangezogene Verfahren der Zonen-Präzipitierung aufgegriffen und zu einer auch analytisch brauchbaren Methode weiterentwickelt. Die Methode basiert auf der Fraktionierung des in Phosphat-Citratpuffer pH 7,0 gelösten Globulins an einer mit Puffer pH 4,8 äquilibrierten Säule mit Sephadex G-75 durch Elution mit Puffer pH 7,0. Die im Durchlaufspektrophotometer „Uvicord" bei 280 mm gemessenen und regi-

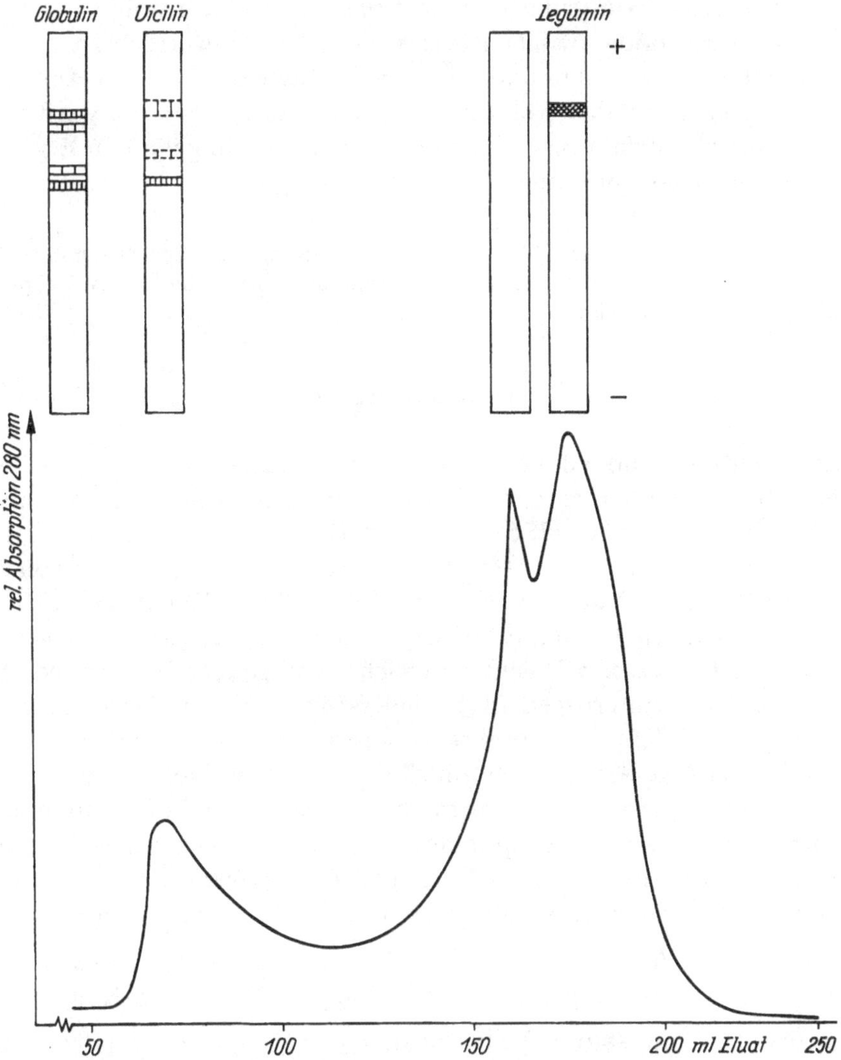

Abb. 6. Elutionskurve und Elektropherogramme einer Globulin-Trennung in Vicilin und Legumin nach dem Verfahren der Zonen-Präzipitierung an Sephadex G-75 mit McIlvaine-Puffer pH 4,8/7,0 und Polyacrylamidgel-Elektrophorese im sauren System

strierten Fraktionen werden durch Polyacrylamidgel-Elektrophorese im sauren System (pH 4,3/4,5) auf Reinheit geprüft. In Abb. 6 ist eine typische Elutionskurve mit den zugehörigen Elektropherogrammen wiedergegeben. Vicilin ist bei pH 4,8 löslich; es läuft nach dem Prinzip der Gelfiltration dem Puffer pH 7,0 voraus und wird mit dem äußeren Volumen des Gels eluiert. Legumin läuft ebenfalls der neutralen Pufferfront voraus, wird bei pH 4,8 aber ausgefällt und erst bei höheren pH-Werten wieder in Lösung gebracht. Nach einer Serie aufeinanderfolgender Fällungen und Lösungen verläßt es die Säule. Kurz vor dem Leguminpeak macht sich eine ebenfalls bei 280 nm absorbierende, bisher nicht identifizierte Verunreinigung bemerkbar, die wahrscheinlich auch für die relativ hohe Absorption zwischen beiden peaks verantwortlich ist, aber kein Protein darstellt. Die Vicilin- und Legumin-Fraktionen können gesammelt und ihre Proteingehalte mit dem Folin-Reagens quantitativ bestimmt werden. Nach unseren bisherigen Erfahrungen liegt in Übereinstimmung mit den Ergebnissen anderer Autoren das Verhältnis Vicilin : Legumin in reifen Ackerbohnensamen etwa bei 1 : 2,5 (vgl. 15).

Die von Danielsson (40, 41) ausgearbeitete gleichzeitige spektrophotometrische Vicilin- und Leguminbestimmung auf der Grundlage unterschiedlicher Tryptophangehalte hat sich nicht bewährt.

6.3. Strukturanalyse

Unsere heutigen Vorstellungen über die chemischen Strukturen der Ackerbohnenglobuline verdanken wir in erster Linie den Arbeitsgruppen um I. A. Vajntraub (Kischinjow/UdSSR) und um D. Boulter (Durham, England). Schon Danielsson [41, 42] hatte für das Vicilin und das Legumin von *Pisum sativum* isoelektrische Punkte von pH 5,5 bzw. 4,8 und Molekulargewichte von 186000 bzw. 331000 bestimmt. Shutov und Vajntraub [162] geben für Globuline aus *Vicia sativa* Molekulargewichte von 193000 bzw. 370000 an.

Samenglobuline unterliegen in besonders ausgeprägter Weise Assoziations-Dissoziations-Reaktionen, die in ihrer Intensität und Richtung von der Acidität und der Ionenstärke des Reaktionsmediums abhängen [46, 150]. Nach Vajntraub und Tuen [187] und Vajntraub [184] setzt sich das Legumin-Molekül von *Vicia sativa* aus 12 Polypeptidketten dreier verschiedener Untereinheiten mit den Molekulargewichten A = 24300, B = 37600 und C = 32600 zusammen und dissoziiert unterhalb pH 7,0 nach folgendem Schema:

$A_6B_4C_2$ ⟶	$2\,A_3B_2C$ ⟶	$4\,AB + 2\,AC$ ⟶	$6\,A + 4\,B + 2\,C$
Legumin (13 S)	7 S-Komponenten	3 S-Komponenten	2 S-Komponenten

Vicilin dissoziiert im sauren Milieu in drei 3 S-Komponenten [162, 185]. Die Neigung der Globuline zur Assoziation führt bereits unter der oxydativen Wirkung des Luftsauerstoffs zur Bildung höhermolekularer Aggregate, die das Experimentieren sehr erschweren können. Vermutlich beruht das in der Literatur oft beschriebene und auch von uns beobachtete Auftreten schlecht reproduzierbarer Bandenserien bei der Gelelektrophorese auf diesem Phänomen. Vor allem aber wird dadurch die Klärung der Frage sehr erschwert, in welchem Polymerisationszustand die Globuline *in situ* vorliegen.

Mit dem Legumin aus *Vicia faba* haben sich in letzter Zeit besonders Bailey und Boulter [12] beschäftigt. Sie fanden Leucin, Glycin und Threonin als N-terminale Aminosäuren und außerdem einen Gehalt von 0,1 % Zucker. Unter dem Einfluß von Natriumdodecylsulfat spaltete Legumin in drei Untereinheiten mit gelelektrophoretisch bestimmten Molekulargewichten von 56000, 42000 und 23000 im vermutlichen Mengenverhältnis von 1 : 3 : 6. Jackson, Boulter und Thurman [86] stellten vergleichende quantitative Untersuchungen am Vicilin und Legumin von *Pisum sativum*, *Vicia faba* und *Cicer arietinum* an und fanden, daß in beiden Globulinen Glutaminsäure und Asparaginsäure stark hervortreten. Vom ernährungsphysiologischen Standpunkt ist die Tatsache besonders hervorzuheben, daß der Gehalt an den schwefelhaltigen essentiellen Aminosäuren Methionin und Cystein im Legumin etwa doppelt so hoch ist wie im Vicilin, das sich wiederum durch einen erheblich höheren Lysin-Anteil auszeichnet. Ansonsten unterscheiden sich die gleichen Proteine verschiedener Arten weniger voneinander als Vicilin und Legumin der gleichen Species (Tab. 6). Die genannten Autoren halten es aufgrund der fingerprint-Daten tryptischer Hydrolysate sowie der von Kloz und Turková [100] angestellten serologischen Tests für wahrscheinlich, daß gewisse Abschnitte der Polypeptidketten von Vicilin und Legumin identisch oder einander doch sehr ähnlich sind. Bailey und Boulter [13] haben auch das Vicilin der Ackerbohne einer eingehenden Studie unterzogen. Danach sind Serin, Threonin, Leucin und Valin N-terminale Aminosäuren der 4 Untereinheiten, für die Molekulargewichte von 66000, 60000, 56000 und 36000 sowie 0,5 % Zucker angegeben werden. Ob die Untereinheit vom Molekulargewicht 56000 mit der entsprechenden des Legumins identisch ist, kann noch nicht entschieden werden.

Trotz beachtlicher Fortschritte im vergangenen Jahrzehnt sind wir noch weit davon entfernt, ein sicheres Bild vom molekularen Bau des Vicilins und des Legumins zu besitzen. Offenbar sind die Globuline der Ackerbohne experimentell schwerer zugänglich als z. B. die der Sojabohne, deren Aufklärung bereits weiter fortgeschritten ist. Detaillierte chemische Kenntnisse über die Reserveproteine bilden die Vorausetzung für Versuche, deren Synthese auf molekularer Ebene aufzuklären.

6.4. Lokalisation der Globuline in der Zelle

Die Globuline sind ausschließlich in den Aleuronkörnern (protein bodies) der Kotyledonen lokalisiert und in diesen von Graham und Gunning [71] mit Hilfe fluoreszierender Antikörper direkt nachgewiesen worden. Die Aleuronkörner werden im Verlauf der Samenentwicklung nach Abschluß der Haupt-

Tabelle 6

Aminosäurezusammensetzung des Mehls und einiger Proteine aus den Samen von *Pisum sativum* und *Vicia faba*; berechnet in mg Aminosäure/16 g N (30)

	Pisum sativum				*Vicia faba*			
	Mehl	Globulin	Vicilin	Legumin	Mehl	Globulin	Vicilin	Legumin
Arg	7,7	9,4	7,3	10,5	10,5	11,7	7,8	11,3
His	1.7	2,2	2,1	2,8		2,5	2,4	3,0
Lys	6,0	7,4	7,9	4,9	6,4	6,1	8,1	5,3
Tyr		3,4	3,0	3,3	3,3	3,6	3,8	3,9
Try	0,8		0,09	1,06				
Phe	4,6	4,0	6,2	4,9	3,9	4,4	6,8	4,8
Cys	1,2	0,5	0,35	0,71	0,5	0,4	0,28	0,74
Met	1,1	1,0	0,22	0,65	1,05	0,33	0,36	0,7
Ser		4,2	5,8	4,5	3,1	5,5	5,1	5,1
Thr	3,9	3,1	3,4	2,9	2,8	3,7	2,9	3,9
Leu	6,6	8,4	9,2	8,1	7,6	8,7	9,3	8,0
Ile	5,0	3,4	5,1	4,0	3,8	4,5	5,2	4,0
Val	4,6	3,9	4,6	4,6	3,8	4,8	4,3	4,4
Glu		17,4	19,3	21,1	13,8	18,3	17,6	19,2
Asp		9,6	12,0	12,5	9,5	9,5	11,9	11,0
Ala		3,8	3,0	3,7	3,3	3,7	3,1	3,9
Pro		4,1	3,5	4,3	2,4			
Gly		3,4	3,1	3,4	3,1	3,9	2,5	3,8
N-Gehalt			17,39	17,67			17,54	17,13

wachstumsphase der Kotyledonen gebildet. Dieser Phase geht eine Periode intensiver Bildung freier und membrangebundener Polysomen voraus. Die Aleuronkörner finden sich zunächst in den Zellen der äußeren Schichten der Kotyledonen, später aber in allen Teilen der Speichergewebe, vor allem in der Nähe der Vakuolen. Parallel zur Bildung der Aleuronkörner verläuft eine Zunahme des rauhen endoplasmatischen Reticulums und eine intensive Bildung elektrophoretisch dichter Massen im Cytoplasma und an den Rändern der Vakuolen, deren Erscheinung und Entwicklung denen der Aleuronkörner ähneln [36, 142; vgl. auch 73, 131]. Im frühen Stadium enthalten die Aleuronkörner zunächst Albumine; später werden sie mit Legumin und Vicilin, selten mit Vicilin allein, gefüllt [71]. Dabei hat anfangs die Vicilinsynthese den Vorrang, während sie später gegenüber der Leguminsynthese gehemmt ist [44, 98]. Aus reifen Ackerbohnensamen präparierte Aleuronkörner enthalten nach Morris, Thurman und Boulter [125] 14,1% nicht dialysierbaren Stickstoff, fast ausschließlich als Legumin und Vicilin, daneben aber auch Albumine, die nach 24stündiger Quellung der Samen proteolytische und saure Phosphatase-Aktivität zeigen. Außerdem werden 1,4% Phosphat nachgewiesen, das meist als Phytin vorliegt. RNS scheint nicht vorhanden zu sein, was gegen eine Proteinsynthese in den Aleuronkörnern spricht [5, 6, 7; 22, 180, 188, 197].

6.5. Chemotaxonomie und Evolution

Aufgrund umfangreicher immunelektrophoretischer Untersuchungen von Kloz und Turkova [100] mit Antiseren gegen Vicilin und Legumin von *Pisum sativum* ist der Schluß berechtigt, daß die fünf Gattungen des Tribus *Vicieae: Pisum, Lens, Lathyrus, Vicia* und *Cicer* sehr ähnliche Globuline besitzen. Stärker abweichend sind die Globuline der Gattungen *Glycine, Phaseolus* und *Lupinus* (vgl. auch 99, 163). Zum gleichen Resultat haben gelelektrophoretische Untersuchungen [31], Experimente mit fingerprints tryptischer Hydrolysate [87] sowie quantitative Analysen des Aminosäure-Spektrums der Globuline geführt [Tab. 6; 30). Fälle von genetischem Polymorphismus sind für das Vicilin der Erbse [84], für das Arachin der Erdnuß [178, 179] und für das Glycin der Sojabohne [30, 31] nachgewiesen worden. Bailey und Boulter [14] interpretieren die auch von anderen Autoren (186] festgestellte komplexe Struktur des Vicilins aus Ackerbohnen und anderen Vicia-Arten als Folge eines genetischen Polymorphismus. Einem tieferen Eindringen in die genetische Evolution der Globuline steht heute noch unsere ungenügende Kenntnis der Proteinstrukturen entgegen. Theoretisch ist zu erwarten, daß mutative Änderungen der Aminosäuresequenz, die bei einem enzymatisch aktiven Protein zu Fehlleistungen führen und selektiv eliminiert werden, bei einem als Speicherstoff dienenden Globulin erhalten bleiben und eine erhebliche genetische Variabilität bedingen können. Diese entzieht sich allerdings in den meisten Fällen dem Nachweis, solange die Analytik darauf beschränkt ist, pauschale Aminosäureanalysen kompliziert zusammengesetzter Globuline anzustellen, und die Aminosäurezusammensetzung von Untereinheiten oder gar die Aminosäuresequenz noch nicht angegeben werden kann [87, 127]. Vielleicht beruht ein Teil der experimentellen Schwierigkeiten bei der Untersuchung der Globuline sowie die Divergenz der Ergebnisse verschiedener Arbeitsgruppen tatsächlich auf Polymorphismus. Vom Standpunkt der Evolution aus wäre sogar die Vorstellung möglich, daß eine durch mRNS codierte Polypeptidkette der Globuline sekundäre Umwandlungen erleiden kann, ohne in ihrer Funktion als Reserveprotein beeinträchtigt zu werden. Gegenwärtig liegen jedoch noch keine experimentellen Befunde vor, die diese Hypothese stützen könnten.

7. BIOSYNTHESE DER SAMENPROTEINE

Fast gleichzeitig mit der Analyse der Samenproteine begannen in der 2. Hälfte des 19. Jahrhunderts auch Untersuchungen über deren Biosynthese. Bis zur Mitte des 20. Jahrhunderts führten diese Bemühungen jedoch nicht über eine Beschreibung der Wechselbeziehungen zwischen verschiedenen Organen der Pflanzen bei der Biosynthese von Samenproteinen hinaus, wobei vorwiegend mit der Methode der Stickstoffbilanzierung gearbeitet wurde. Es überwog dabei die qualitative Analyse dieser Beziehungen, denn infolge des komplizierten Zusammenwirkens verschiedener Organe bei der Bereitstellung der Proteinbausteine stößt eine detaillierte quantitative Untersuchung der Verhältnisse noch heute auf erhebliche Schwierigkeiten. Erneuten Auftrieb erhielt die Erforschung der Proteinbiosynthese in Pflanzensamen nach der Entdeckung der molekularbiologischen Prinzipien dieses wichtigen Stoffwechselprozesses und durch die Entwicklung der modernen biochemischen Analysenmethoden, einschließlich analytischer Ultrazentrifugation, und der Elektronenmikroskopie.

7.1. Untersuchungen vor Entdeckung der molekularbiologischen Prinzipien der Proteinbiosynthese

Durch quantitative Bestimmung des Stickstoffgehaltes verschiedener Fraktionen löslicher und unlöslicher stickstoffhaltiger Verbindungen im Verlaufe der ontogenetischen Entwicklung der Organe von *Vicia faba*, var. *major*, versuchte Emmerling [53, 54, 55] Aufschluß darüber zu gewinnen, welches die Ausgangsstoffe für die Biosynthese der Proteinbausteine, die Syntheseorte für diese Bausteine und die Transportwege sein könnten. Er stellte den Nitrattransport durch die Sproßachse fest, vermutete im Nitratstickstoff die Quelle des Aminostickstoffs, nahm Blätter und Früchte als

Orte der Nitratreduktion an und maß den Säureamiden eine Rolle im Zusammenhang mit Proteinabbau, Verlagerung von Proteinbausteinen und Proteinbiosynthese zu. In der Fruchtregion hat Emmerling [54] im Verlaufe der ontogenetischen Entwicklung der Hülsen eine Verarmung an Protein gemessen, die wahrscheinlich zugunsten der Proteinbildung in den Samen erfolgt. Während der Samenreifung konnte derselbe Autor eine ständige Zunahme des Proteingehaltes und des Anteils der Proteine am Gesamtstickstoffgehalt ermitteln. – In diesen Arbeiten sind bereits Grundgedanken über die Zusammenhänge zwischen Frucht- und Blattentwicklung enthalten, die in späteren Untersuchungen anderer Forscher bestätigt werden konnten. Während Schulze und Winterstein [160] bei Untersuchungen an *Pisum sativum* und *Phaseolus vulgaris* bestätigten, daß die relative Menge Nichtprotein-Stickstoff in den Samen mit zunehmendem Reifegrad abnimmt, sprachen sie sich gegen die Auffassung aus, daß die Samenproteine auf Kosten dieser Nichtprotein-Verbindungen synthetisiert werden, denn eine Abnahme der absoluten Menge an Nichtprotein-Stickstoff ließ sich nicht nachweisen. Die Autoren dieser Arbeit folgerten daraus, daß die aus anderen Pflanzenteilen herantransportierten stickstoffhaltigen Proteinbausteine sehr rasch in die Samenproteine eingebaut werden müssen, wenn sich die absolute Menge an stickstoffhaltigen Nichtproteinverbindungen in den Samen während der Reifung nicht wesentlich verändert. Eine der Quellen für Proteinbausteine sollten nach diesen Vorstellungen die Hülsen sein, in denen während der Fruchtreifung eine Abnahme des Protein-N-Gehaltes auf 30% und der Nichtprotein-N-Menge auf 8% des anfänglichen Höchstbetrages gemessen wurde. Petrie [146] sieht nach entsprechenden Untersuchungen bei *Vicia sativa* und *V. faba* eher in den Aminosäuren als in den Säureamiden diejenigen Verbindungen, aus denen die Proteine hervorgehen. Diese Proteinbausteine sollen in den Blättern synthetisiert werden. Sie entstehen auch beim Abbau von Blattproteinen und werden in die Samen transportiert, wo sie erneut zum Proteinaufbau dienen.

Vor 60 Jahren waren damit Grundkenntnisse über die Proteinbiosynthese in Leguminosensamen vorhanden, die in den folgenden 50 Jahren keine entscheidenden Erweiterungen oder Veränderungen erfahren haben. Die Bausteine der Samenproteine, die Aminosäuren, stammen aus Blättern und Hülsen (heute muß auch die Wurzel als Bausteinquelle angesehen werden, speziell bei symbiotischer Stickstoffernährung), wo die Aminosäuren *de novo* synthetisiert werden bzw. beim Abbau von Proteinen entstehen. Die Proteinbausteine werden in die Samen transportiert und dort zum Aufbau der Samenproteine verwendet. Der Anteil dieser Sameneiweiße an der Trockenmasse der Samen nimmt während der Reifeperiode auf Kosten der stickstoffhaltigen Verbindungen in Hülsen und Blättern zu.

Während der letzten 10 Jahre ist die Ackerbohne erneut als Objekt von Untersuchungen über Verlauf und Mechanismus der Samenproteinbiosynthese stark in den Vordergrund gerückt.

7.2. Molekularbiologische Vorgänge bei der Biosynthese von Proteinen in den Samen von *Vicia faba*

Die bisherigen Ergebnisse der Untersuchungen über die molekularbiologischen Vorgänge bei der Proteinbiosynthese in höheren Pflanzen sind zuletzt von Boulter [27] zusammenfassend dargestellt worden. Es besteht kein Zweifel daran, daß das Prinzip dieser Vorgänge dem modellmäßig bei Bakterien, insbesondere *Escherichia coli*, erforschten und entwickelten Schema entspricht [158]. Dabei sind die Mechanismen der Proteinbiosynthese in den partiell genetisch autonomen Organellen Mitochondrien und Plastiden weitgehend mit denen der Bakterien identisch, während zwischen cytoplasmatischer Proteinbiosynthese bei Eukaryoten und dem Mechanismus bei Bakterien, Mitochondrien und Plastiden zwar nicht im Prinzip aber im einzelnen einige Unterschiede vorhanden sind [141]. In den reifenden Samen von *Vicia faba* sind die Kotyledonen die Orte der Reserveproteinbiosynthese und -speicherung, wobei letztere auf besondere Organelle, die Aleuronkörner oder 'protein bodies' (s. S. 303), konzentriert ist. Die Biosynthese der Reserveproteïne ist an den cytoplasmatischen Apparat gebunden und scheint nach bisherigen Untersuchungen von Boulter [28] außerhalb der Aleuronkörner an den cytoplasmatischen Ribosomen zu erfolgen.

Nachweislich besteht auch bei höheren Pflanzen das für die eigentliche Biosynthese der Proteine erforderliche System der biochemischen Komponenten aus der in Lösung befindlichen Fraktion, die den Komplex der Faktoren für die Aminosäureaktivierung und die erforderlichen Ionen, insbesondere Mg^{2+}, umfaßt, und der Partikelfraktion, d. h. den vollständigen Ribosomen mit der in mRNS verschlüsselten genetischen Information für die Aminosäuresequenz des betreffenden Polypeptids. Der Vorgang der Biosynthese läßt sich ebenso wie für bakterielle Systeme in 4 Schritte gliedern: Aminosäureaktivierung, Initiation der Polypeptidbiosynthese, Elongation der Polypeptidkette und Termination der Biosynthese des betreffenden Polypeptidmoleküls. Für Vorkommen und Analogie eines Teils dieser Prozesse liegen bei der Biosynthese von Proteinen in den Samen von *Vicia faba* Beweise vor, die unter Verwendung eines *in vitro*-Systems, bestehend aus den üblichen Komponenten [27], erhalten worden sind.

Yarwood, Boulter und Yarwood [195] isolierten aus sich entwickelnden Bohnen von *Vicia faba* L. drei $tRNS^{met}$-Spezies, die in Analogie zu früheren Ergebnissen anderer Autoren bei Weizen mit $tRNS_1^{met}$, $tRNS_2^{met}$ und $tRNS_3^{met}$ (Reihenfolge des Erscheinens im Eluat bei Ionenaustauscherchromatographie an Zellulosederivaten) bezeichnet wurden.

Von diesen 3 $tRNS^{met}$-Spezies ließ sich nur $tRNS_3^{met}$ durch die entsprechenden *E. coli*-Enzyme acylieren und formylieren, nicht dagegen $tRNS_1^{met}$ und $tRNS_2^{met}$. Testung in einem cytoplasmatischen *in vitro*-System aus der Ackerbohne (Ribosomen aus der Plumula 3 Tage alter Keimlinge, Enzymfraktion aus sich entwickelnden Bohnen) zeigte, daß met-tRNS$_1^{met}$ bevorzugt Methionylreste in die N-terminale Position des durch Poly-AUG und Poly-UG codierten Polypeptids dirigierte, met-tRNS$_2^{met}$ dagegen in Positionen innerhalb der Polypeptidkette. Demnach dürfte die Spezies tRNS$_1^{met}$ die der tRNS$_F^{met}$ aus Bakterien, Mitochondrien und Plastiden analoge Funktion im cytoplasmatischen System von *Vicia faba* haben. Der gefundenen tRNS$_3^{met}$ wird dagegen eine Funktion im mitochondrialen bzw. Plastiden-System zugeschrieben, zumal tRNS$_3^{met}$ auch in weit geringerer Menge als die Spezies 1 und 2 in den Ackerbohnenpräparaten gefunden worden sind.

Ein *in vitro*-System für Proteinbiosynthese aus 60 Tage alten, reifenden Samen von *Vicia faba* L. ist durch Payne, Boulter, Brownrigg, Lonsdale, Yarwood und Yarwood [143] beschrieben worden. Die Inkorporation von ^{14}C-phe erfolgte sowohl mit dem natürlichen, in isolierten, membrangebundenen Ribosomen enthaltenen Messenger, als auch mit Poly-U und der Monosomenfraktion. Die Identität des reinen Elongationssystems aus *Vicia faba* mit jenem aus anderen Objekten analysierten Yarwood, Payne, Yarwood und Boulter [196] mit Hilfe der Poly-U-dirigierten *in vitro* Biosynthese von Poly-phe an *Vicia faba*-Ribosomen. Durch Zugabe von phe-tRNS^{phe} war die Verwendung eines Aminosäure aktivierenden Systems dabei überflüssig. Die Autoren konnten 2 thermolabile Faktoren isolieren, von denen der eine für die GTP-abhängige Bindung von phe-tRNS^{phe} verantwortlich und der andere an der eigentlichen Peptidsynthese beteiligt ist.

Durch Präinkubation des Systems mit deacetylierter tRNS^{phe} ließ sich in Analogie zu Befunden an Reticulocyten- und *E. coli*-Systemen zeigen, daß der Mg^{2+}-Bedarf der Polypeptidbiosynthese in der nachfolgenden 2. Inkubation von 7mM ohne Präinkubation auf 4 mM gesenkt wird. Aus diesen Ergebnissen folgern die Autoren, daß das Elongationssystem von *Vicia faba* demjenigen anderer Organismen entspricht und damit ein *in vitro*-System zur Proteinbiosynthese aus *Vicia faba* für molekularbiologische Untersuchungen geeignet ist.

7.3. Änderungen der Aktivität des Proteinbiosynthesesystems im Verlaufe der ontogenetischen Entwicklung der Früchte von *Vicia faba*

Die ontogenetische Entwicklung der Samen von *Vicia faba* var. *minor* verläuft in aufeinanderfolgenden Etappen, die durch bestimmte zellmorphologische und physiologisch-biochemische Eigenarten charakterisiert sind. Neben Grzesiuk, Mierswinska und Sojka [73], welche 3 verschiedene Entwicklungsetappen feststellten, hat sich besonders die Arbeitsgruppe von Boulter (England) mit dem Aktivitätswechsel des Protein synthetisierenden Systems in Zusammenhang mit den funktionsbedingten Änderungen der submikroskopischen Struktur der Kotyledonzellen beschäftigt.

Briarty (35) und Briarty, Coult und Boulter (36) gliedern die Ontogenese der Reserveproteine speichernden Kotyledonenzellen in 4 Phasen. Die erste umfaßt die Periode aktiver Mitosen im Kotyledonarbereich. Die mitotische Aktivität sinkt etwa 25 Tage nach Vollblüte stark ab. Bis zum 35. Tag zeigen sich nur noch wenige Mitosefiguren. Danach sind gar keine Mitosen mehr feststellbar. Während der ersten Phase nimmt der Embryo nur wenig an Volumen zu.

Die zweite, vom 25.–35. Tage währende Phase ist durch beginnende Vakuolisierung der Kotyledonenzellen charakterisiert. Diese Phase dauert bis kurz vor Beginn der Reserveproteinablagerung. In diese Phase fällt der maximale Wassergehalt der Kotyledonen mit etwa 87% der FM. Die Integumente machen die Hauptmasse der Samen aus. Die Zahl der Ribosomen nimmt während der 2. Phase in den Kotyledonarzellen erheblich zu. Die Ribosomen treten als Monosomen, Polysomen und auf der Oberfläche des endoplasmatischen Reticulums auf.

Während der nun folgenden dritten Phase findet die Biosynthese der Reserveproteine und deren Einlagerung in die Aleuronkörner statt. Daneben erfolgt die Kohlenhydratspeicherung in Form von Stärkekörnern. Die 3. Phase dauert etwa vom 35. bis 90. Tag nach Vollblüte. Die Aleuron- und Stärkekörner füllen die Kotyledonenzellen am Ende der 3. Phase nahezu prall aus. Der Plasmaschlauch mit dem Zellkern bildet nur noch einen dünnen Belag an der Zellwand. Beginnender Wasserverlust und zunehmende Trockenmasse der Kotyledonen sind außerdem für die 3. Periode typisch.

Im vierten Entwicklungsabschnitt kommt es zur endgültigen Reifung der Samen, charakterisiert durch Abnahme des Wassergehaltes bis auf 10–15% in den lufttrockenen Samen.

Payne und Boulter [142] und Payne, Brownrigg, Yarwood und Boulter [144] analysierten durch Rohrzuckergradientenzentrifugation der Ribosomen, *in vitro*-Inkorporation von ^{14}C-phe mit und ohne Poly-U an isolierten Ribosomen und durch Verwendung der Technik von Bailey, Cobb und Boulter [15] zur Inkorporation ^{3}H- oder ^{35}S-markierter Aminosäuren in ultradünne Kotyledonenschnitte mit anschließender elektronenoptischer Autoradiographie die Beziehungen zwischen Entwicklung der Reserveproteinbiosynthese, der Aleuronkörner und des Proteinbiosyntheseapparates während der Ontogenese der Kotyledonen. In der zweiten Phase zeigten sich im Elutionsprofil nach Ribosomenfraktionierung 2 peaks, die einer Mono- und einer Polysomenfraktion entsprachen. Der später in Verbindung mit der Biosynthese der Reserveproteine auftretende peak membrangebundener Ribosomen fehlt in der 2. Phase noch, ist jedoch ganz typisch für 50 und 60 Tage alte Samen. Gegen Ende der 3. Phase fehlt dieser peak bereits wieder; bis zum 100. Tag nach Vollblüte verschwinden auch die in unterschiedlicher Zahl auf verschiedenen Entwicklungsetappen vorkommenden Polysomenpeaks, und reife Samen enthalten ganz überwiegend Monosomen. Durch Versuche mit Einbau von ^{3}H-Uridin in die rRNS der Ribosomen konnten die Autoren zeigen, daß die membrangebundenen Ribosomen *de novo* synthetisiert werden und nicht aus schon vorhandenen freien Ribosomen hervorgehen. Die Inkorporation der markierten Aminosäuren erfolgt während der 3. Phase ganz überwiegend in die Reserveglobuline Legumin und Vicilin, die in den

Aleuronkörnern lokalisiert sind (s. S. 303). Die Tatsache, daß es nicht gelang, in den Aleuronkörnern RNS und Ribosomen als Bestandteile des Proteinbiosyntheseapparates nachzuweisen, und das zeitliche Zusammentreffen von Entwicklungshöhepunkt des rauhen endoplasmatischen Reticulums (membrangebundene Ribosomen) in den Kotyledonarzellen mit dem Maximum der Biosynthese der Reserveglobuline, Legumin und Vicilin, legen den Gedanken an eine Biosynthese der Polypeptidketten dieser Proteine außerhalb der Aleuronkörner an membrangebundenen Ribosomen nahe. Das endoplasmatische Reticulum könnte am Transport der synthetisierten Polypeptide zum Speicherort beteiligt sein.

8. SCHLUSSBEMERKUNGEN

Eng verknüpft mit der Entwicklung moderner analytischer und präparativer Methoden ist in den letzten Jahren ein bedeutender Fortschritt bei der Erforschung der Proteine und Proteinbiosynthese in Samen von *Vicia faba* erreicht worden, so daß dieses Objekt neben *Pisum sativum*, *Glycine max*, *Arachis hypogaea* und *Phaseolus vulgaris* zu den am besten untersuchten Leguminosen gehört. Besonders erfolgreich ist über die quantitative Bestimmung, Isolierung, biochemische und physiko-chemische Charakterisierung der Reserveglobuline Legumin und Vicilin sowie über den Aktivitätswechsel des Proteinbiosyntheseapparates im Verlaufe der Fruchtentwicklung gearbeitet worden. Daher besitzen wir heute detaillierte Kenntnisse über den Ablauf der Reserveproteinbiosynthese in den Kotyledonen der Samen von *Vicia faba* und damit in Zusammenhang zu bringende submikroskopische Strukturänderungen in den Kotyledonenzellen. Über Steuerung und Regulation dieser Prozesse wissen wir jedoch nach wie vor sehr wenig.

Eine markante Cäsur in der ontogenetischen Entwicklung des Embryos von *Vicia faba* stellt das Ende der 2., durch Differenzierung des Embryos auf der Basis von Mitosen gekennzeichneten Entwicklungsphase dar, während der die Reserveglobuline und deren Speicherorganelle, die Aleuronkörner (protein bodies), nicht in den Kotyledonenzellen vorhanden sind. In der 2. Phase beginnt eine intrazelluläre Differenzierung des überwiegenden Teiles der Kotyledonenzellen, wodurch die Speicherung der Reservestoffe eingeleitet wird, während die Mitosen in diesem Bereich des Embryos gleichzeitig eingestellt werden. Die 3. Phase zeichnet sich durch eine Biosynthesekapazität aus, die vorherrschend auf die Bildung von Reservekohlenhydraten, insbesondere Stärke und Reserveglobulinen, speziell Vicilin und Legumin, gerichtet ist. Eine so tiefgreifende Änderung von Zellstruktur und der von ihr getragenen Stoffwechselaktivität, wie sie beim Übergang von der 1. zur 2. und 3. Phase beobachtet wird, kann als Realisierung eines bis dahin maskierten Teiles der genetischen Information der DNS angesehen werden.

Stärke- und Proteinbiosynthese unterscheiden sich maßgeblich dadurch, daß als Voraussetzung für die Stärkesynthese nur die genetische Information für eine begrenzte Anzahl von Enzymproteinen realisiert werden muß, dagegen im Falle der Globulinbiosynthese auch die genetische Information für den Komplex der aminosäurespezifischen tRNS und Aminoacyl-tRNS-Synthetasen, den ribosomalen Biosyntheseapparat und die Polypeptidketten der Globuline. Der gesamte Apparat für die Biosynthese von Reserveglobulinen ist offensichtlich nur während einer verhältnismäßig kurzen Zeit (etwa 2–3 Wochen), aktiv. Wie die Untersuchungen der Gruppe von Boulter über die Ribosomenmuster in Zusammenhang mit der Proteinbiosyntheseaktivität während der Samenontogenese zeigten, ist der erforderliche Syntheseapparat wahrscheinlich auch nur während dieser Zeit vorhanden, und er scheint auch für die Biosynthese der Polypeptidketten von Reserveglobulinen spezifisch zu sein. Diese Eigenarten zusammen mit dem zeitweiligen mengenmäßigen Vorherrschen des Biosyntheseapparates und der von ihm gebildeten Globuline prädestinieren die Samen von *Vicia faba* und anderen großsamigen Leguminosen als Objekte für molekularbiologische Untersuchungen über die Proteinbiosynthese im Cytoplasma höherer Pflanzen und deren Regulation. Eine der Voraussetzungen für einen Fortschritt in dieser Richtung werden die Präparation, Sequenzanalyse und genaue Charakterisierung jener Polypeptidketten bringen, die Bausteine der Reserveglobuline sind, und damit auch als Produkte einer *in vitro* Biosynthese mit natürlicher mRNS in Frage kommen, wenn es ausgehend von den oben geschilderten Eigenarten der Globulinbiosynthese im Verlaufe der Samenontogenese in Zukunft einmal gelingen sollte, entsprechende mRNS zu isolieren.

Präparation, Charakterisierung und Sequenzanalyse der Polypeptidketten von Reserveglobulinen aus *Vicia faba* und anderen Leguminosen sind jedoch auch aus chemotaxonomischer Sicht von Interesse, da sich gezeigt hat, daß sowohl Vicilin als auch Legumin Polypeptidketten mit gleichen relativen Molekularmassen enthalten (56000 d). Sollte sich bei näherer Charakterisierung und Sequenzanalyse weitergehende Übereinstimmung zwischen den Polypeptidketten mit gleichen relativen Molekularmassen ergeben, so ließen sich daran Untersuchungen über die biogenetischen Beziehungen zwischen Vicilin und Legumin anknüpfen und gleichfalls daraus wichtige taxonomische Schlüsse ziehen.

Die bisherigen Untersuchungen über den Ort der Biosynthese von Reserveglobulinen bei *Vicia faba* deuten darauf hin, daß dieser außerhalb der Speicherorganelle (Aleuronkörner) liegt. Im Zusammenhang damit, daß Beziehungen zwischen membrangebundenen Ribosomen und Biosynthese der Globuline postuliert werden, ergibt sich die Frage nach dem Transport der Polypeptidketten in die Aleuronkörner und der abschließenden Vereinigung der Polypeptide zu den nach Extraktion als Vicilin und Legumin trennbaren Globulinen. Dabei ist keinesfalls sicher, daß Vicilin und Legumin als Präparate auch den nativen Proteinen innerhalb der Aleuronkörner entsprechen. Die Änderungen in den Löslichkeitseigenschaften der Globuline, welche im Verlaufe des Präparationsvorganges allgemein beobachtet werden, sprechen gegen eine solche Identität. Man könnte annehmen, daß die Globuline innerhalb der Aleuronkörner als ein Komplex aus sich gegenseitig stabilisierenden Proteinen existieren, der im Verlaufe der Präparation in bestimmter Weise verändert wird, so daß sich die als Legumin und Vicilin bezeichneten Globuline ergeben.

Ein Fortschritt bei der Erforschung der Regulationsvorgänge im Zusammenhang mit der Proteinbiosynthese während der Samenontogenese ist zu erwarten, wenn die Frucht der Leguminosen stärker als bisher als ganzes Organ angesehen wird. In der ersten Phase der Ontogenese dieses Organes entwickeln sich die aus dem Fruchtblatt gebildete Hülse und die aus den Integumenten hervorgehende junge Testa massenmäßig weit stärker als der Embryo. Hülse und Testa bilden zu dieser Zeit die Attraktionszentren für Stoffe, die mit dem Transportstrom aus vegetativen Organen in die generativen Organe gebracht werden. Zu einem späteren Zeitpunkt der Fruchtontogenese befindet sich dieses Attraktionszentrum in den Kotyledonenzellen, wo auf der Basis eines anderen Teils der genetischen Information der Art *Vicia faba* neue massenmäßig überwiegende Reserveproteine und -kohlenhydrate synthetisiert werden. Die Hülse und Testa sind zu diesem Zeitpunkt Donatororte für Bausteine der Reservestoffe. Verlagerung des Attraktionszentrums im Fruchtbereich sowie Steuerung und Regulation der Biosynthese von Reserveproteinen dürften miteinander zusammenhängen und können nicht ohne Untersuchung der Phytohormone und Phytohormonwirkungen in den generativen Organen aufgeklärt werden.

Zusammenfassung

Der gegenwärtige Stand der Untersuchungen über die Samenproteine der Ackerbohne und ihre Biosynthese wird zusammenfassend dargestellt.

Die Ackerbohne (*Vicia faba*) gehört zu den ältesten Kulturpflanzen. Sie wird gegenwärtig in fast allen Teilen der Welt angebaut und ist in vielen Ländern ökonomisch von erheblicher Bedeutung. In der DDR liegt sie hinsichtlich ihres Korn- und Proteinertrages je Flächeneinheit an der Spitze aller Körnerleguminosen. Ihr Nährwert wird allerdings durch einen Mangel an schwefelhaltigen, essentiellen Aminosäuren, vor allem an Methionin, beeinträchtigt.

Albumine und Globuline sind die vorherrschenden Proteinformen. Die Albumine repräsentieren etwa 10% des Gesamt-Stickstoffs reifer Samen. Sie stellen vorwiegend Enzymproteine dar und können mit Hilfe der Gelfiltration und anschließender Diskelektrophorese in mindestens 27 Fraktionen zerlegt werden. Das Muster der Albuminbanden unterliegt bestimmten Veränderungen während der Samenentwicklung und zeigt innerhalb der Gattung *Vicia* artspezifische Unterschiede, so daß es gemeinsam mit dem der Globulinbanden chemotaxonomisch ausgewertet werden kann. Die zur Albuminfraktion zählenden Trypsininhibitoren sind in 2,5%iger Trichloressigsäure lösliche Proteine von niederem Molekulargewicht. Die ebenfalls zu den Albuminen gehörenden Phytohaemagglutinine (Lectine) lassen sich durch Adsorption an Dextrangele und nachfolgende Elution mit Zuckerlösungen in reiner Form darstellen. Sie haben in neuerer Zeit wegen ihrer mitogenetischen Aktivität gegenüber Lymphocyten besonderes Interesse gefunden.

Die Globuline machen etwa 60% des Gesamt-Stickstoffs reifer Samen aus und stellen die eigentlichen Reserveproteine dar. Sie bestehen aus den Komponenten Vicilin und Legumin, die im Verhältnis von ca. 1 : 2,5 vorliegen und auf Grund ihrer unterschiedlichen isoelektrischen Punkte getrennt werden können. Wahrscheinlich ist das Vicilin aus vier, das Legumin aus drei Untereinheiten zusammengesetzt. Die Globuline sind ausschließlich in den Aleuronkörnern (protein bodies) der Kotyledonen lokalisiert, die außerdem noch etwa 12% Albumine enthalten. Ihrem serologischen Verhalten und ihrer Aminosäurezusammensetzung nach bestehen zwischen den Globulinen taxonomisch verwandter Leguminosen große Ähnlichkeiten.

Die Biosynthese der Globuline erfolgt wahrscheinlich außerhalb der Aleuronkörner an cytoplasmatischen Ribosomen, die mit dem endoplasmatischen Reticulum assoziiert sind. Teilschritte sind an Präparaten aus reifendem Samen von *V. faba* auf molekularer Ebene nachgewiesen worden. Die Globulinsynthese setzt erst etwa 35 Tage nach der Blüte ein und ist neben der Stärkeakkumulation für etwa 3 Wochen der vorherrschende Syntheseprozeß. Der Wechsel der physiologischen Aktivität des Samens von der Wachstumsphase zur Phase der Globulinsynthese setzt einen Schaltmechanismus voraus, für den verschiedene Angriffspunkte diskutiert werden.

Summary

Proteins and protein synthesis in seeds of *Vicia faba* L.

A review is given on contemporary knowledge of seed proteins and protein synthesis in the broad bean, *Vicia faba* L.

The broad bean represents one of our oldest crop plants. It is cultivated in almost all parts of the world, being of considerable economical importance in many countries. In the German Democratic Republic it produces highest yields per area among all grain pulses with respect to the amount of seeds and proteins harvested. Its nutritive value is however restricted by lack of some essential sulphur containing amino acids, mainly of methionine.

Within broad bean seeds albumins and globulins are predominating. Albumins represent about 10% of the total nitrogen from mature seeds, most of them are enzymes. They are separated by gel filtration and disk electrophoresis into at least 27 fractions. The pattern of albumin bands on polyacrylamide gels is subject to distinct changes during seed development, presenting species specific differences within the genus *Vicia*, which are taxonomic relevant together with the pattern of globulin distribution. Part of the albumin fraction is constituted by trypsin inhibitors and phytohemagglutinins. Trypsin inhibitors are proteins of low molecular weight, soluble in 2.5% trichloroacetic acid. Phytohemagglutinins (lectins) are quite easily prepared in pure condition by absorption on dextran gels and elution with sugar solution. Recently they have attracted considerable interest owing to their mitogenetic activity towards lymphocytes.

Essentially, globulins are the reserve proteins of *Vicia faba* seeds, representing about 60% of their total nitrogen. They consist of vicilin and legumin with a ratio of about 1 : 2.5. Methods for separating globulins are based on differences of their respective isoelectric points. Vicilin and legumin are probably composed of four and three subunits, respectively. Globulins are exclusively located within the protein bodies of the cotyledons together with about 12% albumins. Globulins of closely related legumes are quite similar as demonstrated by serological reactions and amino acid composition.

Biosynthesis of globulins probably occurs outside the protein bodies on cytoplasmic ribosomes, which are associated with the endoplasmatic reticulum. A number of biosynthetic reactions has been demonstrated with preparations from maturing broad bean seeds *in vitro* on a molecular level. Globulin synthesis starts about 35 days after flowering. Besides starch synthesis it is the predominating synthetic process for about three weeks. The change of physiological activity within a seed from the growth phase to the phase of globulin synthesis involves a trigger system, for which different mechanisms are discussed.

Краткое содержание

Протеины и их биосинтез в семенах *Vicia faba* L.

В работе резюмируется современное состояние исследований протеинов семян конских бобов и их биосинтеза.

Конские бобы (*Vicia faba*) принадлежат к древнейшим культурным растениям. В настоящее время их возделывают почи во всех частях света и их культура имеет во многих странах важное экономическое значение. В ГДР конские бобы занимают первое место среди зерновых бобовых по урожайности зерна и протеинов на единицу поверхности. Их питательная ценность, однако, снижается благодаря недостатку серусодержащих незаменимых аминокислот, главным образом метионина.

Преобладающими формами протеинов являются альбумины и глобулины. Альбумины представляют около 10% общего количества азота зрелых семян. Это, преимущественно, энзимные протеины, которые могут быть разделены при помощи фильтрации геля и последующего электрофореза в полиакриламидном геле по меньшей мере на 27 фракций. Спектр альбуминовых полос подвержен определенным изменениям в течение периода развития семян и обнаруживает внутри рода *Vicia* видовые различия; таким образом он может быть, вместе со спектром глобулиновых полос, использован для хемотаксономических целей. Ингибиторы трипсина, относящиеся к фракции альбуминов, в 2,5%-ной трихлоруксусной кислоте являются растворимыми протеинами с низким молекулярным весом. Фитогемоагглютинины (лектины), также относящиеся к альбуминам, можно получить в чистом виде при помощи адсорбции декстрановыми гелями и последующим элюированием растворами сахаров. В последнее время ими заинтересовались в связи с их митогенетической активностью по отношению к лимфоцитам.

Глобулины составляют около 60% общего количества азота зрелых семян и являются главными запасными протеинами. Их компоненты, вицилин и легумин, находящиеся в соотношении 1 : 2,5 , имеют различные изоэлектрические точки и, благодаря этому, могут быть разделены. Вероятно, вицилин состоит из четырех, легумин – из трех субкомпонентов. Глобулины локализированы только в алейроновых зернах (протеиновых тельцах) семедолей, которые, кроме того содержат около 12% альбуминов. Между глобулинами таксономически близких бобовых, судя по их серологическому поведению и аминокислотному составу, существует большое сходство.

Биосинтез глобулинов протекает, вероятно, вне алейроновых зерен, на рибозомах цитоплазмы, которые ассоциированы с сеточкой эндоплазмы. На препаратах из зрелых семян были зарегистрированы отдельные этапы биосинтеза на молекулярном уровне. Синтез глобулинов начинается приблизительно на 35 день после цветения и с этого времени, наряду с накоплением крахмала, остается в течение трех недель преобладающим процессом синтеза. Изменение физиологической активности семени от фазы роста к фазе синтеза глобулинов позволяет предположить существование какого-то включающего механизма, возможные точки приложения которого обсуждаются в конце работы.

Literatur

[1] Adriaanse, A., and J. E. Robbers, 1970: Characterization and fractionation studies on seed proteins of some of the *Leguminosae* by starch gel electrophoresis. – J. Sci. Food Agr. *21*, 126–128.

[2] Agrawal, B. B. L., and I. J. Goldstein, 1965: Specific binding of concanavalin A to cross-linked dextran gels. – Biochem. J. *96*, 23c–25c.
[3] Agrawal, B. B. L., and I. J. Goldstein, 1967: Physical and chemical characterization of concanavalin A, the hemagglutinin from jack bean (*Canavalia ensiformis*). – Biochim. biophys. Acta *133*, 376–379.
[4] Agrawal, B. B. L., and I. J. Goldstein, 1967: Protein-carbohydrate interaction. VI. Isolation of concanavalin A by specific adsorption on cross-linked dextran gels. – Biochim. biophys. Acta *147*, 262–271.
[5] Altschul, A. M., N. J. Neucere, A. A. Woodham and J. M. Dechary, 1964: A new classification of seed proteins. – Nature *203*, 501–504.
[6] Altschul, A. M., J. E. Snowden, D. D. Manchon and J. M. Dechary, 1961: Intracellular distribution of seed proteins. – Arch. Biochem. Biophys. *95*, 402–404.
[7] Altschul, A. M., L. Y. Yatsu, R. L. Ory and E. M. Engleman, 1966: Seed proteins. – Ann. Rev. Plant Physiol. *17*, 113–136.
[8] Ambe, K. S., and K. Sohonie, 1956: Trypsin inhibitor in plant metabolism. – Experientia *12*, 302–303.
[9] Asperg, K., H. Holmen and J. Porath, 1968: A non-specific phytohemagglutinin found in *Vicia cracca*. – Biochim. biophys. Acta *160*, 116–117.
[10] Axen, R., and S. Ernback, 1971: Chemical fixation of enzymes to cyanogen halide activated polysaccharide carriers. – Eur. J. Biochem. *18*, 351–360.
[11] Bachrach, U., J. Gurevitch and D. Zaitschek, 1957: Hemagglutinins in extracts of Israeli plants. – J. Immunol. *78*, 229–232.
[12] Bailey, C. J., and D. Boulter, 1970: The structure of legumin, a storage protein of broad bean (*Vicia faba*) seed. – Eur. J. Biochem. *17*, 460–466.
[13] Bailey, C. J., and D. Boulter, 1971: Urease, a typical seed protein of the *Leguminosae*. In: Harborne, J. B., D. Boulter, and B. L. Turner (Edit.): Chemotaxonomy of the *Leguminosae*. – London – New York. S. 485–503.
[14] Bailey, C. J., and D. Boulter, 1972: The structure of vicilin of *Vicia faba* L. – Phytochemistry *11*, 59–64.
[15] Bailey, C. J., A. Cobb and D. Boulter, 1970: A cotyledon slice system for the electron autoradiographic study of the synthesis and intracellular transport of the seed storage protein of *Vicia faba*. – Planta *95*, 103–118.
[16] Banneick, A., 1968: Anbauvergleichsversuche mit Körnerleguminosen. – In: G. Könnecke (Edit.) Forschungsaufgaben und Feldversuche 1962–1968 des Instituts für Acker- und Pflanzenbau der Martin-Luther-Universität Halle-Wittenberg, S. 166–181. – Halle (Saale).
[17] Barham, D., P. M. Dey, D. Griffith and J. B. Pridham, 1971: Studies on the distribution of α-galactosidases in seeds. – Phytochemistry *10*, 1759–1763.
[18] Becker, G., 1963: Problematik der Züchtung auf Eiweißqualität. – Züchter *33*, 313–322.
[19] Beckman, L., K. E. Fichtelius, S. C. Finley, W. H. Finley and K. Lindahl-Kiessling, 1962: On the effect of mitogenic plant extracts (phyto-hemagglutinin) on human white blood cells cultivated *in vitro*. – Hereditas *48*, 619–629.
[20] Belitz, H.-D., K. P. Kaiser and K. Santarius, 1971: Trypsin and α-chymotrypsin inhibitors from potatoes: Isolation and some properties. – Biochem. Biophys. Res. Commun. *42*, 420–427.
[21] Belitz, H.-D., H. P. Wagner und J. Weder, 1968: Proteinasen-Inhibitoren in Lebensmitteln. I. Vorkommen und Thermostabilität von Trypsin und Chymotrypsin-Inhibitoren in verschiedenen Erbsen und Bohnen. – Z. Lebensmittelunters. Forschg. *137*, 211–216.
[22] Bils, R. F., and R. W. Howell, 1963: Biochemical and cytological changes in developing soybean cotyledons. – Crop. Sci. *3*, 304–308.

[23] Bird, G. W. G., 1954: Brit. J. exp. Path. *35*, 252; zit. nach 177.

[24] Bird, G. W. G., 1958: Erythrocyte agglutinins from plants. – Thesis, University London.

[25] Bird, G. W. G., 1959: Hemagglutinins in seeds. – Brit. Med. Bull. *15*, 165–168.

[26] Boardman, N. K., 1962: Ion-exchange chromatography. – In: Linskens, H. F. und M. V. Tracey (Edit.): Moderne Methoden der Pflanzenanalyse. – Berlin-Göttingen-Heidelberg, Bd. *V*, S. 159–213.

[27] Boulter, D., 1970: Protein synthesis in plants. – Ann. Rev. Plant Physiol. *21*, 91–114.

[28] Boulter, D., 1970: Protein bodies and storage protein synthesis in *Vicia faba* L. – In: A. I. Oparin und M. S. Odintsova (Edit.) Funktionalnaja biochimija kletotschnych struktur, S. 154–166. – Isd. Nauka, Moskau.

[29] Boulter, D., and O. J. Davis, 1968: Nitrogen metabolism in developing seeds of *Vicia faba*. – New Phytol. *67*, 935–946.

[30] Boulter, D., and E. Derbyshire, 1971: Taxonomic aspects of the structure of legume proteins. In: Harborne, J. B., D. Boulter, and B. L. Turner (Edit.): Chemotaxonomy of the *Leguminosae*. – London - New York. S. 285–308.

[31] Boulter, D., D. A. Thurman and E. Derbyshire, 1967: A disc electrophoretic study of globulin proteins of legume seeds with reference to their systematics. – New Phytol. *66*, 27–36.

[32] Boulter, D., D. A. Thurman and B. L. Turner, 1966: The use of disc electrophoresis of plant proteins in systematics. – Taxon *15*, 135–143.

[33] Boyd, W. C., and M. Reguera, 1949: Hemagglutinating substances for human cells in various plants. – J. Immunol. *62*, 333–339.

[34] Boyd, W. C., and E. Shapleigh, 1954: Specific precipitating activity of plant agglutinins (lectins). – Science *119*, 419

[35] Briarty, L. G., 1967: Physiological and biochemical changes in the maturing and germinating seeds of *Vicia faba* (L.). – Thesis, University Liverpool.

[36] Briarty, L. G., D. A. Coult and D. Boulter, 1969: Protein bodies of developing seeds of *Vicia faba*. – J. exp. Bot. *20*, 358–372.

[37] Clarke, H. E., 1970: The evaluation of the field bean (*Vicia faba* L.) in animal nutrition. – Proc. Nutr. Soc. *29*, 64–73.

[38) Conte, A., und K. Lehmann, 1971: Fixierung proteolytischer Enzyme an Polymethacrylsäureanhydrid. – Hoppe-Seyler's Z. physiol. Chem. *352*, 533–541.

[39] Dahlgren, K., J. Porath and K. Lindahl-Kiessling, 1970: On the purification of phytohemagglutinins from *Phaseolus vulgaris* seeds. – Arch. Biochem. Biophys. *137*, 306–314.

[40] Danielsson, C.-E., 1949: Investigations of vicilin and legumin. – Acta Chem. Scand. *3*, 41–49.

[41] Danielsson, C.-E., 1949: Seed globulins of the *Gramineae* and *Leguminosae*. – Biochem. J. *44*, 387–400.

[42] Danielsson, C.-E., 1950: An electrophoretic investigation of vicilin and legumin from seeds of peas. – Acta Chem. Scand. *4*, 762–771.

[43] Danielsson, C.-E., 1951: Studies on a proteolytic enzyme from seeds of peas. – Acta Chem. Scand. *5*, 791–804.

[44] Danielsson, C.-E., 1952: Differences in the chemical composition of some pea proteins. – Acta Chem. Scand. *6*, 139–148.

[45] Danielsson, C.-E., 1952: A contribution to the study of the synthesis of the reserve proteins in ripening pea seeds. – Acta Chem. Scand. *6*, 149–159.

[46] Danielsson, C.-E., 1956: Plant proteins. – Ann. Rev. Plant Physiol. *7*, 215–236.

[47] Davis, O. J., 1966: Studies on the nitrogen metabolism of developing seeds of *Vicia faba* L. – Thesis, University Liverpool.

[48] Deschamps, I., 1958: Peas and beans. – In: A. M. Altschul (Edit.), Processed plant protein foodstuffs. S. 717–737. New York.

[49] Dey, P. M., A. Kheleque and J. B. Pridham, 1971: Further observations on the α-galactosidase activity of *Vicia faba* seeds. – Biochem. J. *124*, 27 p.

[50] Dey, P. M., and J. B. Pridham, 1968: Multiple forms of α-galactosidase in *Vicia faba* seeds. – Phytochemistry *7*, 1737–1739.

[51] Dey, P. M., and J. B. Pridham, 1959: Purification and properties of α-galactosidases from *Vicia faba* seeds. – Biochem. J. *113*, 49–55.

[52] Elves, M. W. (Edit.), 1966: The biological effects of phytohaemagglutinin. – R. Jones and A. Hunt Orthopaedic Hospital Management Committee, Oswestry.

[53] Emmerling, A., 1880: Studien über die Eiweißbildung in der Pflanze. I. Abteilung. – Landw. Versuchsst. *24*, 113–160.

[54] Emmerling, A., 1887: Studien über die Eiweißbildung in der Pflanze. II. Abteilung. – Landw. Versuchsst. *34*, 1–80.

[55] Emmerling, A., 1900: Studien über die Eiweißbildung in der Pflanze. III. Abteilung. – Landw. Versuchsst. *54*, 245–281.

[56] Ensgraber, A., 1958: Die Phytohämagglutinine und ihre Funktion in der Pflanze als Kohlenhydrat-Transportsubstanzen. – Ber. dtsch. bot. Ges. *71*, 349–361.

[57] Entlicher, G., J. V. Koštiř and J. Kocourek, 1970: Studies on phytohemagglutinins. III. Isolation and characterization of hemagglutinins from the pea (*Pisum sativum* L.). – Biochim. biophys. Acta *221*, 272–281.

[58] Entlicher, G., Tichá, M., J. V. Koštiř and J. Kocourek, 1969: Studies on phytohemagglutinins. II. Phytohemagglutinins of *Pisum sativum* L. and *Lens esculenta* Moench: Specific interaction with carbohydrate. – Experientia *25*, 17–19.

[59] Fekete, M. A. R., de 1969: Zum Stoffwechsel der Stärke. I. Die Umwandlung von Saccharose in Stärke in den Kotyledonen von *Vicia faba*. – Planta *87*, 311–323.

[60] Fekete, M. A. R., de 1969: Zum Stoffwechsel der Stärke. II. Die Umwandlung von Stärke in Saccharose in den Kotyledonen von *Vicia faba*. – Planta *87*, 324–332.

[61] Fekete, M. A. R. de, 1970: Die Regulierung der Saccharose-Synthese bei keimenden *Vicia faba* Samen. – Ber. dtsch. bot. Ges. *83*, 161–164.

[62] Fox, D. J., D. A. Thurman and D. Boulter, 1964: Studies on the proteins of seeds of the *Leguminosae*. Albumins. – Phytochemistry *3*, 417–419.

[63] Fritz, H., M. Gebhardt, E. Fink, W. Schramm und E. Werle, 1969: Verwendung wasserunlöslicher Enzymharze mit polyanionischer und polyamphoterer Harzmatrix zur Isolierung von Proteaseinhibitoren. – Hoppe-Seyler's Z. physiol. Chem. *350*, 129–138.

[64] Fritz, H., M. Gebhardt, R. Meister, K. Illchmann und K. Hochstrasser, 1970: Zur Isolierung von Proteaseinhibitoren mit wasserunlöslichen Trypsin-Celluloseharzen. – Hoppe-Seyler's Z. physiol. Chem. *351*, 571–574.

[65] Fritz, H., H. Schult, M. Neudecker und E. Werle, 1966: Isolierung von Protease-Inhibitoren. – Angew. Chem. *78*, 775.

[66] Fritz, H., I. Trautschold und E. Werle, 1970: Protease-Inhibitoren. – In: H. U. Bergmeyer (Edit.), Methoden der enzymatischen Analyse, 2. Auflage. – Berlin. Bd. *II*, S. 1021.

[67] Galbraith, W., and I. J. Goldstein, 1970: Phytohemagglutinins: A new class of metalloproteins. Isolation, purification, and some properties of the lectin from *Phaseolus lunatus*. – FEBS Letters *9*, 197–201.

[68] Gerbrandy, J., and J. D. Verleur, 1971: Phosphorylase isoenzymes: Localization and occurrence in different plant organs in relation to starch metabolism. – Phytochemistry *10*, 261–266.

[69] Gofman, Yu. Ya., and I. A. Vajntraub, 1960: On the application of paper electrophoresis for controlling the homogeneity of seed proteins. – Biochimija *25*, 1049–1054 (russ.).

[70] Gould, N. R., and S. L. Scheinberg, 1970: Isolation and partial characterization of two anti-A-hemagglutinins from *Phaseolus lunatus*. – Arch. Biochem. Biophys. *137*, 1–11.

[71] Graham, T. A., and B. E. S. Gunning, 1970: Localization of legumin and vicilin in bean cotyledon cells using fluorescent antibodies. – Nature *228*, 81–82.

[72] Grimm, L., 1970: Inhibitoren für Trypsin und Chymotrypsin im Samen der Feuerbohne *Phaseolus coccineus*. – Dissertation, Techn. Universität München.

[73, 74] Grzesiuk, S., T. Mierzwinska und E. Sojka, 1962: On the physiology and biochemistry of development of seeds of the bean *Vicia faba* L., ssp. *minor*. – Fiziol. Rast. *9*, 682–692, (russ.).*

[75] Hashem, N., and A. Kabartry, 1966: Mitogenic activity of legumes and other vegetable seeds on peripheral lymphocyte of cultures. – Lancet I, 1428.

[76] Hawker, J. S., 1971: Enzymes concerned with sucrose synthesis and transformation in seeds o maize, broad bean and castor bean. – Phytochemistry *10*, 2313–2322.

[77] Hochstrasser, K., M. Muss und E. Werle, 1967: Über pflanzliche Protease-inhibitoren. I. Reindarstellung und Charakterisierung des Trypsin-Inhibitors aus Mais. – Hoppe-Seyler's Z. physiol. Chem. *348*, 1337–1340.

[78] Hochstrasser, K., S. Schwarz, K. Illchmann und E. Werle, 1968: Über pflanzliche Proteaseinhibitoren. II. Untersuchungen zum Hemmechanismus pflanzlicher Trypsininhibitoren. – Hoppe-Seyler's Z. physiol. Chem. *349*, 1449–1455.

[79] Hochstrasser, K., und E. Werle, 1969: Über pflanzliche Proteaseinhibitoren. III. Reindarstellung der Trypsininhibitoren aus Keimen von Weizen- und Roggensamen, Lokalisierung der aktiven Zentren. – Hoppe-Seyler's Z. physiol. Chem. *350*, 249–254.

[80] Hochstrasser, K., und E. Werle, 1969: Über pflanzliche Proteaseinhibitoren. V. Isolierung und Charakterisierung einiger polyvalenter Proteaseinhibitoren aus *Solanum tuberosum*. – Hoppe-Seyler's Z. physiol. Chem. *350*, 897–902.

[81] Honavar, P. M., C. V. Shih and I. E. Liener, 1962: The inhibition of the growth of rats by purified hemagglutinin fractions isolated from *Phaseolus vulgaris*. – J. Nutrition *77*, 109.

[82] Howard, I. K., H. J. Sage, M. D. Stein, N. M. Young, M. A. Leon and D. F. Dyckes, 1971: Studies on a phytohemagglutinin from the lentil. II. Multiple forms of *Lens culinaris* hemagglutinin. – J. biol. Chem. *246*, 1590–1595.

[83] Hungerford, D. A., A. J. Donelly, P. C. Nowell and S. Beck, 1959: The chromosome constitution of a human phenotypic intersex. – Amer. J. hum. Genet. *11*, 215–235.

[84] Hynes, M. J., 1968: Genetically controlled electrophoretic variants of a storage protein in *Pisum sativum*. – Austr. J. biol. Sci. *21*, 827–829.

[85] Inman, J. K., and H. M. Dintzis, 1969: The derivatization of cross-linked polyacrylamide beads. Controlled introduction of functional groups for the preparation of special-purpose biochemical adsorbents. – Biochemistry *8*, 4074–4082.

* Diese Arbeit wird im Text unter 2 Nummern zitiert. Da Titelübersetzung und Seitenangaben in verschiedenen Quellen unterschiedlich angegeben werden, ging dieselbe Arbeit irrtümlich zweimal ins Literaturverzeichnis ein. Dieser Fehler wurde erst bei der Schlußkorrektur des Manuskripts bemerkt und behoben.

[86] Jackson, P., D. Boulter and D. A. Thurman, 1969: A comparison of some properties of vicilin and legumin isolated from seeds of *Pisum sativum*, *Vicia faba* and *Cicer arietinum*. – New Phytol. *68*, 25–33.

[87] Jackson, P., J. M. Milton, and D. Boulter, 1967: Fingerprint patterns of the globulin fraction obtained from seeds of various species of the *Fabaceae*. – New Phytol. *66*, 47–56.

[88] Jaffé, W. G., 1961: Über Phytotoxine aus Bohnen (*Phaseolus vulgaris*). – Ärztl. Forsch. *12*, 1012.

[89] Jaffé, W. G., 1969: Hemagglutinins. – In: I. E. Liener (Edit.), Toxic constituents of plant foodstuffs, S. 69–101. New York.

[90] Jalil, M. E., and W. M. Tahir, 1970: Review of the world's plant protein resources. – In: Improving plant protein by nuclear techniques. Proc. Symp. Intern. Atomic Energy Agency, Vienna, S. 21–32.

[91] Jones, V. M., 1967: Thesis, University Liverpool; zit. nach 13.

[92] Jones, V. M., and D. Boulter, 1968: Arginine metabolism in germinating seeds of some members of the *Leguminosae*. – New Phytol. *67*, 925–934.

[93] Kakade, M. L., I. E. Liener, and N. Simons, 1970: Nutritional effects induced in rats by feeding natural and synthetic trypsin inhibitors. – Fed. Proc. *29*, 293.

[94] Kamra, O. P., 1971: Genetic modification of seed protein quality in cereals and legumes. – Z. Pflanzenzücht. *65*, 293–306.

[95] Kirsi, M., and J. Mikola, 1971: Occurrence of proteolytic inhibitors in various tissues of barley. . Planta *96*, 281–291.

[96] Klapp, E., 1954: Lehrbuch des Acker- und Pflanzenbaues. 4. Auflage. – Berlin-Hamburg.

[97] Klimenko, V. G., and A. D. Berezovikov, 1960: N-haltige Stoffe der vegetativen Masse und Samen der Pferdebohne (*Vicia faba*) in Abhängigkeit von den Entwicklungsstadien. – Trudy Chim. Prirodn. Soedin. *3*, 145–157, (russ.).

[98] Klimenko, V. G., and R. I. Pinegina, 1964: Variability of the proteins of pea seed during ripening. – Biochimija *29*, 377–385, (russ.).

[99] Kloz, J., 1971: Serology of the *Leguminosae*. – In: J. B. Harborne, D. Boulter and B. L. Turner (Edit.), Chemotaxonomy of the *Leguminosae*, S. 309–365. – London-New York.

[100] Kloz, J., and V. Turková, 1963: Legumin, vicilin and proteins similar to them in the seeds of some species of the *Viciaceae* family (a comparative serological study). – Biol. Plant. (Praha) *5*, 29–40.

[101] Kloz, J., V. Turková and E. Klozová, 1960: Serological investigation to taxonomic specifity of proteins in various plant organs in some taxons of the family *Viciaceae*. – Biol. Plant. (Praha) *2*, 126–138.

[102] Kolobkova, E. V., 1961: Dynamics of nitrogenous substances during ripening of leguminous seeds. – Tr. G. Botan. Sada, Akad. Nauk SSSR *8*, 75–96, (russ.).

[103] Krasiejko, I., 1962: The lectins of some polish plants. I. Activity towards human and animal red cells. – Bull. Acad. Polon. Sci., Sér. Sci. Biol. *10*, 397–400.

[104] Krasiejko, I., 1962: The lectins of some polish plants. II. Attempts at abolishing the activity of some lectins. – Bull. Acad. Polon. Sci., Sér. Sci. Biol. *10*, 401–404.

[105] Krasiejko, I., 1967: The lectins of some polish plants. III. Investigation of chemical composition. – Bull. Acad. Polon. Sci., Sér. Sci. Biol. *15*, 335–341.

[106] Krasiejko, I., 1970: Immunochemical studies on the phytohemagglutinins of *Phaseolus vulgaris* and some other plants. – Bull. Acad. Polon. Sci., Sér. Sci. Biol. *18*, 21–27.

[107] Krasiejko, I., 1970: Electrophoretic studies on the lectins of some polish plants. – Bull. Acad. Polon. Sci., Sér. Sci. Biol. *18*, 69–73.

[108] Krüpe, M., 1953: Hämagglutinine mit spezifischen Affinitäten im Samen von Papilionaceen. – Biol. Zbl. *72*, 424–431.
[109] Krüpe, M., 1956: Blutgruppenspezifische pflanzliche Eiweißkörper (Phytagglutinine). – Stuttgart.
[110] Krüpe, M., und A. Ensgraber, 1958: Untersuchungen über die Natur der Phytagglutinine in chemischer, immunochemischer und pflanzenphysiologischer Sicht. I. Mitt.: Anatomische Studien über den Ort ihres Vorkommens in höheren Samenpflanzen. – Planta *50*, 371–378.
[111] Kudriashova, N. A., 1961: Proteolytische Enzyme aus dem Samen von Leguminosenpflanzen. In: Untersuchungen über die biochemische Evolution der Pflanzen. – Trudy Glav. Bot. Sada, Akad. Nauk SSSR, Bd. *VIII*, 60–74, (russ.).
[112] Kudriashova, N. A., und T. N. Lafitzkaja, 1964: Über Eiweiße in Wicken- und Luzernensamen. In: N. V. Tsitsin (Edit.), Evolutionary Biochemistry in Plants, S. 30–45, (russ.). – Moskau.
[113] Laskowski, M., and M. Laskowski jr., 1954: Naturally occurring trypsin inhibitors. – Adv. Protein Chem. *9*, 203–242.
[114] Liener, I. E., 1953: Soyin, a toxic protein from the soybean. I. Inhibition of rat growth. – J. Nutrition 49, 527.
[115] Liener, I. E., 1962: Toxic factors in edible legumes and their elimination. – Amer. J. clin. Nutr. *11*, 281–298.
[116] Liener, I. E., 1964: Seed hemagglutinins. – Econ. Botany *18*, 27–33.
[117] Liener, I. E., and M. L. Kakade, 1969: Protease inhibitors. In: I. E. Liener (Edit.), Toxic constituents of plant foodstuffs, S. 7–68. – New York.
[118] Liener, I. E., and M. J. Pallansch, 1952: Purification of a toxic substance from defatted soybean flour. – J. biol. Chem. *197*, 29–36.
[119] Lorenc-Kubis, I., 1969: Samenproteine einiger Gramineenarten und ihre antitryptischen Eigenschaften. – Acta Soc. bot. polon. 38, 165–175, (poln.).
[120] Mäkelä, O., 1957: Studies in hemagglutinins of *Leguminosae* seeds. – Dissertation, Helsinki.
[121] Mansfeld, R., 1959: Vorläufiges Verzeichnis landwirtschaftlich oder gärtnerisch kultivierter Pflanzenarten (mit Ausschluß von Zierpflanzen). – Kulturpflanze, Beiheft *2*.
[122] Maurer, H. R., 1968: Disk-Elektrophorese, Theorie und Praxis der diskontinuierlichen Polyacrylamidgel-Elektrophorese.
[123] Mikola, J., and E. M. Soulinna, 1969: Purification and properties of a trypsin inhibitor from barley. – Eur. J. Biochem. *9*, 550–560.
[124] Morris, G. F. I., 1969: The isolation and characterization of aleuron grains of seeds of *Vicia faba*. – Thesis, University Liverpool.
[125] Morris, G. F. I., D. A. Thurman and D. Boulter, 1970: The extraction and chemical composition of aleurone grains (protein bodies) isolated from seeds of *Vicia faba*. – Phytochemistry *9*, 1707–1714.
[126] Naspitz, C. K., and M. Richter, 1968: The action of phytohemagglutinin *in vivo* and *in vitro*, a review. – Progr. Allergy *12*. 1–85.
[127] Nelson, O. E., 1969: Genetic modification of protein quality in plants. – Adv. Agron. *21*, 171–194.
[128] Nilov, G. I., V. V. Utkin, and A. I. Ostapenko, 1968: Content and quality of proteins in seeds of Crimean wild vetch. – Byull. Gl. Bot. Sada *71*, 37–41 (russ.).
[129] Nitsan, Z., 1971: *Vicia faba* beans vs. soyabean meal as a source of protein. – J. Sci. Food Agric. *22*, 252–255.

[130] Ogawa, T., T. Higasa, and T. Hata, 1971: Proteinase inhibitors in plant seeds. Part. V. Inhibitors in rape seeds. – Mem. Res. Inst. Food. Sci. Kyoto Univ. 1–6.

[131] Öpik, H., 1968: Development of cotyledon cell structure in ripening *Phaseolus vulgaris* seeds. – J. exp. Bot. *18*, 64–76.

[132] Ornstein, L., and B. J. Davis, 1961: Disc electrophoresis. – Reprint Distillation Product Industries (Eastman Kodak Co.), Rochester, New York.

[133] Ortanderl, H. H., und H.-D. Belitz, 1971: Proteinasen-Inhibitoren in Lebensmitteln. II. Elektrophoretische Untersuchung der Proteine verschiedener Erbsen und Bohnen. – Lebensm.-Wiss. u. Technol. *4*, 85–88.

[134] Osborne, Th. B., 1924: The vegetable proteins. Monographs in Biochemistry. – London.

[135] Osborne, Th. B., and G. F. Campbell, 1896: Legumin and other proteids of the pea and the vetch. – J. Amer. chem. Soc. *18*. 583–609.

[136] Osborne, Th. B., and G. F. Campbell, 1898: Proteids of the pea. – J. Amer. chem. Soc. *20*, 348–362.

[137] Osborne, Th. B., and G. F. Campbell, 1898: Proteids of the horse bean (*Vicia faba*). – J. Amer. chem. Soc. *20*, 393–405.

[138] Osborne, Th. B., and G. F. Campbell, 1898: The proteids of the pea, lentil, horse bean and vetch. – J. Amer. chem. Soc. *20*, 410–419.

[139] Osborne, Th. B., and I. F. Harris, 1903: Nitrogen in protein bodies. – J. Amer. chem. Soc. *25*, 323–353.

[140] Ozawa, K., and M. Laskowski jr., 1966: The reactive site of trypsin inhibitors.– J. biol. Chem. *241*, 3955–3961.

[141] Parthier, B.: 1970, Existenz und Realisierung extrachromosomaler genetischer Information in Plastiden und Mitochondrien. – Biol. Rundsch. *8*, 289–305.

[142] Payne, P. I., and D. Boulter, 1969: Free and membrane bound ribosomes of the cotyledons of *Vicia faba* (L.). I. Seed development. – Planta *84*, 263–271.

[143] Payne, E. S., D. Boulter, A. Brownrigg, D. Lonsdale, A. Yarwood and J. N. Yarwood, 1971: A polyuridylic acid-directed cell-free system from 60 day-old developing seeds of *Vicia faba*. – Phytochemistry *10*, 2293–2298.

[144] Payne, E. S., A. Brownrigg, A. Yarwood and D. Boulter, 1971: Changing protein synthetic machinery during development of seeds of *Vicia faba*. – Phytochemistry *10*, 2299–2303.

[145] Perera, C. B., and A. M. Frumin, 1966: Hemagglutination by fava bean extract inhibited by simple sugars. – Science *151*, 821.

[146] Petrie, J. M., 1911: The role of nitrogen in plant metabolism. Part IV. The nitrogen of ripening seeds. – Proc. Linnean Soc. N. S. Wales *36*, 127–134.

[147] Porath, J., 1960: Gel filtration of proteins, peptides and amino acids. – Biochim. biophys. Acta *39*, 193–207.

[148] Porath, J., 1962: Zone precipitation. – Nature *196*, 47–48.

[149] Pridham, J. B., 1958: Occurrence and metabolism of oligosaccharides in the broad bean (*Vicia faba*). – Nature *182*, 1687–1688.

[150] Reithel, F. J., 1963: The dissociation and association of protein structures. – Adv. Protein Chem. *18*, 123–226.

[151] Ritthausen, H., 1872: Die Eiweißkörper der Getreidearten, Hülsenfrüchte und Oelsamen. – Bonn.

[152] Ryan, C. A., 1968: Synthesis of chymotrypsin inhibitor I protein in potato leaflets, induced by detachment. – Plant Physiol. *43*, 1859–1865.

[153] Ryan, C. A., 1968: Inducible protein in potato and tomato leaflets. – Plant Physiol. *43*, 1880–1881.

[154] Ryan, C. A., 1971: Inhibition of carboxypeptidase A by a naturally occurring polypeptide from potatoes. – Biochem. Biophys. Res. Commun. *44*, 1265–1270.

[155] Ryan, C. A., and O. C. Huisman, 1967: Chymotrypsin inhibitor I from potatoes. A transient component in leaves of young potato plants. – Nature *214*, 1047–1049.

[156] Ryan, C. A., and W. Huisman, 1970: The regulation of synthesis and storage of chymotrypsin inhibitor I in leaves of potato and tomato plants. – Plant Physiol. *45*, 484–489.

[157] Ryan, C. A., and C. K. Shumway, 1970: Differential synthesis of chymotrypsin inhibitor I in variegated leaves of a cytoplasmic mutant of tobacco (Dp_1). – Plant Physiol. *45*, 512–514.

[158] Schreiber, G., 1971: Die Translation der genetischen Information am Ribosom. – Angew. Chem. *83*, 645–658.

[159] Schulze, E., E. Steiger und W. Maxwell, 1891: Untersuchungen über die chemische Zusammensetzung einiger Leguminosensamen. – Landw. Versuchsst. *39*, 269–278.

[160] Schulze, E., und E. Winterstein, 1910: Studien über die Proteinbildung in reifenden Pflanzensamen. – Hoppe-Seyler's Z. physiol. Chem. *65*, 431–476.

[161] Shutov, A. D., und I. A. Vajntraub, 1965: Die Anwendung der Zonensedimentation für die Auftrennung der Globuline aus den Samen der Bohnen. – Ukrain. Biochim. J. *2*, 177–181, (russ.).

[162] Shutov, A. D., and I. A. Vajntraub, 1966: Chromatographic isolation and characterization of legumin and vicilin of vetch. – Biochimija *31*, 726–735, (russ.).

[163] Simola, L. K., 1969: A serological comparison of the seed proteins of the genus *Lathyrus* and certain other genera of the *Papilionaceae*. – Flora, Abt. B *158*, 645–658.

[164] Sirks, M. J., 1931: Beiträge zu einer genotypischen Analyse der Ackerbohne, *Vicia faba* L. – Genetica *13*, 209–631.

[165] Sjödin, J., 1971: Induced morphological variation in *Vicia faba* L. – Hereditas *67*, 155–180.

[166] Sjögren, B., and T. Svedberg, 1930: The molecular weight of legumin. – J. Amer. chem. Soc. *52*, 3279–3283.

[167] Sohonie, K., and K. S. Ambe, 1955: Crystalline trypsin inhibitors from the Indian field bean and the double bean. – Nature *175*, 508–509.

[168] Sohonie, K., S. V. Huprikar and M. R. Joshi, 1959: Trypsin inhibitors in Indian foodstuffs: Part VI – Purification and properties of the double bean trypsin inhibitor. – J. sci. ind. Res. *18* C, 95–98.

[169] Solov'eva, L. E., and A. D. Berezovikov, 1968: Nitrogen containing substances in seeds of vetch species. – Tr. Khim. Prir. Soedin. *7*, 117–122 (russ.).

[170] Stillmark, H., 1887: Über Ricin. – Dissertation, Dorpat.

[171] Takahashi, T., P. Ramachandramurthy and I. E. Liener, 1967: Some physical and chemical properties of a phytohemagglutinin isolated from *Phaseolus vulgaris*. – Biochim. biophys. Acta *133*, 123–133.

[172] Thurman, D. A., 1971: Comparative studies of legume enzymes. – In: J. B. Harborne, D. Boulter, and B. L. Turner (Edit.), Chemotaxonomy of the *Leguminosae*, S. 463–484. – London-New York.

[173] Thurman, D. A., D. Boulter, E. Derbyshire and B. L. Turner, 1967: Electrophoretic mobilities of formic and glutamic dehydrogenases in the *Fabaceae*: A systematic survey. – New Phytol. *66*, 37–45.

[174] Tichá, M., G. Entlicher, J. V. Koštiř and J. Kocourek, 1970: Studies on phytohemagglutinins. IV. Isolation and characterization of a hemag-

glutinin from the lentil, *Lens esculenta* Moench. – Biochim. biophys. Acta *221*, 282–289.

[175] Tiggelman-van-Krugten, W. A. H., C. M. Ostendorf-Doyer und V. A. Collier, 1956: – Antonie van Leeuwenhoek *22*, 289; zit. nach 177.

[176] Tobiška, J., 1963: Phytagglutinine. – In: H. F. Linskens und M. V. Tracey (Edit.): Moderne Methoden der Pflanzenanalyse, Bd. 6, S. 244–267. – Berlin-Göttingen-Heidelberg.

[177] Tobiška, J., 1964: Die Phytohämagglutinine. – Berlin.

[178] Tombs, M. P., 1964: Variant forms of arachin. . Nature *200*, 1321–1322.

[179] Tombs, M. P., 1965: An electrophoretic investigation of groundnut proteins: The structure of arachins A and B. – Biochem. J. *96*, 119–133.

[180] Tombs, M. P., 1967: Protein bodies of the soybean. – Plant. Physiol. *42*, 797–813.

[181] Toms, G. C., and A. Western, 1971: Phytohaemagglutinins. – In: J. B. Harborne, D. Boulter and B. L. Turner (Edit.), Chemotaxonomy of the *Leguminosae*, S. 367–462. – London-New York.

[182] Toyoshima, S., T. Osawa and A. Tonomura, 1970: Some properties of purified phytohemagglutinin from *Lens culinaris* seeds. – Biochim. biophys. Acta *221*, 514–521.

[183] Horiguchi, T., and K. Kitagishi, 1971: Studies on rice protease. V. Protease inhibitor in rice seed. – Plant Cell Physiol. *12*, 907–915.

[184] Vajntraub, I. A., 1970: Untersuchungen über die Globuline von Bohnensamen. – Autoreferat, Kishinjow, (russ.).

[185] Vajntraub, I. A., and Yu. Ya. Gofman, 1961: N-terminal amino acids of pea legumin and vicilin. – Biochimija *26*, 13–17, (russ.).

[186] Vajntraub, I. A., A. D. Shutov and V. D. Klimenko, 1962: On vetch seed globulins. – Biochimija *27*, 349–358, (russ.).

[187] Vajntraub, I. A., and N. T. Tuen, 1968: Trennung von Untereinheiten des Legumins aus Wicken durch Chromatographie an DEAE-Zellulose. – Dokl. Akad. Nauk SSSR *180*, 1239–1241, (russ.).

[188] Varner, J. E., and G. Schidlovsky, 1963: Intracellular distribution of proteins in pea cotyledons. – Plant Physiol. *38*, 139–144.

[189] Vogel, R., I. Trautschold und E. Werle, 1968: Natural proteinase inhibitors. – New York-London.

[190] Waldschmidt-Leitz, E., und L. Keller, 1969: XVIII. Mitteilung über Samenproteine: Über Ricin; Reinigung und Differenzierung der Wirkungen. – Hoppe-Seyler's Z. physiol. Chem. *350*, 503–509.

[191] Weder, J., und H. D. Belitz, 1969: Trypsin- und Chymotrypsin-Inhibitoren in Lebensmitteln. – Dtsch. Lebensm.-Rundsch. *65*, 78–83.

[192] Wetter, L. R., and A. G. McCalla, 1949: Electrophoretic properties of pea proteins. – Canad. J. Res. *27* C, 96–102.

[193] White, H. L., 1966: The composition of the broad bean seed (*Vicia faba*). – J. exp. Bot. *17*, 195–203.

[194] Wienhaus, O., 1909: Zur Biochemie des Phasins. – Biochem. Z. *18*, 228–259.

[195] Yarwood, A., D. Boulter and J. N. Yarwood, 1971: Methionyl-tRNAs and initiation of protein synthesis in *Vicia faba* L. – Biochem. Biophys. Res. Commun. *44*, 353–361.

[196] Yarwood, A., E. S. Payne, J. N. Yarwood and D. Boulter, 1971: Amino-acyl-tRNA binding and peptide chain elongation on 80 S plant ribosomes. – Phytochemistry *10*, 2305–2311.

[197] Yatsu, L. Y., and T. J. Jacks, 1968: Association of lysosomal activity with aleurone grains in plant seeds. – Arch. Biochem. Biophys. *124*, 466–471.

[198] Young, N. M., M. A. Leon, T. Takahashi, I. K. Howard and H. J. Sage, 1971: Studies on a phytohemagglutinin from the lentil. III. Reaction of *Lens culinaris* hemagglutinin with polysaccharides, glycoproteins, and lymphocytes. – J. biol. Chem. *246*, 1596–1601.

[199] Zausch, M., und B. Kunze, 1969: Eiweißertrag und Eiweißverwertbarkeit in Abhängigkeit von Einflußnahmefaktoren. – Wiss. Z. Universität Rostock, Math.-Nat. Reihe *18*, 171–175.

[200] Zemplen, G., 1912: Über die Verbreitung der Urease bei höheren Pflanzen. – Hoppe-Seyler's Z. physiol. Chem. *79*, 229–234.

Der Gehalt einiger Purin- und Pyrimidin-Verbindungen und Nukleinsäuren in Blättern von Gerste-Pflanzen verschiedener Sorten in Abhängigkeit vom Alter der Pflanzen

von Harry Bergmann

(Eingegangen am 11. Februar 1972)

1. EINLEITUNG

Ausgehend von der Tatsache bedeutsamer Veränderungen des Stoffwechels in den Blättern im Verlaufe des Wachstums und der Entwicklung der Pflanze liegt die Vermutung nahe, daß sich diese Veränderungen innerhalb der säurelöslichen Nukleotide der Blätter widerspiegeln, da sie eine zentrale Rolle bei der Vermittlung und Verwendung von Atmungsenergie und der Synthese wichtiger organischer Substanzen spielen (Weinstein et al. 1969).

Eine Anzahl von Untersuchungen an verschiedenen pflanzlichen Objekten in unterschiedlichen Entwicklungsphasen, mit unterschiedlicher Fragestellung, belegt das Interesse an der Aufdeckung diesbezüglicher Zusammenhänge (Abdel-Wahab, 1960, Cherry und Hageman 1960, 1961, Brown 1932, West 1962, Keys und Cornelius 1965, Gregoire et al. 1965, Bomsel und Pradet 1967, 1968, Pradet et al. 1968). In der Tat sind vor allem in sich entwickelnden Embryonen oder in keimenden Samen signifikante Änderungen in der Nukleotidzusammensetzung gefunden worden. Andererseits sind unter verschiedenen Bedingungen relativ stabile Nukleotid-Pools nachweisbar (Bomsel und Pradet 1968, Weinstein et al. 1969).

In vorliegender Arbeit werden zunächst Versuche beschrieben, bei denen in etiolierten Keimlingen von Gerste in Abhängigkeit vom Keimlingsalter die Gehalte einer Reihe von Purin- und Pyrimidin-Verbindungen und Nuklein säuren bestimmt wurden. Daran anschließend wird über den Gehalt genannter Stoffe in Blättern von Gerste-Pflanzen verschiedenen Alters berichtet. Die Untersuchungen erfolgten an Pflanzen verschiedener Sorten, die sich – unabhängig von den Anzuchtbedingungen – deutlich in ihren Netto-Photosyntheseraten unterscheiden (Apel und Lehmann 1969). Es sollte ermittelt werden, in welchem Zusammenhang diese sortenspezifisch fixierten Stoffwechselunterschiede mit dem Verteilungsmuster der hier erfaßten Purin- und Pyrimidin-Verbindungen stehen.

2. MATERIAL UND METHODEN

Anzucht der Pflanzen

Für die Untersuchungen wurden folgende Sorten ausgewählt:

Hordeum vulgare L. convar. *distichon* Alef. var. *nutans* (Rode) Alef. 'Ciro', 'Plena', 'Louhi'.

convar. *hexastichon* Alef. var. *parallelum* Körn. 'Cape × Coast 1518';

Zur Anzucht etiolierter Keimlinge wurden die Karyopsen in keimfreien Petrischalen auf Filterpapier ausgelegt, angefeuchtet und bei 24 °C im Dunkelthermostaten gehalten. Mehrstündiges Spülen der Karyopsen unter fließendem Leitungswasser diente der Entfernung der den Karyopsen anhaftender Pilzsporen.

Die Anzucht sich vollständig entwickelnder Pflanzen erfolgte in einer Klimakammer (Saxil, Growth Environmental Cabinet), nachdem die Karyopsen in Tontöpfen, gefüllt mit einer gedämpften einheitlichen Mischung aus Komposterde, Rasenerde, Torf und Sand, ausgelegt waren. Es ergaben sich folgende Anzuchtbedingungen:

Licht: 20000 Lux in Pflanzenhöhe (Leuchtstoffröhren „warm weiß" mit 15% Glühlampenanteil)

12 Stunden hell, 12 Stunden dunkel;

Temperatur: 25 °C in der Lichtphase, 20 °C in der Dunkelphase; relative Luftfeuchtigkeit: 75%.

Herstellung pflanzlicher Extrakte

Die Koleoptilen bzw. grünen Blätter wurden 5 Minuten bei 0 °C homogenisiert (Ultra-Turrax), bei dieser Temperatur eine Stunde mit 83%igen Äthanol extrahiert, der Überstand abzentrifugiert und der Rückstand nochmals 10 Minuten extrahiert. Die vereinigten Überstände wurden im Vakuum-Rotationsverdampfer bei 35–40 °C eingeengt und der Rückstand mit 4 ml destilliertem Wasser aufgenommen.

Papierchromatographische Auftrennung der Extrakte

Der Bestimmung der Purin- und Pyrimidin-Verbindungen diente die papierchromatographische Auftrennung der Extrakte. Die Trennung erfolgte auf Keilstreifen (Schleicher & Schüll, 2043b, mgl.) nach dem absteigenden Verfahren, unter Verwendung von Isobuttersäure: Eisessig: Wasser (19 : 0,4 : 1,1) als Laufmittel. Die Laufzeit betrug 15–20 Stunden, die Temperatur 20–22 °C. Die Startflecken enthielten je 0,1–0,2 ml Extrakt. Die Sichtbarmachung der Flecken und die Ermittlung ihrer Lage war mit Hilfe des Photoprint-Verfahrens möglich (s. Bergmann et al. 1967.).

Identifizierung der Extraktflecken

Bereits an anderer Stelle (Bergmann et al. 1967) wurden einige hier erneut benutzte Methoden zur Aufklärung der Natur der Substanzen in papierchromatographisch aufgetrennten Extrakten, z. B. *Vergleich der Rf-Werte mit denen authentischer Substanzen, erneute Papierchromatographie in anderen Laufmitteln, Aufnahme von Absorptionsspektren*, beschrieben. Es sollen daher nur die zusätzlich zu den genannten Verfahren in Anwendung gebrachten Wege erläutert werden:

Messung der Absorption bei verschiedenen Wellenlängen und pH-Werten. Die auf den Papierchromatogrammen vorliegenden Extraktflecken wurden mit Puffergemischen von pH 1, 7 bzw. 11 eluiert, die Extinktion (E) im Eluat bei 250, 260, 280 und 290 nm spektralphotometrisch gemessen und die Absorptionsquotienten ($E_{250} : E_{260}$, $E_{280} : E_{260}$, $E_{290} : E_{260}$) mit denen aus authentischen Substanzen gewonnenen verglichen.

Dünnschichtchromatographische Trennung eluierter Extraktflecken von Papierchromatogrammen. Eluierte Extraktflecken papierchromatographisch getrennter Extrakte wurden eingeengt, die Rückstände in kleinem Flüssigkeitsvolumen wieder aufgenommen und auf Cellulose-Dünnschichtplatten (Cellulose G 1440, LS 254, Schleicher & Schüll) bei Verwendung verschiedener Laufmittel chromatographiert. Der bei 254 nm fluoreszierende Leuchtstoff in der Cellulose läßt die Flecken der auf der Schicht gewanderten Substanzen unter einer kurzwelligen UV-Lichtlampe deutlich und scharf abgegrenzt sichtbar werden.

Die Trennung von Nukleotidmono-, Nukleotiddi- und Nukleotidtriphosphaten gelang besonders gut mit einem Laufmittelgemisch aus gesättigtem Ammoniumsulfat, 1 m Natriumacetat und Isopropanol im Verhältnis 80:18:2 (Randerath 1962), während Basen und Riboside mit destilliertem Wasser (Randerath 1962) bzw. in einem Gemisch aus Isopropanol, Salzsäure (D 1, 18) und Wasser im Verhältnis 65 : 17,2 : 17,8 zu trennen sind (Holdgate und Goodwin 1964). Deutlich unterschiedliche Laufgeschwindigkeiten haben Cytosin- und Adenin-Derivate, wenn man mit 0,06 molarer Kochsalzlösung als Laufmittel arbeitet (Randerath 1962). Identifizierungsversuche an DEAE-, MN 300-, ECTEOLA- und PEI-Celluloseschichten verliefen wenig erfolgreich, da es, im Gegensatz zu vielen Angaben in der Literatur, stets schwierig war, die Substanzflecken auf den Schichten unter UV-Licht zu erkennen.

Versuche zum Nachweis von Zuckerphosphaten

Um eventuell vorhandene Zuckerphosphate zu erfassen, wurde in allen vorliegenden Substanzflecken-Eluaten vor und nach milder Hydrolyse der Gehalt reduzierender Zucker nach der Methode von Hagedorn-Jensen (Beloserski und Proskurjakow 1956) bestimmt. In keinem Falle konnten Zucker nachgewiesen werden.

Quantitative Bestimmung der Purin- und Pyrimidin-Verbindungen

Die Papierchromatogramm-Flecken wurden ausgeschnitten und mit 3 ml 0,1 n Salzsäure 24 Stunden bei 5 °C eluiert. Die Bestimmung der Extinktion der Eluate erfolgte spektralphotometrisch bei 260 nm (Perkin-Elmer, 137 UV-Spectrophotometer). Mittels planimetrischer Messung der flächenmäßigen Ausdehnung der Chromatogrammflecken konnte der flächenabhängige Papierleerwert ermittelt und von der Gesamtextinktion des einzelnen Fleckes abgezogen werden. Um die Extinktionen einzelner Flecken vergleichen zu können, wurden auf die Papierchromatogramme auf gleiche Trockenmasse bezogene Extraktmengen aufgetragen oder die Extinktionen auf gleichen Trockenmasseanteil umgerechnet.

Bestimmung der Nukleinsäuren

Nach Abzentrifugieren des alkoholischen Extraktes diente der feste Rückstand des homogenisierten pflanzlichen Materials der Bestimmung der Nukleinsäuren-Gehalte.

Zunächst wurde zweimal mit heißem 80%igem Äthanol, zweimal mit heißem 96%igem Äthanol und dreimal mit einem Äthanol-Äther-Gemisch (3 : 1) gewaschen. Nach Zugabe von 4 ml 5%iger Perchlorsäure je Probe erfolgte 40 Minuten Hydrolyse bei 70 °C. Im abzentrifugierten Überstand konnte der Gesamt-Nukleinsäuregehalt spektralphotometrisch gemessen werden. Mit Hilfe der Diphenylamin-Reaktion war anschließend die Bestimmung des DNS-Gehaltes möglich. Die Differenz zwischen Gesamt-Nukleinsäuregehalt und DNS-Menge ergab den RNS-Anteil.

Statistische Beurteilung der Ergebnisse

Differenzen zwischen vergleichbaren Mittelwerten gemessener Extinktionen wurden mit Hilfe des t-Tests (Pätau 1942, 1943) auf ihre Signifikanz geprüft. Weitere Angaben zur statistischen Berechnung und Bewertung aufgetretener Differenzen sind bereits an anderer Stelle dargestellt worden (Bergmann et al. 1967).

3. ERGEBNISSE

Qualitative Bestimmung von Purin- und Pyrimidin-Verbindungen

Folgende Verbindungen ließen sich nachweisen:
Uridintriphosphat (UTP), Guanosintriphosphat (GTP), Adenosintriphosphat (ATP), Adenosindiphosphat (ADP), Uridin-5′-monophosphat (UMP), Guanosin-5′-monophosphat (GMP), Cytidin-5′-monophosphat (CMP), Adenosin-5′-monophosphat (AMP), Uridin (UR), Guanosin (GR), Cytidin (CR), Inosin (HxR), Hypoxanthin (Hx), Cytosin (C), Uracil (U), Adenosin (AR), Adenin (A).

Die Laufgeschwindigkeiten für die einzelnen Substanzgruppen nehmen in folgender Reihenfolge zu: Nukleotidtriphosphate, -diphosphate, -monophosphate, Riboside, Basen. Innerhalb dieser Gruppen sind die Rf-Werte einzelner Verbindungen z. T. sehr ähnlich, so daß nicht immer eine getrennte Erfassung möglich ist. (weitere Angaben s. Bergmann et al. 1967, Rammelt und Bergmann 1967, Bergmann 1969).

Die papierchromatographische Trennung von Keimlingsextrakten ergab bis zu 13 Substanzflecken, wobei einzelne Flecken mehr als eine Verbindung enthielten. Mit der angegebenen Methodik konnten die meisten Substanzen identifiziert werden. Der Fleck 7 (Rf 0,41; nicht identifiziert) trat bei der Sorte 'Plena' nicht auf, bei der Sorte 'Louhi' nur bei 6 bzw. 7 Tage alten Keimlingen, allerdings auch hier nur in sehr geringer Konzentration. Fleck 9 (Rf 0,54; Hx) und Fleck 10 (Rf 0,58; nicht identifiziert) ergaben sich nur bei der Sorte 'Plena', nicht dagegen bei der Sorte 'Louhi'.

Bei Blattextrakten grüner Pflanzen erbrachte die papierchromatographische Trennung bis zu 15 Flecken einzelner oder im Gemisch vorliegender Verbindungen.

Fleck 3 (Rf 0,25–0,26; UMP, GMP) fehlt bei der Sorte 'Ciro'. Fleck 6 (Rf 0,43 nicht identifiziert) tritt nur bei der Sorte 'Cape × Coast 1518' auf, aber auch hier nur bei 56 Tage alten Pflanzen. Fleck 7 (Rf 0,40–0,45; HxR) fehlt bei der Sorte 'Plena', Fleck 9 (Rf 0,42–0,47; nicht identifiziert) bei Sorte 'Louhi', Fleck 11 (Rf 0,46; nicht identifiziert) erscheint nur bei der Sorte 'Plena'.

Quantitative Bestimmung von Purin- und Pyrimidin-Verbindungen

Die Ergebnisse der quantitativen Bestimmungen sind den nachfolgenden Tabellen zu entnehmen. Die Tabellenwerte sind Mittelwerte aus je 5 Extraktionen mit jeweils 20–30 Einzelwerten und setzen sich demnach aus wenigstens 100 Einzelwerten zusammen.

Extrakte etiolierter Keimlinge

Bei Keimlingen der Sorte 'Plena' ergab sich folgendes Bild: Die Konzentration der Tri- und Diphosphate war sehr gering, veränderte sich nur wenig und zeigte im Zeitraum der Untersuchung sinkende Tendenz. Während bei den UMP- und GMP-Gehalten vom 3. zum 7. Tag ein leichter Anstieg zu verzeichnen

Tabelle 1

Quantitative Bestimmung von Purin- und Pyrimidin-Verbindungen in äthanolischen Extrakten etiolierter Gerste-Keimlinge der Sorte 'Plena' nach papierchromatographischer Trennung und spektralphotometrischer Bestimmung der Extinktion von Flecken-Eluaten bei 260 nm (E_{260})

Fleck Nr.	Rf-Wert	nachgewiesene Substanz	E_{260} Alter der Keimlinge in Tagen				
			3	4	5	6	7
1	0,15	GTP, UTP, ATP	0,043	0,063	—	0,010	—
2	0,23	ADP	0,024	0,085	0,060	0,094	0,038
3	0,28	UMP, GMP	0,381	0,404	0,414	0,395	0,497
4	0,31	CMP	0,225	0,162	0,028	0,056	0,082
5	0,39	AMP	0,163	0,341	0,186	0,154	0,077
6	0,47	UR, GR	0,124	0,168	0,126	0,113	0,097
7	—	—	—	—	—	—	—
8	0,50	H×R	0,198	0,244	0,207	0,141	0,181
9	0,54	H×	0,104	0,327	0,176	0,084	—
10	0,58	?	0,106	—	—	0,242	0,260
11	0,61	C, U	0,094	—	—	0,071	—
12	0,77	AR	0,358	0,450	0,288	0,236	0,315
13	0,83	A	—	0,067	0,026	0,137	0,162

Tabelle 2

Quantitative Bestimmung von Purin- und Pyrimidin-Verbindungen in äthanolischen Extrakten etiolierter Gerste-Keimlinge der Sorte 'Louhi' nach papierchromatographischer Trennung und spektralphotometrischer Bestimmung der Extinktion von Flecken-Eluaten bei 260 nm (E_{260})

Fleck Nr.	Rf-Wert	nachgewiesene Substanz	E_{260} Alter der Keimlinge in Tagen				
			3	4	5	6	7
1	0,16	GTP, UTP, ATP	0,059	—	0,451	—	—
2	0,24	ADP	0,224	0,272	0,230	0,136	0,136
3	0,28	UMP, GMP	0,115	0,059	0,086	0,298	0,357
4	0,29	CMP	0,147	—	—	0,032	—
5	0,33	AMP	0,141	0,067	0,079	0,169	0,871
6	0,38	UR, GR	0,118	—	0,030	0,073	0,165
7	0,41	?	—	—	—	0,049	0,030
8	0,43	H×R	—	—	0,119	—	—
9	—	—	—	—	—	—	—
10	—	—	—	—	—	—	—
11	0,58	C, U	—	—	—	0,061	—
12	0,79	AR	0,042	—	0,204	0,344	0,139
13	0,84	A	—	0,061	—	—	0,023

war, sank der CMP-Gehalt eindeutig. Die Verbindungen AMP, UR, GR, HxR, Hx und AR zeigten nach vier Tagen ein schwach entwickeltes Maximum, danach erfolgte langsames Absinken der Gehalte. Die Konzentration von A stieg bis zum 7. Tag an (Tab. 1).

Bei Keimlingen der Sorte 'Louhi' waren folgende Verhältnisse anzutreffen: Der Triphosphatgehalt war nach 5 Tagen sehr hoch. Bei ADP ergab sich nach 4 Tagen ein schwach entwickeltes Maximum, danach allmähliche Abnahme der Konzentration. Die UMP- und GMP-Gehalte stiegen im Versuchszeitraum an, der CMP-Gehalt sank. Nach 7 Tagen ist ein auffallend hoher Gehalt an AMP zu verzeichnen. Die Konzentrationen aller weiteren erfaßten Verbindungen waren in der Regel niedrig (Tab. 2).

Der Vergleich beider Sorten zeigt, daß die ermittelten Tri- und Diphosphatgehalte bei der Sorte 'Louhi' höher waren als bei der Sorte 'Plena'; bezüglich aller anderen Verbindungen lagen die Verhältnisse umgekehrt.

Betrachtet man den Gesamtgehalt der erfaßten Nukleotide, Riboside und Basen, so ergaben sich bei der Sorte 'Plena' zwischen dem 3. und 7. Tage nur geringfügige Veränderungen, bei der Sorte 'Louhi' dagegen stiegen die Mengen, mit Ausnahme der nach vier Tagen, bis zum 7. Tag an. Zu dem Zeitpunkt lagen in den Extrakten von Keimlingen beider Sorten gleiche Gesamtmengen dieser Verbindungen vor (Tab. 3).

Tabelle 3

Gesamtgehalt an Nukleotiden, Ribosiden und Basen in Keimlings-Extrakten von zwei Gerste-Sorten, ausgedrückt in Gesamt-Extinktion bei 260 nm (Gesamt-E_{260}).

	Gesamt-E_{260} Alter der Keimlinge in Tagen				
	3	4	5	6	7
Hordeum vulgare L. u. I.					
'Plena'	1,820	2,311	1,511	1,733	1,709
'Louhi'	0,846	0,459	1,199	1,162	1,721

Extrakte grüner Pflanzen

Von den vier ausgewählten Sorten zeichnen sich 'Ciro' und 'Plena' durch eine höhere, 'Louhi' und 'Cape × Coast' 1518 durch eine niedrigere Netto-Photosyntheserate aus. Mit zunehmendem Alter der Pflanzen nahm in der Regel die Menge der hier erfaßten Purin- und Pyrimidin-Verbindungen ab. Bei der Sorte 'Louhi' war in 14 Tage alten Pflanzen der Gehalt einer Anzahl von Verbindungen (CMP, AMP, HxR, CR, Hx, AR, A) am höchsten. In einigen Fällen stieg die Konzentration nach 56tägigem Wachstum der Pflanzen an. In dieser Zeit setzte die Ausbildung der Ähren ein. (ADP bei 'Ciro' und 'Plena', CMP bei 'Ciro' und 'Cape × Coast 1518', Hx, AR und A bei 'Cape × Coast 1518').

Tabelle 4

Quantitative Bestimmung von Purin- und Pyrimidin-Verbindungen in äthanolischen Extrakten von Gerste-Blättern der Sorte 'Ciro' nach papierchromatographischer Trennung und spektralphotometrischer Bestimmung der Extinktion von Flecken-Eluaten bei 260 nm (E_{260})

Fleck Nr.	Rf-Wert	nachgewiesene Substanz	E_{260} Alter der Pflanzen in Tagen 7	14	28	42	56
1	0,16	GTP, UTP, ATP	—	—	0,015	0,084	0,082
2	0,24	ADP	0,054	0,026	0,004	0,040	0,260
3	—	—	—	—	—	—	—
4	0,32	CMP	0,068	0,031	0,015	0,036	0,116
5	0,37	AMP	0,277	0,194	0,091	0,124	0,127
6	—	—	—	—	—	—	—
7	0,41	H×R	—	—	0,125	0,047	—
8	0,43	UR, GR	0,818	0,646	0,362	0,159	0,158
9	0,45	?	—	—	0,174	0,099	—
10	0,47	CR	0,046	0,106	0,066	0,051	—
11	—	—	—	—	—	—	—
12	0,53	H×	0,120	0,038	0,026	—	—
13	0,60	C, U	0,152	—	—	—	—
14	0,71	AR	0,091	0,008	—	0,002	—
15	0,87	A	0,158	0,046	0,016	0,036	—

Tabelle 5

Quantitative Bestimmung von Purin- und Pyrimidin-Verbindungen in äthanolischen Extrakten von Gerste-Blättern der Sorte 'Plena' nach papierchromatographischer Trennung und spektralphotometrischer Bestimmung der Extinktion von Flecken-Eluaten bei 260 nm (E_{260})

Fleck Nr.	Rf-Wert	nachgewiesene Substanz	E_{260} Alter der Pflanzen in Tagen 7	14	56
1	0,16	GTP, UTP, ATP	0,100	—	—
2	0,24	ADP	0,115	0,111	0,343
3	0,25	UMP, GMP	0,124	0,121	—
4	0,31	CMP	0,183	0,136	—
5	0,38	AMP	0,282	0,192	0,120
6	—	—	—	—	—
7	—	—	—	—	—
8	0,41	UR, GR	0,962	0,796	0,087
9	0,42	?	—	—	0,112
10	0,43	CR	0,157	0,174	0,012
11	0,46	?	0,238	—	—
12	0,58	H×	0,130	0,150	—
13	0,61	C, U	—	0,040	—
14	0,80	AR	0,211	0,171	—
15	0,85	A	0,178	0,147	—

Tabelle 6

Quantitative Bestimmung von Purin- und Pyrimidin-Verbindungen in äthanolischen Extrakten von Gerste-Blättern der Sorte 'Louhi' nach papierchromatographischer Trennung und spektralphotometrischer Bestimmung der Extinktion von Flecken-Eluaten bei 260 nm (E_{260})

Fleck Nr.	Rf-Wert	nachgewiesene Substanz	E_{260} Alter der Pflanzen in Tagen 7	14	28	42
1	0,16	GTP, UTP, ATP	—	—	—	0,045
2	0,23	ADP	0,081	0,081	0,163	0,137
3	0,26	UMP, GMP	—	0,033	—	—
4	0,32	CMP	0,133	0,161	0,010	—
5	0,34	AMP	0,209	0,288	0,104	0,171
6	—	—	—	—	—	—
7	0,40	H×R	—	0,285	0,171	—
8	0,42	UR, GR	0,926	0,808	0,195	0,207
9	—	—	—	—	—	—
10	0,47	CR	0,124	0,168	0,042	0,089
11	—	—	—	—	—	—
12	0,54	H×	0,099	0,208	0,015	—
13	0,60	C, U	0,077	—	—	—
14	0,79	AR	0,101	0,259	0,004	—
15	0,86	A	0,174	0,284	0,008	—

Tabelle 7

Quantitative Bestimmung von Purin- und Pyrimidin-Verbindungen in äthanolischen Extrakten von Gerste-Blättern der Sorte 'Cape × Coast 1518' nach papierchromatographischer Trennung und spektralphotometrischer Bestimmung der Extinktion von Flecken-Eluaten bei 260 nm (E_{260})

Fleck Nr.	Rf-Wert	nachgewiesene Substanz	E_{260} Alter der Pflanzen in Tagen 7	14	28	42	56
1	0,16	GTP, UTP, ATP	—	0,017	0,002	0,012	0,020
2	0,25	ADP	0,071	0,006	0,022	0,027	0,066
3	0,26	UMP, GMP	—	0,015	0,030	—	—
4	0,33	CMP	0,103	0,083	0,084	0,005	0,265
5	0,42	AMP	0,345	0,357	0,215	0,124	0,174
6	0,43	?	—	—	—	—	0,165
7	0,45	H×R	—	—	0,068	0,123	—
8	0,46	UR, GR	0,891	0,668	0,295	0,335	0,237
9	0,47	?	—	—	—	—	0,301
10	0,49	CR	0,091	0,087	0,090	0,090	0,087
11	—	—	—	—	—	—	—
12	0,55	H×	0,039	0,027	0,032	—	0,117
13	0,60	U, C	—	0.040	0,032	0.099	—
14	0,78	AR	0,162	0,071	0,044	0,014	0,094
15	0,84	A	0,470	0,302	0,156	0,107	0,148

Tabelle 8

Gesamtgehalt an Nukleotiden, Ribosiden und Basen in Blatt-Extrakten verschiedener Gerste-Sorten, ausgedrückt in Gesamt-Extinktion bei 260 nm (Gesamt-E_{260})

	Gesamt-E_{260} Alter der Pflanzen in Tagen				
	7	14	28	42	56
Hordeum vulgare L.					
'Ciro'	1,784	1,095	0,894	0,678	0,743
'Plena'	2,680	2,038	/	/	0,674
'Louhi'	1,929	2,575	0,712	0,649	/
'Cape × Coast 1518'	2,172	1,673	1,070	0,933	1,667

Tri- und Diphosphate lagen in geringer Konzentration vor, allerdings stieg der Gehalt an ADP bei den Sorten 'Ciro' und 'Plena' gegen Ende des untersuchten Zeitraums an. UMP und GMP kamen bei den Sorten 'Louhi' und 'Cape × Coast 1518' ebenfalls in sehr geringer Konzentration vor, fehlten bei 'Ciro' gänzlich und nur junge Pflanzen der Sorte 'Plena' enthielten nennenswerte Mengen dieser Verbindungen. Die Gehalte an AMP, UR, GR, AR und A waren in der Regel relativ hoch (Tab. 4–7).

Ein Vergleich der ermittelten Gesamtmengen an Nukleotiden, Ribosiden und Basen bestätigt die Feststellung der Abnahme der Verbindungen im Verlaufe des vegetativen Alters der Pflanze (Tab. 8).

Bestimmung von Nukleinsäuren

Die Tabellen 9 und 10 zeigen die Ergebnisse im einzelnen. Die Tabellenwerte sind Mittelwerte, denen je 5 parallele Extraktionen zugrunde liegen. Von jedem Extrakt ließen sich 2 bis 3 Parallelbestimmungen durchführen.

Extrakte etiolierter Keimlinge

Der Gehalt an Nukleinsäuren war in den ersten Tagen des Keimlingswachstums am höchsten und sank nach 5 Tagen allmählich. Bei 4 Tage alten Keimlingen deutete sich, ähnlich wie bei AMP und einer Anzahl von Ribosiden der Sorte 'Plena' sowie z. T. auch bei der Sorte 'Louhi', ein Maximum an, das durch eindeutig erhöhte DNS-Gehalte zu dieser Zeit bedingt wurde. Das Verhältnis RNS/DNS ist entsprechend niedrig.

Zwischen den Sorten 'Plena' und 'Louhi' gab es nur geringfügige Unterschiede. Der Anteil der DNS am Gesamt-Nukleinsäuregehalt war bei der Sorte 'Plena' zunächst größer, später kleiner als bei der Sorte 'Louhi', grundsätzlich aber sehr gering (Tab. 9).

Extrakte grüner Pflanzen

Mit zunehmendem Alter der Pflanzen nahm der Gesamtgehalt an Nukleinsäuren generell stark ab. Nach 56 Tagen war, offensichtlich in Verbindung

Tabelle 9

Bestimmung des Gehaltes an Gesamt-Nukleinsäure (NS), Ribonukleinsäure (RNS) und Desoxyribonukleinsäure (DNS) in Extrakten etiolierter Keimlinge der Sorten 'Plena' und 'Louhi' in Abhängigkeit vom Alter der Keimlinge (Angaben in mg pro 0,1 g Trockenmasse)

		Alter der Keimlinge in Tagen				
		4	3	5	6	7
'Plena'	NS	1,489	1,627	1,572	0,999	1,014
	RNS	1,326	1,315	1,355	0,914	0,956
	DNS	0,163	0,312	0,217	0,085	0,068
	RNS/DNS	8,1	4,2	6,2	10,8	14,1
'Louhi'	NS	1,690	1,730	1,349	1,336	0,657
	RNS	1,590	1,442	1,159	1,213	0,608
	DNS	0,100	0,288	0,190	0,123	0,049
	RNS/DNS	15,9	5,0	6,1	9,9	12,4

Tabelle 10

Bestimmung des Gehaltes an Gesamt-Nukleinsäure (NS), Ribonukleinsäure (RNS) und Desoxyribonukleinsäure (DNS) in Extrakten grüner Pflanzen der Sorten 'Ciro', 'Plena', 'Louhi' und 'Cape × Coast 1518' in Abhängigkeit vom Alter der Pflanzen (Angaben in mg pro 0,1 g Trockenmasse)

		Alter der Pflanzen in Tagen				
		7	14	28	42	56
'Ciro'	NS	1,362	0,700	0,443	0,343	0,454
	RNS	1,212	0,510	0,325	0,198	0,133
	DNS	0,150	0,190	0,118	0,145	0,321
	RNS/DNS	8,1	2,7	2,8	1,4	0,4
'Plena'	NS	1,170	0,819	0,431	0,351	0,472
	RNS	0,995	0,561	0,208	0,180	0,208
	DNS	0,175	0,258	0,223	0,171	0,264
	RNS/DNS	5,7	2,2	0,9	1,1	0,8
'Louhi'	NS	1,108	0,824	0,538	0,402	0,478
	RNS	0,923	0,531	0,380	0,269	0,272
	DNS	0,185	0,293	0,158	0,133	0,206
	RNS/DNS	5,0	1,8	2,4	2,0	1,3
'Cape × Coast 1518'	NS	0,996	0,661	0,380	0,365	0,353
	DNS	0,778	0,542	0,221	0,206	0,173
	DNS	0,218	0,119	0,159	0,159	0,180
	RNS/DNS	3,6	4,6	1,4	1,3	1,0

mit dem Beginn der Ausbildung der Ähren, eine Zunahme zu beobachten (Sorten 'Ciro', 'Plena', 'Louhi'), die durch steigende DNS-Gehalte bedingt wurde. Die DNS-Konzentration zeigte, mit Ausnahme der Sorte 'Cape × Coast 1518', nach 14 Tagen einen Anstieg, der in der Folgezeit verlorenging. Das Verhältnis RNS/DNS wurde mit fortschreitendem vegetativen Alter der Pflanzen immer kleiner, d. h. der RNS-Gehalt sank ständig, während der DNS-Gehalt bis zum Zeitpunkt der Ährenbildung relativ konstant blieb (Tab. 10).

Grundsätzliche Unterschiede zwischen den untersuchten Sorten ließen sich weder hinsichtlich des RNS- noch des DNS-Gehaltes ermitteln. Nach 56 Tagen lagen bei den Sorten 'Ciro' und 'Plena' höhere DNS-Gehalte als bei den Sorten 'Louhi' und 'Cape × Coast 1518' vor.

4. DISKUSSION

Freie Nukleotide dienen als Bausteine verschiedener Auf-, Um- und Abbausysteme und sind an einer Vielzahl gruppenübertragender Reaktionen beteiligt. Sie stehen daher im Mittelpunkt des Intermediärstoffwechsels, so daß die Ausrüstung eines Gewebes mit freien Nukleotiden seinen metabolischen Charakter erkennen läßt (Schmitz 1960).

In vorliegender Arbeit wurde eine Anzahl von Ribosiden und Basen – als Bausteine freier Nukleotide –, von freien Nukleotiden – als Bausteine der Nukleinsäuren – und die Nukleinsäuren selbst qualitativ sowie quantitativ in verschiedenen Phasen der vegetativen Entwicklung von Pflanzen mehrerer Gerste-Sorten bestimmt, um den Stoffwechsel aller dieser Verbindungen im Zusammenhang mit dem Wachstum etiolierter Keimlinge bzw. der Entwicklung ergrünter Pflanzen zu erfassen.

Bereits Untersuchungen anderer Autoren, an verschiedenen pflanzlichen Objekten erzielt, zeigen, daß schon wenige Stunden nach Beginn der Samenquellung und besonders in den ersten Phasen der Keimung ein sehr schneller Anstieg der Gehalte freier Nukleotide erfolgt, nach einigen Tagen maximale Werte erreicht werden und in der Folgezeit absinkende Konzentrationen zu verzeichnen sind (Cherry und Hageman 1960, Brown 1965, Keys und Cornelius 1965, Elnaghy und Nordin 1966, Wilson und Harris 1966, Grzelczak und Buchowicz 1967). Die Ergebnisse eigener Versuche bestätigen die der angegebenen Autoren und entsprechen den Verhältnissen, wie sie verschiedenenorts beschrieben wurden.

Zeitliche Unterschiede im Ablauf einzelner Keimungsphasen bei unterschiedlichen Arten können entsprechende Unterschiede im Nukleotid-Verteilungsmuster erklären. Bei vorliegenden Untersuchungen ergaben sich sogar zwischen zwei Gerste-Sorten diesbezügliche Unterschiede.

Da hier Keimlinge erst vom dritten Tag ihrer Entwicklung an untersucht wurden, sind die geringen Konzentrationen an Nukleotidtri- und -diphosphaten bei der Sorte 'Plena' und die relativ höheren Konzentrationen der Nukleotidmonophosphate sowie der Riboside und Basen nicht überraschend. Einen derartigen graduellen Wechsel von Di- und Triphosphaten zu den Monophosphaten im Zuge der Keimung beschreiben Cherry und Hageman (1960) an etiolierten Mais-Keimlingen. Hervorzuheben wäre der auffallend starke Abfall der CMP-Gehalte in Keimlingen beider untersuchten Sorten.

In den Blättern ergrünter Pflanzen aller vier benutzten Gerste-Sorten ergaben sich in der Regel mit zunehmendem Alter sinkende Gehalte der Purin- und Pyrimidin-Verbindungen. Abdel-Wahab und El-Kinawi (1960) und Weinstein et al. (1969) kamen zu ähnlichen Ergebnissen.

Nach 14 Tagen traten in Pflanzen der Sorte 'Louhi' maximale Gehalte einiger Nukleotidmonophosphate, Riboside und Basen auf. Die Pflanzen erreichten bereits in dieser Phase das 4–5-Blatt-Stadium und entwickelten in der Folgezeit wesentlich langsamer neue Blätter. Das Überwiegen von Zellteilungen zu dieser Zeit und die anschließende Umstellung auf vorherrschendes Zellstreckungswachstum könnte diesen Befund erklären. Die Pflanzen der anderen Sorten entwickelten sich langsamer und ausgeglichener und zeigten auch kein Maximum im Gehalt von Nukleotiden, Ribosiden und Basen.

In 56 Tage alten Pflanzen stieg in einigen Fällen die Konzentration einzelner Nukleotide bzw. Nukleotid-Bausteine an. Diese Verhältnisse sind mit den zu dieser Zeit einsetzenden Prozessen der Ährenbildung korreliert. Murakami (1970) konnte zeigen, daß Pflanzen, denen die Ähren abgeschnitten wurden, nur 20% des Nukleotidgehaltes intakter Pflanzen aufweisen.

Übereinstimmend mit den Gehalten an freien Nukleotiden, Ribosiden und Basen, waren auch die Konzentrationen der Nukleinsäuren in den ersten Tagen des Keimlingswachstums am höchsten, um dann allmählich abzusinken. Ähnliche Befunde beschreiben West (1962) und Ingle und Hageman (1965) auf Grund von Untersuchungen an Mais-Keimlingen, Cherry (1963) in Keimblättern von Erdnußsamen, Barker und Hollinshead (1964) an Kotyledonen von Erbsen, Lázár et al. (1969) ebenfalls in Gerste-Blättern. Nach 4 Tagen wurde in unseren Versuchen das Maximum erreicht, das sich auf eindeutig erhöhte DNS-Gehalte zurückführen ließ, während die Konzentration der RNS zu dieser Zeit konstant blieb. Möglicherweise war der hohe DNS-Anteil in erster Linie durch die Etiolierung der Keimlinge bedingt (Bopp 1967); andererseits fanden Sasaki und Brown (1969) auch in ruhenden Samen von *Pinus resinosa* sowie zu Beginn der Keimung hohe DNS-Gehalte und *Capesius* und Bopp (1970) konnten in Hypocotylen von *Sinapis*-Keimlingen bis zu 36 Stunden nach Aussaat DNS-Synthese nachweisen.

Auch in den Blättern ergrünter Pflanzen ergaben sich bezüglich der Nukleinsäure-Konzentration zu den freien Nukleotiden analoge Verhältnisse. In Abhängigkeit vom Alter der Pflanzen sanken der Gesamt-Nukleinsäuregehalt und das Verhältnis RNS/DNS. Erst in der Phase des Beginns der Ährenbildung erfolgte erneuter Anstieg der Nukleinsäure-Mengen, bedingt durch zunehmende DNS-Konzentrationen. Die RNS-Konzentration verändert sich während dieser Zeit nicht.

Diese Ergebnisse stehen in völliger Übereinstimmung mit denen von Zairov et al. (1970), an Weizen erzielt, wonach der höchste relative Nukleinsäure-Gehalt in vegetativen Organen während früher Entwicklungsperioden und während der Ährenbildung anzutreffen ist und auch das RNS/DNS-Verhältnis vom frühen Keimlingsalter bis zum Zeitpunkt der Ährenbildung ständig sinkt. Nach Lázár et al. (1969) wird der Zuwachs an DNS in alterndem Gerste-Blattgewebe durch bevorzugten Niederschlag von rRNS bedingt.

Wie bereits erwähnt, unterscheiden sich die für vorliegende Untersuchungen ausgewählten Sorten durch ihre Netto-Photosyntheseraten. Vergleicht man die Nukleotid-Verteilungsmuster, lassen sich keine deutlichen Unterschiede feststellen, die durch dieses genetisch fixierte unterschiedliche stoffwechselphysiologische Verhalten bedingt sein könnten.

Auch bezüglich der Nukleinsäure-Gehalte sind Unterschiede dieser Art nicht zu erkennen. Lediglich die bei 'Ciro' und 'Plena' nach 56 Tagen höheren DNS-Gehalte im Vergleich zu denen der Sorten 'Louhi' und 'Cape × Coast 1518' könnten darauf hinweisen, daß in den Sorten mit höherer Netto-Photosyntheserate zur Zeit der Ausbildung der Ähren auch entscheidende Synthesevorgänge stärker ausgeprägt sind.

Zusammenfassung

Die Gehalte einer Anzahl erfaßter Mononukleotide, Riboside und Basen sowie von Nukleinsäuren sind in den ersten Tagen des Wachstums etiolierter Keimlinge am höchsten und sinken in der Regel mit zunehmendem Keimlingsalter. In Blättern ergrünter Pflanzen nehmen die Gehalte genannter Verbindungen im Verlaufe des vegetativen Wachstums ebenfalls ab. Zum Zeitpunkt der Ausbildung der Ähren nimmt der DNS-Gehalt zu.

Zwischen Sorten mit unterschiedlicher Netto-Photosyntheserate treten keine schlüssigen Unterschiede auf. Lediglich die DNS-Gehalte der Blätter sind zu Beginn der Ährenbildung bei den Sorten mit höherer Netto-Photosyntheserate höher als bei den Sorten mit niedrigerer Netto-Photosyntheserate.

Summary

The content of some purine and pyrimidine derivatives and nucleic acids in leaves of barley plants of different varieties in dependence on the age of plants.

The contents of some estimated mononucleotides, ribosides and bases as well as nucleic acids are in the first days of growth of etiolated seedlings highest and decreases normally with the age of seedlings. In leaves of green plants the contents of these substances decreases during the vegetative growth also, but while the formation of ears the content of DNA increase.

There are no unequivocal differences between varieties with different net photosynthesis. However, the DNA contents in leaves are to the begin of ear formation higher in varieties with higher than with lower net photosynthesis.

Краткое содержание

Содержание некоторых пуриновых и пиримидиновых соединений и нуклеиновых кислот в листьях различных сортов ячменя в зависимости от возраста растений

Наиболее высокое содержание ряда исследованных мононуклеотидов, рибозидов и оснований, а также нуклеиновых кислот наблюдается в первые дни роста этиолированных побегов; как правило, оно снижается с возрастом. В листьях позеленевших растений содержание названных веществ также уменьшается в течение периода вегетативного роста. Во время образования колосьев увеличивается содержание ДНК.

Между сортами с различной интенсивностью истинного фотосинтеза существенных различий обнаружено не было. Только у сортов с высокой интенсивностью фотосинтеза содержание ДНК листьев в начале образования колоса оказывается выше, чем у сортов с низкой интенсивностью истинного фотосинтеза.

ANHANG

Statistische Bewertung der Ergebnisse mit Hilfe des *t*-Test-Verfahrens nach Pätau.

$P < 0{,}01$	– die Differenzen sind gesichert	(++)
$P > 0{,}01 < 0{,}05$	– die Differenzen sind schwach gesichert	(+)
$P > 0{,}05$	– die Differenzen sind nicht gesichert	(–)

Vergleich der Gehalte an Nukleotiden, Ribosiden und Basen in Keimlingen der Sorten 'Plena' (Tabelle 1) und 'Louhi' (Tabelle 2)

'Plena' : 'Louhi'

Flecken-Nr.	P-Werte Alter in Tagen				
	3	4	5	6	7
1	–	++	++	–	/
2	++	++	++	+	++
3	++	++	++	+	++
4	++	++	–	–	++
5	–	++	++	–	++
6	–	++	++	+	+
7	/	/	/	+	+
8	++	++	++	++	++
9	++	++	++	++	/
10	++	/	/	++	++
11	++	/	/	–	/
12	++	++	+	+	++
13	/	–	–	++	++

Vergleich altersbedingter Unterschiede der Gehalte an Nukleotiden, Ribosiden und Basen in Keimlingen der Sorte 'Plena' (Tabelle 1)

Tage	P-Werte Flecken-Nr.												
	1	2	3	4	5	6	7	8	9	10	11	12	13
3 : 4	−	+	−	+	++	−	/	−	++	++	++	+	+
3 : 5	−	+	−	++	−	−	/	−	+	++	++	++	−
3 : 6	−	+	−	++	−	−	/	−	−	++	−	++	++
3 : 7	−	−	+	++	++	+	/	−	++	++	+	−	++
4 : 5	+	−	−	++	++	+	/	−	++	/	/	++	+
4 : 6	+	−	−	++	++	+	/	+	++	++	+	++	+
4 : 7	+	+	−	++	++	+	/	+	++	++	/	+	+
5 : 6	−	−	−	−	−	−	/	+	+	++	+	−	++
5 : 7	/	−	−	+	++	−	/	−	++	++	/	−	++
6 : 7	−	+	+	−	++	−	/	−	+	−	+	−	−

Vergleich altersbedingter Unterschiede der Gehalte an Nukleotiden, Ribosiden und Basen in Keimlingen der Sorte 'Louhi' (Tabelle 2)

Tage	P-Werte Flecken-Nr.												
	1	2	3	4	5	6	7	8	9	10	11	12	13
3 : 4	+	−	+	++	+	++	/	/	/	/	/	−	+
3 : 5	++	−	−	++	+	++	/	++	/	/	/	++	/
3 : 6	+	+	++	++	−	−	−	/	/	/	+	++	/
3 : 7	+	+	++	++	++	−	−	/	/	/	/	++	−
4 : 5	++	−	−	/	−	−	/	++	/	/	/	++	+
4 : 6	/	++	++	−	++	+	−	/	/	/	+	++	+
4 : 7	/	++	++	/	++	++	−	/	/	/	/	++	+
5 : 6	++	+	++	−	++	+	−	++	/	/	+	++	/
5 : 7	++	+	++	/	++	++	−	++	/	/	/	+	−
6 : 7	/	−	+	−	++	++	−	/	/	/	+	++	−

Vergleich der Gehalte an Nukleotiden, Ribosiden und Basen in Pflanzen der Sorten 'Ciro' (Tabelle 4) und 'Louhi' (Tabelle 6) sowie der Sorten 'Ciro' und 'Cape × Coast 1518' (Tabelle 7)

'Ciro' : 'Louhi'						'Ciro' : 'Cape × Coast 1518'					
Flecken-	P-Werte Alter in Tagen					Flecken-	P-Werte Alter in Tagen				
Nr.	7	14	28	42	56	Nr.	7	14	28	42	56
1	/	/	−	+	/	1	/	−	−	+	+
2	−	+	++	++	/	2	−	−	−	−	++
3	/	−	/	/	/	3	/	−	−	/	/
4	+	++	−	−	/	4	+	+	++	+	++
5	+	+	−	−	/	5	+	++	++	/	+
6	/	/	/	/	/	6	/	/	/	/	++
7	/	++	+	−	/	7	/	/	+	+	/
8	+	+	++	+	/	8	−	−	−	++	+
9	/	/	++	++	/	9	/	/	++	++	++
10	+	+	−	−	/	10	−	−	−	−	+
11	/	/	/	/	/	11	/	/	/	/	/
12	−	++	−	/	/	12	++	−	−	/	++
13	++	/	/	/	/	13	++	−	−	+	/
14	−	++	−	−	/	14	+	+	−	−	+
15	−	++	−	−	/	15	++	++	++	++	++

Vergleich der Gehalte an Nukleotiden, Ribosiden und Basen in Pflanzen der Sorten 'Plena' (Tabelle 5) und 'Louhi' (Tabelle 6) sowie der Sorten 'Plena' und 'Cape × Coast 1518' (Tabelle 7)

'Plena' : 'Louhi'						'Plena' : 'Cape × Coast 1518'					
Flecken-	P-Werte Alter in Tagen					Flecken-	P-Werte Alter in Tagen				
Nr.	7	14	28	42	56	Nr.	7	14	28	42	56
1	++	/	/	/	/	1	+	−	/	/	−
2	−	+	/	/	/	2	−	++	/	/	++
3	++	++	/	/	/	3	++	++	/	/	/
4	+	−	/	/	/	4	+	+	/	/	++
5	+	+	/	/	/	5	−	++	/	/	+
6	/	/	/	/	/	6	/	/	/	/	++
7	/	++	/	/	/	7	/	/	/	/	/
8	−	−	/	/	/	8	−	+	/	/	++
9	/	/	/	/	/	9	/	/	/	/	++
10	−	−	/	/	/	10	+	++	/	/	+
11	++	/	/	/	/	11	++	/	/	/	/
12	+	+	/	/	/	12	++	++	/	/	++
13	+	−	/	/	/	13	/	/	/	/	/
14	++	+	/	/	/	14	+	++	/	/	+
15	−	++	/	/	/	15	++	++	/	/	++

Vergleich der altersbedingten Unterschiede im Gehalt an Nukleotiden, Ribosiden und Basen in Pflanzen der Sorte 'Ciro' (Tabelle 4)

Tage	P-Werte Flecken-Nr.														
	1	2	3	4	5	6	7	8	9	10	11	12	13	14	15
7 : 14	/	–	/	–	+	/	/	+	/	–	/	++	++	++	++
7 : 28	–	++	/	+	++	/	++	++	++	–	/	++	++	++	++
7 : 42	+	–	/	–	++	/	+	++	+	–	/	++	++	++	++
7 : 56	+	++	/	+	++	/	/	++	/	+	/	++	++	++	++
14 : 28	–	–	/	–	+	/	++	++	++	+	/	–	/	–	–
14 : 42	+	–	/	–	+	/	+	++	+	+	/	+	/	–	–
14 : 56	+	++	/	++	+	/	/	++	/	++	/	+	/	–	+
28 : 42	+	++	/	–	–	/	+	++	+	–	/	–	/	–	–
28 : 56	+	++	/	++	–	/	++	++	++	+	/	–	/	/	–
42 : 56	–	++	/	+	–	/	+	–	+	+	/	/	/	–	+

Vergleich der altersbedingten Unterschiede im Gehalt an Nukleotiden, Ribosiden und Basen in Pflanzen der Sorte 'Plena' (Tabelle 5)

Tage	P-Werte Flecken-Nr.														
	1	2	3	4	5	6	7	8	9	10	11	12	13	14	15
7 : 14	++	–	–	+	+	/	/	+	/	–	++	–	–	–	–
7 : 56	++	++	++	++	++	/	/	++	++	++	++	++	/	++	++
14 : 56	/	++	++	++	+	/	/	++	++	++	/	++	–	++	++

Vergleich der altersbedingten Unterschiede im Gehalt an Nukleotiden, Ribosiden und Basen in Pflanzen der Sorte 'Louhi' (Tabelle 6)

Tage	P-Werte Flecken-Nr.														
	1	2	3	4	5	6	7	8	9	10	11	12	13	14	15
7 : 14	/	/	–	–	+	/	++	+	/	–	/	++	+	++	+
7 : 28	/	++	/	++	++	/	++	++	/	+	/	+	+	++	++
7 : 42	–	+	/	++	–	/	/	++	/	+	/	+	+	++	++
14 : 28	/	+	–	++	++	/	+	++	/	++	/	++	/	++	++
14 : 42	–	+	–	++	+	/	++	++	/	+	/	++	/	++	++
28 : 42	–	–	/	–	–	/	++	–	/	–	/	–	/	–	–

Vergleich der altersbedingten Unterschiede im Gehalt an Nukleotiden, Ribosiden und Basen der Sorte 'Cape × Coast 1518' (Tabelle 7)

Tage	P-Werte Flecken-Nr.														
	1	2	3	4	5	6	7	8	9	10	11	12	13	14	15
7 : 14	−	+	−	−	−	/	/	+	/	−	/	−	−	+	+
7 : 28	−	+	−	−	+	/	+	++	/	−	/	−	−	+	++
7 : 42	−	+	/	++	++	/	++	++	/	−	/	−	+	++	++
7 : 56	−	−	/	+	++	++	/	++	++	−	/	+	/	−	++
14 : 28	−	−	−	−	++	/	+	++	/	−	/	−	−	−	++
14 : 42	−	−	−	+	++	/	++	++	/	−	/	−	−	+	++
14 : 56	−	+	−	++	++	++	/	++	++	/	/	+	−	−	++
28 : 42	−	−	−	+	+	/	+	−	/	/	/	−	−	−	−
28 : 56	−	−	−	++	+	++	+	−	++	−	/	+	−	−	−
42 : 56	−	−	/	++	+	++	++	+	++	−	/	++	+	+	−

Vergleich der Nukleinsäure-Gehalte in Keimlingen der Sorten 'Plena' und 'Louhi' (Tabelle 9)

'Plena' : 'Louhi'

	P-Werte Alter in Tagen				
	3	4	5	6	7
Nukleinsäure (total)	+	−	−	+	+
RNS	+	−	−	−	+
DNS	−	−	−	−	−

Vergleich der altersbedingten Unterschiede des Nukleinsäure-Gehaltes in Keimlingen der Sorten 'Plena' und 'Louhi' (Tabelle 9)

'Plena':	Nuklein-säure	RNS	DNS	'Louhi':	Nuklein-säure	RNS	DNS
3 : 4	+	−	+	3 : 4	−	−	+
3 : 5	−	−	−	3 : 5	+	/	−
3 : 6	+	+	+	3 : 6	+	+	−
3 : 7	+	+	+	3 : 7	++	++	+
4 : 5	−	−	−	4 : 5	+	−	+
4 : 6	+	+	++	4 : 6	+	−	++
4 : 7	+	+	++	4 : 7	++	++	++
5 : 6	+	+	+	5 : 6	−	−	−
5 : 7	+	+	++	5 : 7	+	+	++
6 : 7	−	−	−	6 : 7	+	+	++

Vergleich der Nukleinsäure-Gehalte in Pflanzen der Sorten 'Ciro' und 'Louhi' sowie der Sorten 'Ciro' und 'Cape × Coast 1518' (Tabelle 10)

'Ciro' : 'Louhi'

	P-Werte Alter in Tagen 7	14	28	42	56
Nukleinsäure (total)	–	–	–	–	–
RNS	–	–	–	–	+
DNS	–	+	–	–	++

'Ciro' : 'Cape × Coast 1518'

	P-Werte Alter in Tagen 7	14	28	42	56
Nukleinsäure (total)	+	–	–	–	–
RNS	+	–	–	–	–
DNS	–	–	–	–	+

Vergleich der Nukleinsäure-Gehalte in Pflanzen der Sorten 'Plena' und 'Louhi' sowie der Sorten 'Plena' und 'Cape × Coast 1518' (Tabelle 10)

'Plena' : 'Louhi'

	P-Werte Alter in Tagen 7	14	28	42	56
Nukleinsäure (total)	–	–	–	–	–
RNS	–	–	+	–	–
DNS	–	–	–	–	–

'Plena' : 'Cape × Coast 1518'

	P-Werte Alter in Tagen 7	14	28	42	56
Nukleinsäure (total)	–	–	–	–	–
RNS	–	–	–	–	–
DNS	–	+	–	–	+

Vergleich der altersbedingten Unterschiede des Nukleinsäure-Gehaltes in Pflanzen der Sorten 'Ciro', 'Plena', 'Louhi' und 'Cape × Coast 1518' (Tabelle 10)

'Ciro':

	Nukleinsäure (total)	RNS	DNS
7 : 14	+	++	–
7 : 28	++	++	–
7 : 42	++	++	–
7 : 56	++	++	++
14 : 28	–	–	–
14 : 42	+	++	–
14 : 56	+	++	++
28 : 42	–	+	–
28 : 56	–	++	++
42 : 56	–	–	++

'Plena':

	Nukleinsäure (total)	RNS	DNS
7 : 14	–	+	–
7 : 28	++	++	–
7 : 42	++	++	–
7 : 56	++	++	+
14 : 28	+	+	–
14 : 42	+	++	–
14 : 56	+	++	–
28 : 42	–	–	–
28 : 56	–	/	–
42 : 56	–	–	+

'Louhi':				'Cape × Coast 1518':			
	Nuklein-säure (total)	RNS	DNS		Nuklein-säure (total)	RNS	DNS
7 : 14	–	–	+	7 : 14	–	–	+
7 : 28	+	++	–	7 : 28	++	++	–
7 : 42	+	++	–	7 : 42	++	++	–
7 : 56	+	++	–	7 : 56	++	++	–
14 : 28	–	–	+	14 : 28	–	+	–
14 : 42	+	+	–	14 : 42	+	+	–
14 : 56	+	+	–	14 : 56	+	++	–
18 : 42	–	–	–	28 : 42	–	–	–
28 : 56	–	–	–	28 : 56	–	–	–
42 : 56	–	–	–	42 : 56	–	–	–

Literatur

Abdel-Wahab, M. F., and S. A. El-Kinawi, 1960: The acid solube nucleotides of *Vicia faba*, II. – Acta Chem. Scand. *14*, 1667–1668.

Apel, P., und Chr. O. Lehmann, 1969: Variabilität und Sortenspezifität der Photosynthese bei Sommergerste. – Photosynthetica *3*, 255–262.

Beloserski, A. N., und N. I. Proskurjakow, 1956: Praktikum der Biochemie der Pflanzen. – Berlin.

Bergmann, H., 1969: Über den Einfluß niedriger Temperaturen auf den Stoffwechsel von Purin- und Pyrimidin-Verbindungen bei Keimlingen von *Zea-mays* L. – Biol. Zbl. *88*, 348–356.

Bergmann, H., K. Müntz, R. Rammelt und W. R. Müller-Stoll, 1967: Qualitative und quantitative Papierchromatographie von Purin- und Pyrimidinverbindungen in Isobuttersäure-Laufmitteln und ihre Anwendung bei verschiedenen Objekten. – Flora, Abt. A, *158*, 384–406.

Barker, G. R., and J. A. Hollinshead, 1964: Nucleotide metabolism in germinating seeds. The ribonucleic acid of *Pisum arvense*. –Biochem. J. *93*, 78–83.

Bomsel, J.-L. et A. Pradet, 1967: Etude des adénosine-5'-mono, di et tri-phosphates dans les tissus végétaux. II. Evolution in vivo de l'ATP, l'ADP et l' AMP dans les feuilles de Blé en fonction de différentes conditions de milieu. – Physiol. Végétale *5*, 223–236.

– 1968: Studies of adenosine 5'-mono-, di- and triphosphates in plant tissues. IV. Regulation of the level of nucleotides, in vivo, by adenylate kinase: theoretical and experimental study. – Biochim. Biophys. Acta *162*, 230–242.

Bopp, M., 1967: Internodienstreckung bei dikotylen Pflanzen und DNS-Synthese. – Exp. Cell Res. *48*, 218–221.

Brown, E. G., 1962: The acid-soluble nucleotides of mature pea seeds. – Biochem. J. *85*, 633–644.

– 1965: Changes in the free nucleotide and nucleoside pattern of pea seeds in relation to germination. – Biochem. J. *95*, 509–514.

Capesius, I., and M. Bopp, 1970: Über die Synthese von DNS in den Keimpflanzen von *Sinapis alba* L. – Planta (Berl.) *94*, 220–228.

Cerry, J. H., 1963: Nucleic acid, mitochondria,and enzyme changes in cotyledons of peanut seeds, during germination. – Plant Physiol. *38*, 440–446.

Cherry, J. H., and R. H. Hageman, 1960: Separation and identification of soluble nucleotides from corn seedlings as a function of growth. – Plant Physiol. *35*, 343–352

– 1961: Nucleotide and ribonucleic acidmetabolism of corn seedlings. – Plant Physiol. *36*, 163–168.

Elnaghy, M. A., and P. Nordin, 1966: Soluble nucleotides of wheat and oat seedlings. – Arch. Biochem. *113*, 72–76.

Gregoire, J., J. Gregoire, N. Limozon and L. Vo Van, 1965: Recherches sur les nucléotides libres des germes de *Phaseolus aureus*. I. Identification du guanosine diphosphate mannose, de l' uridine diphosphate N acétyl galactosamine et de quelques autres composés acidosolubles. – Bull. Soc. Chim. Biol. *47*, 195–212.

Grzelczak, Z., and J. Buchowicz, 1967: Pyrimidine and purine bases and nucleoside in wheat plants. – Acta biochim. pol. *14*, 235–240.

Holdgate, D. P., and T. W. Goodwin, 1964: A rapid method for the separation of nucleic acid bases. – Biochim. Biophys. Acta *91*, 328–329.

Ingle, J., and R. H. Hageman, 1965: Metabolic changes associated with the germination of corn. II. Nucleic acid metabolism. – Plant Physiol. *40*, 48–53.

Keys, A. J., und M. J. Cornelius, 1965: The soluble nucleotide content of germinating wheat embryos. – J. exp. Botany *16*, 271–281.

Lázár, G., I. Fedorcsák and F. Salymosy, 1969: Fractionation of nucleic acids isolated by the phenol- and DEP-methods from leaf tissues at different stages of development. – Phytochemistry *8*, 2353–2365.

Murakami, T., 1970. Distribution of acid-soluble nucleotides in wheat plant during the ripening stage and effect of removal of ears during the flowering stage. – Nippon Sakumotsu Gakkai Kiji *39*, 409–417.

Pätau, K., 1942: Eine neue x^2-Tafel. – Z. f. Vererbungsl. *80*, 558–564.

– 1943: Zur statistischen Beurteilung von Meßreihen (Eine neue t-Tafel). – Biol. Zbl. *63*, 152–168.

Pradet, A., A. Narayanan and J. Vermeersch, 1968: Etude des adénosíne-5'-mono, di et tri-phosphates dans les tissus végétaux. III. Métabolisme énergétique au cours des premiers stades de la germination des semences de laitue. – Bull. Soc. Franc. Physiol. Veg. *14*, 107–114.

Rammelt, R., and H. Bergmann, 1967: Qualitative and quantitative detection of soluble nucleotides and their derivatives in cereal seedlings by means of paper chromatography. – J. Chromatogr. (Amst.) *31*, 279–281.

Randerath, K., 1962: Dünnschicht-Chromatographie. – Weinheim/Bergstraße.

Sasaki, S., and G. N. Brown, 1969: Changes in nucleic acid fractions of seed components of red pine (*Pinus resinosa Ait.*) during germination. – Plant Physiol. *44*, 1729–1733.

Schmitz, H., 1961: Vorkommen und Bedeutung von freien Nucleotiden in Zellen und Geweben. – In: 11. Colloquium der Gesellschaft für Physiologische Chemie 'Zur Bedeutung der freien Nucleotide', Mosbach/Baden, 1960. – Berlin-Göttingen-Heidelberg.

Weinstein, L. H., D. C. McCune, J. F. Mancini and P. van Leuken, 1969: Acid-soluble nucleotides of Pinto bean leaves at different stages of development. – Plant Physiol. *44*, 1499–1510.

West, S. H., 1962: Protein, nucleotide, and ribonucleic acid metabolism in corn during germination under water stress. – Plant Physiol. *37*, 565–571.

Wilson, A. M., und G. A. Harris, 1966: Hexose-, inositol-, and nucleoside phosphate esters in germinating seeds of crested Wheatgrass. – Plant Physiol. *41*, 1416–1419.

Wright, S. T. L., 1961: Growth and cellular differentiation in the wheat coleoptile (*Triticum vulgare* L.). I. Estimation of cell numbers, cell volume and certain nitrogenous constituents. – J. exp. Botany *12*, 303–318.

Zairov, S. Z., Rakhmanova, M. A., E. P. Mikhailova und T. B. Barkanbaev, 1970: Nukleinsäure- und Eiweißstoffwechsel in vegetativen Organen von Weizen (russisch). – Trudy Inst. Bot., Akad. Nauk. Kaz. SSR, Alma-Ata *28*, 124–132.

II. DAS INSTITUT IM JAHRE 1971

A. KOLLOQUIEN; VORTRAGSABENDE

18\. 1. 1971 Gröber, K., und M. Zacharias (vorgetragen von M. Zacharias) Zur Problematik der Apomixis und der Fixierung von Hybrideffekten bei Gräsern.

1\. 2. 1971 Tschäpe, M.: Nachwirkung niedriger Temperaturen auf den Photosynthesegaswechsel.

15\. 2. 1971 Grebenščikov, I.: Heterosis und Heritabilität.

22\. 3. 1971 Faraj Salman, A. G.: Einfluß von Licht auf die Koremienentwicklung und rhythmische Koremienringbildung bei Schimmelpilzen.

28\. 6. 1971 Rudolph, A.: Methodische Untersuchungen zur Analyse löslicher Stickstoff-Verbindungen.

12\. 7. 1971 Serfling, E.: Untersuchungen zur RNS-Synthese von Riesenchromosomen.

19\. 7. 1971 Baudisch, W.: Proteinmuster des Speicheldrüsensekrets von *Acricotopus* mit seinen möglichen Korrelationen zu Balbiani-Ringen.

26\. 7. 1971 Dr. W. Heitsch, Institut für Wissenschaftstheorie und -organisation der DAW in Berlin: Möglichkeiten und Grenzen für die Anwendung heuristischer Methoden in der Forschung.

13\. 9. 1971 Dr. F. Grummt, Forschungszentrum für Molekularbiologie und Medizin der DAW, Institut für Zellphysiologie Berlin-Buch: Untersuchungen zum Reaktionsmechanismus der Proteinsynthese bei Eukaryonten.

20\. 9. 1971 Schöneich, J.: Zur Problematik der Erfassung mutagener Umweltfaktoren des Menschen.

4\. 10. 1971 Dr. habil.. G. Sembdner, Forschungszentrum für Molekularbiologie und Medizin der DAW, Institut für Biochemie der Pflanzen in Halle: Moderne Aspekte der Phytohormon-Forschung.

11\. 10. 1971 Dr. B. Daneholt, Histologiska Institutionen, Karolinska Institutet, Stockholm: Synthesis and Release of Chromosomal RNA.

12\. 10. 1971 Doz. Dr. S. Wieckowski, Institut für Molekularbiologie der Jagiellonśki Universität Krakau: Development and activities of photosynthetic apparatus during the course of leaf blade expansion.

18. 10. 1971 Schäfer, H.: Zur Sippenabgrenzung innerhalb der *Vicia narbonensis*-Gruppe.

22. 10. 1971 Dr. Dezsö Schuler, Second Department of Paediatrics University Medical School, Budapest: Untersuchungen über den modifizierenden Einfluß des menschlichen Genotyps auf die Induktion von Chromosomenaberrationen durch mutagene Agenzien.

1. 11. 1971 Prof. Dr. G. Röhrborn, Institut für Anthropologie und Humangenetik der Universität Heidelberg: Chromosomale Eireifungsstörungen beim Menschen und ihre experimentelle Erforschung beim Säuger.

15. 11. 1971 Dr. P. Gaastra, Stichting Centrum voor Plantenfysiologisch Onderzoek Wageningen: Plant growth and environmental control.

22. 11. 1971 Doz. Dr. habil. B. Parthier, Institut für Biochemie der Pflanzen der DAW, Halle: Die Realisierung der genetischen Information chloroplastenspezifischer Komponenten.

29. 11. 1971 Dr. G. Persson, Swedish Seed Association Svalöf: The barley project at Svalöf.

8. 12. 1971 Prof. Dr. B. Müller-Hill, Institut für Genetik der Universität Köln: Wie bindet der Lac Repressor Lac Operator DNA?

13. 12. 1971 Panitz, R.: Balbiani-Ring-Aktivitäten bei *Acricotopus lucidus*.

VORTRAGSABENDE

4. 2. 1971 Konzert: Collegium Instrumentale Halle.

24. 2. 1971 Liederabend: Heidi Rieß-Berthold, Alt
Am Flügel: Hilda Cabezas-Gräbner

31. 3. 1971 Duo-Abend: Christian Funke, Violine
Peter Rösel, Klavier

21. 4. 1971 Kammertrio „aulos"

29. 6. 1971 Konzert mit Werken junger DDR-Komponisten
Interpreten: Kammertrio „aulos"

29. 9. 1971 Duo-Abend: Gustav Schnabel, Violine
Günter Kootz, Klavier

20. 10. 1971 Chansonabend: Sonja Kehler
Werner Pauli, Gitarre

24. 11. 1971 Konzert: Hertha Mergel, Flöte
Siegfried Baubkus, Bariton
Volkmar Lehmann, Klavier

B. VERZEICHNIS DER VERÖFFENTLICHUNGEN AUS DEM INSTITUT 1971

Adler, Klaus: Eine automatisierte Anlage zur kontinuierlichen Kultivierung von einzelligen Algen im Labormaßstab. – Kulturpflanze *19* (1972) 39–44.

Alemán Frias, Emilio, Otto Aurich, Lilia Ezcurra Ferrer, Manuel Gutiérrez Vázquez, Christian Horstmann, Julio Lopez Rendueles, Edith Rodriguez Graquitena, Eugenio Roquel Casabella und Klaus Schreiber: Phytochemische Untersuchungen an Pflanzen der kubanischen Flora. – Kulturpflanze *19* (1972) 359–425.

Beermann, Wolfgang, Reinhard Panitz und Walter Baudisch: Gliederung und Funktion des Interphasechromosoms: Untersuchungen an Riesenchromosomen. – Handbuch der Allg. Pathologie Bd. *II*, Teil 2 (1971) 164 bis 214.

Benedix, E. H.: Art- und Gattungsgrenzen bei höheren Discomyceten. IV. – Kulturpflanze *19* (1972) 163–183.

Danert, Siegfried: Zur Systematik von *Avena sativa* L. und zur Beurteilung von *Avena nuda* Höjer. – Kulturpflanze *19* (1972) 45–52.

Danert, Siegfried, Franz Fukarek, Peter Hanelt, Johannes Helm, Joachim Kruse, Christian O. Lehmann und Jürgen Schultze-Motel: Urania Pflanzenreich, Höhere Pflanzen I. – Leipzig, 1971, 510 Seiten.

Faraj Salman, Abdul Ghana: Zur Induktion einer endogenen Rhythmik bei Mutanten des Pilzes *Penicillium claviforme* Bainier. II. Wirkung von Detergentien. – Biochem. Physiol. Pflanzen *162* (1971) 470–473.

Fritsch, Reinhard: Chromosomenzahlen von Pflanzen der Insel Kuba II. – Kulturpflanze *19* (1972) 305–314.

Grebenščikov, Igor: Zur Methodik der experimentell-quantitativen Taxonomie innerhalb der Art. In: Bericht über die 10. Wanderversamml. Deutscher Entomologen 15. – 19. 9. 1965 in Dresden. – Tagungsber. DAL *80* (1969) (erschienen 1971) 139–150.

– Über einige Fragen der Heterosis und des Leistungsabfalls bei den Ertragsmerkmalen von Mais. – Kulturpflanze *19* (1972) 151–162.

Gröber, Kurt: Vererbung – ein Rätsel wird gelöst. Populärwissenschaftliche Taschenbuchreihe „Wir und die Natur“. – Leipzig, 1971, 135 Seiten.

Helm, Johannes: Die handschriftliche Chronik des Geschlechtes Kentmann aus dem 16. Jahrhundert. Nach hinterlassenen Notizen von Rudolph Zaunick. – Sudhoffs Arch., Beih. *13* (1971) 1–54.

– Bibliographie der wissenschaftlichen Hinterlassenschaft von Johannes Kentmann. Mit einigen Anhängen. – Sudhoffs Arch., Beih. *13* (1971) 55 bis 87.

– *Apium graveolens* L. Geschichte der Kultur und Taxonomie. – Kulturpflanze *19* (1972) 73–100.

Helm, Johannes und Peter Hanelt: Das „Kreutterbuch" von Johannes Kentmann aus dem Jahre 1563. – Sudhoffs Arch., Beih. *13* (1971) 89–177.

Helm, Johannes und Erhard Hirsch: Der einzige bisher bekannt gewordene Brief Johannes Kentmanns. – Sudhoffs Arch., Beih. *13* (1971) 179–214.

Heywood, V. H.: Taxonomie der Pflanzen. Übersetzung und wiss. Bearbeitung durch P. Hanelt und D. Hanelt. – Jena, 1971.

Hofemeister, Jürgen, und Rigomar Rieger: Bau und Verteilung der Chromosomen. In: E. Geissler (Edit.), DNS – Schlüssel des Lebens, 2. Aufl. (1971) 51–69.

Koblitz, Helmut: Zur Biochemie der Zellwand höherer Pflanzen. – Drevarsky Vyskum (Bratislava) *16* (1971) 39–46.

– Über einige Biosynthesepotenzen der in vitro kultivierten Pflanzenzelle. In: B. Mauersberger (Edit.), Aktuelle Probleme der Zellzüchtung (1971) 481 bis 510.

Kruse, Joachim: Beitrag zur Morphologie der Infloreszenzen von *Setaria italica* (L.) Beauv. – Kulturpflanze *19* (1972) 53–72.

Kruse, Joachim, Siegfried Danert, Peter Hanelt, Johannes Helm, Christian O. Lehmann, Armin Rudolph, Friedrich Scholz, Jürgen Schultze-Motel und Manfred Siegel: Aleuronschichten und Aminosäuregehalt bei der Gerste. – Kulturpflanze *19* (1972) 427–438.

Künzel, Gottfried: The ratio of chemically induced chromosome aberrations to gene mutations in barley – a critical study. – Mutation Res. *12* (1971) 397 bis 409.

– Vergleich der mutagenen Wirkung von N-Nitroso-N-Methylharnstoff, Äthylmethansulfonat und Röntgenstrahlen bei Gerste. – Kulturpflanze *19* (1972) 101–150.

Künzel, Gottfried and Friedrich Scholz: The frequency of chlorophyll mutations in relation to M_1 sterility. – Barley Genet. Newsletter *1* (1971) 26–28.

Lang, Hartmut: Der Einfluß von Coffein auf das Schmelzverhalten von DNS. – Febs Letters *18* (1971) 27–29.

Machold, Otto: Die Wirkung von Chloramphenicol und Streptomycin auf die Lamellarproteine der Chloroplasten von *Vicia faba*. – Exptl. Cell. Res. *65* (1971) 466–467.

– Lamellar proteins of green and chlorotic chloroplasts as affected by iron deficiency and antibiotics. – Biochim. Biophys. Acta *238* (1971) 324–331.

Machold, Otto, Armin Meister und Klaus Adler: Spektroskopische Eigenschaften von elektrophoretisch getrennten Chlorophyll-Protein-Komplexen der Photosysteme I und II aus *Vicia faba* und *Chlorella pyrenoidosa*. – Photosynthetica *5* (1971) 160–165.

Matthias, Waldemar und Jürgen Schultze-Motel: Kulturpflanzenabdrücke an Gefäßen der Schnurkeramik und der Aunjetitzer Kultur aus Mitteldeutschland. – Jahresschrift für mitteldeutsche Vorgeschichte *55* (1971) 113 bis 134.

Michaelis, Arnd and Rigomar Rieger: New Karyotypes of *Vicia faba*. – Chromosoma *35* (1971) 1–8.

Müller-Stoll, Wolfgang R., und Klaus Müntz: Über die Folgewirkungen einer Kältebehandlung im Dunkeln auf Wachstum und verschiedene Stoffwechselvorgänge bei *Chlorella pyrenoidosa*. – Arch. Hydrobiol., Suppl. *39*: Algological Studies *4* (1971) 206–225.

Müntz, Klaus: Reversible Schäden im Pigmentsystem von *Chlorella pyrenoidosa* als Folge des Einfrierens der Zellen. – Photosynthetica *5* (1971) 32–37.

– Algen – Nahrung für die Zukunft. – Urania *34* (1971) 15–19.

– Algen als potentielle Rohstoffe für die Nahrungsmittelproduktion. – Die Lebensmittelindustrie *18* (1971) 52–56.

Nicoloff, Hristo, Rigomar Rieger and Arnd Michaelis: On the induction of chromosome structural changes by hydroxylamine in *Vicia faba*. – Mutation Research *13* (1971) 215–224.

Nover, Ilse und Christian O. Lehmann: Resistenzeigenschaften im Gersten- und Weizensortiment Gatersleben 14. Prüfung von Sommergersten auf ihr Verhalten gegen Mehltau (*Erysiphe graminis* DC. f. sp. *hordei* Marchal). – Kulturpflanze *19* (1972) 283–298.

– Resistenzeigenschaften im Gersten- und Weizensortiment Gatersleben 15. Prüfung des Verhaltens von Sommergerste gegen Flugbrand (*Ustilago nuda* (Jens.) Rostr.). – Kulturpflanze *19* (1972) 299–304.

Peisker, Martin und Peter Apel: Untersuchungen zum Einfluß von Sauerstoff auf den CO_2-Gaswechsel assimilierender Blätter. – Biochem. und Physiol. Pflanzen *162* (1971) 165–176.

Polter, Claus: Aufnahme und Umwandlung von l-^{14}C-Glycin und ^{35}S-Methionin sowie ihr Einbau in das Protein durch Wurzeln intakter, etiolierter Erbsenkeimlinge und durch bestimmte isolierte Entwicklungsabschnitte der Wurzeln solcher Keimlinge. – Kulturpflanze *19* (1972) 439–480.

Rieth, Alfred: Süßwasser-Algenarten in Einzeldarstellung. IV. *Mougeotia guanahacabibensis*, eine neue Art der Laetevirens-Gruppe in der Sektion Mesocarpus (Zygnematales). – Arch. Protistenkunde *113* (1971) 185–194.

– Süßwasser-Algenarten in Einzeldarstellung. III. *Mougeotia drouetii* Transeau 1938 nach Material aus Kuba. – Biol. Zbl. *90* (1971) 745–754.

– Süßwasser-Algenarten in Einzeldarstellung. I. Über „*Plagiospermum tenue* Cleve 1868". – Kulturpflanze *19* (1972) 11–38.

Romeike, Anneliese: Untersuchungen über den Alkaloidstoffwechsel in *Datura*-wurzeln. IV. Beobachtungen an Wurzelkulturen von *Datura innoxia* Mill. nach exogener Zufuhr von Atropin. – Biochem. Physiol. Pflanzen *162* [1971) 1–8.

Sagromsky, Herta: Kultur von *Hordeum vulgare* in Erde und in Hydroponik – ein Vergleich. – Kulturpflanze *19* (1972) 315–319.

Scholz, Friedrich: Utilization of induced mutations in barley. In: R. A. Nilan (Edit.), Barley Genetics II, Proc. Second Intern. Barley Genet. Symp. – Wahington State University Press, Pullman, Wash. (1971) 94–105.

Scholz, Friedrich: Erfahrungen mit induzierten eiweißreichen Mutanten der Gerste. – Ber. f. Pflanzenzüchter *4* (1971) 37–42.

Schubert, Rudolf und Siegfried Danert: Über die Vegetationsverhältnisse in zwei Naturschutzgebieten Kubas. Teil II: Das Naturschutzgebiet Gupeyal. – Arch. f. Naturschutz und Landschaftsforschg. *11* (1971) 317–341.

Schultze-Motel, J.: Literatur über archäologische Kulturpflanzenreste (1968). – Jahresschr. f. mitteldeutsche Vorgeschichte *55* (1971) 55–63.

– Literatur über archäologische Kulturpflanzenreste (1969). – Kulturpflanze *19* (1972) 265–282.

– Die archäologischen Reste der Ackerbohne, *Vicia faba* L., und die Genese der Art. – Kulturpflanze *19* (1972) 321–358.

– Zur Anbaugeschichte des Leindotters, *Camelina sativa* (L.) Crantz. – IIIème Congrès International des Musées d'Agriculture Budapest 1971, Resumés des Communications Présentées, Magyar Mezögazdasági Múzeum, Budapest, 209–210.

Serfling, Edgar: Zur Struktur und Synthese der 5s RNA. – Biol. Rdsch. *9* (1971) 303–312.

Stäber, Horst und Helmut Böhme: Transduktion mit dem temperenten *Proteus mirabilis*-Phagen I. Charakterisierung des Transduktionssystems. – Z. f. Allg. Mikrobiologie *11* (1971) 221–230.

– II. Einfluß der Vermehrungsmultiplizität auf die Transduktionsfähigkeit des Phagen. – Z. f. Allg. Mikrobiologie *11* (1971) 231–236.

Stubbe, Hans: Mutanten der Kulturtomate *Lycopersicon esculentum* Miller VI. – Kulturpflanze *19* (1972) 185–230.

– Mutanten der Wildtomate *Lycopersicon pimpinellifolium* (Jusl.) Mill. IV. – Kulturpflanze *19* (1972) 231–263.

Tschäpe, Martina: Untersuchungen über die Nachwirkung niedriger Temperaturen während der Dunkelphase auf den photosynthetischen Gaswechsel in der darauffolgenden Lichtphase bei thermophilen Kulturpflanzen. – Dissertation, Martin-Luther-Universität Halle-Wittenberg.

Wobus, Ulrich: Die Wirkung von Hormonen auf der Transkriptionsebene. – Biol. Rdsch. *9* (1971) 155–163.

Wobus, Ulrich, Reinhard Panitz und Edgar Serfling: α-Amanitin its effect on RNA synthesis in polytene chromosomes. – Experientia *27* (1971) 1202 bis 1203.

Wobus, Ulrich, Edgar Serfling and Reinhard Panitz: Salivary gland proteins of a *Chironomus thummi* strain with an additional Balbiani ring. – Exptl. Cell Res. *65* (1971) 240–245.

Wobus, Ulrich, Edgar Serfling, Walter Baudisch und Reinhard Panitz: Chromosomale Strukturumbauten bei *Acricotopus lucidus* korreliert mit Änderungen im Proteinmuster. – Biol. Zbl. *90* (1971) 433–442.

Index Seminum 1971. – 164 Seiten.

C. VORTRÄGE VON MITARBEITERN BEI WISSENSCHAFTLICHEN VERANSTALTUNGEN ANDERER INSTITUTIONEN

Adler, Klaus: Photosynthese – Energiequelle des Lebens. – Sektion Biowissenschaften der Universität Jena (1. April 1971).

Apel, Peter: Über Wechselbeziehungen zwischen Assimilatbildung und -speicherung. – Wissenschaftliche Vortragstagung über Probleme der Getreideforschung. Institut für Getreideforschung, Bernburg (19. Februar 1971).

Benedix, Erich Heinz: Mykorrhizapilze – ihre Biologie und praktische Bedeutung. – Deutscher Kulturbund, Fachgruppe Mykologie, Dresden (24. Februar 1971).

– Pilzbesonderheiten aus Sachsen und Thüringen. – Deutscher Kulturbund, Fachgruppe Mykologie, Dresden (30. April 1971).

– Sporenformen und Pilztaxonomie. – 3. Vortragstagung zu Problemen der modernen Taxonomie, Sektion Spezielle Botanik, AG Taxonomie, der Biologischen Gesellschaft in der DDR, Berlin (7. Mai 1971).

Böhme, Helmut: Schäden am genetischen Material und ihre Reparatur. – Leopoldina Halle (6. April 1971).

– Mechanismen und Konsequenzen der Reparatur von DNS-Schäden. – Institut für Krebsforschung, Robert Rössle-Klinik, FZ für Molekularbiologie und Medizin der DAW, Berlin-Buch (30. November 1971).

– Neue Ergebnisse der Biowissenschaften und die Verantwortung der Wissenschaftler vor der Gesellschaft. – Kolloquium des Bezirksvorstandes der Gewerkschaften Wissenschaft in Gernrode (11. Dezember 1971).

Danert, Siegfried: Molekularbiologie und Taxonomie. – 6. Generalversammlung der Biologischen Gesellschaft in der DDR, Magdeburg (28. September 1971).

Döbel, Peter und Rigomar Rieger (vorgetragen von P. Döbel): Replikation der Chromosomen eukaryotischer Organismen. – 6. Generalversammlung der Biologischen Gesellschaft in der DDR, Magdeburg (28. September 1971).

Grebenščikov, Igor: Bericht über Forschungsarbeiten bei Mais in Gatersleben. – Beratung der Züchtergemeinschaft Mais, Bernburg (15. Juli 1971).

Gröber, Kurt und Martin Zacharias (vorgetragen von M. Zacharias): Über den Stand der Arbeiten zur Fixierung des Heterosiseffekts bei Gräsern. – 3. Tagung der Züchtergemeinschaft Futtergräser, Gatersleben (9. September 1971).

Hofemeister, Jürgen: DNS-Synthese und DNS-Abbau bei reparaturdefekten Mutanten von *Proteus mirabilis* nach UV-Bestrahlungen. – Herbsttagung der HFR 2 in Gatersleben (16. November 1971).

Koblitz, Helmut: Die Bedeutung in vitro kultivierter isolierter Zellen höherer Pflanzen für die Züchtung. – Wissenschaftliche Vortragstagung über Probleme der Getreideforschung. Institut für Getreideforschung, Bernburg (19. Februar 1971).

Koblitz, Helmut: Dedifferentiation and Differentiation of the Plant Cell Cultured in vitro. – International Meeting „Differentiation, Dedifferentiation and Neoplasia in vitro", Gesellschaft für Zell- und Gewebezüchtung, Potsdam (26. April 1971).

Künzel, Gottfried: Über Möglichkeiten der Nutzung von Translokationen in der Züchtung. – Wissenschaftliche Vortragstagung über Probleme der Getreideforschung. Institut für Getreideforschung, Bernburg (18. Februar 1971).

Meister, Armin: Derivativspektrophotometrie – Methode und Möglichkeiten.. Institut für Biophysik und Physiologie der Akademie der Wissenschaften der Tadshikischen SSR, Dushambe (29. September 1971).

– Pigment-protein-complexes in *Antirrhinum* chloroplasts. Separation and spectroscopical properties. – RGW-Expertenberatung, Lehrstuhl für Genetik und Phylogenie der Eötvös-Loran-Universität Budapest (27. Oktober 1971).

Müller, Andreas J.: Gegenwärtige Vorstellungen über die Anwendbarkeit molekulargenetischer Erkenntnisse in der Züchtungsforschung. – Wissenschaftliche Vortragstagung über Probleme der Getreideforschung. Institut für Getreideforschung, Bernburg (19. Februar 1971).

Peisker, Martin und Peter Apel (vorgetragen von M. Peisker): Zur Problematik der Lichtatmung von Pflanzen. – Kolloquium der Sektion Biologie der Humboldt-Universität, Berlin (26. Januar 1971).

Peisker, Martin und Peter Apel (vorgetragen von M. Peisker): Ein Meßplatz zur Untersuchung des Photosynthesegaswechsels von Einzelblättern bei verschiedenem Sauerstoffgehalt des Meßgases. – Institut für Pflanzenphysiologie der Universität Krakau (24. September 1971).

Romeike, Anneliese: Biochemical Dedifferentiation and Differentiation in *Datura* Tissue Cultures. – International Meeting „Differentiation, Dedifferentiation and Neoplasia in vitro". – Gesellschaft für Zell- und Gewebezüchtung, Potsdam (26. April 1971).

Rudolph, Armin, Helga Schäfer, Jürgen Schultze-Motel und Peter Hanelt (vorgetragen von P. Hanelt): Untersuchungen über die Abstammungs- und Verwandtschaftsbeziehungen der Ackerbohne, *Vicia faba* L. – 3. Vortragstagung zu Problemen der modernen Taxonomie, Sektion Spezielle Botanik, AG Taxonomie, der Biologischen Gesellschaft in der DDR, Berlin (9. Mai 1971).

Sagromsky, Herta: Chlorophylle bei Vertretern der Botrydiales. – RGW-Expertenberatung, Lehrstuhl für Genetik und Phylogenie der Eötvös-Loran-Universität Budapest (27. Oktober 1971).

Serfling, Edgar: Charakterisierung der RNS-Synthese von Riesenchromosomen aus Speicheldrüsenzellen von *Chironomus thummi*. – Jahrestagung der Biochemischen Gesellschaft in Halle (30. August 1971).

Serfling, Edgar: The effect of α-amanitin on chromosomal and nucleolar RNA synthesis of *Chironomus thummi* giant chromosomes. – 2nd Meeting of Nucleolar Workshop, Balatonszeplak, Ungarn (29. September 1971).

Schäfer, Helga: Untersuchungen zur Sippenabgrenzung innerhalb der Vicia narbonensis-Gruppe. – 3. Vortragstagung zu Problemen der modernen Taxonomie, Sektion Spezielle Botanik, AG Taxonomie, der Biologischen Gesellschaft in der DDR, Berlin (9. Mai 1971).

Scholz, Friedrich: Neue Erkenntnisse in der Genetik und ihre Anwendungsmöglichkeiten in der Pflanzenzüchtung. – Weiterbildungslehrgang für Assistenten der Getreidezüchtung. Agraringenieurschule Neugattersleben (2. November 1971).

Schöneich, Jörg: Die Gefährdung des menschlichen Erbgutes durch mutagene Umweltfaktoren. Sektion Biologie der Universität Greifswald (17. Juni 1971).

– Zur Problematik der Erfassung mutagener Umweltfaktoren des Menschen. Interdisziplinäre Arbeitsgemeinschaft Genetik der Universität Halle (8. November 1971).

– Routine-Testmethoden zur Erfassung mutagener Umweltfaktoren. – Herbsttagung der HFR 2 in Gatersleben (16. November 1971).

– Mutagene Umweltfaktoren des Menschen – Methoden zu ihrer Erfassung. Klasse „Optimale Gestaltung der Umwelt" der DAW (9. Dezember 1971).

Schultze-Motel, Jürgen: Zur Anbaugeschichte des Leindotters (*Camelina sativa* (L.) Crantz). – III. Internationaler Kongreß der Landwirtschaftlichen Museen, Sektion Archäobotanik, Budapest (20. April 1971).

– Die Kulturpflanzen des Neolithikums im mitteldeutschen Raum. – Neolith-Kolloquium, veranstaltet vom Landesmuseum für Vorgeschichte, Halle (14. Oktober 1971).

Tschäpe, Martina: Untersuchungen über die Nachwirkung niedriger Temperaturen während der Dunkelphase auf den photosynthetischen Gaswechsel in der darauffolgenden Lichtphase bei thermophilen Kulturpflanzen. – Vortrag zur Verteidigung der Promotion A, Halle (2. Juni 1971).

Zacharias, Martin: Über Möglichkeiten zur Fixierung von Hybrideffekten. – Weiterbildungslehrgang der Futterpflanzenzüchter. Agraringenieurschule Neugattersleben (10. November 1971).